全国高等农林院校"十二五"规划教材

植 物 学

（第 2 版）

方炎明 主编

中国林业出版社

图书在版编目（CIP）数据

植物学/方炎明主编. —2 版. 北京：中国林业出版社，2015. 6（2020. 12 重印）
全国高等农林院校"十二五"规划教材
ISBN 978 - 7 - 5038 - 8056 - 8

Ⅰ. ①植…　Ⅱ. ①方…　Ⅲ. ①植物学—高等学校—教材　Ⅳ. ①Q64
中国版本图书馆 CIP 数据核字（2015）第 155370 号

中国林业出版社·教育出版分社

策划编辑：肖基浒　　　　　　　　　　　　责任编辑：肖基浒　张　佳
电　　话：(010) 83143555　83143561　　传　　真：(010) 83143516

出版发行	中国林业出版社(100009　北京市西城区刘海胡同 7 号)
	E-mail：jiaocaipublic@163. com　电话：(010)83143500
	http：// www. forestry. gov. cn/lycb. html
经　销	新华书店
印　刷	三河市祥达印刷包装有限公司
版　次	2006 年 2 月第 1 版
	2015 年 8 月第 2 版
印　次	2020 年 12 月第 5 次印刷
开　本	850mm×1168mm　1/16
印　张	24
字　数	569 千字
定　价	48. 00 元

全国高等农林院校"十二五"规划教材

《植物学》（第2版）
编写人员

主　　编　方炎明

副 主 编　（按姓氏笔画排序）

王秀华　尹增芳　杜　凡　高述民

黄坚钦　戚继忠　梁建萍

编写人员　（按姓氏笔画排序）

王戈戎　　（北华大学）

王秀华　　（东北林业大学）

方炎明　　（南京林业大学）

尹增芳　　（南京林业大学）

杜　凡　　（西南林业大学）

张开梅　　（南京林业大学）

张晓平　　（安徽师范大学）

张海明　　（山西农业大学）

林树燕　　（南京林业大学）

夏　涛　　（南京林业大学）

高述民　　（北京林业大学）

黄有军　　（浙江农林大学）

黄坚钦　　（浙江农林大学）

戚继忠　　（北华大学）

梁建萍　　（山西农业大学）

彭　治　　（南京林业大学）

普通高等教育"十一五"国家级规划教材
全国高等农林院校规划教材

《植物学》（第1版）
编写人员

主　　编　方炎明

副 主 编　王秀华　高述民

编写人员　（按姓氏笔画排序）

王秀华（东北林业大学）

方炎明（南京林业大学）

杜　凡（西南林学院）

高述民（北京林业大学）

梁建萍（山西农业大学）

黄坚钦（浙江林学院）

戚继忠（北华大学）

彭　冶（南京林业大学）

第 2 版
前 言

《植物学》第 1 版出版至今已近 10 年。作为林学、园林和森林保护等林学类专业的一本统编教材，该书已经在专业基础教学中发挥了重要作用。采用该教材的高校既有林业院校和农业院校，也有其他院校；采用该教材的专业既有林学类专业，也有自然保护与环境生态类、植物生产类和生物科学类专业。许多老师根据本校植物学教学的实际情况，给教材编写团队反馈了宝贵的、建设性的修订意见和建议，这些意见和建议是我们编写《植物学》第 2 版的巨大动力。

另一个推动我们修订《植物学》的驱动力是植物科学本身的迅速发展与不断创新。人们耳熟能详的干细胞，没有理由不写进大学教科书中。事实上，采用细胞生物学和分子生物学途径探索植物干细胞，也是植物个体发育领域的研究热点之一。在植物系统发育方面，由于分子证据的不断充实，传统的恩格勒 (Adolf Engler) 系统、哈钦松 (John Hutchinson) 系统、塔赫他间 (A. Takhtajan) 系统和克朗奎斯特 (Arthur Cronquist) 系统受到严峻挑战，被子植物系统发育研究组 (Angiosperm Phylogeny Group) 提出的 APG 系统应运而生。此外，近 30 年来，植物生物学家在树冠结构模型、传粉生物学等许多方面取得的创新成果，对于观赏植物应用、森林生物多样性保护、森林生态系统服务功能评价等林业实践具有极其重要的参考价值。毫无疑问，植物科学中的创新成果，需要适时集成和凝练到大学教科书中。

保持原教材的特色和风格，是出版第 2 版的第一原则。我们将坚持原教材的"四个体现"，即体现林木、观赏植物和林业特色，体现植物学的经典核心内容，体现植物科学的进展，体现和反映高校教学改革成果。继承与创新相结合，是新编教材的第二原则。我们既要从植物学宝库中挖掘被遗忘的经典，又要展示当下植物科学中的亮点和前沿。从分子生物学中的同源异型突变基因，可以回溯到 1790 年歌德 (Johann Wolfgang von Goethe, 1749—1832) 的变态概念；从计算机生成的树冠结构，可以回溯到歌德的植物形态"蓝图"。适当增加一些经典内容，精要地反映植物学的新成果，这是第 2 版编写的首要任务。

与第 1 版相比，《植物学》第 2 版的新知识点或亮点包括：第 1 章增加了植物干细胞的概念；第 2 章增加了植物结构模型概念和图解；第 3 章增加了植物繁育系统和传粉生物学相关内容；第 4 章增加了花器官发育的 ABCDE 模型等内容；第 5 章增加了流式细胞术、亲缘地理学概念和被子植物分类的 APG 系统等内容；第 6 章增加了陆地植物、藓类植物和蕨类植物的新系统树；第 8 章增加了"生花植物说"等裸子植物系统发育假说。

  《植物学》第 2 版的编写团队分工如下：彭冶、张晓平负责绪论、第 1 章；梁建萍、张海明负责第 2 章；黄坚钦、黄有军、林树燕负责第 3 章；高述民、尹增芳负责第 4 章；方炎明负责第 5 章；杜凡、张开梅负责第 6 章；戚继忠、王戈戎负责第 7 章；王秀华、夏涛负责第 8 章；张开梅和夏涛负责附录 1 和附录 2。

  编写团队期望本书在植物学课程教学中成为一本实用的、有效的教科书。同时，我们也期盼同行对书中的不足之处或错误之处加以批评指正。

编 者

2015 年 2 月

第1版前言

　　《植物学》是农林院校林业、园林等专业的一门重要专业基础课程，植物生产类、草业科学类、森林资源类、环境生态类等专业的学生也需要学习该课程。长期以来，上述相关专业的教材和教学参考书偏少，与理科门类生物科学类专业的教材建设相比，明显滞后。进入 21 世纪以后，各高等院校纷纷进行了人才培养方案改革、教学内容与课程体系改革，编写反映教学改革成果、符合专业教学实际情况的教材尤为必要。作为一门生物学的分支学科，植物学本身也有惊人的进展，将植物科学的新近进展反映到教材上，是提高教学质量的基础。

　　2003 年本书列入了中国林业出版社的"十五"规划教材。当年 4 月，中国林业出版社组织编写班子在南京林业大学召开了教材编写会。本书力图体现以下几点：第一，体现林木、观赏植物和林业的特色；第二，体现植物学的核心内容，强调学生植物学基本理论的构建和基本技能的训练；第三，体现植物科学的进展，展示植物学发展的新信息；第四，反映各学校教学改革的成果，符合课堂教学的实际情况。

　　本书编写分工如下：绪论由方炎明编写，第 5 章植物系统分类基础由方炎明、戚继忠、王秀华编写，第 1 章植物个体发育的基础：细胞与组织由彭冶编写，第 2 章种子植物的营养器官由梁建萍编写，第 3 章种子植物的繁殖器官由黄坚钦编写，第 4 章植物的结构与功能由高述民编写，第 6 章孢子植物由杜凡编写，第 7 章种子植物由戚继忠、夏富才、王戈戎编写，第 8 章植物的进化和系统发育由王秀华编写。全书由方炎明、王秀华、高述民统稿。南京林业大学植物系的部分研究生参加了书稿的校对工作。

　　在内容的编排方面，种子形态部分理应放在第 3 章，但出于教学的方便，习惯性地放在第 2 章。第 4 章植物的结构与功能可作为选讲内容或学生自学内容。第 7 章的双子叶植物与单子叶植物本应合为一节，与裸子植物并列，现行的编排也是出于教学的实际需要。第 7 章被子植物科的排列顺序参照克郎奎斯特系统，个别地方（如豆科）有调整。

　　由于任务紧迫、水平所限，书中肯定有不少缺点和错误，恳请专家和读者批评指正。

编　者

2005 年 6 月

目　录

0.1　植物与植物界

　　学习植物学，首先要了解植物学的研究对象——植物与植物界。植物世界是一个形形色色、丰富多彩的世界。植物大小不同，参天树木高达数十米，矮小草本仅有数厘米。植物体形各异，有乔木，有草本，或藤萝交错，或灌木丛生。植物的花色、叶色，可谓千姿百态，变化万千。在科学家看来，植物是一个活生生的实体；在艺术家看来，植物世界的奇妙，无与伦比。进化生物学家 Willson（1992）说过，"生命最奇妙的秘密很可能在于：以如此简单的物理素材，创造如此丰富的多样性。生物圈是所有有机体的集合，仅占地球质量的一小部分。生物圈的分布，从 1 千米厚以内的土圈、水圈，延伸到 5 亿平方千米的大气。"

　　在生物科学中，用生物多样性（biodiversity）来描述和衡量生物世界的多态性和变异性。生物多样性是生物世界的特征之一。所谓生物多样性，泛指生物变异的类型和水平。生物多样性单位，小至种内的遗传变异，大至某区域或地球生物圈的变化，既包括进化谱系的数量，也包括它们之间的趋异程度。按照《生物多样性公约》（Convention on Biological Diversity），生物多样性系指"所有来源的活的生物体的变异性，这些来源除其他外包括陆地、海洋和其他水生生态系统及其所构成的生态综合体；这包括物种内、物种间和生态系统的生物多样性。"

　　生物多样性一般分为遗传多样性、物种多样性和生态系统多样性三个基本的层次。

　　遗传多样性是指物种有效遗传变异的程度，它又区分为同一地点内（居群内）不同个体间的遗传变异，以及不同地点间（居群间）的遗传变异。因此，遗传多样性又称为种内多样性。遗传多样性是各生物多样性水平的"源泉"，现代分子生物学提供了多样性测定的有力工具，遗传多样性测定具有重要的科学意义，在理论方面，有利于认识生物的进化；实践上，有益于育种计划的设计。

　　物种多样性（species diversity）是指物种依据其重要值而进行的测定，如依据多度（abundance）、生产力（productivity）、大小等。物种多样性通常用物种丰富度（species richness)、Shannon – Wiener 指数、Simpson 指数等多种指数来表示。

生态系统多样性是生物多样性的高级水平，指构成生态系统的生物群落和其生存环境间的生态过程及其组合的复杂性程度。就复杂程度而言，在一个地理单元内，生物圈由不同的生态系统构成。从世界范围看，由不同的植被带或生物区构成。

在现存生物中，已描述的物种大约 150 万种，化石种约 30 万种。根据进化生物学家 Mayer 和 Willson 等人的估计，现存物种数有 1 000 万 ~ 5 000 万种。在一些生物类群中，描述过的物种离实际物种数相距较大。如真菌，已描述 7 万种，估计现存数达 100 万种。螨虫，描述了有 3 万种，估计实际数超过 100 万种。昆虫是世界上最丰富的生物类群，现已命名了 100 万种，仅占实际存在物种数的一小部分。

不同的进化谱系是生物多样性的重要部分。早期的生物学家将生物分为不同的界（kingdom）。随着人们对原核细胞和病毒结构认识的深化，从进化的角度看，生物界的发展经历了三个阶段：非细胞阶段、原核细胞阶段和真核细胞阶段。因而，在界之上又建立不同的超界（superkingdom，domain），或称为总界。林奈（Linnaeus，1735）建立了两界系统，将生物分为植物界和动物界。其他许多学者均建立了生物进化分类体系，现代生物学家一般将生物分为三个总界、五到六个界（表 0-1）。

表 0-1　生物的分界

学者	生物分界
林奈（Linnaeus，1735）	植物界（kingdom plant）、动物界（kingdom animal）
海克尔（Haeckel，1866）	原生生物界（kingdom protista）、植物界、动物界
怀递克（Whittaker，1959）	原生生物界、真菌界（kingdom fungi）、植物界、动物界
怀递克（Whittaker，1969）	原核生物界（kingdom monera）、原生生物界、真菌界、植物界、动物界
Jahn（1949）	病毒界（archetista）、原核生物界、原生生物界、真菌界、后生植物界（metaphyta）、后生动物界（metazoa）
Whittaker & Margulis（1978）	古细菌界（archaebacteria）、真细菌界（eubacteria）、真核生物界（eucaryotes）
胡先骕（1965）	始生总界（protobiota）、胞生总界（cytobiota）
陈世骧（1979）	非细胞总界（superkingdom acytonia）：病毒（界） 原核总界（superkingdom procaryota）：细菌界、蓝藻界 真核总界（superkingdom eucaryota）：植物界、真菌界、动物界

植物在生物中占有举足轻重的地位（表 0 – 2）。全世界共有描述过的高等植物约 27 万，我国的高等植物达到 32 000 种，占世界的 11.9%，在全世界名列前茅。

表 0-2　中国与世界生物多样性的比较

类群	世界	中国	印度尼西亚	巴西
两栖类	4 522	290	285	581
淡水鱼	25 000	686	1 400	300
高等植物	270 000	32 200	29 375	56 215
哺乳动物	4 629	400	457	417

（续）

类群	世界	中国	印度尼西亚	巴西
鸟类	9 672	1 103	1 530	1 500
爬行类	6 900	340	514	491

资料来源：World Resources，2000－2001。

结构的层次性，是生物的另一个基本特征。个体（individual）是生物基本的层次。个体以下微观的层次依次有组织（tissue）、细胞（cell）、亚细胞（sub－cell）、分子诸层次；个体以上宏观的层次依次有群体或居群（population）、物种（species）、群落（community）、生态系统（ecosystem）和景观（landscape）诸层次。生物结构的层次性导致了生物系统结构上的复杂性。

0.2　植物在自然、社会与经济发展中的意义和作用

植物学初学者常常会提出这样一个问题：学习植物、认识树木花草有什么意义？植物在自然、社会与经济发展中到底有什么意义和作用？

首先，绿色植物是地球"初级生产者"。绿色植物细胞内的叶绿体，能够利用光能，把简单的无机物二氧化碳和水合成为碳水化合物，这一过程称为光合作用（photosynthesis）。光合作用的产物不仅提供植物自身营养，同时也维持其他生物和人类的生命，所以绿色植物对于维持所有生物的生命起到关键作用，是地球的"初级生产者"。

其次，绿色植物对于维持大气碳循环具有重要作用。光合作用是吸收二氧化碳的过程，而大气中二氧化碳的释放，主要来自地球上各种物质的燃烧、火山爆发、动植物的呼吸，特别是微生物对动植物残体的分解。大气中二氧化碳的吸收和释放一般趋于动态平衡。然而，近年来人们注意到，由于环境的破坏，大气中的二氧化碳浓度有上升趋势，造成所谓"温室效应"。因此，保护森林植被对于维持碳循环就显得尤其重要。

第三，植物作为地球生物多样性的重要组成部分，具有生物多样性的价值。环境哲学家习惯于将生物多样性的价值区分为两类：外在的（instrumental）或可利用的（utilitarian）价值和内在的（intrinsic）或固有的（inherent）价值。外在的价值是相对其他实体而言的，内在的价值则是相对于其本身而言的。国内一般将生物多样性的价值分为：直接消费价值、间接消费价值、选择价值和存在价值。以下是生物多样性价值的几个例子。

①粮食的来源　据统计，大约1万～5万种植物是可食用的，谷类植物占1万多种，但仅有150种已开发为粮食作物。当今世界食物的90%来自15种作物，其中小麦、玉米和水稻占2/3。随着全球人口的增长，寻找新的粮食作物已成为农学家的一项紧迫任务。

②种质资源和基因库　最大程度地保存物种的种质资源和基因库，既是开发利用的基础，又是一项重要的生态安全维护措施。例如，从埃塞俄比亚野生大麦中获取一个基因，保护了美国加利福尼亚州大麦免受致死的黄矮病病毒的伤害，其效益在1.6亿美元。依赖很少一些作物是有风险的。以爱尔兰马铃薯饥荒为例，大约在1600年，马铃薯从新大陆传入爱尔兰岛，最终绝大部分爱尔兰人变得依靠这一作物。在1845—1847年间，马铃薯

瘟疫病真菌通过风传播，在整个国家流行，造成马铃薯几乎绝收，使 100 万人死于饥饿、霍乱和伤寒。因此，保护植物种质资源是一项造福人类的事业。目前，全球大约已有 250 万份野生种质资源保存在 700 个种子库中。

③医药产品的来源　野生植物与医药产品关系非常密切，有相当多的处方药直接来自植物，或者是植物提取物的化学"修饰版"。1986 年，美国国家癌症研究所启动了一项研究计划，对 35 000 种高等植物和其它生物的抗艾滋病和抗癌活性进行检测。至 1991 年，已发现超过 800 种有抗艾滋病活性，60 种有抗癌活性。

④服务功能　植物修复（phytoremediation）是指利用植物清除有毒废物的过程。一些生长在高重金属含量土壤上的植物，具有吸收土壤重金属、并在组织中超量累积的能力，这些植物被称为超量累积植物（hyperaccumulators），如一些十字花科植物。超量累积铜、镍、铅、镉、铬、锌、钴、水银和硒的植物已经发现，在有毒废物地点上种植，可以去除土壤中的有毒金属。根据生态学家估计，每年这些环境服务的经济价值约为 16 万亿～54 万亿美元。

总之，植物与人类的衣、食、住、行、医都有关系，它为人们的生活提供了重要物质支撑（表 0-3）

表 0-3　世界与中国的植物产品对比（1996—1998）

作物类别	世界	中国	印度	美国
平均谷物粮食总产量（t）	2 074 498 000	448 904 000	220 841 000	340 985 000
平均根茎类粮食总产量（t）	638 438 000	170 478 000	29 909 000	22 392 000
平均总原木产量（m³）	3 261 621 000	305 787 000	294 905 000	489 023 000
平均薪柴产量（m³）	1 742 064 000	199 669 000	269 841 000	74 641 000
平均工业原木产量（m³）	1 522 116 000	106 118 000	25 064 000	414 382 000
平均胶合板产量（m³）	151 390 000	12 015 000	348 000	39 804 000
平均纸浆及纸板产量（t）	288 285 000	31 670 000	3 103 000	78 078 000

环境哲学家 Rolston 曾经深刻地阐述了森林植物的内在价值。他认为，像大海或者天空一样，森林是一种世界根本的原型。最早大约 60% 的地球陆地表面为森林所覆盖。人在森林和稀树草原中进化，在森林中获得适应能力，经典文化的流传常常明显地与森林相关。在现代文化中，技术的成长越来越使森林成为一种商品，而不是世界原型。这种变化导致人们深刻的价值迷惑，什么样的价值深藏在森林中呢？森林具有生命支撑价值、濒危物种与濒危生态系统价值、自然历史价值、科学研究价值、审美价值、栖息与休闲价值和塑造个性的价值。

0.3　植物学的研究内容与使命

植物学是关于植物的科学，主要从分子、细胞、组织、器官、整体水平上探讨植物的结构与功能、生长与发育、生理与代谢、遗传与进化、地理分布，以及与环境相互作用的规律。

植物学的学科性质具有以下特点：

（1）植物是生物学的主要分支学科之一

按照国内现行的学科分类系统，属于生物学一级学科范畴中的二级学科。植物学作为二级学科，其主要研究对象是植物。植物系统与动物系统有共同的生物学属性和特点，又有不同的特点。共同之处在于，在结构与功能、遗传与变异、生长与发育等方面存在共同点。不同点主要在于：①植物具有光合色素，具有执行光合作用功能的细胞器，是地球的"初级生产者"；②植物具有细胞壁结构；③植物具有开放的生长系统，生长点位于根与茎的前沿，保持持久的开放式的生长。因此，植物系统除了具有生物学的一般规律以外，具有明显不同于动物系统的特殊规律。

（2）植物学是一门经典学科

植物学的发展历史大致可以分为三个时期：18 世纪以前，为描述植物学阶段。第二阶段为实验植物学阶段，时间在 18 世纪至 20 世纪初，由于显微镜的发明，人们可以对植物进行深入地观察和实验。第三阶段为现代植物学阶段，由于分子生物学的发展，对于植物的认识深度提升到分子水平。作为一门古老的学科，植物学已经形成了比较完整的体系，大致包括形态与解剖、系统与分类等内容。

（3）植物学是农学、林学学科专业一门重要的专业基础课程

在所有农林院校中，植物学是植物生产、资源与环境类专业学生的必修课程。植物学知识是学习树木学、植物生理学、植物病理学、植物生态学、植物遗传育种等课程的基础。

植物学作为一门二级学科，还可以划分出不同的分支学科。

①按照研究的植物类群，可分为藻类学、真菌学、苔藓生物学、蕨类生物学、种子植物学等。

②按照研究层次，可分为植物分子生物学、植物细胞学、植物解剖学、居群生物学、植物群落学等。

③按照研究生命现象和研究内容，可分为植物形态学、植物分类学、植物系统学、植物生理学、植物生态学、植物遗传学等。

④也有植物学家更广义地将植物学划分为系统与进化植物学、结构植物学、代谢植物学、发育植物学、环境植物学、植物遗传学、植物化学、古植物学等。

传统的大学植物学课程一般集中讲授形态（morphology）、解剖（anatomy）、系统（systematics）、分类（taxonomy）等内容，同时涉及一部分植物细胞学（plant cytology）和植物胚胎学（plant embryology）的内容，并且形成了完整的体系。

自 20 世纪 50 年代发现 DNA 和 RNA 结构以来，分子生物学的发展使植物学从细胞到生态系统各层次的研究发生了巨大的变化，分类学、生态学、生理学、发育生物学各学科均融入了分子生物学，广泛采用分子生物学技术与方法，发现了采用传统方法所不能及的规律。分子生物学成为 21 世纪生物学的前沿。采用分子生物学技术，科学家可以导入或切除控制某一特征的基因。分类学家采用先进的分子方法建立全新的系统发育树状图。许多植物学家主张将植物学扩展为植物生物学（plant biology）。

可以预期，未来的植物生物学将在以下方面扮演重要角色。以分子技术为基础的植物生物学将深化对植物发育的认识，发现植物发育的机制，找到控制发育过程的途径与方法。植物生物学家广泛地将生物技术应用于作物育种，通过分子技术创造新的抗病、抗虫品种，"人造的"新分类群有可能出现。采用分子育种技术，植物科学家将可以使粮食、油料、纤维、林木等作物的产量与质量提高，生产周期缩短，以适应全球人口的"爆炸式"增长。植物学的研究动向将向两极层次发展，即分子与细胞水平，以及生态系统水平。植物生物学的教学将强调完整而综合，学生需要学习和了解的内容更宽，从低等植物到高等植物，从分子、细胞、机体生物学到系统生态学。

植物分子生物学的广泛应用也存在风险。首先，存在生物安全或生态安全问题。例如，抗除草剂植物品种的花粉，一旦扩散到天然植物群体，将可能导致这些群体的恶性扩张。其次，可能引起系统发育的混乱，在亲缘关系很远植物之间进行基因的转移，会不会创造出"四不像"的有机体呢？这类有机体一旦存在，将改变天然植物之间的系统发育关系。第三，转基因产品对于人类的影响尚未进行长期的观察和评价，人们还存在排斥心理，很难接受转基因产品。第四，分子育种技术和产品将改变传统的作物生产模式，同时还存在高成本、高环境负荷问题，难以大范围推广。未来的环境是多变的、不可预测的，自然环境在萎缩，人造环境在扩张，当人造环境扩张到一定程度时，生态的与进化的后果难以预料。对于这些风险问题的解决，一方面期待科学家能够找到技术的、管理的途径，另一方面期待人类的科学认知水平的提高和人文精神的升华。

0.4 学习与研究植物学的方法

学习植物学一方面要学习经典植物学的核心内容。从理想主义出发，历史的科学知识遗产需要传承；从实用主义出发，这些经典的内容对于传统的作物栽培、植物育种途径仍然是主要的知识基础和技术依托，对于植物资源的保护、开发和利用也是必不可少的。然而，经典植物学的内容需要核心化、综合化，以便于信息时代的学生有效地掌握。另一方面，学习植物学也要关注现代植物生物学的发展，渗透植物分子生物学的内容，以适应该学科的发展。

对于植物学的初学者而言，了解植物学的学习方法至关重要。一般来讲，要学好植物学，必须做到"学、看、做、思"四个字。

第一，要打好基础，认真阅读教材，掌握教材的基本内容，掌握植物学的基本知识与基本理论，从而具备植物学的基本素养。

第二，要学而时习之，即要经常实习、实践。在自己的校园、家乡识别和熟悉一些植物，对学好植物学有帮助。更要珍惜学校组织的教学实习机会，获得野外植物学研究工作的经历和兴趣。

第三，要精于实验。通过实验可以掌握植物学的基本技能，熟悉仪器设备的操作方法，也是以后从事植物学或相关研究工作的第一步。学有所长者，可以自身设计实验项目，即综合性、设计性的实验，而不是简单地做一些模仿性、验证性实验。

　　第四，要勤于思考。这里讲的思考主要有两方面。一方面，要思考知识之间内在的、有机的联系，把握若干关系，即结构与功能、个体发育与系统发育、遗传与变异、植物与环境、一般与特殊的关系，整合所学知识。特别要提出的是关于个体发育与系统发育。个体发育(ontogeny)是指植物个体或部分从其原初阶段生长、分化、发育成熟的过程。系统发育(phylogeny)是指植物界或某个植物类群，由简单到复杂、从低级到高级发生发展的演变过程。个体发育与系统发育几乎贯穿植物学的全部内容。

　　另一方面，要思考新的问题、新的现象，通过查阅、参考有关书籍和文献，经过思考，才能提出问题，才能对新的现象做出合理的科学解释，也是进一步实践和实验的动力。

　　正如前述，分子生物学越来越深刻地渗透到植物学中，现代植物生物学也体现出分子生物学的一些学科特点，集中体现在以下两方面：

　　第一，大量采用模式植物。例如，拟南芥菜(*Arabidopsis thaliana*)，因其染色体数少(只有5条)，基因组相对较小(只有120 Mb)，而成为植物生物学公认的的模式植物。藓类植物 *Physcomitrella patens* 也是近年来广泛采用的模式植物，其结构相对简单，在生活史中单倍的配子体占优势，利用其原丝体可以进行单细胞水平上的生物学实验操作，也可用于陆生植物的系统发育分析。

　　第二，大量采用西方的语言表达习惯，符号很多，如PCR (polymerase chain reaction)，译为聚合酶链式反应；RFLP(restriction fragment length polymorphism)，译为限制性片段长度多态性。

　　总而言之，学习植物生物学既要完整掌握经典植物学的核心内容，又要关注植物生物学的新近发展。

本章推荐阅读书目

　　1. 植物生物学. 周云龙主编. 高等教育出版社，1999.

　　2. 植物生物学. 杨继，郭友好，扬雄，饶广远. 高等教育出版社，施普林格出版社，1999.

第1章

植物个体发育的基础：细胞与组织

【本章提要】细胞是有机体结构、功能的基本单位。根据细胞核的有无，细胞分为原核细胞和真核细胞。组成原生质的有机大分子主要有4类：蛋白质、核酸、脂类和糖类。植物细胞由原生质体和细胞壁两部分组成。原生质体由细胞核和细胞质组成，细胞质中分布有各类细胞器，主要有质体、线粒体、内质网、高尔基体、核糖核蛋白体等。细胞壁可分为胞间层、初生壁和次生壁3层。细胞壁上有纹孔和胞间连丝。细胞在分化过程中，细胞壁会发生变化，如角化、木化、栓化、矿化等。细胞的繁殖是以分裂的方式进行的。常见的细胞分裂方式有3种：有丝分裂、减数分裂和无丝分裂。

组织是指形态结构相似、生理功能和来源相同的细胞群。植物组织主要的类型有分生组织、薄壁组织、保护组织、厚角组织、厚壁组织、分泌组织、表皮、木质部、韧皮部、周皮。植物干细胞是位于植物分生组织中的未分化细胞。

1.1　植物细胞

生命的奥秘是最令人着迷并充满神秘色彩的领域，历来吸引着人们不断研究与探索。随着人们认识的深入，发现不管是复杂精细的生命，还是结构简单的生命，多数是由细胞组成的，而且它们的化学组成，甚至任何形式的生命活动都离不开一些基本的元素与物质。所以，细胞是构成生命的基本单位，而这些基本元素与物质则是构成细胞以及细胞进行生命活动的物质基础。

1.1.1　细胞化学基础

随着对多数生命结构的探索和研究，人们发现组成任何形式生命结构的基本物质元素都相似，都包含 C、O、H、N、S、P、Ca、K、Mg 等元素，其中 C、O、H、N 4 种元素占 90% 以上。这些元素构成了无机物和有机物两大类物质。无机物主要是水和无机盐，有机物质主要由蛋白质、核酸、脂类和糖四大类分子所组成。

1.1.1.1　水与无机盐

水是构成细胞最基本的物质，也是最重要的物质。水在细胞中含量最大，占细胞物质总含量的 75% ~ 80%。主要以两种形式存在：一种是游离水，约占 95%；另一种是结合水，通过氢键或其他键同蛋白质结合，约占 4% ~ 5%。水分子具有特殊的理化特性，水分子是有极性的分子，不仅水分子与水分子之间，而且水分子与其他分子之间很容易形成氢键。因此，水是最好的溶剂。它在细胞中的主要作用是溶解无机物、调节温度、参加酶反应、参与物质代谢和形成细胞有序结构。不同生理状态的细胞含水量不同，如幼嫩的细胞含水量较高，随着细胞的生长和衰老，细胞的含水量逐渐下降，但是活细胞的含水量不会低于 75%。

细胞中无机盐的含量很少，约占细胞总重的 1%。盐在细胞中解离为离子，离子除了具有调节渗透压和维持酸碱平衡的作用外，还有许多重要的作用。例如，磷酸根离子 PO_4^{3-} 在细胞能量代谢中具有极为重要的功能，并且还是一些有机物质，如核苷酸、磷脂、磷蛋白和磷酸化糖的组成成分。

1.1.1.2　细胞的有机分子

细胞中有机物种类有几千种，占细胞干重 90% 以上，主要有四大类分子：蛋白质、核酸、脂类和糖。

（1）蛋白质（protein）

蛋白质是一类极为重要的生物大分子，几乎各种生命活动都与蛋白质的存在有关，在细胞中的含量仅次于水，占细胞干重的 60%。蛋白质是相对分子质量很大的生物分子，其相对分子质量的变化范围从 6 000Da 到 1 000 000Da。蛋白质的种类也是多种多样的，据估计生物界的蛋白质种类在 10^{10} ~ 10^{12} 之间。这与它独特的化学结构有关。

蛋白质是由 20 种基本的氨基酸（amino acids）聚合形成的高分子长链物质。在聚合形成蛋白质时，氨基酸分子会缩合形成各种肽链，如两个氨基酸分子缩合，为二肽（dipeptide），3 个为三肽（tripeptide），依此类推，多个氨基酸形成的称多肽链（polypeptide chain）。一般蛋白质分子含一条或一条以上的多肽。通过 20 种氨基酸随机的排列组合，会形成各种不同相对分子质量以及不同种类的蛋白质。但天然蛋白质的分子并不是人们想象中那样，是一条随机的肽链。每一种天然蛋白质往往具有自己独特的空间结构，甚至许多相对分子质量相同蛋白质的空间结构也是有差异的。这种空间结构通常称为蛋白质的构象（conformation）。然而，蛋白质在细胞中，往往不是单独地、孤立地存在，常和其他的物质或离子结合形成多种多样的结合蛋白。蛋白质的这些特性是其功能多样性和特异性的结构基础。按照蛋白质的空间构型，可分为纤维状蛋白（fibrous protein）和球状蛋白（globular protein）两大类。前者空间构型常呈线状或折叠成片状，多数不易溶于水；后者呈球状，能结晶，溶解度好。

虽然蛋白质种类繁多，一般而言，在细胞中主要以 3 种形式存在：①结构蛋白，为不溶性蛋白质，常与其他物质结合形成细胞各组分的主要成分，如与膜脂结合，形成膜蛋白，构成细胞膜；②活性蛋白，可溶于水的一大类蛋白质，参与细胞的各种代谢活动，如酶等；③贮藏蛋白，具有贮藏氨基酸的功能，用作有机体生长发育的原料，如种子中的蛋白质水解后供胚发育生长之需。

（2）核酸

所有生物均含有核酸，它是重要的生物大分子物质，占细胞干重的 5% ~ 15%，相对分子质量比蛋白质还大，其基本结构单位是核苷酸单体。1 个核苷酸单体由 1 个含氮碱基、1 个五碳糖和 1 个磷酸分子组成。一般而言，核酸中有 5 种不同碱基，2 种五碳糖。5 种碱基分别是 2 种嘌呤，腺嘌呤（adenine，A）和鸟嘌呤（guanine，G）；3 种嘧啶，胞嘧啶（cytosine，C）、胸腺嘧啶（thymine，T）和尿嘧啶（uracil，U）。2 种五碳糖则是 D-核糖（D-ribose），D-2-脱氧核糖（D-deoxyribose）。根据所含糖的种类，将核酸分为两大类，核糖核酸（RNA）和脱氧核糖核酸（DNA）。

DNA 主要分布在细胞核内，参与形成的碱基是腺嘌呤、鸟嘌呤、胞嘧啶和胸腺嘧啶，形成 4 种不同的脱氧核糖核苷酸。每种不同物种的 DNA 具有自己独特碱基组成；而脱氧核糖核苷酸在聚合形成 DNA 时，又有不同的排列顺序。目前，人们已确定核酸是生物遗传信息的载体分子，生物界物种多样性就隐藏在 DNA 分子千变万化的排列组合之中。DNA 在生理状态下，具有高度稳定性，这是物种能够得以延续的主要原因。DNA 的稳定性与其特殊的双螺旋结构是分不开的。

双螺旋结构是 Watson 和 Crick 于 1953 年提出的，指脱氧核糖核苷酸分子脱水形成 DNA 时，一般是两条脱氧核糖核苷酸长链沿一条共同的轴相互螺旋状盘绕形成。螺旋两边是许多的磷酸和脱氧核糖交替相连形成的主链，中间是主链上的碱基按 A 对 T 和 C 对 G 的一一对应关系，即碱基互补原理，形成有规则的结合。碱基间这种的堆积力是维持 DNA 稳定性的主因。DNA 具有不同的空间结构，主要有 3 种：B-DNA，为 Watson & Crick 提出的右手螺旋模型，自然界中所有生物的 DNA 都是这种类型；A-DNA 也为右手螺旋；Z-DNA 是左手螺旋。

RNA 主要在细胞质中，单体是核糖核苷酸，参与形成的碱基是腺嘌呤、鸟嘌呤、胞嘧啶和尿嘧啶，而不同于 DNA。RNA 不像 DNA 具有双螺旋结构，是一条单链线形分子，仅仅在局部由于 RNA 单链分子自身回折，使互补的碱基（A-U、G-C）相遇形成双螺旋结构。生物界中的 RNA 主要有 3 种：核糖体 RNA（ribosomal RNA，rRNA）、转运 RNA（transfer RNA，tRNA）和信使 RNA（messenger RNA，mRNA）。RNA 主要与蛋白质合成有关。tRNA 在蛋白质合成主要是转运氨基酸，mRNA 则编译合成蛋白质的密码，rRNA 为核糖体的构成骨架。

（3）糖类

糖是具有多种化学结构和生物功能的一类有机物。在生物界分布较广，含量较多，几乎所有生物体内都含有糖，尤其是植物体。糖多数由 C、H、O 3 种元素组成，主要是绿色植物光合作用的产物。糖类物质的主要生物学作用主要有两方面，一方面通过氧化而释放大量的能量，以满足生命活动之需；另一方面转化为蛋白质等其他生命物质。糖类物质根据其水解程度及结构，分为单糖、寡糖和多糖三大类。凡是不能再水解的糖称为单糖，如葡萄糖、核糖。可按分子中碳原子数目来分类，分子中有几个碳原子就叫几碳糖，如葡萄糖、核糖又分别被称为六碳糖和五碳糖。由少数单糖分子（2~6个）缩合形成的称为寡糖，如麦芽糖、蔗糖是两个葡萄糖分子缩合形成的。由多个单糖缩合脱水形成的则称为多糖，常见的如淀粉、纤维素等。淀粉由一种单糖——葡萄糖形成的多糖，称均一多糖，如有其他类型单体参与形成的多糖则是不均一多糖。而糖类常常与蛋白质等物质结合形成结合糖。

细胞中的糖类既有单糖，也有多糖。单糖是作为能源以及与糖有关的化合物的原料存在，细胞中重要的单糖为五碳糖（戊糖）和六碳糖（己糖），其中最主要的五碳糖为核糖，最重要的六碳糖为葡萄糖。葡萄糖不仅是能量代谢的关键单糖，而且是构成多糖的主要单体。

多糖在细胞结构成分中占有主要的地位。细胞中的多糖基本上可分为两类：一类是营养储备多糖，作为食物储备的多糖主要有两种，淀粉和糖原，在植物细胞中为淀粉（starch）。另一类是结构多糖，在真核细胞中结构多糖主要有纤维素（cellulose）和几丁质（chitin），在植物细胞中主要是纤维素。

（4）脂类

脂类是范围很大的一大类有长链分子的物质，但链的长度远远小于蛋白质和核酸，主要含有C、H、O 3种元素，还有一些P、N等元素。它们的共同特性是不溶于水而易溶于乙醚等非极性有机溶剂。脂类具有重要的功能。首先，它是构成生物膜的重要物质，如细胞中的磷脂几乎都集中在各种各样的膜上。其次，脂类是细胞能量最高的物质，代谢所需能量是以脂类的形式贮存和运输的。再次，细胞表面的脂类物质通常有防止机械损伤和防止热量散发等保护作用，如植物表皮细胞表面的角质层。

植物中的脂类物质按照构成组分，分为以下几类：

①单纯脂　是脂肪酸和醇类形成的，有甘油酯和蜡两大类。甘油酯是脂肪酸的羧基同甘油的羟基结合形成的甘油三酯（triglyceride）。甘油酯是动物和植物体内脂肪的主要贮存形式。当体内碳水化合物、蛋白质或脂类过剩时，即可转变成甘油酯贮存起来。甘油酯为能源物质，氧化时可比糖或蛋白质释放出高两倍的能量。营养缺乏时，就要动用甘油酯提供能量。一般在室温下为液态的称为油，固态的称为脂。蜡是脂肪酸同乙醇酯化形成的，蜡的碳氢链很长，熔点要高于甘油酯。细胞中不含蜡质，但有的细胞可分泌蜡质，如植物表皮细胞分泌的蜡质。

②复合脂　除脂肪酸和醇类以外，还有其他物质，如磷脂含有脂肪酸、磷酸和含氮物质。细胞中重要的复合脂是磷脂，它对细胞的结构和代谢至关重要，它是构成生物膜的基本成分，也是许多代谢途径的参与者。

③结合脂　脂类分别与糖或蛋白质结合形成糖脂和脂蛋白。糖脂也是构成细胞膜的成分，与细胞的识别和表面抗原性有关。

④萜类和类固醇类　这两类化合物都是异戊二烯（isoprene）的衍生物，都不含脂肪酸。主要有胡萝卜素、类胡萝卜素和维生素 A、E、K 等。

综上所述，细胞中的四大类有机质有机地结合在一起，构成细胞的各种结构和具有特定功能的组成部分。除此以外，细胞中尚有含量极微，但生理作用极大的活性物质，如各种激素等。

1.1.2 细胞学简史与细胞学理论

1.1.2.1 细胞的发现与细胞的早期研究

1665年，英国科学家罗伯特·虎克（R. Hooke，1635—1703）利用自己设计制造的显微镜，观察了软木塞薄片。发现它是由很多排列整齐、蜂窝状的小室组成，各个小室之间有壁隔开。虎克把这种结构称为"cell"（细胞），这个名称沿用至今。因此，人们普遍认为虎克为第一个发现和提出"细胞"的人。实际上，那些小室是软木死细胞的细胞壁，不是真正的细胞。对于细胞的精细结构和复杂功能，以及发现细胞的科学意义，人们一无所知。

虎克的发现不仅打开了探索生命奥秘的大门，同时也为细胞学的开创和发展奠定了第一块基石。人们广泛观察和研究显微镜下的世界，逐渐形成和充实了细胞学涵盖的内容。早期，研究者们热衷于观察各种不同生物的显微结构和细胞形态，但受研究手段的限制，对细胞的认识非常缓慢。继虎克之后相当长的历史中，人们普遍认为细胞壁是细胞的主要成分，不重视细胞壁以内的物质。事实上，与虎克同时代的英国人格留（N. Grew，1641—1712）和意大利人马尔比基（M. Malpighi，1628—1694）已观察到植物体排列很紧密的小室里面充满了黏稠的物质，即细胞质，但他们忽略了这种黏稠物质与细胞结构之间的关系。1831年，英国人布朗（R. Brown，1773—1858）经过对兰科植物大量细致的观察，发现活细胞里都有一个特别稠密结构，命名为细胞核，并明确提出细胞核是细胞结构的一部分。1835年，法国迪雅尔丹（F. Dujardin，1801—1860）观察原生动物根足虫和多孔虫的活细胞，发现细胞中的生活物质，称为"肉样质"。这些重大发现基本勾勒出了细胞的主要结构，但还没有一个理论能够揭示细胞的生物学意义。

1.1.2.2 细胞学说的诞生与细胞概念的明确

随着研究愈来愈广泛，积累的观察资料也越来越丰富。在19世纪早期已出现类似于"细胞学说"的萌芽思想，人们逐渐认识到细胞与生物有机体之间存在某种联系。到1838年，德国人施莱登（M. J. Schleiden，1804—1881）发表了《植物发生论》，提出细胞是植物体的基本构成单位。1839年，同样是德国人的施旺（T. Schwann，1810—1882）根据对动物细胞的大量研究工作，发表了《关于动植物在构造与生长上的一致性的显微研究》一文。文中施旺初步使用了"细胞学说"一语，并提出细胞结构是一切动物体共有的结构特征，并进一步指出不论是动物还是植物，都是由细胞构成的。施莱登和施旺建立了细胞学说的基本原则，第一次明确地指出了细胞和细胞功能的意义，使所有生物在基本结构上形成统一。当时发表的细胞学说的基本内容主要包括三点：

①一切动物和植物都是由细胞构成的，细胞是生命的单位。

②每一个细胞是一个相对独立的单位，有其自己的生命。

③新细胞由老的细胞繁衍产生。

该学说第一次明确指出了细胞是一切动、植物体结构单位的思想，从理论上确立了细胞在整个生物界的地位，从而把自然界中形形色色的有机体统一了起来。细胞学说的建立开辟了生物研究的新领域，推动了生物学的极大发展。同时，这些观点也阐明了生物的共性，证明了生物之间存在的亲缘关系，为生物的进化研究奠定了理论基础，因而被恩格斯誉为 19 世纪自然科学的三大发现之一。

细胞学说的发表，不仅激发起人们对细胞研究的高涨兴趣，也给研究带来了新思路和新手段，对细胞的认识也越来越深入。继 1835 年迪雅尔丹提出细胞内物质为"肉样质"，捷克斯洛伐克生理学家普金耶（J. E. Purkyne，1787—1869）在观察总结细胞内的物质之后，于 1839 年最早提出了原生质的概念。冯·摩尔（H. Mohl，1805—1872）于 1846 年，在植物细胞里发现黏液状、含有颗粒的物质之后，也把这种物质命名为原生质。从此，细胞观察研究的重点转向了细胞内部物质，许多人都开始进行植物与动物细胞的比较观察，以揭示细胞的本质特征。1856 年，雷第（Loydig）提出了细胞的定义，即细胞是含有一个细胞核的原生质小块。这种认识第一次指出了细胞的本质特征。随后，1861 年，德国人舒尔采（M. J. S. Schultze，1825—1874）提出了原生质理论，即"凡是活细胞里都有原生质，细胞是一块含有细胞核的原生质，一切生命现象都是由原生质发生的，而原生质是活的生物体所共有的、不可缺少的基本物质"，深刻阐明了细胞的本质，揭示了细胞与细胞功能的意义。1868 年，英国人赫胥黎（T. H. Huxley，1825—1895）也提出原生质是生命的物质基础。1879 年，德国施特拉斯布格（E. Strasburger，1844—1912）提出，原生质是动植物细胞内整个的黏稠的有颗粒的胶体物质，包括细胞质和核质。1880 年，德国汉斯坦（Hanstein）提出原生质体的概念，认为细胞是细胞膜包围的原生质，由细胞质和核质组成。这种看法明确了细胞概念的内涵，进一步深化了人们对细胞的认识。

1.1.2.3　细胞分裂和重要细胞器的发现

19 世纪中期至 20 世纪初，是细胞学发展极为迅速的时期，不仅有"细胞学说""原生质体"等重大理论的建立，细胞增殖方式、一些重要的细胞器也陆续被发现。而固定法、石蜡切片法和染色方法的发明和应用，使研究者如虎添翼，对于在显微镜下细胞内部精细结构的观察和辨别效率有了极大地提高，使人们对细胞也有了更加全面的认识。

在"细胞学说"发表不久，1841 年雷马克（Remark）在观察鸡胚血细胞时，发现了细胞无丝分裂现象。接着，弗莱明（Flemming）在动物细胞，施特拉斯布格在植物细胞中发现细胞的有丝分裂。到 1883 年，范·本内登（van Beneden）在动物细胞中观察到减数分裂。时隔 3 年，施特拉斯布格在植物细胞中观察到相同现象。至此，有关细胞增殖的 3 种主要方式已经有了一个初步的认识。

到 1888 年，沃尔德耶（Waldeyer）把细胞分裂时出现的深色小体命名为"染色体"，引起了人们对染色体的关注。1883 年，范·本内登观察到了中心体。1897 年，本达（Benda）在用他改良的固体染色法观察研究动物细胞时，发现了线粒体。1898 年，意大利学者高尔基（C. Golgi，1844—1926）以特殊的染色方法研究神经细胞时，发现了细胞内的一种网状构造，即高尔基体。

1.1.2.4　细胞学的发展

从虎克发现细胞，到分子水平上探索细胞的结构功能，几百年来细胞学的发展经历了以下几个阶段。①细胞发现到细胞学说的发表。在这个时期，由于显微镜分辨率较低，观察方法简单，对于细胞内部的研究进展缓慢。而细胞学说的建立开辟了生物学研究的新领域，使细胞学发展为一门新兴学科。②19世纪中期到20世纪初。由于细胞学说的发表，精密显微镜的诞生，以及固定、石蜡切片、染色技术的应用，细胞学发展极快，有许多精彩的成果，如原生质体理论、细胞增殖主要方式的发现等。特别是在19世纪最后的几十年重要细胞器的陆续发现，因而这短短几十年被人们称为"经典细胞学"时期。③20世纪以后。20世纪初，现代物理和化学技术进步推动了细胞学研究。电子显微镜和超薄切片技术投入使用之后，过去在光学显微镜下看不见的细胞内部结构相继被发现，如内质网（1945年）、过氧化物酶体（1954年）、溶酶体（1956年）、核蛋白体（1958年）。20世纪60年代以后，细胞学研究使用了大量新技术，如同位素标记放射自显影技术、电镜细胞化学、免疫化学、分子生物学等技术，探索细胞种种复杂的生命现象。

生物学者总结了生活物质的细胞形态和非细胞形态的研究结果，提出了新细胞学说。这个学说主张：①细胞是地球上生命历史发展过程中产生的生活物质的一种存在形式；②有机体内存在各种不同的细胞或非细胞结构，但有机体是统一的整体；③有机体除细胞之外，还存在着非细胞的构造，它们也是生活物质的存在形式，并明确了生活物质有细胞和非细胞的结构，肯定了有机体内有细胞和非细胞生活物质同时存在。

现在一般认为细胞是从非细胞生活物质发展起来的，是生活物质的一种存在形式。细胞的基本物质是由具有新陈代谢的原生质（protoplasm）构成的，当原生质分化成细胞质和细胞核时，就形成了原生质体（protoplast）。这使细胞学研究不仅仅局限在结构与功能上，而是结合了生理生化以及分子生物学，从更深的层次研究细胞的奥秘。

1.1.3 植物细胞结构

1.1.3.1 细胞基本知识

（1）细胞的概念

由于人们对细胞认识的不同，给出了许多定义。其中被多数人认可的概念是这样描述细胞的：细胞是生命的基本单位。其含义包括以下几点：细胞是一切有机体结构的基本单位，是有机体维持生理代谢和功能的基本单位，是有机体生长发育的基础，是有机体遗传和变异的基本单位。

因此，就植物体的构造来说，一切植物均由细胞构成。单细胞低等植物的各种生命活动，如新陈代谢、生长发育，甚至繁殖都由这一个细胞完成。多细胞的植物个体，可由几个到亿万个细胞组成，因种类而异，如团藻、蘑菇以及种子植物。多细胞的植物个体中的所有细胞在结构和功能上密切联系，分工协作，共同完成机体的生命活动。

（2）细胞的大小与形态

植物细胞都很小，形状多种多样（图1-1）。植物细胞的大小差异很大，细胞直径一般在 $10 \sim 100 \ \mu m$

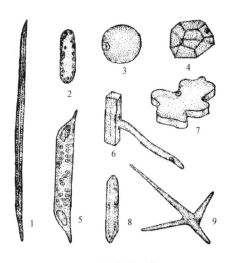

图1-1 细胞的形状

1. 长纺锤形 2. 长柱形 3. 球形
4. 多面体形 5. 长筒形 6. 扁长方形
（根毛细胞） 7. 不规则形（表皮细胞）
8. 长棱形 9. 星形

（微米）之间。单细胞植物的细胞较小，常只有几个微米；种子植物的薄壁细胞的直径在 20～100 μm 之间；贮藏组织细胞，如番茄果肉、西瓜瓤的细胞由于贮藏了大量的水分和养料，直径可达 1 mm，用肉眼就能观察到；棉花种子上的表皮毛，可以延伸长达 75 mm；苎麻茎中的纤维细胞一般长达 200 mm，有的甚至可达 550 mm；最长的细胞是无节乳管，长可达数米至数十米。

植物细胞的形态多种多样，有球形、柱形、分枝状等，与细胞特定的功能以及不同发育时期有关。游离的或排列疏松的细胞（如单细胞植物、薄壁细胞）常呈类圆形、椭圆形或球形；排列紧密的细胞（如表皮细胞）多呈多面体形或其他形状；执行支持作用的细胞（如纤维细胞），细胞壁常增厚，呈纺锤形；执行输导作用的细胞（如导管分子、筛管分子）则多呈长管状。

（3）细胞的类型与生命形态

随着认识水平的不断深入，人们发现自然界中还存在着其他几种形式结构不同的生命形式。根据细胞核和细胞器的有无，而将植物界的细胞分为真核细胞和原核细胞。

原核细胞古老而原始，外被细胞膜，内含细胞质，其遗传物质主要是由一个环状 DNA 分子构成的，集中分布在中心，没有膜将此区域与细胞质隔开。这个中心区被称为核区。因此，原核细胞没有核膜，没有真正的核。在细胞质中，有游离的质粒（plasmid），是一类裸露的 DNA，但没有内质网、高尔基体、线粒体和叶绿体等细胞器（图 1-2）。蓝藻、细菌、支原体是常见的三大类原核细胞。

真核细胞远比原核细胞进化，结构也复杂。真核细胞中有膜将遗传物质与其他的物质分隔开，实现了功能上的区隔化，分化形成核膜而构成真正的核。在细胞质

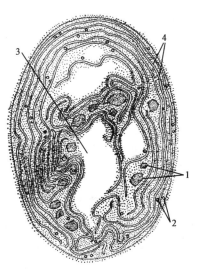

图 1-2　原核细胞（蓝藻）
1. 多角体　2. 藻蓝素颗粒
3. 核区　4. 光合片层

中则有结构精细、功能特化的结构，如内质网、高尔基体、线粒体以及叶绿体等细胞器。

生命的形式除此以外，自然界中还存在着结构更加简单的有生命特性的有机体。病毒是自然界中存在的一类没有细胞结构的有机体，它们的结构仅仅为蛋白质外壳包裹着核酸芯子，即一小段 DNA 或 RNA。病毒不能在非生命物质上生长，因而在一般的环境下不具生命特性。只有寄生在有生命的有机体上，如支原体、细菌、动物和植物等体内，它们才开始进行自我复制而表现出生命特性来。

因此，从结构上看，病毒是简单而原始的生命形式。细胞则是远古的生命演化到一定阶段的产物。

1.1.3.2　植物细胞的基本结构

不同植物细胞具有相同的基本结构，都由原生质体（protoplast）和细胞壁两部分组成。细胞壁是包被在植物细胞最外层的特有结构，动物细胞不具细胞壁。原生质体是细胞壁内物质的总称，在光学显微镜下是一团半透明、不均匀的亲水胶状物，具有极性。原生质体

不仅是细胞结构的主要部分，还是细胞各种代谢活动进行的场所，原生质体中能够直接被光学显微镜观察到最大的结构是细胞核。因此，人们通常认为原生质体包含细胞核和细胞质(cytoplasm)两部分，其中细胞质又包括质膜、胞基质和胞基质中许多更精细、更具专门功能的结构——细胞器(organelle)三部分组成。细胞器有质体、线粒体、内质网、高尔基体、核糖体、液泡、溶酶体、原球体、微管和微丝等。此外，细胞中还存在各种内含物。

(1)原生质体

①细胞核(nucleus)　细胞核是活细胞中最显著的结构，体积较大，在光学显微镜下能完全观察到。一般呈圆形，但因生物的种类而异，也与细胞生理状态有关。在旺盛分裂的组织中，核呈圆形，在长形细胞中多呈椭圆形，在扁平细胞中多为扁圆形，在胚乳细胞中呈网状；正在生长的细胞中，核位于细胞中央，在分化成熟的细胞中，常因液泡形成，核被挤到边缘。细胞核的大小与细胞大小有关，最小的核直径不足 $1\mu m$，而最大的核如苏铁科某些植物卵细胞核直径可达 $500 \sim 600\mu m$。通常一个细胞一个核，被子植物花药壁的毡绒层细胞则有 $2 \sim 4$ 个核，成熟的植物筛管没有细胞核。

如图 1-3(a)所示，处于间期的细胞核主要包括：核膜(nuclear envelope)、核仁(nucleolus)、核基质(nuclear matrix)、染色质(chromatin)等部分。

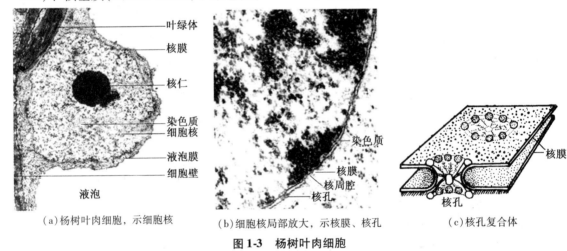

(a)杨树叶肉细胞，示细胞核　　(b)细胞核局部放大，示核膜、核孔　　(c)核孔复合体

图 1-3　杨树叶肉细胞

核膜　如图 1-3(b)所示，核膜是包在外层的双层膜结构。它将 DNA 与细胞质分隔开，形成核内特殊的微环境。核膜还是核质物质交换的通道。核膜由内核膜(inner nuclear membrane)、外核膜(outer nuclear membrane)和核周腔(perinuclear space)3 部分构成。核膜上有直径在 $40 \sim 150nm$ 的小孔，即核孔(nuclear pore)，与细胞质相通。内膜是光滑的。外核膜外表面附有核糖体，并与粗糙内质网相连。核周腔与内质网腔相通，可以说是内质网的一部分。

内核膜的内表面有一层纤维状蛋白质形成网络状结构，称为核纤层(nuclear lamina)。核纤层是一类相对分子质量约 $60 \sim 80kD$ 的纤维蛋白。核纤层在细胞分裂时有周期性的变化，参与染色质和核的组装，并支持核膜，如前期结束时，核纤层被磷酸化，核膜解体。所以，核纤层是动态结构。核纤肽为核膜、染色体提供结构支架，同时也维持核的基本形态。

核孔是细胞核与细胞质之间进行物质交换的通道。细胞核与细胞质之间有频繁的物质交换，离子和一些比较小的分子，如氨基酸、组蛋白、DNA 酶等可通过核膜。但大分子进出核时，要通过核孔，如核蛋白都是在细胞质中合成的，须通过核孔定向输入细胞核；细胞核中合成的各类 RNA、核糖体亚单位则需要通过核孔运到细胞质。核孔不是空白的，而是精致复杂的结构，称为核孔复合体（nuclear pore complex，NPC），如图 1-3（c）所示。细胞核活动旺盛的细胞中核孔数目较多，反之较少。

染色质　最初指被碱性染料染色后，细胞核中强烈着色的细丝状物质，现在已摸清其化学成分、基本结构和生物学功能。染色质是由 DNA、组蛋白、非组蛋白及少量 RNA 组成的复合结构，是遗传信息的主要载体。间期核中的染色质有两种，一种是碱性染料染色时着色较深的部位，为异染色质（heterochromatin）；另一种则是碱性染料染色时着色较浅的部位，是常染色质（euchromatin）。一般认为，常染色质是转录活跃的部位，异染色质是在间期核中处于凝缩状态，转录不活跃。

核仁　见于间期的细胞核内，折光率较大，光镜下为致密的球体。在电子显微镜下可辨认出核仁周围没有界膜包围，明显分为 3 个区域。a. 被致密纤维包围的一个或几个低电子密度的圆形结构，称为纤维中心（fibrillar centers，FC）；b. 呈环形或半月形包围 FC 的致密的纤维区，称为致密纤维组分（dense fibrillar component，DFC）；c. 直径 15～20 nm 的颗粒，为颗粒组分（granular component，GC），可能是核糖体前体。所以，核仁主要功能是转录 rRNA 和组装核糖体。

间期细胞核中，一般有 1～2 个核仁，也有多达 3～5 个。核仁的位置不固定，或位于核中央，或靠近内核膜，核仁的数量和大小因细胞种类和功能而异。一般蛋白质合成旺盛和分裂增殖较快的细胞有较大和数目较多的核仁，反之核仁很小或缺失。核仁在分裂前期消失，分裂末期又重新出现。

核基质　是指真核细胞内，除核被膜、染色质、核纤层及核仁以外的核内结构。核基质主要组分为多种蛋白质，形成一个三维网络结构与核纤层、核孔复合体相接，将染色质和核仁网络在其中，因而有人称其为核骨架（nucleoskeleton）。目前，发现核骨架—核纤层—中间纤维三者相互联系形成一个贯穿于核中间的统一网络系统。这一系统较微管、微丝具有更高的稳定性，与 DNA 复制、染色体的形成、基因的表达有关。

由于细胞内的遗传物质主要集中在核内。因此，细胞核的主要功能是储存和传递遗传信息，在细胞遗传中起重要作用。此外，细胞核对细胞生长发育等方面也起着重要的控制作用。

②质膜（plasmalemma）　细胞质与细胞壁之间的薄膜为细胞膜或质膜。其厚度在 7.5～10 nm 之间，这样的厚度在光学显微镜下难以看到。但对细胞膜的认识和研究，早在 19 世纪晚期就已开始了。研究者通过各种生理生化实验（如质壁分离），探索细胞膜的构成和膜特性。到 20 世纪 50 年代初，人们已推测出细胞膜由 2 层类脂分子和蛋白质组成，并具有选择透性。20 世纪 50 年代末期，在电子显微镜下，清晰地观察到质膜内外两侧呈两个暗带，中间夹有一个明带。这个发现验证了前人对质膜的推测。质膜由类脂双分子层（明带的主要成分）和覆盖在类脂表面的蛋白质（暗带主要成分）两类物质组成。有人提出电镜下，厚度为 7.5～10nm，呈暗—明—暗的 3 层结构为一个单位的膜，称为单位膜，而且细

胞内所有的生物膜都具有相似的结构。20 世纪 60 年代以后，大量研究结果表明，质膜在不同类型细胞中，其厚度不一，并不是统一的 7.5 ~ 10 nm 范围内，而是具有多样性。因而对单位膜概念提出异议。后来，有人提出了受到广泛支持的流动镶嵌模型(fluid mosaic model)(图 1-4)，认为在质膜的结构中，类脂双分子层是骨架，两排类脂分子亲水头部(磷脂)分别朝向两侧，疏水尾部(脂肪酸烃链)指向中间；蛋白质分子有的镶嵌在类脂双分子层表面(外周蛋白，extrinsic protein)，有的部分或全部嵌入类脂双分子层，

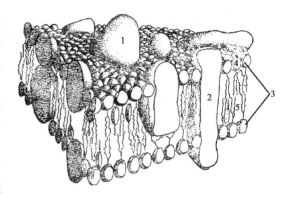

图 1-4　细胞膜模式图
1. 外在蛋白　2. 内在蛋白　3. 类脂双分子层
4. 类脂分子亲水头部　5. 类脂分子疏水尾部

有的则横跨整个类脂双分子层(内在蛋白，intrinsic protein)。因此，质膜成分不是静止的，而是可以流动的，使得质膜上的特异蛋白在一定条件下可以识别、捕捉、释放相应物质，因而质膜具有主动控制物质透过的能力。这样，质膜具备选择透过性，具有重要的生理功能。

　　一般认为质膜的功能主要体现在以下几个方面：a. 维持细胞内稳定的内环境；b. 控制细胞内外的物质交换，包括营养物质有选择的进出及代谢废物的排出；c. 感受外界刺激，引起细胞生理活动和状态变化，调节细胞生命活动；d. 膜上大量的酶，为细胞内的生化反应提供场所。

　　细胞内绝大部分细胞器都是由膜围成，各类细胞器的膜在成分和功能上虽具有各自的特异性，但它们基本结构是相似的，都是单位膜。其他膜结构和各类细胞器的膜，不仅在功能上有密切联系，在结构和起源上也有关联。可以认为细胞内各个细胞器是一个统一的、相互联系的膜系统在局部区域特化的结果，这个膜系统称为细胞的内膜系统，"内膜"是相对于包围在外面的质膜而言的。

　　③胞基质(cytoplasmic matrix)　在电镜下看不出有什么结构，在光学显微镜下表现为有一定弹性和黏滞性的胶体溶液。胞基质的成分极为复杂，一般来说是溶有简单的糖、无机盐、氨基酸、可溶性蛋白质、多糖等物质的水溶液。胞基质随所组成物质错综复杂的生理生化反应，以及这些反应与环境条件的相互作用而不断变化。所以，它是细胞器之间物质运输的介质，也是细胞代谢的一个重要场所。同时，胞基质中丰富的物质也不断为细胞器行使功能提供原料。

　　生活细胞的胞基质在细胞内经常流动，称为胞质流动(cytoplasmic streaming)。在具有一个中央大液泡的细胞中，胞基质围绕大液泡沿顺时针或逆时针方向流动，为旋转运动(rotation)，如黑藻叶肉细胞中的胞质流动。在有多个小液泡的细胞中，胞基质以不同方向，围绕小液泡运动，称循环运动(circulation)，如鸭跖草叶表皮细胞中胞质流动。胞基质在流动时，会带着细胞核及细胞器一起运动；流动速度会随细胞生理状态、环境条件而不同。所以，胞质流动对维持细胞新陈代谢、物质转移和信息传递有利，体现细胞的生命现象。

　　一般认为细胞器是细胞质内具有一定结构和特定功能的微结构和拟"器官"，一般包含

线粒体、质体、内质网、高尔基体、溶酶体、微体、圆球体、液泡、核糖体、微管、微丝等。

④线粒体（mitochondrion）　线粒体是细胞内重要的细胞器之一。在光镜下，线粒体形态一般呈粒状、杆状、丝状或分枝状，因植物种类和细胞生理状态而异，也可呈哑铃形、线状或其他形状。线粒体的大小一般为直径 0.2 ~ 1 μm，长 1 ~ 2 μm，体积较小且无色，须经詹纳斯绿 B（Janus Green B）染色，才能看见。

如图 1-5 所示，在电镜下线粒体由内外两层膜包绕，包括外膜（out membrane）、内膜

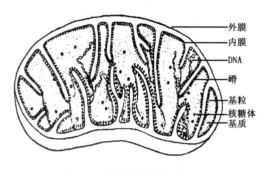

外膜
内膜
DNA
嵴
基粒
核糖体
基质

图 1-5　线粒体的超微结构

（inner membrane），内膜和外膜之间有膜间隙（intermembrane space）。内膜向内褶入形成板层状或管状突起，称为嵴（cristae），嵴能显著扩大内膜表面积（达 5 ~ 10 倍）。嵴内面的膜覆盖有基粒（elementary particle）。内膜和嵴包围的空间充满基质（matrix）。

线粒体的膜也是单位膜，但外膜与内膜组成物质中的脂类与蛋白质比例不同。外膜含 40% 的脂类和 60% 的蛋白质，具有亲水通道，与细胞质相通。而内膜含 100 种以上的多肽，蛋白质和脂类的比例高于 3:1，通透性低于外膜。嵴附着的基粒含有大量 ATP 酶复合体。基质是胶状物，有大量蛋白质和酶。因此，在细胞中，除糖酵解在细胞质中进行外，其他的生物氧化过程都在线粒体中进行。线粒体是细胞进行有氧呼吸的场所，内膜和基质是线粒体功能的主要部位。

除此以外，线粒体含有特异的 DNA、RNA 和核糖体，以及纤维丝和电子密度很大的致密颗粒状物质，内含 Ca^{2+}、Mg^{2+}、Zn^{2+} 等离子。线粒体在遗传上具有半自主性。线粒体 DNA 在生物漫长演化过程中，具有高度的稳定性和保守性，进化生物学研究领域中，常通过比较不同物种的线粒体 DNA 序列，来反映物种之间的亲缘关系。

细胞内，线粒体数目与分布与细胞种类和细胞生理状态有关。一般代谢旺盛的细胞中线粒体数目较多，如种子植物根毛细胞、分生细胞中有大量线粒体；而单细胞鞭毛藻仅 1 个。在同一细胞内，在功能旺盛的区域，线粒体数目多，如当质膜活跃地进行物质转运时，大量线粒体沿质膜分布。

⑤质体（plastid）　质体是绿色植物特有的细胞器，是一类合成和积累同化产物的细胞器。根据色素和功能，质体分为叶绿体、有色体和白色体。

叶绿体（chloroplast）广泛存在于植物绿色细胞中，含有叶绿素、叶黄素和胡萝卜素，是绿色质体。由于含有色素，在光镜下就能观察到叶绿体的外形和大小。高等植物的叶绿体呈橄榄形或椭球形，像双凸或平凸透镜，其长径 5 ~ 10 μm，短径 2 ~ 4 μm，厚 2 ~ 3 μm。在藻类中叶绿体形状多样，有网状、带状、裂片状和星形等，且体积巨大，可达 100 μm。

如图 1-6（a）所示，在电镜下，叶绿体由外被（chloroplast envelope）、类囊体（thylakoid）和基质（stroma）3 部分组成。叶绿体外被由双层膜组成，膜间为 10 ~ 20μm 的膜间隙。外膜的渗透性大，如核苷、蔗糖等许多细胞质中的营养分子可自由进入膜间隙。内膜对通过

物质的选择性很强，像 CO_2、O_2、H_2O 等物质可以透过内膜，而蔗糖等需要特殊的转运体（translator）才能通过内膜。

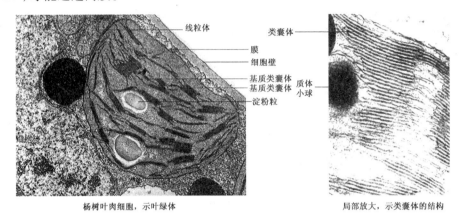

杨树叶肉细胞，示叶绿体　　　　　　　　　局部放大，示类囊体的结构

图 1-6(a)　叶绿体超微结构

内膜封闭的腔充满基质。基质内有许多单层膜围成的扁平小囊，沿叶绿体的长轴平行排列，这些单膜的扁平小囊，称为类囊体或片层（lamella）［图 1-6(a)］。许多类囊体像圆盘一样叠在一起，称为基粒（grana），组成基粒的类囊体，叫作基粒类囊体或基粒片层（grana lamella）。基粒直径约 $0.25 \sim 0.8 \mu m$，由 $10 \sim 100$ 个类囊体组成。每个叶绿体中约有 $40 \sim 60$ 个基粒。贯穿在两个或两个以上基粒之间的没有发生垛叠的类囊体称为基质类囊体，称为基质片层（stroma lamella）。全部类囊体实质上是一个相互贯通的封闭系统。

叶绿体主要功能是进行光合作用。光合作用是能量及物质的转化过程。首先光能转化成电能，经电子传递产生 ATP 形式等不稳定化学能，然后转化成稳定的化学能储存在糖类化合物中。分为光反应（light reaction）和暗反应（dark reaction），前者需要光，涉及水的光解和光合磷酸化；后者不需要光，涉及 CO_2 的固定。

由于类囊体膜的主要成分是蛋白质和脂类（60:40），脂类中的脂肪酸主要是不饱含脂肪酸（约 87%），具有较高的流动性，膜上还含有光合色素和传递电子的组分，光合作用的光反应——水光解后释放出氢原子，就是在类囊体上进行的，因此类囊体膜亦称光合膜。

而基质的主要成分包括大量同化作用相关的酶、淀粉粒、质体小球以及叶绿体特异的 DNA、RNA 和核糖体等。光合作用的暗反应——二氧化碳转化为葡萄糖的过程发生在基质中。

细胞中，叶绿体的数目和基粒数目因物种细胞类型，生态环境，生理状态而有所不同。高等植物的叶肉细胞一般含 $50 \sim 200$ 个叶绿体，可占细胞质的 40%。在每个叶绿体内，可能有 $40 \sim 60$ 个基粒，而每个基粒的类囊体层数，则因不同植物和植株的不同部位而差别很大，有 $10 \sim 100$ 片不等，例如，烟草的基粒含 $10 \sim 15$ 片，玉米则为 $15 \sim 20$ 片，冬小麦的基粒所含类囊体层数随叶位上升而增多。

与线粒体类似，叶绿体在遗传上也具有半自主性。叶绿体 DNA 同样有高度的稳定性和保守性，常应用于分子系统学中，用来比较不同种的叶绿体 DNA 序列，来推断种之间的亲缘关系。

细胞中，叶绿体由原质体（proplast）发育而来，也可通过叶绿体分裂增加数目。原质体存在于根和芽的分生组织中，由双层被膜包围，含有 DNA，一些小泡和淀粉颗粒的结构，但不含片层结构，小泡是由质体双层膜的内膜内折形成的。在有光条件下，原质体的小泡数目增加并相互融合形成片层，多个片层平行排列成行，在某些区域增殖，形成基粒，发育形成叶绿体。黑暗时，原质体小泡融合速度减慢，并转变为原片层。这种质体在有光的情况下，原片层弥散形成类囊体，进一步发育出基粒，变为叶绿体。

白色体（leucoplast）是无色的质体，近球形或不规则颗粒。结构简单，双膜包绕的基质中有质体小球、淀粉粒等颗粒结构，无类囊体或仅有少量不发达的类囊体。白色体主要存在于幼嫩组织、无色的贮藏组织或不见光组织的细胞中。按照功能可划分为 3 种类型：造粉体（amyloplast），积累淀粉，发育形成淀粉粒；造蛋白体（proteinoplast），含有结晶状的蛋白质；造油体（elaioplast），参与油脂的形成。白色体经由原质体发育而来，叶绿体和有色体在一定条件下也能形成白色体。

有色体（chromoplast）含类胡萝卜素的质体，呈红色、黄色、橙色。有色体形状多样，有杆状、颗粒状、镰形等。如图 1-6（b）所示，结构也比叶绿体简单，为双膜包裹一团基质，基质内基粒和片层变形或解体，含有油滴。有色体可由叶绿体转化而来，也可由白色体转化。在有些植物中，有色体可以转化形成叶绿体、白色体，甚至原质体。因此，只要条件适宜，一种质体可以转变成另一种质体，如图 1-6（c）所示。

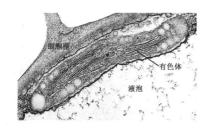

图 1-6（b）　杨树叶肉细胞，示有色体

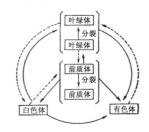

图 1-6（c）　质体的转化

⑥内质网（endoplasmic reticulum，ER）　内质网是电镜下才能观察到的细胞器（K. R. Porter，A. Claude，E. F. Fullam 等，1945）。内质网分布于细胞质，是由膜构成的管状或扁平囊状的结构，贯穿于细胞质中，互相连通形成网状管道系统［图 1-7（a）、1-7（b）］。内质网具有高度的多型性，通常能观察到膜构成的管道以各种形状延伸和扩展，成为各类管、泡、腔交织的状态。可分为粗糙型内质网（rough endoplasimic reticulum，RER）和光滑型内质网（smooth endoplasimic reticulum，SER）两类。RER 呈扁平囊状，排列整齐，膜上有核糖体附着；SER 呈分支管状或小泡状，无核糖体附着。

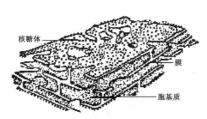

图 1-7（a）　内质网立体图解

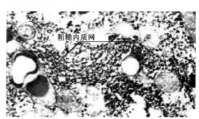

图 1-7（b）　电镜下的内质网

一般认为内质网的功能主要与蛋白质合成、蛋白质的修饰与加工和新生肽链的折叠、组装和运输有密切关系，同时也与多糖类物质的合成、贮藏有关。其中，粗糙型内质网与核糖体紧密结合，反映出它的功能是合成和运输蛋白质。光滑型内质网主要是合成及运输类脂和多糖。除此以外，内质网还能合成类脂，如膜脂、磷脂、胆固醇等物质，合成后转运至高尔基体、质膜和其他膜上。内质网是真核细胞内最丰富的膜，并在细胞质内形成了一种网络结构，可为细胞提供机械支撑作用，维持细胞形态。同时，将细胞质区隔化，使不同的代谢活动在特定区域进行。

经常能观察到内质网与质膜、核膜相连，与高尔基体关系较为密切，并且常伴有许多线粒体。它也与高尔基体、液泡等细胞器的形成有关。

⑦高尔基体(Golgi body 或 dictyosome)　高尔基体发现较早，意大利医生 Golgi 于 1889 年，用银染法在猫头鹰的神经细胞内观察到了清晰的网状结构，因此定名为高尔基体。而直到 20 世纪 50 年代以后，使用了电镜之后才肯定了它的存在，并正确认识了其结构。

如图 1-8 所示，高尔基体是由扁平膜囊、囊泡堆叠在一起形成的细胞器。扁平膜囊由两层单位膜构成，膜厚 6～7 nm，中间形成囊腔，4～8 个扁平囊在一起，构成高尔基体的主体，周缘多呈泡状。扁平膜囊呈弓形或半球形，具有极性，其凸出面与凹进面的膜囊组成和功能有一定差别。通常称凸出面为形成面(forming face)或顺面(cis face)，凹进面则称为成熟面(mature face)或反面(trans face)。顺面和反面都有一些或大或小的运输小泡。

图 1-8　高尔基体立体模型
1. 膜囊　2. 囊泡

高尔基体的主要功能是参与细胞分泌活动。高尔基体合成多糖类物质，如纤维素、半纤维素和果胶，并将多糖类物质以小泡形式转运，参与细胞壁的形成或壁的加厚，如新细胞壁的形成及次生壁的加厚都与高尔基体的活动相关。高尔基体还可将多糖类物质以及多糖与蛋白质的复合物，以小泡形式排到体外，形成分泌物，如花开时雌蕊柱头上的分泌物。

⑧其他细胞器　包括溶酶体(lysosome)、微体(microbody)、圆球体(spherosome)、核糖体(ribosome)等。

溶酶体　于 1955 年由 de Duve 与 Novikoff 首次发现。电镜下，它是单层膜围绕、内含多种酸性水解酶类的圆球形细胞器。由于其形态大小及内含的水解酶种类都可能有很大的不同，因而具有高度异质性。主要功能是进行细胞内消化，降解生物大分子物质。它能发挥自体吞噬作用(autophagy)，清除细胞中无用的生物大分子、衰老的细胞器等。在细胞分化和个体发育过程中，溶酶体参与了组织或器官的形态建成，如种子植物导管形成时，其原生质体的消失就是溶酶体释放出水解酶，消化整个原生质体。溶酶体可消化进入细胞的病毒和细菌，有防御作用。

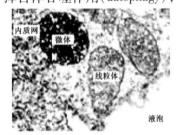

图 1-9　杨树叶肉细胞，示微体

微体　如图 1-9 所示，微体是单层膜围绕而成的结构，直径 0.5～1.5μm，呈圆形、椭圆形或哑铃形不等，内含 1 至多种氧化酶。在不同生物及不同细胞中有所不同，也是一种具有异质性的细胞器。植物细胞中微体主要分为过氧化物酶体（peroxisome）及乙醛酸循环体（glyoxysome）两种类型。过氧化物酶体存在于高等植物叶肉细胞中，与叶绿体、线粒体配合，把光合作用中的乙醇酸转化成己糖。乙醛酸循环体见于植物萌发的种子中，它与圆球体、线粒体配合，把脂肪转化为糖类。

圆球体　单膜包围的球形小体，直径范围在 0.1~1μm，内含脂肪酶，是细胞内贮藏脂肪的场所。多见于植物的种子细胞中。种子萌发时可以水解脂肪。

液泡（vacuole）　是原生质体重要的组成部分，由特称为液泡膜（tonoplast）的单层膜包绕汁液形成。其中的汁液称为细胞液，成分极为复杂，主要成分是水，其中溶解了糖、有机酸、脂类、蛋白质、植物碱、色素、无机盐等代谢产物以及水解酶。

不同类型和不同发育时期的植物细胞，液泡数目、大小、形态和成分都有差别。幼期细胞，如幼叶的叶肉细胞，液泡很小。随着细胞生长发育，细胞中的小液泡逐渐并合形成几个，甚至一个中央大液泡。中央大液泡是植物细胞特有的结构，它把细胞内其他物质挤成一薄层，包在液泡外围而紧贴细胞壁。这样，使原生质和环境之间有最大的接触面，促进新陈代谢。

液泡的主要生理功能是调节渗透压，维持细胞内环境的稳定；维持膨压，以保持细胞形态；含有水解酶，相当于溶酶体，也参与调节细胞发育分化。

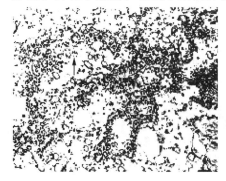

图 1-10　电镜下的核糖体

图中箭头所指颗粒为核糖体

核糖体（ribosome）　核糖体是核糖核蛋白体的简称，是直径为 17~23nm 的小颗粒，由大小两个亚基组成，是细胞内无膜的结构之一（图 1-10）。核糖体主要成分是蛋白质和 RNA，其中 RNA 约占 60%，蛋白质为 40%。一个细胞中可以有几十万个核糖体，主要分布在细胞质中，也存在于细胞核、线粒体、叶绿体中。在细胞质中，它们有的以游离状态存在，也有的附着在粗糙型内质网表面上。核糖体是细胞中蛋白质合成的中心。在合成蛋白质时，核糖体常几个至几十个与 mRNA 分子结合念珠状复合体，称为多聚核糖体（polyribosome）。

细胞骨架（cytoskeleton）　细胞骨架是指真核细胞中的蛋白纤维网络结构，发现较晚。细胞骨架由微丝（microfilament）、微管（microtubule）和中间纤维（intemediate filament）构成。它们均由单体蛋白构成，是纤维型的多聚体，很容易进行组装和解聚（图 1-11、图 1-12）。

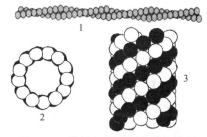

图 1-11　微丝和微管纤维结构模型

1. 微丝纤维结构模型　2. 微管横切面　3. 微管立体模型

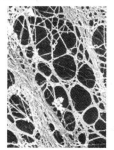

图 1-12　扫描电镜下的细胞骨架

微丝是直径约 7 nm 的纤维，叫作肌动蛋白（actin），又称肌动蛋白纤维（actin filament），对细胞松弛素极为敏感。微丝和它的结合蛋白（association protion）以及肌球蛋白（myosin）三者结合能利用化学能产生机械运动，从而使细胞能够运动和收缩。

微管是由微管蛋白组成的中空的管状结构，对低温、高压和秋水仙素敏感。在胞质中形成网络结构，锚定具有膜的细胞器（membrane-enclosed organelle）的位置和作为膜泡运输的导轨并起支撑作用。

中间纤维（intermediate filaments，IF）直径 10 nm 左右，介于微丝和微管之间，是一类形态上非常相似，而化学组成上有明显差异的蛋白质，成分比微丝和微管都复杂。中间纤维在细胞中围绕着细胞核分布，成束成网，并扩展到细胞质膜，与质膜相连接。与微管不同的是，中间纤维是最稳定的细胞骨架成分，它主要起支撑作用，使细胞具有张力和抗剪切力。

细胞骨架不仅在维持细胞形态、承受外力、保持细胞内部结构的有序性方面起重要作用，而且还参与许多重要的生命活动，例如，在细胞分裂中细胞骨架牵引染色体分离；在细胞物质运输中，各类小泡和细胞器可沿着细胞骨架定向转运；指导细胞壁的合成。

（2）细胞壁

细胞壁是植物细胞中发现最早的结构，是植物细胞原生质体外围的结构。也是植物细胞特有的结构，与液泡、质体一样。因此，细胞壁、液泡和质体是植物细胞有别于动物细胞的三大结构特征。

由于早期人们观察最多的是死细胞的细胞壁（如虎克观察的软木塞），细胞壁位于植物细胞原生质体，因而，长期以来对细胞壁有一个片面的认识，细胞壁是植物细胞周围没有生命的刚性结构，其主要功能对细胞原生质体保护作用。事实上，细胞壁是植物细胞原生质体生命活动的产物，不是由植物细胞原生质体分泌的非生活物质的死结构。现已证明，细胞壁（主要是初生壁）上含多种具有生理活性的蛋白质（表 1-1），积极参与细胞各种生命活动。如细胞间相互识别、细胞发育分化等，都与细胞壁有关。因而，有人提出细胞壁是植物细胞的外基质，是与其他细胞器一样重要的结构。

①细胞壁的结构　细胞壁结构和组成在不同类型植物细胞、细胞的不同发育时期有很大的差异。在幼嫩组织细胞、分化程度较低的细胞的细胞壁可分为胞间层（intercelluar layer，也称中层）、初生壁（primary wall）两层。

表 1-1　细胞壁（初生壁）的化学组成

主要物质	比例（%）	成分	比例（%）
非纤维素多糖	66	鼠李糖	4.9
		岩藻糖	2.1
		半乳糖醛酸	21.2
		木糖	12.1
		阿拉伯糖	33.2
		葡萄糖	5.9
		半乳糖	20.2

（续）

主要物质	比例（%）	成分	比例（%）
纤维素	24	葡萄糖	100 *
蛋白质	10	羟脯氨酸	20.1
		丝氨酸	10.62
		赖氨酸	8.7
		谷氨酸	7.34
		天门冬氨酸	6.7
		脯氨酸	6.44
		甘氨酸	5.76
		缬氨酸	5.54
		丙氨酸	5.2
		亮氨酸	4.96
		苯丙氨酸	2.71
		异亮氨酸	2.94
		组氨酸	2.37
		精氨酸	2.37
		胱氨酸	1.13
		酪氨酸	1.69
		苏氨酸	4.0
		甲硫氨酸	1.13

* 可能有少量其他糖，尤其甘露糖。引自颜季琼，1981。

胞间层 是细胞分裂时最初形成的一层，为相邻细胞所共有，它主要由果胶质组成。果胶质是一种无定形的胶状物，能使相邻的植物细胞沾附在一起。由于果胶亲水性极强，也具有很大的可塑性，容易被酸或酶分解。果胶质的分解导致细胞的分离，如一些成熟组织中细胞间隙的形成；果实成熟时，果肉软化原因之一就是果肉细胞的胞间层离散，细胞分离导致的。

初生壁 是原生质体在胞间层内侧分泌形成的细胞壁层。其壁物质主要是纤维素、半纤维素和果胶质，以及少量的蛋白质。初生壁一般较薄，约 $1 \sim 3\mu m$，质地柔软而有弹性，能随着细胞生长而延展。

次生壁（secondary wall） 随着植物细胞的分化成熟，原生质体在初生壁内侧分泌形成加厚的细胞壁，称为次生壁（secondary wall），所以多数成熟细胞的细胞壁可分为胞间层、初生壁和次主壁（secondary wall）三层，如纤维细胞、软木细胞。它主要是纤维素组成，但往往还沉积有木质素。次生壁一般较厚而硬，它使细胞有很大的机械强度。在光镜下，能观察到厚次生壁有折光不同的三个层次，紧贴原生质体的为内层，紧贴初生壁的为外层，二者之间为中层。一个典型具次生壁的细胞，细胞壁可看到这样几层结构：胞间层、初生壁和三层次生壁（图1-13）。

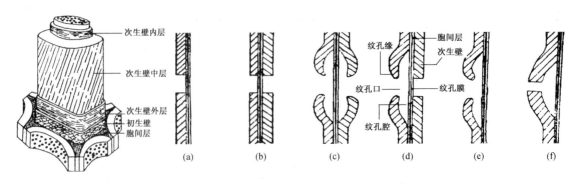

图 1-13　细胞壁模式　　　　　图 1-14　纹孔类型

(a)单纹孔　(b)单纹孔对　(c)具缘纹孔对　(d)半具缘纹孔对　(e)、(f)具缘纹孔

纹孔(pit)　细胞壁在形成过程中并不是均匀增厚的。初生壁上具有一些明显的凹陷区域，称为初生纹孔场(primary pit field)。植物细胞在形成次生壁时，在初生纹孔场处不增厚，同时细胞壁其他地方还会有没有增厚的区域，次生壁上这些没有增厚的区域，称为纹孔。相邻的细胞壁其纹孔常成对出现并相互衔接，称为纹孔对。如图 1-14 所示，纹孔对有 3 种类型，即单纹孔(simple pit)、具缘纹孔(bordered pit)、半具缘纹孔(half bordered pit)。

单纹孔：结构简单，细胞壁上未加厚部分，呈圆孔形或扁圆形，边缘不隆起。纹孔对的中间由初生壁和胞间层所形成的纹孔膜(pit membrane)隔开。单纹孔从正面观察为一个单一的圆。

具缘纹孔：纹孔边缘的次生壁向细胞腔内呈架拱状隆起，这个拱起称为纹孔缘(pit bordered)。纹孔缘向细胞腔内拱起形成一个扁圆的小空间，叫作纹孔腔(pit cavity)。纹孔缘包围留下的小口叫作纹孔口，呈一圆形或扁圆形。纹孔所在的初生壁为纹孔膜。松柏类植物的管胞在纹孔膜中央也有加厚，形成透镜状纹孔塞(torus)。因此，有些具缘纹孔在显微镜下从正面看起来是三个同心圆，外圈是纹孔腔的边缘，第二圈是纹孔塞的边缘，内圈是纹口的边缘。其他裸子植物和被子植物的具缘纹孔没有纹孔塞，因此，在正面只表现两个同心圆。

半缘纹孔：在管胞或导管与薄壁细胞间形成的纹孔。即一边有架拱状隆起的纹孔缘，而另一边形似单纹孔。没有纹孔塞。

胞间连丝(plasmodesmata)　如图 1-15(a)所示，细胞间有许多纤细的原生质丝穿过细胞壁和胞间层彼此联系着，这种原生质丝称为胞间连丝。在光镜下，经过特殊染色之后，才能看到胞间连丝，如柿核、马钱子胚乳的细胞间明显的胞间连丝。在电子显微镜下可看到胞间连丝中有内质网连接相邻细胞的内质网系统，如图 1-15(b)所示。这样，通过胞间连丝，植物细胞的原生质体可形成一个统一的整体。胞间连丝的主要功能是在细胞间起着物质运输、信息传递和控制分化的作用。胞间连丝的数量随细胞发育状况变化，一般发育早期，胞间连丝数量较多。

②细胞壁的特化　细胞壁主要是由纤维素构成。由于环境的影响，生理机能的不同，细胞壁常常沉积其他物质，以致发生理化性质的变化，如木质化、木栓化、角质化、黏质

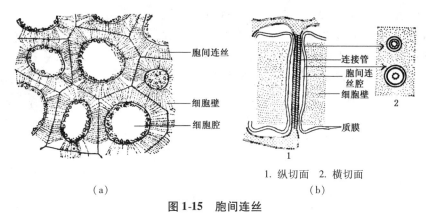

图 1-15 胞间连丝

（a）光学显微镜下的胞间连丝 （b）胞间连丝的超微结构

化和矿质化等。

木质化 细胞壁由于细胞产生的木质素［苯基丙烷（phenylpropane）的衍生物单位构成的聚合物］的沉积而变得坚硬牢固，增加了植物支持重力的能力，树干内部的木质细胞即是由于木质化的结果。

木栓化 是细胞壁内渗入了脂肪性的木栓质的结果。木栓化的细胞壁不透水和空气，细胞内原生质体与周围环境隔绝而死亡。木栓化细胞有保护作用，如树皮外面的粗皮就是由木栓化细胞组成的木栓组织。

角质化 细胞产生的脂肪性角质除填充细胞壁本身外，常在茎、叶或果实的表皮外侧形成一薄层角质层。它可防止水分过度蒸散和微生物的侵害。

黏液质化 是细胞壁的纤维素等成分发生变化而成为黏液。黏液质化所形成的黏液在细胞的表面常呈固体状态，吸水膨胀后则成黏滞状态，如车前子、亚麻子。

矿质化 是细胞壁中含有硅质或钙质等，其中以含硅质的最常见，如木贼茎和硅藻的细胞壁内含大量硅质。由于二氧化硅的存在，增加了细胞壁的硬度，可作摩擦料应用。

（3）细胞后含物（ergastic substance）

生活细胞在进行各种生命活动时，会产生各种新陈代谢的产物。这些产物统称为后含物。细胞后含物种类很多，有的是代谢过程中产生并贮藏在细胞内的营养物质；有的是生理活性物质，对细胞内生化反应和生理活动起着调节作用，其含量很少，效能却很高，是细胞维持新陈代谢不可或缺的物质；有的则是代谢过程产生的中间产物或废物。后含物往往以成形的或不成形的形式存在，有的在液泡中，有的分散于细胞质中，或两处都有。

①贮藏物质 营养物质主要以淀粉、蛋白质、脂肪和脂肪油形式贮藏于细胞中。下面介绍几种常见的贮藏物质。

淀粉（starch） 淀粉是细胞中碳水化合物最普遍的贮藏形式，在质体中合成，由光合作用中产生的葡萄糖聚合形成的长链化合物。淀粉常以颗粒的形态存在于细胞中，一般由白色体转化形成。当淀粉积累时，先从一点开始积累，形成淀粉粒的核心，为成熟淀粉粒的脐点；环绕脐点淀粉持续累加，最终形成淀粉粒。由于淀粉积累过程中，直链淀粉和支链淀粉相互交替地分层沉积，会形成在显微镜下所观察到的脐点周围明暗相间的同心环纹，称轮纹。

不同植物的淀粉粒在大小形状、脐点数目和轮纹有无等方面都有差异。但主要有 3 种类型：a. 单粒淀粉粒，通常只具 1 个脐点，环绕着脐点有无数轮纹；b. 复粒淀粉粒，具有 2 个或多个脐点，每一个脐点有各自的层纹环绕着，由若干分粒组成；c. 半复粒淀粉粒，具有 2 个或多个脐点，每一个脐点除了各自具有少数层纹外，外面还包围着共同的层纹。

淀粉粒多出现在植物各类薄壁细胞和贮藏器官中，如种子的胚乳和子叶。

蛋白质（protein） 贮藏蛋白质与构成原生质体的活性蛋白质不同，它是非活性、比较稳定的无生命的物质。蛋白质一般以结晶和无定形的形式存在于细胞中，常形成糊粉粒（aleurone grain），呈无定形的小颗粒或结晶体。在植物种子胚乳和子叶的细胞中，常能观察到数目众多的糊粉粒，如图 1-17 所示。

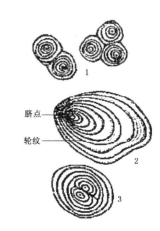

图 1-16 土豆块茎的淀粉粒
1. 复粒淀粉   2. 单粒淀粉
3. 半复粒淀粉

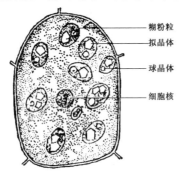

图 1-17 蓖麻和糊粉粒

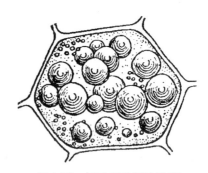

图 1-18 椰子胚乳细胞油滴

脂肪（fat）和脂肪油（fat oil） 它们是细胞中含能量最高而体积最小的储藏物质，是脂肪酸和甘油结合形成的脂（图 1-18）。一般的细胞中常含有少量的脂肪，但在种子和果实的细胞含量很高。通常把常温下呈固体或半固体状态的称为脂，如柯柯豆脂；呈液体状态的称为油，如大豆油、芝麻油、花生油等。

图 1-19 细胞内的晶体

②生理活性物质 生理活性物质是由蛋白质和类脂组成的活性物质。主要有维生素、酶、植物激素、抗生素和植物杀菌素等。这些物质保证了细胞内新陈代谢的正常进行，调节和控制着植物细胞的生长、发育以及防御等方面的生命活动。

③晶体（crystal） 一般认为晶体是植物细胞新陈代谢过程中所产生的废物，以多种形式沉积于植物细胞的液泡中。常见的有两种类型：草酸钙结晶（calcium oxalate crystal）和碳酸钙结晶（calcium carbonate crystal）。

草酸钙结晶在细胞中常以以下几种形式存在，如图 1-19 所示：棱柱或角锥状的单粒晶体，即单晶（solitary crystal）；两端尖锐的针状晶体，即针晶（acicular crystal），在细胞中多成束存在，称针晶束（raphides）；许多单晶联合形成的结构，称簇晶（cluster crystal 或 rosette aggregate）。

碳酸钙结晶通常呈钟乳体状态存在，所以又称钟乳体（cystolith）。

1.2　植物细胞的增殖

任何一个高等植物都是由无数个细胞构建的精密复杂的生命结构，都经历了诞生、发育和成熟这样的过程。这个历程实质是细胞数目的增长和各自特殊功能确定的过程。植物细胞的增加是以细胞分裂方式进行的，有 3 种形式：有丝分裂、减数分裂和无丝分裂。

1.2.1　无丝分裂

无丝分裂是最早发现的一种细胞分裂方式，早在 1841 年雷马克（R. Remak）于鸡胚血球细胞中见到。无丝分裂是最简单的分裂方式，分裂过程中，核仁、核膜都不消失，也没有染色体的出现，在细胞质中也不形成纺锤体，看不到染色体复制和平均分配到子细胞中的过程，所以叫作无丝分裂。又因为这种分裂方式是细胞核和细胞质的直接分裂，所以又叫作直接分裂。

无丝分裂形式多样。一般是核仁先分裂成 2 个或多个，细胞核拉长成为哑铃状，最后拉断成为两个核，在子核之间细胞质发生分裂，形成新细胞壁将其分隔成两个细胞。在整个过程中，没有染色体和纺锤丝的出现，但并不表明细胞的染色体没有复制。事实上，进行无丝分裂的细胞同样有 DNA 的复制，并且细胞要增大。当细胞核体积增大一倍时，细胞就发生分裂。至于核中的遗传物质 DNA 是如何分配到子细胞中的，还有待进一步研究。

过去认为进行无丝分裂的生物是不多的，通常是单细胞生物，特别是原生动物的生殖方式，例如，草履虫、变形虫主要靠这种方式进行。但后来发现在动、植物的生活旺盛、生长迅速的器官和组织中也比较普遍地存在。如植物各器官的薄壁组织、表皮、生长点和胚乳等细胞中，都曾见到过无丝分裂现象。这种分裂方式分裂速度快，分裂时物质与能量的消耗较少，在分裂时，细胞仍能执行其正常的功能，而且一次可以形成几个子核，为生长和繁殖提供了有利条件。

1.2.2　有丝分裂

真核细胞分裂方式中最普遍、最常见的方式。有丝分裂是一个连续的过程，一般分为核分裂和胞质分裂。由于分裂时，细胞核在形态、结构上表现出一系列复杂的变化，有染色体、纺锤丝的出现与消失，核膜的消失与重现等，故得名有丝分裂。细胞核经历了一系列复杂的变化之后，细胞通常才会被一分为二，形成两个子细胞，所以有丝分裂也被称为间接分裂。一个细胞经过有丝分裂，在遗传物质复制一次的基础上，产生染色体数目和母细胞相同的两个子细胞。为了叙述方便，人们将它人为地划分为分裂间期、分裂期两个时期，其中分裂期又被划分为前期、中期、后期和末期四个时期。

1.2.2.1　间期

间期是指细胞从前一次分裂结束起到下一次分裂开始的一段时期，是分裂前的准备时期。处于间期的细胞在形态上没有明显的特征，细胞核呈球形，能观察到核膜、核仁，染色质不规则地分散在核质中。事实上，间期的细胞进行着非常旺盛的合成代谢，有包括DNA 在内的大量生物合成，并蓄积分裂所需的能量。

根据合成物质的不同，间期又被分为三个时期，即 DNA 合成前期（gap1，G_1 期）、DNA 合成期（synthesis，S 期）与 DNA 合成后期（gap2，G_2 期）。

①G_1 期　指细胞前一次分裂结束起到合成 DNA 以前的这一段间隔期。细胞主要合成RNA、蛋白质以及合成 DNA 所需的前体物质、能量和酶类等。

②S 期　是核 DNA 的复制期。主要合成 DNA、各种组蛋白以及其他相关蛋白。核DNA 经过复制后含量增加一倍，使体细胞成为四倍体。

③G_2 期　为分裂期做最后准备，指核 DNA 复制完成到分裂开始的间隔期。这一时期，细胞主要合成 RNA、蛋白质和构成纺锤体所需的微管蛋白等。

1.2.2.2　分裂期

分裂期是具体的分裂过程，包括核分裂和胞质分裂。核分裂指母细胞核一分为二，形成两个形态和遗传都相同的子核的过程。胞质分裂是两个新的子核之间形成新细胞壁，把母细胞分为两个细胞的过程。

在整个分裂期，核变化最显著。主要是在细胞分裂期，通常能观察到粗大的染色体。染色体如何形成的？研究表明，主要是细胞核内的遗传物质在不同时期有不同的不同表现形式。

（1）染色体（chromosome）的形成

在细胞分裂间期，核内遗传物质是纤维状的细丝结构，称染色质丝。染色质丝的主要成分是有着双螺旋结构的DNA 和组蛋白。若将染色质中的 DNA 双螺旋打开并伸展开，其平均长度可达几个厘米，而细胞核的直径仅有几个微米，所以，DNA 在细胞核中是以螺旋和折叠的方式压缩起来的。

这种压缩的基本结构就是核小体。核小体是一种串珠状结构，由核心颗粒和连接线 DNA 两部分组成（图 1-20）。核心颗粒是由 4 种组蛋白（H_2A、H_2B、H_3、H_4）各两分子形成的八聚体。核心颗粒表面有一小段 DNA 分子双螺旋缠绕在其上，DNA 两端被一个分子的组蛋白 H_1 锁合，从而稳定了核小体的结构。相邻核心颗粒之间又有一段 DNA，称连接线。然后，每 6 个核小体绕一圈，螺旋化形

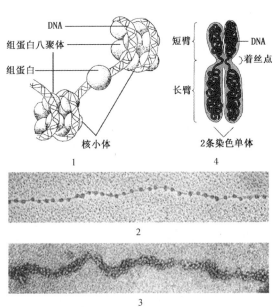

图 1-20　染色质和染色体超微结构
1. 核小体模型　2. 核小体形成的串珠结构（11nm 的染色质丝）　3. 伸展开的细胞间期核中的染色质丝（30nm 的染色质，由 1130nm 的染色质丝折叠形成）　4. 染色体模型

成长度压缩 6 倍的结构。这种结构以 Z 字形折叠形成长度压缩 40 倍的染色质丝，在间期

分散于细胞核内(图 1-20)。

在分裂期，染色质丝通过盘旋折叠压缩近万倍，包装成棒状的染色体(图 1-21)。因此，染色质丝是指间期细胞核内易被碱性染料染色，由 DNA 和组蛋白等构成的纤丝状结构；染色体是细胞有丝分裂中由染色质丝反复折叠压缩，缩短变粗的结构。两者是细胞不同时期遗传物质存在的结构形式。

不同物种的染色体其大小不同、形态各异。在不同分裂时期，染色体形态也不同。如图 1-20 所示，中期染色体由于形态比较稳定，是观察染色体形态和计数的最佳时期。中期染色体上有相对染色较浅或无色，并有缢缩的部位，称为主缢痕区域。该处有着丝粒，所以亦称着丝粒区。一般动植物的染色体具有一个位置固定的着丝粒(localized centromere)。有些植物的染色体除主缢痕外，有第二个呈浅缢缩的部分称次缢痕(secondary constriction)，次缢痕的位置相对稳定，是鉴定染色体个别特性的一个显著特征。电镜下，染色体具有呈灯刷状精细结构，称核仁组织区(nucleolar organizing regions, NORs)，是核糖体 RNA 基因所在的区域。次缢痕区往往是核仁组织区所在区域，但并非所有的次缢痕都是核仁组织区。有些物种的染色体末端还有球形染色体节段，通过次缢痕区与染色体主体部分相连，这个球形结构为随体(satellite)。位于染色体末端的随体称为端随体，位于两个次缢痕中间的称中间随体。

不同物种的染色体数目不同，但同一物种的染色体数目是相对稳定的。例如，小麦数目为 42，水稻 24，洋葱 16。在植物中染色体最少的是一种菊科植物 *Haplopapus gracillis* 仅 4 条染色体，最多的是瓶尔小草属 *Phioglossum* 的一些物种，可达 800～1 200 条。生物的体细胞和生殖细胞染色体数目不同。生殖细胞为单倍体(haploid)，用 n 表示。体细胞为 2 倍体(diploid)，以 $2n$ 表示。每种生物体细胞的染色体的数目、大小和形状都反映了该物种独有的特性，因此，生物体细胞染色体的数目、大小和形状，这些特征的总和称为染色体组型。

当细胞核内的染色质丝高度螺旋化，折叠形成染色体之后，标志着细胞分裂的开始。分裂期是一个连续变化过程，为研究和描述方便，人们把分裂期分为前期、中期、后期、末期四个时期，加以描述，如图 1-21 所示。

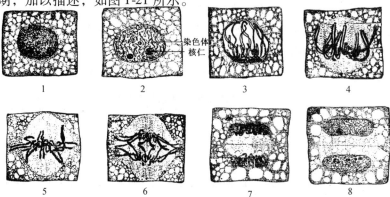

图 1-21　根尖细胞有丝分裂各个时期

1. 分裂间期　2. 分裂前期，核中出现染色体　3. 分裂前期，核膜核仁消失　4. 分裂中期，纺锤体形成
5. 分裂中期，染色体排列在赤道板　6. 分裂后期　7. 分裂末期，子核形成　8. 分裂末期，新细胞壁出现

（2）前期（prophase）

细胞最显著变化是染色体的出现、核仁和核膜的消失，分裂面的确定。当间期核内的染色质高度螺旋化，逐渐形成短而粗的染色体。在染色质逐渐变化的过程中，随机分布和排列在细胞周质细胞质中的微管集中分布在细胞核周围，像细胞的腰带或水桶箍。这个微管带被称为早前期带，它所在的位置预示了将来细胞的分裂面。随着染色质的变化，在前期后半期发生的主要变化是核仁逐渐消失。在前期末，染色体形成，核膜开始瓦解离散。在细胞的两极，开始出现微管，形成纺锤体。

（3）中期（metaphase）

主要能观察到纺锤体形成和染色体排布到赤道面的过程。核仁与核被膜已完全消失。染色体均移到细胞的赤道平面，从纺锤体两极发出的微管形成纺锤体，并附着于每一个染色体的着丝点上。在中期细胞中，可观察到完整的染色体群。

（4）后期（anaphase）

由于纺锤体微管的活动，着丝点纵裂，每一染色体的两个染色单体分开，并向相反方向移动，接近细胞的两极，染色单体遂分为两组。与此同时，胞质分裂开始启动。在赤道板的位置上，出现越来越密集的短微管，称作成膜体微管。在成膜体微管之间，有大量高尔基体分泌的小泡，与成膜体微管共同形成成膜体（phragmoplast）。

（5）末期（telophase）

染色单体逐渐解螺旋，重新出现染色质丝、核仁以及核膜。胞质分裂继续进行。赤道板上大量高尔基体小泡相互并合形成细胞板（cell plate），小泡内所含构成细胞壁的前体物质，则形成新细胞壁的胞间层。细胞板逐渐扩展并与母细胞壁连接，不断累积壁物质，形成新细胞壁。最后母细胞完全分裂为两个二倍体的子细胞。

有丝分裂各时期持续时间不同，前期耗时较长，约为 1~2h；中期最短，只有几分钟；后期、末期较短，30min 左右。植物种类不同，有丝分裂各时期持续时间也不同。

1.2.2　减数分裂

减数分裂是特殊的有丝分裂（表 1-2），是与生殖细胞或性细胞形成有关的一种分裂。高等植物形成精、卵细胞必须经过减数分裂。减数分裂过程中，DNA 只复制一次，却进行连续两次分裂，所形成的 4 个子细胞染色体数目减半，即由 $2n$ 到 n。植物的有性生殖过程中，减数分裂使精卵细胞染色体数目减半，但受精作用使精卵细胞融合，形成的合子染色体数目又恢复到原来的数目 $2n$，从而使生物前后代染色体数目保持恒定。

表 1-2　有丝分裂与减数分裂比较

异同点		有丝分裂	减数分裂
区别	分裂次数	1	2
	子细胞数目	2	4
	子细胞染色体数目	与母细胞染色体数目相同	染色体数目减半
	子细胞类型	体细胞	生殖细胞
相似点		都有染色体、纺锤丝和纺锤体的出现	

减数分裂包括 2 次连续分裂，减数第一次分裂和减数第二次分裂。分裂过程较为复杂，为了研究的便利，人们把分裂划分为下列几个时期，如图 1-22 所示。

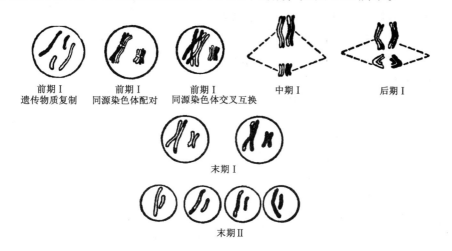

图 1-22 减数分裂图解

1.2.2.1 减数第一次分裂

减数第一次分裂可分为 4 个时期。

（1）前期 I（prophase I）

前期 I 经历时间很长，染色体发生一系列复杂的变化。根据染色体的变化，一般前期 I 又被划分为 5 个时期。

细线期（leptotene） DNA 复制已完成，出现极细线状的染色体，每条染色体由 2 条染色单体组成。

偶线期（zygotene） 细胞内的同源染色体（homologous chromosomes），指两条分别来自父方和母方，形状、大小和基因排列顺序也相同的染色体，两两配对，并列靠拢。这种现象特称为联会（synapsis）。配对后的染色体含有 4 条染色单体，称为联会复合体，也叫二价体（bivalent）。

粗线期（pachytene） 染色体继续缩短变粗。联会复合体内，分别来自父方和母方同源染色体的染色单体之间会出现交叉和互换的现象，叫作交换（crossing-over）这对物种的遗传和变异具有深远的意义。

双线期（diplotene） 染色体进一步缩短变粗。同源染色体对的染色单体之间彼此排斥并分离，因而，外观呈 X、Y、8、O 等各种形状。

终变期（diakinesis） 染色体变得更短更粗，达到最小体积。此时，是计算观察染色体数目的最佳时期。终变期末，核仁和核膜消失，纺锤丝出现。

（2）中期 I（metaphase I）

在中期 I，同源染色体对移到细胞的赤道平面，从纺锤体两极发出的微管附着于每一个染色体的着丝点上，形成纺锤体。

（3）后期 I（anaphase I）

由于纺锤体微管的活动，同源染色体对的 2 条染色体的着丝点分别向相反方向移动，接近细胞的两极，使同源染色体对分离。所以，移到两极的是整条染色体，两极的各组只有原来染色体数目的一半。而每条染色体含有 2 倍的 DNA。

（4）末期 I（telophase I）

到达两极的染色体不会完全解螺旋，重新出现核仁、核膜，形成 2 个子核。子核间形成细胞板，发生胞质分裂，形成 2 个子细胞，为二分体。

1.2.2.2 减数第二次分裂

在第一次分裂结束后，有非常短暂的细胞间期，但在这个时期细胞没有 DNA 的合成。细胞进行的第二次分裂也被分为 4 个时期。

（1）前期 II（prophase II）

由于末期 I 的染色体解螺旋，此时，染色体重新螺旋化缩短，核仁和核膜消失，纺锤丝出现。

（2）中期 II（metaphase II）

在中期 II，染色体移到细胞的赤道平面，从纺锤体两极发出的微管附着于每一个染色体的着丝点上，形成纺锤体。

（3）后期 II（anaphase II）

染色体着丝点在纺锤丝作用下，纵裂并分别向相反方向移动，使染色体的两条单体分离。

（4）末期 II（telophase II）

到达两极的染色单体逐渐解螺旋，重新出现染色质丝、核仁、核膜，形成子核。子核间形成细胞板，发生胞质分裂，形成 4 个结合在一起的子细胞，为四分体。每个子细胞的染色体数目为母细胞的一半。

减数分裂持续时间与植物种类有关。不同植物所需时间不同，如小麦需 24h，洋葱 96h。在减数分裂各时段，前期 I 耗时最长，其余各期较短。

减数分裂具有重要的生物学意义，它是有性生殖必需的过程。减数分裂形成的生殖细胞为单倍体（n），只有一组染色体，但受精后后代恢复为二倍体（2n）。这样，不仅保证了物种染色体数目的相对稳定，也保证了物种的遗传稳定性。由于减数分裂过程中，有同源染色体配对、染色体片段的交叉互换以及来自亲本的同源染色体自由重组等现象，使后代的遗传基础具有多样性，从而丰富了物种遗传的变异性，使后代增加了对环境的适应能力，有利于种的繁衍。同时，这种丰富的变异基础也利于新物种的形成，因此，在一定程度上，增加了物种的多样性。

1.3 植物组织

1.3.1 植物细胞的分化

1.3.1.1 细胞分化与细胞周期

多细胞的植物体之所以能高效有序地进行各项生命活动，与细胞之间精细的分工以及它们功能上高度的协调是分不开的。在植物个体发育中，细胞在形态结构和功能上发生差异的过程称为细胞分化（cell differentiation）。细胞分化使得植物中细胞功能越来越专一，从而提高了各种生理功能的效率，所以是进化的表现，也是植物经过漫长演化的结果。

通常发现植物细胞在体内，根据它们的状态可把它们归并分为 3 类：a. 增殖细胞群，如根尖和茎尖的分生细胞。这类细胞始终保持活跃的分裂能力，连续进入细胞分裂状态；b. 不再增殖细胞群，如成熟的导管细胞、纤维等高度分化的细胞，它们丧失了分裂能力，又称终末细胞（end cell）；c. 暂不增殖细胞群，它们是分化的，并执行特定功能的细胞，如薄壁细胞。研究证明，这些细胞处于不同的分化时期。

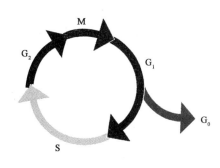

图 1-23　细胞周期

细胞的分裂、发育分化、再生和衰老都是在细胞周期的调控下，有序进行的，如图 1-23 所示。细胞周期（cell cycle）是指细胞从前一次分裂结束起到下一次分裂结束为止的活动过程，分为间期与分裂期两个阶段。细胞周期被划分为 G_1 期、S 期、G_2 期和分裂期。在植物体中由分裂能力强的细胞分化为不同细胞的细胞分化过程，在每个植物的一生中都在进行着。为什么有的细胞始终能保持较强的分裂能力，有的却不行呢？细胞周期各个时期运转是准确有序并受严格受控制的过程。在这个周期性的过程中，推动细胞周期有序运转的是一类周期性出现的蛋白质和与之有关的激酶——周期蛋白（cyclins）、有丝分裂细胞周期蛋白依赖性激酶（CDKs）。在细胞周期的 G_1 期、S 期、G_2 期、分裂期都有相应的周期蛋白控制的控制点检测，如 G_1 期细胞发生一系列复杂的生化事件，细胞合成必需的蛋白质和酶类，为 DNA 复制做好准备后，须经由周期蛋白控制的控制点检测，才能进入下一个时期——S 期。G_1 期为功能性阶段，即细胞将来分化的命运在此阶段确定。所以，高等植物细胞在 G_1 期有 3 种趋势，a. 通过 S、G_2 期进入增殖周期（进入分裂期）；b. 进入 G_0 期，即静止阶段；c. 脱离细胞分裂周期，形成特殊的结构和功能。细胞面临怎样的命运，由细胞内周期蛋白的类型和浓度来决定。

一般而言，当细胞脱离细胞分裂周期，进入分化阶段后，细胞经历三个阶段形成成熟定型的细胞。初级阶段，不分裂，通常情况下处于 G_0 期或初步的分化。在某种刺激下，这些细胞能够重新进入细胞分裂周期；中级阶段，细胞有一定程度分化的，经过刺激也能重新进入细胞分裂周期；终极阶段，细胞分化完成，并执行特定功能。在初级和中级阶段的细胞相对容易脱分化，终极阶段的细胞较难。

尽管目前对细胞分化机理的研究逐渐深入，研究方法已从细胞水平进入分子水平，但仍然没有完全摸清内在机制，它仍然是生物学研究领域中重要的热点问题。

对于植物体细胞分化机理，近年来，提出了程序性细胞死亡理论。细胞受其内在基因编程的调节，通过主动的生化过程而全面降解，形成特定细胞的现象，称程序化细胞死亡（programmed cell death，PCD），也称细胞凋亡（apoptosis）。细胞凋亡时，首先染色质固缩，常聚集于核膜呈境界分明的颗粒状或新月形小体。继后胞核和细胞外形皱褶，核裂解，质膜包绕其裂解碎片，细胞膜突出形成质膜小泡（即细胞“出泡”现象），脱落后形成凋亡小体，其内可保留完整的细胞器和致密的染色质。最后，原生质体全面降解。

1.3.1.2　细胞全能性

在植物个体的生命历程中，只有受精卵和胚性细胞能够分化出各种细胞、组织，形成一个完整的个体，它们是全能的。随着分化发育的持续，在基因调控下，细胞各自按照一定的发育途径，分化形成特定的细胞，成为成熟定型的细胞。成熟细胞一般不能像受精卵能够分化出各种细胞，丧失了分化潜能。由于成熟细胞的核中仍然保留着与受精卵一致或基本相同、全套完整的遗传物质，成熟细胞具有发育形成完整个体或分化为任何类型细胞的全部基因，因而细胞有分化为各种细胞的潜能，这被称为细胞全能性。在一定条件下，成熟细胞也能恢复分裂能力，回到胚性细胞的状态，这个过程称为脱分化（dedifferentiation）。所以，植物的枝、叶、根都可长成一株完整的植株。而细胞培养的结果也证明单个分化的植物细胞可以培养成一个完整的植株。这都是建立在细胞全能性理论基础之上的。

1.3.2　植物组织

1.3.2.1　植物组织的概念

植物在长期进化发展过程中，由于细胞分工的结果，在高等植物体内形成不同形态和构造的细胞群。这些来源机能相同，形态构造相似，而且彼此联系的细胞群称为组织（tissue）。组织是植物进化过程中为适应环境而不断复杂化和完善化的产物。各种不同的组织组合在一起，形成执行特殊机能的结构，称为器官（organ）。植物器官中的组织既具有自己的分布规律，又有自己特定的生理机能，组织之间又相辅相成，如茎是植物主要起支持、输导作用的器官，其内部有大量的机械组织和输送水分与有机养分的输导组织等，起到支撑和输送的作用，外围就是保护组织以防止水分和养分的散失。所以，器官中不同组织是分工不同的高度统一体，以确保器官功能的执行。

1.3.2.2　植物组织的类型

植物组织种类很多，按照细胞的分裂能力强弱，分为分生组织（meristematic tissues）和非分生组织（non-meristematic tissues）。依据构成组织的细胞种类，又把非分生组织划分为2类。a. 由一种类型细胞构成的组织，为简单组织（simple tissue），有薄壁组织（parenchyma）、厚角组织（collenchyma）、厚壁组织（sclerenchyma）、分泌组织（secretory tissue）。b. 由多种类型细胞构成的组织，叫作复合组织（compound tissue）。根据细胞形态、结构和组织主要机能的不同，复合组织可分为表皮（epidermis）、木质部（xylem）、韧皮部（phloem）、周皮（periderm）。因此，植物的组织一般可分为分生组织、薄壁组织、厚角组织、厚壁组织、分泌组织、表皮、木质部、韧皮部、周皮几大类，后者都是由分生组织形成的细胞发育分化而来，所以又统称为成熟组织（mature tissue）。它们具有一定的稳定性，又称为永久组织（permanent tissue）。

（1）分生组织

在植物胚胎发育早期，所有的胚细胞都具有强烈的分裂能力。伴随胚胎的发育，植物体的形成，只有某些特定区域的细胞保留了胚性细胞的特性，如图 1-24 所示。这些保留了胚性细胞分裂能力的细胞群被称为分生组织（meristematic tissues）。这群具有分生能力的细胞，几乎能在植物个体的一生中保持分裂能力，持续增加细胞的数目，使植物不断生长。分生组织的特征是细胞小，排列紧密，无细胞间隙，细胞壁薄，细胞核大，细胞质浓，无明显的液泡。分生组织按它在植物体中分布的位置，分为顶端分生组织(apical meristem)、侧生分生组织(lateral meristem)和居间分生组织(intercalary meristem)。

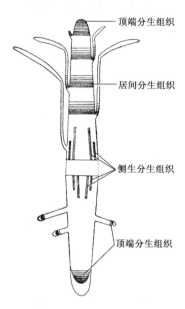

图 1-24　分生组织在植物体中分布

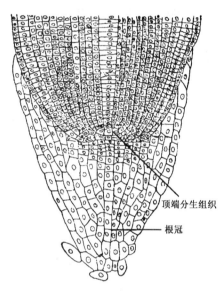

图 1-25　根尖纵切，示顶端分生组织

　　①顶端分生组织(apical meristem)　如图 1-25 所示，顶端分生组织位于植物根、茎和枝的先端，即生长点。由原生分生组织(promeristem)和初生分生组织(primary meristem)构成。最先端是胚发育后遗留下来的一群原始细胞，为原生分生组织。原生分生组织具有强烈而持久的分裂能力，分生的结果，使根、茎和枝不断的伸长和长高。初生分生组织位于原生分生组织下方，是原生分生组织分裂出来而仍保持分生能力的细胞，在根、茎、枝的先端已分化为原表皮层、基本分生组织(紧接于原生分生组织之后的部位)和原形成层(茎初生构造的束中形成层)。初生分生组织的特点是边分裂边分化，分生的结果形成茎、根的初生构造。顶端分生组织细胞结合紧密，没有胞间隙。细胞形小，细胞质浓，细胞核大，一般位于细胞中央，没有中央大液泡，细胞壁比较薄，多数是初生壁，胞间连丝丰富，细胞间物质与信息交换频繁。

　　②侧生分生组织(lateral meristem)　是位于裸子植物及双子叶植物的体轴周围的分生组织，一般排成与轴向平行的筒状，所以称侧生分生组织，包括维管形成层和木栓形成层。维管形成层(vascular cambium)，如根的形成层和茎的束间形成层来源于重新恢复分生机能的某些薄壁细胞，如中柱鞘等细胞。维管形成层细胞形态不同于顶端分生组织的细胞，是具有一个巨大的中央大液泡，细胞壁极薄的细胞，有两种形态，多数是狭长呈长纺锤形的，少数是近乎等径。维管形成层细胞分生的结果，是产生次生构造，使根、茎和枝直径不断增粗。木栓形成层(cork cambium)常由某些薄壁细胞，如表皮、皮层、中柱鞘等细胞重新恢复分生机能而形成，为一层轴向较长的细胞。活动的结果是形成新的保护组织，覆盖在已经增粗了的根、茎、枝表面。所以，侧生分生组织又称次生分生组织。

③居间分生组织（intercalary meristem）　稻、麦和竹等禾本科植物茎节间的基部，葱、韭菜等百合科植物叶的基部，具有分生组织，称为居间分生组织。由于它分生的结果，使茎、叶伸长。居间分生组织是从顶端分生组织中保留下来的一部分分生组织，分生能力有限，一定时期后，全部形成成熟组织。因此，从来源看，它是属于初生分生组织，所以由它产生的组织仍是初生组织。

近年来干细胞的研究非常活跃。所谓干细胞（stem cells），是指一类具有分化能力，可以自我复制和分化出不同功能的细胞。根据干细胞所处的发育阶段分为胚胎干细胞（embryonic stem cell）和成体干细胞（somatic stem cell）。根据干细胞的发育潜能分为三类：全能干细胞（totipotent stem cell）、多能干细胞（pluripotent stem cell）和单能干细胞（unipotent stem cell）。植物干细胞（plant stem cells）是位于植物分生组织中的未分化细胞。植物干细胞是植物生命力的源泉，由干细胞分化形成植物组织和器官。干细胞存在于顶端分生组织和侧生分生组织。

（2）简单组织

随着分生组织及其衍生细胞的持续分裂、分化，细胞渐渐丧失了分生能力，最终形成在植物体中执行特定功能的各种细胞群，即非分生组织。为适应其所执行的适应功能，这些细胞的形态也随之改变，形成了形形色色的细胞。功能相同，形态相似的细胞组成了简单组织，是体有以下几种类型。

①薄壁组织（parenchyma）　薄壁组织在植物体内数量最多，分布在植物体的许多部分的组织，是组成植物体的基础。它是由主要起代谢活动和营养作用的薄壁细胞所组成。它的特征是细胞壁薄，壁是纤维素和果胶构成的初生壁，具有原生质体的生活细胞。细胞的形状有圆球形、圆柱形、多面体等，细胞之间常有间隙。薄壁组织的分化程度低，可塑性很强，容易发生脱分化恢复分生能力，对扦插、嫁接和组织培养具有实际意义。依其结构、功能的不同可分为贮藏组织、同化组织、通气组织、贮水组织、吸收组织等。

贮藏组织（storage tissue）　多存在于植物根、茎的皮层和髓部及果实、种子的胚乳和子叶以及块茎等贮藏器官中。细胞较大，其中含有大量淀粉、糊粉粒、脂肪油或糖等营养物质。这类薄壁细胞主要起填充和联系其他组织的作用，并具有转化为次生分生组织的可能。

同化组织（assimilating tissue）　多存在于植物的叶肉及茎的周皮内层（绿皮层）等部分。细胞中有叶绿体，能进行光合作用，制造营养物质（图1-26）。

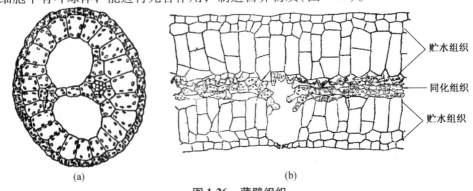

(a)　　　　　　　　　　　　　　　　(b)

图1-26　薄壁组织

(a)金鱼藻叶横切面，示通气组织　(b)秋海棠叶切面，示贮水组织、同化组织

通气组织（aerenchyma）　多存在于水生和沼泽植物体内。其特征是细胞间隙特别发达，常形成大的空隙或通道，具有贮存空气的功能。如莲的叶柄和藕、灯心草的髓部（图1-26）。

贮水组织（aqueous tissue）　多见于肉质旱生植物的茎、叶。细胞较大，其中含有大量黏性物质。

吸收组织（absorptive tissue）　吸收组织执行吸收功能，如根毛细胞。

除此以外，近年来，在电子显微镜下发现一类细胞壁向细胞腔大量内折的薄壁细胞。这种壁内突扩大了质膜的表面积，有利于细胞的吸收和传递能力，故称为传递细胞（transfer cell）。传递细胞多集中于植物体内溶质相对集中的部位，被认为与溶质的短途运输有关。

②厚角组织（collenchyma）

其细胞是活细胞，常含有叶绿体，细胞壁由纤维素和果胶质组成，不木质化，呈不均匀的增厚，一般在角隅处增厚。厚角组织是双子叶植物地上部分幼嫩器官（茎、叶柄、花梗）的支持组织。它主要在这些器官的表皮下成环或成束分布，在许多具有棱角的嫩茎中，厚角组织常集中分布于棱角处，如益母草茎（图1-27）。

③厚壁组织（sclerenchyma）

其特征是它的细胞有较厚的

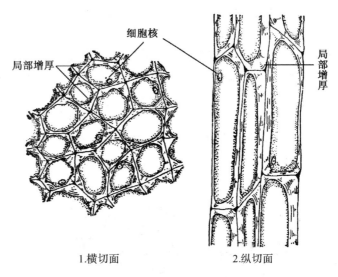

图 1-27　厚角组织

次生壁，常具层纹和纹孔，成熟细胞后细胞腔小，成为死的细胞。根据其细胞形态的不同，又可分为纤维（fiber）和石细胞（stone cell）。

纤维：细胞壁为纤维素或有的木质化增厚的细长细胞。一般为死细胞，通常成束。每个纤维细胞的尖端彼此紧密嵌插而加强巩固性。分布在皮部的纤维称为韧皮纤维或皮层纤维，这种纤维一般纹孔及细胞腔都较显著，如肉桂。分布在木质部的纤维称为木纤维，木纤维往往极度木质化增厚，细胞腔通常较小，如川木通。还有一种纤维，其细胞腔中有极薄的横隔膜，这种纤维称为分隔纤维。此外，还有一种"晶鞘纤维"是一束纤维外侧包围着许多含草酸钙方晶的薄壁细胞所组成的复合体的总称，如甘草、黄檗等。

石细胞：细胞壁明显增厚且木质化，并渐次死亡的细胞。细胞壁上未增厚的部分呈细管状，有时分枝，向四周射出。因此，细胞壁上可见到细小的壁孔，称为孔道或纹孔，而细胞壁渐次增厚所形成的纹理则称为层纹。石细胞的形状大多是近于球形或多面体形，但也有短棒状或具分枝的，大小也不一致。石细胞常单个或成群的分布在植物的根皮、茎皮、果皮及种皮中，如党参、黄檗、八角茴香、杏仁；有些植物的叶或花亦有分布，这些石细胞通常呈分枝状，所以又称为畸形石细胞或支柱细胞（图1-28）。

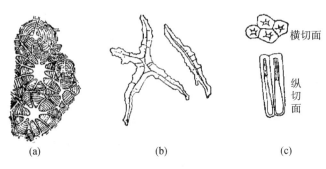

图 1-28 厚壁组织——石细胞

a)梨果肉等径石细胞 （b)山茶叶柄分枝石细胞 （c)菜豆种皮骨状石细胞

厚角组织和厚壁组织两类组织都是细胞壁明显增厚的细胞，二者之间的差异在于为前者为生活细胞，壁的增厚是纤维素增厚，仅仅局限在细胞的局部，如角隅处；后者则是失去了原生质体，仅剩细胞壁的细胞，其细胞壁的增厚是木质化的全面增厚。但二者在植物体中共同担负着支持或增加植物体的巩固性，以增强承受机械压力的作用，所以，又被合称为机械组织。

④分泌组织(secretory tissue) 是由具有分泌作用能分泌挥发油、树脂、蜜汁、乳汁等的细胞所组成。根据分泌组织分布在植物的体表或植物的体内，可分为外部分泌组织和内部分泌组织两大类。

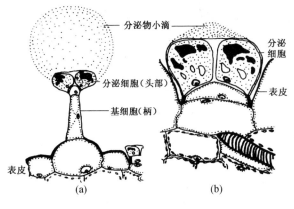

图 1-29 腺 毛

(a)有柄腺毛 (b)无柄腺毛

外部分泌组织：外部分泌组织位于植物的体表，其分泌物直接排出于体外，其中有腺毛和蜜腺。

腺毛 是由表皮细胞分化而来的，有头部和柄部之分，头是分泌的地方。头的细胞覆盖着角质层，而分泌物则积聚在细胞与角质层之间所形成的囊中，如薄荷叶(图 1-29)。

蜜腺 是分泌蜜汁的腺体，由一层表皮细胞或及其下面数层细胞分化而来。蜜腺的细胞具浓厚的细胞质。细胞质产生的蜜汁可由扩散通过细胞壁、由角质层的破裂、或经过表皮层上的气孔而到体外。蜜腺常存在于虫媒花植物的花瓣基部或花托上，如油菜花，但有时也在叶或托叶上产生。

内部分泌组织：内部分泌组织存在于植物体内，其分泌物贮在细胞内或细胞间隙中。按其组成，形状和分泌物的不同，可分为：

分泌细胞 是单个散在的分泌细胞，其分泌物贮存在细胞内。分泌细胞在充满分泌物后，即成为死亡的贮藏细胞。分泌细胞有的是油细胞，含有挥发油，如肉桂皮、姜、菖蒲，有的是黏液细胞，含有黏液质，如白芨、知母。

分泌腔 它是由多数分泌细胞所形成的腔室，分泌物大多是挥发油贮存在腔室内，故又称油室。腔室的形成，一种是由于分泌细胞中层裂开形成，分泌细胞完整地围绕着腔室，称为离生（裂生）分泌腔，如当归；另一种是由许多聚集的分泌细胞本身破裂溶解而形成的腔室，腔室周围的细胞常破碎不完整，称为溶生分泌腔，如陈皮（图 1-30）。

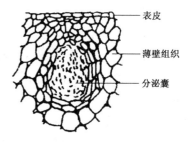

图 1-30　柑橘果皮分泌囊

　　分泌道　它是由多数分泌细胞形成的管道，分泌物贮在管道里，分泌道顺轴分布于器官中，故横切面呈类圆形与分泌腔相似，但纵切面则呈管状。分泌道中的分泌物有的是挥发油，称为油管，如茴香；有的是树脂或油树脂，称为树脂道，如松茎（图 1-31）。

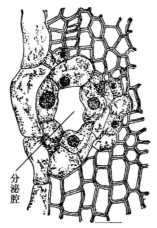

图 1-31　松树脂道

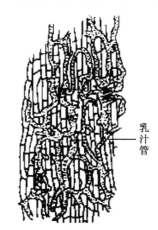

图 1-32　蒲公英根无节乳汁管

　　乳汁管　是由一个或多个细长分枝的乳细胞形成。乳细胞是具有细胞质和细胞核的生活细胞，原生质体紧贴在胞壁上，具有分泌作用，其分泌的乳汁贮在细胞中。乳汁管通常有下列两种：无节乳汁管是由单个乳细胞构成的，随器官长大而伸长，管壁上无节，有的在发育过程中，细胞核进行分裂，但细胞质不分裂而形成多核细胞，因而常有分枝，贯穿在整个植物体中，若有多个乳细胞（如欧洲夹竹桃），它们彼此各成一独立单位而永不相连，具分枝乳汁管的如大戟、夹竹桃，具不分枝乳管的如大麻；有节乳管是由一系列管状乳细胞错综连接而成的网状系统，连接处细胞壁溶化贯通，乳汁可以互相流动，如蒲公英、桔梗等（图 1-32），乳汁大多是白色的，但也有黄色的，如白屈莱，乳汁的成分复杂，有些可供药用，如罂粟的乳汁含有多种生物碱。

　　（3）复合组织

　　植物体是各项生理机能高度协调的统一体。构建植物体的各种组织虽然形态功能各异，却相互依赖，机能互补，共同完成植物体的各种生命活动。由几种形态、功能都不相同的简单组织组合在一起，完成某种特定功能，这种由多种类型简单组织形成，执行特殊功能的组织被称为复合组织，常见有以下类型。

　　①表皮组织和周皮　为了与周围环境分隔开来，并维持相对稳定的内环境进行新陈代谢，植物体的体表覆盖着对植物体起保护作用的组织。这种组织除了具备防止水分过度散失，抵御病害入侵和机械损伤的作用以外，还能控制和进行气体交换，因此常被统称为保

护组织。依照其来源的不同，被分为初生保护组织——表皮组织（epidermis），次生保护组织——周皮（periderm）。

表皮组织：初生分生组织由原表皮发育分化形成。分布在幼茎及叶、花、果实和种子的表面，由气孔（stomata）的保卫细胞和副卫细胞（guard cells）、表皮毛（hair）和表皮细胞（epidermis cell）组成[图1-33（a）、（b）]。表皮细胞是最多的细胞，常为一层扁平的长方形、多边形或波状不规则形细胞，由彼此嵌合，排列紧密，无细胞间隙的生活细胞组成。表皮细胞通常不含叶绿体，细胞壁外壁常角质化，在表皮的表面形成连续的角质层（cuticle），有的在角质层上还有不同花纹的蜡被（wax）。蜡被和角质层有防止水分过度散失，抵御病害入侵的作用。

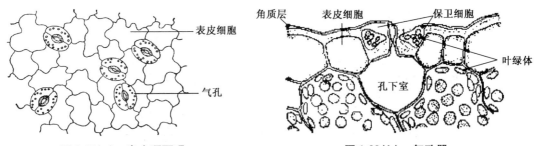

图1-33（a）　表皮顶面观　　　　　　图1-33（b）　气孔器

表皮上（特别是叶的下表皮）呈星散或成行分布的小孔，就是气孔。气孔是由两个半月形的保卫细胞对合而成的。保卫细胞的细胞质比较丰富，细胞核比较明显，含有叶绿体，它的细胞壁厚薄不均，在上下壁和外侧壁的角隅处较厚，内侧壁和外侧壁的中部较薄。因此，当保卫细胞充水膨胀时，气孔就张开，当保卫细胞失水萎缩时，气孔就闭合。所以气孔有控制气体交换和调节水分蒸发的作用。有些植物气孔的保卫细胞外侧还有1至数个副卫细胞，如禾本科型气孔的哑铃形保卫细胞两边有两个平行排列而略作三角形的副卫细胞，对气孔的开闭有辅助作用。

一些表皮细胞的外壁常向外突起，分化形成表皮毛，以保护和减少水分蒸发或分泌物质。表皮毛主要有两类：一类有分泌作用，称为腺毛；一类没有分泌作用，称为非腺毛。腺毛有头部及柄部之分，头部膨大，位于毛的顶端，能分泌挥发油、黏液、树脂等物质。由于组成头、柄细胞的多少不同而有多种类型的腺毛。非腺毛无头、柄之分，因而顶端不膨大，也无分泌机能。有的细胞壁表面常作不均匀的角质增厚，形成多数小凸起，称为疣点。有的细胞内壁常作硅质化增厚，因而变得坚硬。由于组成的细胞数目、分枝状况不同而有多种类型的非腺毛。

周皮（periderm）：由于次生结构形成，覆盖在植物体表的表皮被破坏，植物体会形成周皮取代表皮，因而只有进行次生生长的器官才产生周皮。周皮是由木栓形成层产生的。木栓形成层多起源于皮层、中柱鞘或韧皮部的薄壁细胞。由这些薄壁细胞恢复分生机能转变成为木栓形成层。木栓形成层向外分生细胞扁平、排列整齐紧密、细胞壁木栓化的木栓层（cork cells）；向内分生薄壁的栓内层（phelloderm），在茎中的栓内层常含有叶绿体，所以又称为绿皮层。木栓层、木栓形成层和栓内层三部分合称为周皮[图1-34（a）、（b）]。

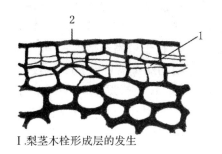

Ⅰ.梨茎木栓形成层的发生

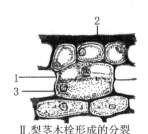

Ⅱ.梨茎木栓形成的分裂

图1-34(a) 木栓形成层的发生

1. 木栓形成层 2. 角质层 3. 栓内层

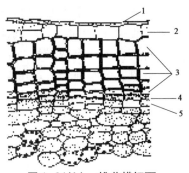

图1-34(b) 桃茎横切面，

示周皮的形成

1. 角质层 2. 表皮 3. 木栓层

4. 木栓形成层 5. 栓内层

皮孔是植物枝条上一些颜色较浅而凸出或下凹的点状物。当周皮形成时，原来位于气孔下面的木栓形成层向外分生许多非木栓化的薄壁细胞——填充细胞，由于填充细胞的增多，结果将表皮突破，形成圆形或椭圆形的裂口，这种裂口即为皮孔，可作为气体交换的通道。

②木质部和韧皮部 植物要把根吸收的水分和矿质元素等物质输送到茎、枝、叶中，以满足蒸腾作用、光合作用等生理生化反应的需要。反过来，也要把同化组织产生的有机养分传递到植物体各个部分，为植物的各项生命活动提供能量。所以，植物在进化过程中逐渐分化出担负着物质长途运输的长管状的特殊细胞。这些细胞共同特点是细胞长形，常上下相连，形成适于输导的管道，被称为输导组织。有2种类型，输送水分及溶于水中的无机养料的管状细胞形成的管道——管胞与导管；输送光合作用制造的有机营养物质到植物其他部分的管状细胞—筛胞、筛管。在植物中，只有蕨类植物、裸子植物、被子植物具有管胞或导管以及筛胞或筛管。输导组织常和薄壁组织、厚壁组织结合在一起，形成一个统一的单位，共同完成物质的长距离输送以及相应的机械支持。所以，人们把以导管或管胞、薄壁组织、厚壁组织为主，主要输送水分、无机盐等物质的复合组织，叫作木质部（xylem）；以筛管或筛胞为主，结合薄壁组织、厚壁组织，输送有机养分等物质的复合组织，叫作韧皮部（phloem）。

木质部：木质部主要机能是水、矿质元素等物质的长距离运输和一定的机械支持作用。木薄壁细胞、木纤维以及管状细胞导管（vessel）和管胞（tracheid）共同组成了木质部，其中主要成分是管状细胞。

导管（vessel） 是被子植物最主要的输水管道，少数裸子植物如麻黄也有导管。导管是多数纵长的管状细胞连接而成，每个管状细胞称为导管分子（vessel elements）。导管之所以能上下贯通，由于在发育分化的过程中，原生质体有序降解而消失。导管分子相接处的端壁（end wall）常溶解消失，壁上形成一个或数个不同形式的孔，称为穿孔（perforation）。端壁上只有一个大的贯通的孔，叫单穿孔（simple perforation）。端壁上如有数个孔，形成了复穿孔（compound perforation），端壁被称为穿孔板（perforation plate）。因而，植物体中导管分子形成了统一的通道，液流通过这个统一的管道，输导效率较高。

导管细胞壁常次生加厚，一般木质化，往往因不均匀的次生加厚而形成各种的花纹或纹孔。根据导管壁的增厚形成的花纹和纹孔类型，分为环纹、螺纹、梯纹、网纹、纹孔导管5种类型。a. 环纹导管，增厚部分呈环状，导管直径较小，存在于植物幼嫩器官中。b. 螺纹导管，增厚部分呈螺旋状，导管直径一般较小，多存在于植物幼嫩器官中。c. 梯纹导管，增厚部分与未增厚部分间隔呈梯形，多存在于成长器官中。d. 网纹导管，增厚部分呈网状，网孔是未增厚的细胞壁，导管直径较大，多存在于器官成熟部分。e. 孔纹导管，细胞壁绝大部分已增厚，未增厚处为单纹孔或具缘纹孔，前者为单纹孔导管，后者为具缘纹孔导管，导管直径较大，多存在于器官成熟部分[图 1-35（a）]。

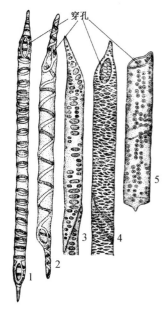

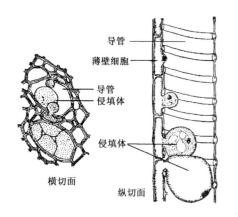

图 1- 35（a）　导管类型
1. 环纹导管　2. 螺纹导管　3. 梯纹导管
4. 网纹导管　5. 纹孔导管

图 1- 35（b）　侵填体

上述5种导管中，外观上看，环纹导管和螺纹导管直径细而狭长，两端的端壁略倾斜，穿孔多为复穿孔，因此输水效率较低。梯纹导管、网纹导管、孔纹导管的直径大、长度短，端壁多数垂直于侧壁，穿孔为单穿孔，具有较高的输水效率。一般在木质部发育过程中，直径细而狭长，两端的端壁略倾斜的环纹导管和螺纹导管先形成，然后依次是梯纹导管、网纹导管、孔纹导管。从进化的角度看，直径细而狭长，两端的端壁略倾斜的导管比直径大、长度短，端壁多数垂直于侧壁的导管原始；穿孔为复穿孔的比单穿孔原始。因而，比较原始的导管是环纹导管和螺纹导管，多出现在低等的被子植物中。较进化的是梯纹导管、网纹导管，孔纹导管最进化，出现于较进化的被子植物中。

导管不能永久保持输水能力，其输水寿命是有限的。当新导管形成，老的导管通常会失去输水的能力。由于老导管邻接的薄壁细胞会通过导管壁上未增厚的部分，连同其内含物如鞣质、树脂等物质侵入到导管腔内而形成侵填体，从而使导管输水能力降低，甚至丧失。但对侵填体病害的侵害有一定防御作用，并较耐水湿[图 1-35（b）]。

管胞(tracheid)　是蕨类植物和绝大多数裸子植物唯一的输水组织，同时也兼有支持作用。有些被子植物或被子植物某些器官也有管胞，但不是主要的输导组织。管胞形成过程中，原生质体也降解消失，但其端壁不会溶解消失。其外观呈狭长形，两端端壁尖斜。末端没有穿孔，输水方式与导管不同。管胞互相连接并集合成群，依靠纹孔运输水分。因而，输送效率远远低于导管。与导管类似，管胞的细胞壁次生加厚，并木化，形成各种不同的花纹和纹孔，也有环纹、螺纹、梯纹、网纹、纹孔 5 种管胞，以梯纹及具缘纹孔较为多见。与导管相似，管胞的进化程度依次为环纹＜螺纹＜梯纹＜网纹＜纹孔管胞(图 1-36)。

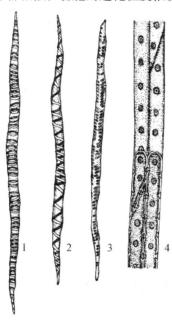

图 1- 36　管胞类型
1. 环纹管胞　2. 螺纹管胞
3. 梯纹管胞　4. 纹孔管胞

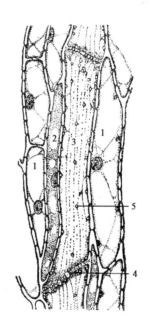

图 1- 37(a)　烟草茎韧皮部中筛管
与伴胞纵切面(仿伊梢)
1. 薄壁细胞　2. 伴胞　3. 筛管
4. 筛板　5. 筛管质体

薄壁组织、机械组织　木质部中生活的薄壁细胞为木薄壁细胞。这些细胞多具有贮藏的功能，常含有淀粉等物质，也有晶体等其他内含物。木薄壁细胞最大的特点是在发育后期，其细胞壁也有一定的木化。

木质部中的机械组织为木纤维，是两端尖锐的狭长细胞。其细胞壁强烈次生加厚并木化。木纤维的存在使木质部兼有支持功能。

韧皮部：

筛管(sieve-tube)　为被子植物中，输送有机养分的输导组织。筛管是由一列纵向排列的长管状无核的活细胞构成，每一个组成细胞称为筛管分子[图 1-37(a)]。筛管分子的细胞壁主要由纤维素和果胶组成，为初生壁性质的。在筛管分子上下两端的横壁上有许多由于纤维素不均匀地增厚而形成的小孔，称为筛孔。筛孔常成群分布在筛管壁上，为筛域。分布有一到多个筛域的端壁为筛板。只有一个筛域的筛板为单筛板；有多个筛域的称为复筛板。筛管分子在发育分化过程中，细胞核解体，液泡膜破裂，许多细胞器退化；最终，细胞中仅有贴壁的一薄层细胞质，少量结构退化的质体、线粒体、含有特殊蛋白质（P-蛋白）的黏液体；黏液体中的蛋白质被认为是与有机物的运输有关的蛋白质。黏液体分布在细胞中，呈细丝状，通过筛管分子上下两端横壁上的筛孔把上下相邻两筛管分子的细胞质连接起来，从而形成同化产物输送的通道。所以说，筛管是进化的、输送效率高的输导组织。一般其输送速度能达到 10～100 cm·h 甚至 200cm·h。

筛孔处生成一种黏稠的碳水化合物，称为胼胝质（callose）[图 1-37（b）]。温带树木到冬季，胼胝质增多，在整个筛板上形成垫状沉积物将筛孔堵塞，这个垫状物就是胼胝体。这样筛管分子便失去作用，直到翌年春，胼胝体被酶溶解而恢复其运输功能。或者伴随筛管的老化，失去功能筛管的筛板上也会形成胼胝体，堵塞筛孔。

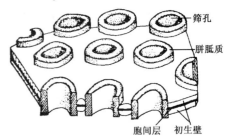

图 1-37(b) 筛管上筛域结构图解

筛管分子一般只能生活一两年，所以树木在增粗过程中老的筛管会不断地被新产生的筛管取代，老的筛管被挤压成为颓废组织，但在多年生单子叶植物中，筛管则可长期行使其功能。

伴胞（companion cells） 为位于筛管分子旁侧的一个近等长、直径较小的薄壁细胞。具明显的细胞核，浓厚的细胞质中细胞器丰富，有大量的线粒体，并含有多种酶。伴胞与筛管侧壁相连处，有大量的胞间连丝。甚至在植物中筛管分子与周围细胞有密切的物质交换的部位，如在叶肉中的细脉筛管分子与叶肉细胞之间，其伴胞细胞壁向细胞腔内折，类似于传递细胞，有效地加强了物质的短途运输。因此，伴胞被认为与筛管的输导机能密切相关。伴胞为被子植物所特有，蕨类及裸子植物则不存在[图 1-37（a）]。

筛胞（sieve cell） 为蕨类植物、裸子植物中输送有机养分的输导组织。筛胞是独立的输导单位，没有伴胞辅助。与筛管类似，筛胞是由纵向排列的长管状无核的活细胞组成的，每一个细胞为筛胞分子。但筛胞分子细长而两端尖锐，在相邻的筛胞分子之间的细胞壁上有不很发达的筛域，没有形成筛板，以筛域与相邻筛胞分子连接。同化产物通过筛域输送。所以，筛胞输导效率远较筛管低，是比较原始的输导组织。

韧皮部和木质部的分化历来是发育植物学研究领域关注的问题。近年来，有关分化的程序性细胞死亡理论被用来解释韧皮部和木质部中管状细胞（纤维、导管、管胞、筛管、筛胞）的形成。认为管状细胞的分化是母细胞在其内在基因的调控下，发育到一定时期，程序性死亡基因有序表达，使原生质体自主有序地降解，并利用降解产物构建管状细胞的细胞壁。这方面的研究目前取得了一定进展，已克隆出部分与程序性死亡相关的基因。

薄壁组织和纤维 韧皮部的生活的薄壁细胞为韧皮薄壁细胞。这些细胞常含有淀粉、蛋白质、晶体等其他内含物，具有一定的贮藏功能[图 1-37（a）]。

韧皮部中的机械组织主要为韧皮纤维，其细胞壁往往多次强烈次生加厚，形成层纹，但加厚主要是纤维素性质的，不同于木纤维。

（4）维管组织

当远古的原始植物从海洋向陆地进军时，为了适应陆地的旱生生活，在漫长的演化进程中，植物体中一些细胞逐渐演变形成能承担长距离物质输送的管状细胞群，即输导组织。随着管状细胞的分工和机能的特化，输送水分及矿质元素的演化成管胞和导管，输送同化产物的形成筛胞和筛管。管状分子与薄壁组织、机械组织等又有机结合，形成复合组织——木质部和韧皮部。这两类组织均以管状分子为主，人们统称为维管组织。由于从蕨类植物开始，植物体中才出现维管组织。所以，蕨类、种子植物又称维管植物。

在维管植物中，维管组织贯穿整个植物体，形成高度统一的有机整体，使植物体的各部分连接起来，使其更加适应陆地生活。维管组织在植物体中常呈束状分布，被称作维管束。维管束通常由木质部、束中形成层、韧皮部组成。这种维管束为无限维管束，由于束中形成层具有分生能力，它使维管束还能继续生长扩展。有些植物的维管束只有木质部和韧皮部。由于无束中形成层，维管束不能再扩展，为有限维管束。

另外，不同植物维管束中的韧皮部和木质部的位置和排列不同。所以，根据韧皮部和木质部的位置和排列，将维管束分为以下几种类型（图 1-38）。

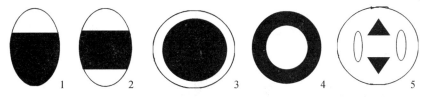

1. 外韧维管束　2. 双韧维管束　3. 周韧维管束　4. 周木维管束

5. 辐射维管束（黑色表示木质部）

图 1-38　维管束类型

①外韧维管束（collateral bundle）　常见于种子植物茎中，韧皮部排列在茎的外周，木质部排列于茎内部，两者并合成束。

②双韧维管束（bicollateral bundle）　韧皮部与木质部并合成束，但在木质部的内外都有韧皮部，如南瓜茎中的维管束。

③周木维管束（amphivasal bundle）　韧皮部与木质部并合成束，木质部围绕韧皮部排列，如香蒲根状茎中维管束。

④周韧维管束（amphicribral bundle）　韧皮部与木质部并合成束，韧皮部围绕木质部排列，如蕨类植物石松根状茎的维管束。

⑤辐射维管束（radical bundle）　特指初生根中，韧皮部与木质部不并合成束，而是被薄壁组织间隔开来，两者呈辐射状相间排列。

植物体是高度统一的有机整体，各种组织虽然形态构造存在差异，但在功能上相互联系，它们的内部结构并不是孤立的、割裂的。构建植物体的各类组织，其形态、构造的特化是对承担的生理机能的适应，即形态、结构和功能是统一协调的。像维管组织这样，一个植物体上的一种组织或几种组织在结构和功能上所形成的单位，被称为组织系统。

复习思考题

1. 名师解释

①细胞；②单位膜；③原核生物、真核生物；④胞间连丝；⑤细胞周期；⑥分化；⑦组织；⑧细胞

全能性；⑨简单组织、复合组织；⑩维管组织。

2. 细胞核的主要功能是什么？它由哪几部分组成？

3. 什么是质膜的流体镶嵌模型？与质膜功能有何关系？

4. 被称为"动力工厂"的线粒体具有什么功能？它具有怎样的独特结构？

5. 植物细胞与动物细胞最大的区别是什么？

6. 简述内质网、高尔基体的结构与功能。

7. 细胞中碳水化合物的合成与贮藏与什么细胞器相关？它有几种类型？

8. 植物细胞中，哪些是无膜的结构？各自的结构与功能是什么？

9. 细胞壁可分为哪几层？是不是所有细胞的细胞壁结构都一样？请举例说明。

10. 植物细胞之间是通过哪些结构进行物质与信息的交流与传递的？

11. 植物细胞的增殖方式有哪几种类型？各有什么特点？其中与生殖细胞形成有关的是哪种方式？

12. 植物细胞后含物中最常见的是什么？常出现在植物体哪些器官的细胞中？

13. 简述植物组织的基本类型。

14. 什么是维管束？有几种类型？

15. 谈谈管胞和导管区别。为什么说导管远比管胞进化？

16. 侵填体是如何形成的？

17. 筛管与伴胞通常分布在哪些组织中？

18. 为什么韭菜叶被割去后，经过一段时期后，还能恢复如初？

19. 如何区分厚角组织与厚壁组织？造成梨果肉粗糙的是什么？

20. 周皮是不是日常生活中提到的树皮？

本章推荐阅读书目

1. 生物化学（上册）（第 3 版）. 沈同，王镜岩. 高等教育出版社，2002.

2. 细胞生物学. 刘凌云，薛绍白，柳惠图. 高等教育出版社，2002.

3. 细胞生物学. 翟中和. 高等教育出版社，1995.

4. 植物解剖学（上册）（第 2 版）. E. G. 卡特，李正理，等译. 科学出版社，1986.

5. 植物解剖学. Fahn，吴树明，等译. 南开大学出版社，1990.

6. 植物发育解剖学（上册）. 陈机. 山东大学出版社，1992.

7. 植物学. 傅承新，丁炳扬. 浙江大学出版社，2002.

8. 植物学（上册）（第 2 版）. 陆时万，徐祥生，沈敏健. 高等教育出版社，1991.

9. 植物学. 曹慧娟. 中国林业出版社，1989.

第2章

种子植物的营养器官

【本章提要】种子植物在构造上一般都具有两种类型的器官，即营养器官和繁殖器官。营养器官包括根、茎、叶，它们共同担负着植物的营养生长；繁殖器官包括花、果实、种子，与植物的生殖有关。本章主要介绍根、茎、叶等营养器官的形态学特点、生理功能、解剖构造及生长发育过程。

在植物体上，由多种组织组成的，承担一定的生理功能，具有显著形态特征，易于区分的结构称为器官(organ)。种子植物的营养器官是构成植物体的主要部分，与植物的营养生长有密切的关系，与个体的生存期同始终。从植物的个体发育而言，早在种子离开母体植株的时候，新一代的植物体就已经完成了形态上的初步分化，成为植物的雏体。以后，随着种子在适宜条件下萌发，种子里的雏体——胚，经过一系列的生长发育，成长为具有根、茎、叶的幼苗。幼苗经过营养生长与发育后，成为具有枝系和根系的成熟植株。所以种子植物的根、茎、叶就是从种子的胚发育而来的，种子是孕育植物雏体的场所。虽然种子属于繁殖器官，理应放在第3章讲述，但要了解营养器官的形态构造及其形成过程，应该首先了解种子的构造与幼苗的形成。

2.1 种子的结构与幼苗的形成

2.1.1 种子的结构与发育

种子(seed)是指由胚珠发育而成的繁殖器官，它和植物繁衍后代有密切联系。并不是所有植物都以种子进行繁殖的，只有在植物界系统发育地位最高、形态结构最为复杂的种子植物(seed plant)才能产生种子。根据胚珠是否有包被，种子植物又分为裸子植物(gymnosperm)和被子植物(angiosperm)。裸子植物的胚珠是裸露的,由胚珠发育成的种子不被果皮所包被;被子植物的胚珠有子房壁包被,将来形成的种子包在果皮内。

　　植物的种子在大小、形状、色泽等方面,因植物种类的不同而有较大的差别。大者如椰子的种子,其直径可达15~20cm;小的如油菜的种子,千粒重仅1.4~5.74g。种子的形状也各不相同,有球形(豌豆)、肾形(菜豆)、纺锤形(大麦)、卵形(瓜类)、方形(豆薯)以及其他各种形状。种子的色泽差异也很显著,有纯色的,如黄色(玉米)、青色(青仁大豆)、褐色(荞麦)等,也有彩纹的,如蓖麻的种子。种子的外部形态虽然多样,但对于每种植物来说,种子的形状和色泽在遗传上是相当稳定的性状,可以用来鉴定植物种类。

2.1.1.1 种子的结构

　　虽然植物的种子形形色色,千变万化,但其基本结构是一致的。一般种子都由胚(embryo)、胚乳(endosperm)和种皮(seed coat)三部分组成。但也有很多植物的种子由种皮和胚两部分构成,种子内没有胚乳(图2-1)。

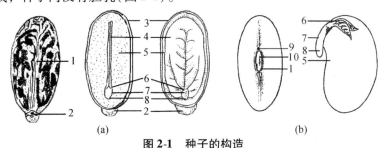

图2-1　种子的构造

(a)蓖麻种子,示有胚乳种子　左:表面观　中:与子叶面成直角的纵切　右:与子叶面平行的纵切

(b)菜豆种子,示无胚乳种子　左:种子表面观　右:胚的构造

1. 种脊　2. 种阜　3. 种皮　4. 子叶　5. 胚乳　6. 胚芽　7. 胚轴　8. 胚根　9. 种孔　10. 种脐

(1)种皮

　　种皮是包被在种子外面的保护层,具有保护种子内部不受机械损伤、避免水分过度散失和防止微生物感染的作用。种皮的构造因植物种类不同而异。有些植物的种子成熟后包在坚韧的果皮内,种皮比较薄,成膜状或纸状,如桃、落花生;有些植物的种子成熟后,果皮开裂,种子散出,种皮坚厚,有发达的机械组织,如大豆、茶的种子。有些植物的种皮仅一层,但多数植物具内外两层种皮,内种皮薄软,外种皮厚硬,且具有光泽、花纹或其他附属物,如蓖麻的种皮上具有花纹,棉花、楸树的种皮上生有纤维毛,有些种子的外种皮扩展成翅,如油松、马尾松、泡桐、梓树的种子。组成种皮的细胞不含有原生质,为死细胞。

　　成熟的种子,种皮上都具有种脐(hilum)和种孔(micropyle),有些植物的种皮上还具有种脊(raphe)和种阜(caruncle)。种脐是种皮上的一条疤痕,它是种子与种柄断离时留下的痕迹。在种脐的一端有一个不易察觉的小孔,称为种孔,是胚珠的珠孔留下的痕迹。种子萌发时,水分从种孔处进入种子内部。种脊是种皮上的一条棱状突起,并不是所有的种子都有种脊,只有倒生胚珠形成的种子上才能见到。蓖麻种子的一端有一块由外种皮延伸而成的海绵状突起物,称为种阜,种脐和种孔为之所覆盖,只有剥去种阜才能见到[图2-1(a)]。

（2）胚

胚是包在种子内的幼小植物体，是种子最主要的部分。由胚芽（embryonic shoot）、胚轴（embryonic axis）、胚根（radicle）和子叶（cotyledons）四部分构成。

胚芽又称幼芽，是茎、叶的原始体，位于胚轴的上端，它是植物生活中最早出现的顶芽。

胚轴是连接胚芽和胚根的过渡部分，同时也与子叶相连。子叶着生点和胚根之间的部分称为下胚轴（hypocotyl），简称胚轴；而子叶着生点到着生第一片真叶的部分，称为上胚轴（epicotyl）。当种子萌发时，随着胚根和胚芽的生长，胚轴也随着一起生长，将来发育为植物主茎的一部分。

胚根位于胚轴下面，一般呈圆锥形，是植物体未发育的根。

胚芽和胚根的顶端都有生长点，由胚性细胞组成，当种子萌发时，这些细胞能很快分裂长大，使胚根和胚芽分别伸长，突破种皮，长成新植物的主根和茎叶。

子叶着生在胚芽之下胚轴的两侧，是植物体最早的叶。不同的植物，种子的子叶在数目和生理功能上不完全相同。种子内具有两片子叶的植物称为双子叶植物（dicots），如豆类、瓜类、蓖麻等（图 2-1）；只有一片子叶的植物称为单子叶植物（monocots），其中禾本科植物中这一片子叶叫作盾片（scutellum），如毛竹、水稻、玉米等（图 2-2）。双子叶植物和单子叶植物是被子植物中的两个大类，它们不仅在种子的子叶数目上不同，而且在其他器官的形态结构上也有差别。裸子植物种子的子叶数通常在两个以上，也称为多子叶植物。子叶在种子内的生理功能主要是贮藏营养物质，供种子萌发和幼苗成长时利用。此外，有些植物的种子萌发后，子叶露出土面，展开变绿，能进行暂时的光合作用。还有一些种子的子叶成薄片状，在种子萌发时，能分泌酶物质，以分解和吸收胚乳中的养料，供胚利用。

（3）胚乳

胚乳位于种皮和胚之间，是种子内贮藏营养物质的部分。有些植物的种子在成熟过程中，胚乳被子叶完全吸收，因而形成无胚乳种子（nonendospermic seed），很多双子叶植物如刺槐、蚕豆、板栗、油茶、核桃等的种子都属此类[图 2-1（b）]；许多双子叶植物、大多数单子叶植物和全部裸子植物的种子成熟后由胚、胚乳、种皮三部分组成，这类种子称为有胚乳种子（albuminous seed），如油桐、蓖麻、松、柏、稻、麦等[图 2-1（a）、图 2-2]。也有些植物，种子在形成过程中，珠心组织未被完全吸收，形成种子的外胚乳（perisperm）。

在种子中，胚乳和子叶占种子的大部分体积，由薄壁细胞组成，细胞内贮藏丰富的营养物质，主要

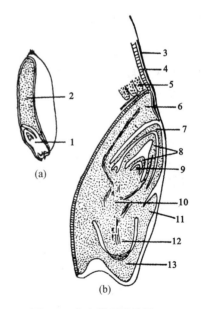

图 2-2　小麦种子的构造

（a）种子纵切面　（b）胚的纵切面

1. 胚　2. 胚乳　3. 果皮和种皮的愈合层
4. 糊粉层　5. 淀粉贮藏细胞　6. 盾片
7. 胚芽鞘　8. 幼叶　9. 胚芽生长点　10. 胚轴
11. 外胚乳　12. 胚根　13. 胚根鞘

有糖类、脂类、蛋白质，以及少量无机盐和维生素。

2.1.1.2 种子萌发和幼苗的形成

成熟的种子，在适宜的条件下，经过一系列同化和异化作用，逐渐形成幼苗，这一过程称为种子萌发(seed germination)。

一般干燥种子含水量占种子质量的5% ~ 10%，在这种水分条件下，很多重要的生命活动无法进行。种子萌发首先要吸收充足的水分，胚从休眠状态转入活动状态。当种子吸水后，种子内部发生水合作用(hydration)，胚细胞内部的蛋白质、酶等大分子和细胞器陆续发生水合活化。胚细胞的呼吸强度明显提高，各种细胞器如内质网、高尔基体大量增殖，小液泡吸水胀大而融合，膜系统进行修补后也恢复了正常的功能；同时，贮藏在种子内部的淀粉、蛋白质和脂肪等大分子水解成可溶性的小分子，输送到胚并被分解和利用。胚内部的所有细胞体积增大，当增大到一定程度时，胚根尖端突破种皮向外伸出，引起种子萌发。

种子萌发要经过胚细胞的分裂、生长和分化。绝大多数植物的种子萌发时，首先是胚根突破种皮。因为胚根的尖端正对着种孔，当种子吸收水分时，水分从种孔进入种子，胚根优先获得水分，并且最早开始活动，突破种皮，然后向下生长形成主根。这一点很重要，因为根的最先形成，可以使幼苗固定在土壤中并从土壤中吸收水分和营养物质。当胚根生长到一定长度后，胚轴也相应生长和伸长，把胚芽或者连同子叶一起推出土面，胚芽发展为新植物体的茎叶系统。至此，一株能独立生活的幼小植物体形成，这就是幼苗(seedling)。

2.1.2 幼苗的类型

种子萌发时，由于胚体各部分，特别是胚轴部分的生长速度不同，因而形成的幼苗其形态也不一样。常见的幼苗可分为两种类型，一种是子叶出土幼苗(epigaeous seedling)，另一种是子叶留土幼苗(hypogaeous seedling)。

(1)子叶出土幼苗

这种类型的种子萌发时，胚根先突破种皮，伸入土中，形成主根。然后，下胚轴开始生长并迅速伸长，把子叶和胚芽一起推出地面，所以形成的幼苗子叶是出土的。大多数裸子植物和双子叶植物、少数单子叶植物都属此类[图2-3(a)]。

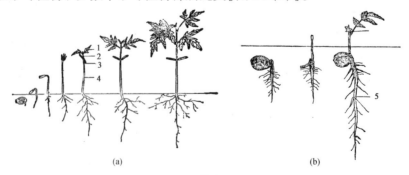

图2-3 种子萌发及幼苗生长

(a)棉花种子萌发，示子叶出土幼苗 (b)核桃种子萌发，示子叶留土幼苗

1. 幼叶 2. 上胚轴 3. 子叶 4. 下胚轴 5. 主根

子叶出土后，子叶展开并逐渐变绿，成为幼苗最初的同化器官，能够进行短暂的光合作用。待真叶长出后，子叶逐渐萎缩而脱落。大豆等种子的子叶特别肥厚，当子叶出土后，能够把贮存的养料运往根、茎、叶等部分，直到营养物质消耗用尽，子叶才干瘪脱落。有些植物的子叶可以保持 1 年之久，也有一些甚至可以保留 3～4 年。

(2)子叶留土幼苗

种子萌发时，下胚轴不伸长或伸长不多，只有上胚轴迅速伸长，将胚芽顶出土面，而子叶始终留在土壤中，吸收或贮存营养物质。以这种方式形成的幼苗，称为子叶留土幼苗。一部分双子叶植物，如核桃、油菜、菜豆和大部分单子叶植物如毛竹、棕榈等属于此类［图 2-3(b)］。

了解幼苗的类型，对农、林业生产有指导意义。一般情况下，子叶出土的种子播种宜浅，否则子叶出土困难；子叶留土的种子，播种可以稍深。同时，也要根据种子的萌发具体特点及土壤条件，来决定播种的实际深度。不同植物的种子，顶土的力量不同。顶土力量强的种子，即使是出土萌发，稍微播深也无妨，而顶土力量弱的，就必须考虑浅播。在生产实践中，种子能否尽早萌发、幼苗生长是否齐、匀、壮是人们最关心的问题，为此，经常进行品种的选育。种子的选择和处理、圃地的水肥灌溉和整地、锄草等，都会影响种子的萌发和幼苗的生长。

2.2　植物的根

根(root)是种子植物的重要营养器官。除少数气生者外，一般是植物体生长在地下的营养器官。作为植物地上部分与土壤间的连接器官，根每时每刻都在与土壤进行着物质与能量的交换。"根深叶茂"即反映了根在植物生活中的重要作用。

2.2.1　根的功能

根的主要功能是将植物体固着在土壤中，并从土壤中吸收水分和无机盐类。植物的地上部分挺立在空气中，经常会受到风雨和其他机械力量的袭击，而高大的树木却依然屹立，这主要归功于根内部牢固的机械组织和维管组织，将植物体牢牢地固定在土壤中，维持植株的重力平衡。植物生活所需要的水主要靠根系吸收，根在吸收水分的同时，也吸收了溶于水中的矿物质、二氧化碳及氧。根所吸收的物质，通过根中的输导组织运往地上部分的茎和叶，同时又可通过茎把叶制造的有机物质运送到根的各部分，以维持根的生长和发育。

根的另一功能是合成和分泌。据研究，根能合成多种氨基酸，并很快运至生长部位，合成蛋白质，作为新细胞形成的原料。根也是赤霉素、细胞分裂素和植物碱的合成部位。根还参与一些维生素和促进开花的代谢物的制造。根所分泌的物质近百种，包括糖类、氨基酸、有机酸、生长素和维生素等生长物质，以及核苷酸、酶等。这些分泌物有的可以减少根在生长过程中与土壤的摩擦力，如根尖部位的根冠能分泌一种黏液，湿润根尖周围的土壤颗粒，使根顺利穿过土壤不断地生长；有的分泌物对其他植物的生长产生刺激或毒性，如寄生植物列当的种子，要在寄主根的分泌物刺激下才能萌发，而像苦苣菜属、顶羽菊属的一些杂草的根能分泌并释放生长抑制物，使周围的植物死亡，这就是所谓的异株克生现象(allelopathy)；有的分泌物可抗病害，如棉花的一些抗根腐病的品种，其根内能分泌抑制该病菌生长的水氰酸；根的分泌物还能促进土壤中一些微生物的生长，它们在根际和根表面形成一个特殊的微生物区系，对植物的代谢、吸收、抗病起一定的作用。

此外，根还有贮藏和繁殖的功能。根内部的薄壁组织较发达，常为物质贮藏之所。有些植物的根贮藏有大量的养料，可食用、药用和作为工业原料。如甘蔗、胡萝卜、萝卜、甜菜的根可食用，部分也可作饲料；人参、当归、甘草、龙胆的根可供药用；某些乔木或藤本植物的老根，如枣、杜鹃、葡萄、清风藤等的根，可雕制或加工成工艺品。有些植物的根可以产生不定芽，特别是在伤口处更易形成，利用这种特性，在生产中经常用根扦插进行营养繁殖，森林更新中也常加以利用。在自然界中，根还有控制泥沙流动、保护坡地、堤岸和防止水土流失的作用。

2.2.2 根的类型和根系

2.2.2.1 根的来源和种类

种子萌发时，胚根首先突破种皮向地生长，形成主根(main root)。主根是植物最早出现的根，因此又称初生根(primary root)。当主根生长到一定长度时，在一定部位上侧向地生出许多分支，称为侧根(lateral root)。侧根达到一定长度时，又能生出新的侧根。因此，侧根又分为一级侧根或次生根(secondary root)、二级侧根或三生根(tertiary root)，依此类推。

主根和各级侧根都有一定的发生位置，都来源于胚根，统称定根(normal root)。而有些植物可以从茎、叶、老根或胚轴上产生根。这种不是由胚根发生，位置也不固定的根，称为不定根(adventitious root)(图2-4)。不定根和定根具有同样的构造和生理功能，也能产生各级侧根。农业、林业、园艺工作上，利用枝条、叶、地下茎等能产生不定根的习性，可进行扦插、压条等营养繁殖。

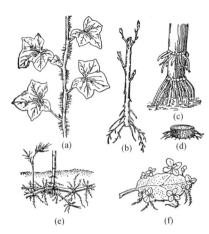

图2-4 不定根

(a)常春藤枝条上的气生根 (b)柳树插条上的不定根

(c)玉米茎基部的支柱根 (d)老根上的不定根

(e)竹鞭上的不定根 (f)落地生根叶上小植株的不定根

图2-5 直根系和须根系

(a)直根系 (b)须根系

1. 主根 2. 侧根

2.2.2.2　根系的类型

植物地下部分根的总和，称为根系(root system)。定根和不定根均可以发育成根系。种子植物的根系，根据组成和形态的不同，分为两种类型，即直根系(tap root system)和须根系(fibrous root system)(图 2-5)。

（1）直根系

直根系有明显的主根和侧根，主根发达，并保持垂直向下生长，侧根繁多，但长度和粗度依次递减。大部分双子叶植物和裸子植物的根系都是直根系，如松树、柏树、杨树、柳树、蒲公英等植物的根系。直根系一般由定根组成，但有的种类也有少量的不定根参与到根系中。

（2）须根系

须根系没有明显的主根和侧根的区分，主根不发达或早期停止生长，根系主要由不定根和它的分枝组成，呈须状，长短粗细和形状都很相近。大部分单子叶植物和某些双子叶植物的根系属于此类。如禾本科植物的种子萌发时形成的主根，存活期不长，以后由胚轴或茎基部所产生的不定根代替，组成须根系。

根系在土壤中分布的深度和广度因植物种类不同而异。有些植物的根系主根比较发达，在向下伸长生长的同时，陆续产生各级分枝，带动整个根系向土壤的深处发展，这种根系称为深根系(deep root system)。例如，棉花的主根一般可以深入土层 60cm，灌溉良好的地区可以深达 2~3m；紫苜蓿的主根在排水良好且疏松的土壤中可深入土层 9m 以上，在干旱的气候条件下，可以深达地下水层。也有些植物的根系，主根不发达，侧根或不定根朝着水平方向分布，并向四周扩展，占有较大的面积。例如，某些仙人掌类植物的根系分布在土壤中的深度只有 6~8cm，但其水平方向长达数米，能更好地吸收短期内落在地表的雨水。这种分布在土壤表层的根系称作浅根系(shallow root system)。

根系的深浅主要决定于植物的遗传本性，也受生长发育状况和外界环境条件等因素的影响。不同生长发育期的植物，根系分布的深度不同。根系的分布状况也因环境的不同而有差异，如生长在黄河故道沙地的苹果树，因地下水位高，根系仅深 60cm，而生长在黄土高原的苹果树，因地下水位低，根系深达 4~6m。此外，人为因素也能改变根系的分布，如植物在幼苗期的水肥灌溉，苗木的移植，以及扦插和压条繁殖的苗木，易形成浅根系，用种子繁殖的苗木，主根发达，易形成深根系。

在林区往往生长着具有不同根系类型的植物，由于这些植物的根在土壤中分布的深度不同，形成了所谓的地下成层现象(underground stratification)。地下成层现象很重要，它保证了植物可以从土壤的不同层次中吸收养料。在进行林区土壤立地条件调查时，经常做的土壤剖面，就是地下成层现象的实际应用。

掌握了根系分布的特性，有利于造林树种的选择。用于防护林的树种，应选择具有较强抗风力的深根系树种；营造水土保持林时，宜选用侧根发达，固土能力强的树种；营造混交林时，不仅要考虑地上枝叶间的相互关系，还要兼顾地下根系的发育情况，选择深根系和浅根系树种，合理配置，以利于土壤水分和养分的充分利用。

2.2.3　根的发育

种子萌发时，胚根的顶端分生组织经过细胞的分裂、生长和分化形成主根。不论主根、侧根和不定根都有顶端分生组织。根的顶端分生组织由原分生组织（primordial meristem）和初生分生组织（primary meristem）两部分构成。据研究，原分生组织的细胞排列样式与根部的各种组织在组织发生上有一定的关系。根据这种关系，原分生组织的结构排列样式可以分为两种，一种是封闭型（closed type），即成熟根中的根冠、皮层和维管柱分别起源于原分生组织中各自独立的 3 个原始细胞层，而表皮或者与皮层同源，或者与根冠同源；另一种是开放型（open type），其特点是成熟根中的各种组织，或者至少是皮层、根冠和表皮，它们共同起源于根尖分生组织的一群横向排列的原始细胞，而不是起源于各自的原始细胞层，这种类型在系统发育上较为原始（图 2-6）。

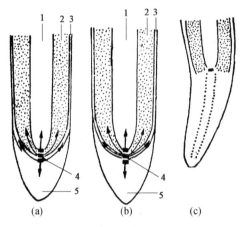

图 2-6　根顶端分生组织和衍生区域

（a）表皮和根冠有共同起源　（b）表皮和皮层有共同起源
（c）根的各区都由一群原始细胞产生维管柱
1. 维管柱　2. 皮层　3. 表皮　4. 顶端分生组织　5. 根冠

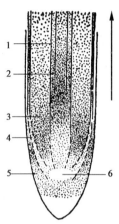

图 2-7　根尖纵切面图，示不活动中心

1. 维管柱　2. 最早筛分子　3. 皮层
4. 表皮　5. 根冠　6. 不活动中心

形成根部各种组织的原始细胞，并不是始终都进行着细胞分裂，只有在种子胚根的形成阶段，或侧根的发生阶段，这些原始细胞才进行细胞分裂，构成根端原分生组织细胞的排列样式。在以后的发育中，除了产生根冠的原始细胞仍进行细胞分裂活动外，其他的原始细胞基本上已经停止分裂，因此，根部的各种组织是由位于这一群原始细胞上面和周围的原分生组织细胞产生的。这一群基本上停止细胞分裂活动的原始细胞形成了一个不活动区，称为不活动中心或静止中心（图 2-7）。不活动中心的细胞实际上并未停止细胞分裂，只是它们的细胞周期较周围的细胞要长得多，当与它相邻的分生组织细胞失去活动能力或受到损伤时，不活动中心的细胞能够恢复正常的细胞分裂予以补充。不活动中心虽然没有直接参与根的生长，但一般认为它可能是合成某种植物激素的场所，因此对根的生长发育可能是很重要的。另外，由于细胞处于不活动状态，能够抵抗不利的环境条件，所以它可能是原始细胞度过不良环境的贮能场所。

2.2.4　根的初生生长

根的初生生长（primary growth）是指根的顶端分生组织经细胞分裂、生长、分化形成成熟根的过程。初生生长产生的各种组织称为初生组织（primary tissue），它们共同组成根的初生结构（primary structure）。根的初生生长是在根尖部位进行的，所以要了解根的生长发育及解剖特点，必须首先了解根尖的构造。

2.2.4.1　根尖的构造和发育

根尖(root tip)是根的顶端到着生根毛的这一段。根尖是根中生命活动最旺盛、最重要的部分，根的伸长生长、根对水分和矿质元素的吸收、根内各种组织的形成，主要在根尖进行。根据细胞形态特点及生长发育情况，可将根尖自下而上划分为 4 个区：根冠(root cap)、分生区(meristematic zone)、伸长区(elongation zone)和成熟区(maturation zone)(图2-8)。区与区之间并没有明显的界限，而是逐渐过渡的。

（1）根冠

根冠是根特有的一种保护结构，位于根的最先端，它像一顶帽子套在分生区的外方，保护着内方幼嫩的分生区细胞。

根冠由活的薄壁细胞组成，分化程度较低，近分生区的细胞较小，外方的细胞较大。根冠外层的细胞内含有许多高尔基体，能够分泌黏液，使根冠表面变得黏滑，可以减少根在土壤中生长时产生的摩擦。尽管如此，根冠外层的细胞由于和土壤颗粒发生摩擦死亡脱落，而分生区能不断地产生细胞，陆续地补充到根冠内方以补偿外层

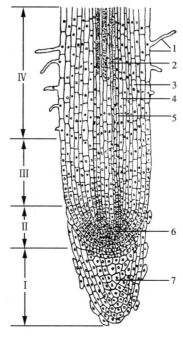

图 2-8　根尖纵切，示各个分区

Ⅰ. 根冠　Ⅱ. 分生区　Ⅲ. 伸长区　Ⅳ. 成熟区

1. 表皮及根毛　2. 导管　3. 皮层　4. 内皮层
5. 中柱鞘　6. 顶端分生组织　7. 根冠

的损失，因此，根冠始终保持一定的形状和厚度，保护着根的顶端分生组织，并帮助正在生长的根顺利穿越土壤。根冠内部的细胞通常含有可以移动的淀粉粒，它们常集中分布在细胞的底层，起着平衡石的作用。当根被水平放置时，由于重力的作用，细胞内的淀粉粒很快就沉积在细胞的下方，结果使根向下弯曲。切除根冠后，根的生长不受影响，但却失去了向地性反应。因此，长期以来认为根冠细胞内的淀粉粒与根的向地性生长有密切的关系。除了一些营寄生生活和具菌根的种子植物外，大多数植物都生有根冠，水生植物也有根冠，只是根冠形成后很快就退化消失。

（2）分生区

分生区位于根冠上方，由顶端分生组织构成，能不断地进行分裂增生新细胞，所以又称生长点(growing point)。分生区产生的新细胞除一部分向下发展，补充到根冠部位外，大部分细胞经过细胞的生长、分化逐渐形成根的各种组织。

分生区的先端为顶端分生组织的原分生组织，具有很强的分裂能力，由原始细胞及其最初的衍生细胞组成，细胞较少分化；初生分生组织位于原分生组织的后方，由原分生组织分裂衍生的细胞组成，具有一定的分裂能力，但已经开始了初步分化，分化为原表皮(protoderm)、基本分生组织(ground meristem)和原形成层(protocambium)三部分。原表皮位于最外层，以后发育为成熟结构的表皮；原形成层位于中央，以后发育为维管柱；基本

分生组织位于原形成层和原表皮之间，以后发育成皮层。

分生组织的细胞具有各种不同的分裂方向。就细胞壁的方向而言，假定细胞是立方体，按在器官中的位置，可分为内、外切向壁(tangential wall)，左、右径向壁(radial wall)，上、下横向壁(cross wall)等6个壁[图2-9(b)]。切向壁与该细胞所在部位的切线相平行；径向壁与该细胞所在部位的半径相平行；横向壁与茎轴的横切面相平行。就细胞分裂方向而言，有3种分裂方式[图2-9(c)、(d)]。切向分裂(tangential division)，也称平周分裂(periclinal division)，分裂产生的子细胞的新壁是切向壁，分裂的结果，增加细胞的内外层次，使器官加厚；径向分裂(radial division)，子细胞的新壁是径向壁，分裂的结果，使器官增粗；横向分裂(transverse division)，产生的新壁是横向壁，延长细胞组成的纵向行列，使器官伸长。径向分裂和横向分裂也称垂周分裂(anticlinal division)，但狭义的垂周分裂一般只指径向分裂。

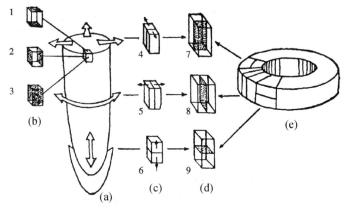

图2-9 细胞的分裂方向

(a)根尖的一部分，空白箭头表示细胞不同方向分裂所引起的器官加厚、增粗和伸长

(b)细胞壁的方向 (c)细胞的分裂方向 (d)新壁的方向 (e)器官中细胞的三种分裂方向

1. 横向壁 2. 径向壁 3. 切向壁 4. 切向分裂 5. 径向分裂 6. 横向分裂 7. 切向壁 8. 径向壁 9. 横向壁

(3)伸长区

伸长区位于分生区的上方，由分生区分裂产生的细胞衍生而来，细胞分裂逐渐停止，细胞沿根的长轴方向显著伸长。位于伸长区前段的细胞仍进行着分裂，但分裂的次数从下向上逐渐减少，体积却迅速增大，一部分靠外周的原形成层细胞开始了成熟分化。位于伸长区后段的细胞已经停止分裂，体积增大也将近完成，原生韧皮部和原生木质部的导管和筛管分化成熟。因此，伸长区不仅是根伸长生长的主要部位，也是由初生分生组织向成熟组织发育的过渡区。

(4)成熟区

成熟区位于伸长区上方，细胞伸长生长停止，各种组织分化成熟，构成根的初生构造。成熟区的表面一般密生根毛，因此又称根毛区(root hair zone)。

2.2.4.2 根的初生构造

通过根尖的成熟区作一横切面，可以看到根的初生构造由外向内包括表皮(epidermis)、皮层(cortex)和维管柱(vascular cylinder)(图2-10)。

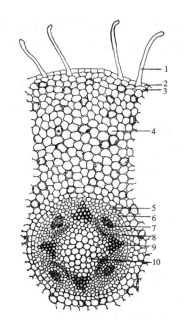

图 2-10　刺槐根的初生构造，示双子叶植物根的初生构造
1. 根毛　2. 表皮　3. 外皮层　4. 皮层薄壁组织　5. 内皮层
6. 中柱鞘　7. 初生韧皮部　8. 形成层　9. 初生木质部　10. 髓

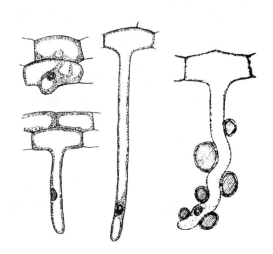

图 2-11　根毛的形成

（1）表皮

表皮是成熟区的最外层细胞，由原表皮发育而来，细胞呈砖型，其长轴与根的长轴平行。根的表皮不具气孔，细胞排列紧密，没有胞间隙，细胞壁薄，外壁不加厚，一般没有角质层。许多表皮细胞的外壁向外突起形成根毛。根毛是根特有的结构，细胞核和各种细胞器位于根毛细胞的顶端，中央形成一个大的液泡，细胞质紧贴细胞壁分布，这些特征，有利于根对水分和 矿物质的吸收（图 2-11）。根毛外壁上存在着黏液和果胶质，能够使它和土壤颗粒密切接触，因此根毛的形成不仅扩大了根的吸收面积，而且也加强了根的固着作用。根毛的生长速度较快，但寿命较短，通常只有几天。随着根的不断伸长，成熟区也在不断向前推进，新长出的根毛替代枯死的根毛，使根的吸收部位不断进入到新的土壤区域，这对于丰富根的吸收是极为有利的。根毛死亡后，根的表皮细胞也随之枯萎脱落。但多数单子叶植物和一些没有次生生长的双子叶植物的根毛死亡后，根的表皮细胞并不脱落，而是细胞壁木栓化，形成根的保护构造。

根的表皮，一般由一层活细胞组成，但分布在热带的兰科植物和一些附生的天南星科植物的气生根中，表皮由多层死细胞组成，称为根被（velamen）。这些细胞具有加厚的次生壁，主要起机械保护作用、防止皮层过度失水。

（2）皮层

皮层位于表皮之内，由基本分生组织发育而成，在横切面上占着相当大的部分。皮层由多层排列疏松的薄壁细胞组成，细胞间有明显的胞间隙，以利于通气。有些水生或生长在潮湿环境的植物，皮层的胞间隙特别发达，形成通气组织（aerenchyma），如毛竹。由根毛吸收的水分和矿物质通过皮层进入中柱，同时皮层也具有贮藏物质的功能。在裸子植物和双子叶植物根的皮层中，通常没有机械组织的存在，但在单子叶植物根的皮层中，可能含有数层排列成圆筒状的厚壁组织，位于表皮或外皮层内侧，或者位于内皮层的外方，并与内皮层相邻接。

紧接表皮的最外层细胞，排列紧密，无胞间隙，成为连续的一层，称为外皮层（exodermis）。外皮层细胞成熟分化较晚，当根毛枯死，表皮破坏后，细胞壁增厚并木栓化，代替表皮起保护作用。在没有次生生长或次生生长很少的根中，外皮层终生起着保护作用。皮层的最内层，通常由一层细胞组成，细胞排列整齐紧密，没有胞间隙，称为内皮层（endodermis）。大多数双子叶植物和裸子植物中，内皮层的细胞壁上常有木栓化带状增厚，环绕在细胞的横向壁和径向壁上，称为凯氏带（casparian band）[图 2-12（a）]。凯氏带形成后，内皮层的质膜紧贴着凯氏带，当水分到达内皮层时，由于细胞排列紧密，水和溶质不能通过细胞壁和细胞间隙进入内皮层，而必须全部通过与凯氏带紧密相连的质膜，进入到原生质中，这就对物质的进出起到了选择控制的作用。同时，内皮层还有防止维管柱内的水分和矿物质倒流至皮层的作用，从而使水和矿物质源源不断地进入导管。在单子叶植物和少数双子叶植物中，内皮层细胞除横向壁和径向壁外，其内切向壁也因沉积木质和栓质而显著增厚，所以使内皮层的壁五面或六面加厚，只有正对木质部束处的内皮层细胞，仍保持初期发育的结构，只具凯氏带，但壁不增厚，称为通道细胞[图 2-12（b）]，水和溶解在水中的矿物质通过通道细胞进入维管柱。

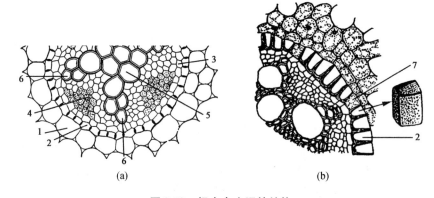

(a)　　　　　　　　　　(b)

图 2-12　根中内皮层的结构

（a）双子叶植物的内皮层　（b）单子叶植物的内皮层

1. 皮层薄壁组织　2. 内皮层　3. 中柱鞘　4. 初生韧皮部　5. 后生木质部
6. 原生木质部　7. 通道细胞

（3）维管柱

维管柱是内皮层以内的部分，由原形成层发育而来，在横切面上占有较小的面积。维管柱包括中柱鞘（pericycle）和初生维管组织（primary vascular tissue）。

中柱鞘是维管柱最外面的细胞层，紧接着内皮层，通常由一层薄壁细胞组成，但在裸子植物和某些单子叶植物的根中，中柱鞘具有多层细胞。中柱鞘细胞的体积较大，分化程度较低，具有分生组织的潜能，在一定条件下，能恢复分生能力形成侧根、不定根、不定芽、部分维管形成层或木栓形成层。

初生维管组织位于根的中心，包括初生木质部（primary xylem）和初生韧皮部（primary

phloem)，二者相间排列，各自成束，中间有薄壁组织相隔（图2-10、图2-12）。初生木质部由原生木质部（protoxylem）和后生木质部（metaxylem）两部分构成，原生木质部在外，后生木质部在内，这是因为根的初生木质部在分化过程中是由外向内逐渐发育成熟的，这种方式称为外始式（exarch），这是根发育的一个特点，也是一种适应特性，因为外方的导管最先形成，缩短了皮层与木质部之间的距离，从而加速了由根毛吸收的物质向地上部分运

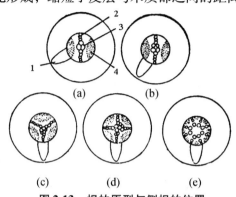

图2-13　根的原型与侧根的位置

（a）、（b）二原型　（c）三原型　（d）四原型　（e）多原型

1. 侧根　2. 原生木质部　3. 后生木质部

4. 初生韧皮部

输。因此，原生木质部是木质部最早分化的部分，靠近中柱鞘分布，由管腔较小的环纹和螺纹导管或管胞组成。接着继续向中心分化形成后生木质部，由管腔较大的梯纹、网纹和孔纹导管或管胞组成。后生木质部不断向内分化，最后连接起来形成辐射状排列的木质部，而原生木质部构成辐射状的棱角，即木质部脊（xylem ridge）。不同植物的根中，木质部脊数不同，依据脊数，可把根划分为二原型（diarch）、三原型（triarch）、四原型（tetrarch）、五原型（pentarch）、六原型（hexarch）和多原型（polyarch）（图2-13）。植物根中的木质部

脊数是相对稳定的，裸子植物和大多数双子叶植物的木质部脊数较少，单子叶植物的脊数较多，如棕榈科植物可达100束以上。

初生韧皮部由原生韧皮部（protophloem）和后生韧皮部（metaphloem）组成，发育方式也是外始式，即原生韧皮部在外方，后生韧皮部在内方。初生韧皮部由筛管和伴胞组成，也含有薄壁组织，少数种类还含有纤维。

维管柱的中央往往由后生木质部占据，如果不分化为木质部，就由薄壁组织或厚壁组织形成髓（pith），如柳树、鸢尾等。除单子叶植物和少数双子叶植物外，髓常存在于茎部，根部很少见到。

2.2.5　侧根

在根的初生生长过程中，除了形成根毛外，还形成侧根，进一步扩大了根系与土壤的接触面。种子植物的侧根多发生于根尖的成熟区，但在分生区、伸长区、根毛区以上也可发生，如慈姑的侧根发生于

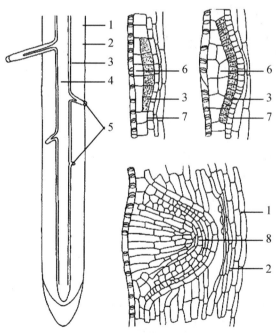

图2-14　侧根的发生与形成

1. 表皮　2. 皮层　3. 中柱鞘　4. 维管柱　5. 侧根

6. 中柱鞘分裂产生的细胞　7. 内皮层　8. 侧根原基

分生区，玉米的侧根发生于根毛区以上的部位。侧根通常发生于正对木质部脊的中柱鞘部位，细胞经过某些生理上的变化，转变为具有分裂能力的细胞，这些细胞先进行几次平周分裂，继而向各个方向分裂，结果形成向皮层方向生长的突起物，这就是侧根原基（root primordium）（图 2-14）。以后侧根原基逐渐分化出顶端分生组织和根冠。顶端分生组织的活动使侧根伸长，并以根冠为先导向前推进。侧根不断生长所产生的机械压力和根冠所分泌的物质溶解皮层和表皮细胞，使得新形成的侧根较顺利地穿过内皮层、皮层，最后突破表皮伸入土壤。侧根虽然发生于根尖的成熟区，但最终露出根外，却在成熟区的上面，这就避免了因侧根的形成而影响根毛的吸收功能。

侧根发生于根尖内部的中柱鞘，这种方式称为内起源（endogenous）。不定根可能发生于中柱鞘、维管组织及其附近的薄壁组织，也是内起源，但也有少数植物的不定根，不是发生于器官较内部的组织，而是发生于表皮及其以内的皮层细胞，即发生于靠近器官表面的组织，这种方式称为外起源（exogenous）。

侧根的发生部位与母根的原型有一定的关系（图 2-13）。在二原型的根上，侧根发生于初生木质部脊的两侧，具有三原型、四原型的根上，侧根正对着初生木质部脊发生，在多原型的根上，侧根对着韧皮部发生。由于木质部在根内纵行排列，所以侧根也呈纵行排列，列数除二原型根外，与木质部的脊数相同。

由于侧根发生于中柱鞘细胞，因而侧根的维管组织很方便地与主根的维管组织连接起来，在根内形成了一个输导系统。主根与侧根的生长有着密切的联系，当主根被切断或损伤时，能促进侧根的发生和生长。因此，在育苗和移植时，对主根发达，侧根稀少的苗木，常切断主根，促进更多侧根的发生，以保证根系旺盛发育和植株更好地生长。

2.2.6　根的次生生长

木本双子叶植物和裸子植物的根，初生结构形成后，还要进行次生生长（secondary growth），使根不断增粗。次生生长是次生分生组织维管形成层（vascular cambium）和木栓形成层（cork cambium）共同活动的结果。前者不断向侧方产生次生维管组织（vascular tissue），使根增粗；后者形成新的保护组织——周皮（periderm）。由次生维管组织和周皮共同组成根的次生结构（secondary structure）。

2.2.6.1　次生维管组织

（1）维管形成层的发生和活动

维管形成层简称形成层（cambium），通常在初生构造成熟之后开始形成。首先，位于初生韧皮部内方的一些薄壁细胞转变成具有分裂能力的细胞，进行平周分裂，形成几个弧形的片断形成层[图 2-15（a）]。接着，各段逐渐向左右扩展，直到初生木质部脊[图 2-15（b）]，这时，正对木质部脊处的中柱鞘细胞也恢复分裂能力，进行平周分裂，产生几层细胞，其中靠内方的一层细胞也产生出一层形成层细胞，并与各形成层弧连接起来，形成一个完整的波状形成层环[图 2-15（c）]。以后，由于凹入部分的形成层分裂速度较凸出部分的快，结果波状形成层逐渐成为圆环状。形成层成圆形后，细胞的分裂速度趋于一致，因此根的增粗是均匀的。

维管形成层由纺锤状原始细胞（fusiform initial）和射线原始细胞（ray initial）构成，纺锤状原始细胞数量较多，纵切面上呈长梭形细胞，横切面上呈扁平长方形，具明显的液泡。纺锤状原始细胞是形成层的主要部分，沿茎的长轴平行排列，它分裂产生纵向延长的细胞，构成茎的纵向系统。射线原始细胞数量较少，分布于纺锤状原始细胞之间，细胞近等径，与茎轴垂直排列，它们分裂产生径向延长的维管射线细胞，构成茎的横向系统。

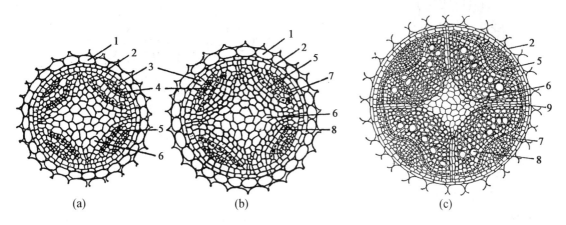

图 2-15　根中维管形成层的发生和活动

（a）片段形成层　（b）形成层两端与中柱鞘相接　（c）波状形成层

1. 皮层　2. 内皮层　3. 中柱鞘　4. 初生韧皮部　5. 形成层　6. 初生木质部　7. 次生韧皮部　8. 次生木质部　9. 射线

（2）次生维管组织的构成

形成层形成后，主要进行切向分裂，向内产生的细胞形成新的木质部，加在初生木质部的外方，称为次生木质部（secondary xylem）；向外产生的细胞形成新的韧皮部，加在初生韧皮部的内方，称为次生韧皮部（secondary phloem）（图 2-15）。次生木质部和次生韧皮部是次生结构的主要部分，它们的组成成分与初生结构中相似。组成次生木质部的导管、管胞、木纤维和木薄壁组织，由形成层的纺锤状原始细胞向内产生，组成次生韧皮部的筛管、伴胞、韧皮纤维和韧皮薄壁组织由纺锤状原始细胞向外产生。另外，在次生木质部和次生韧皮部之间还分布有径向排列的薄壁细胞，它们由形成层的射线原始细胞分别向内、外产生，位于次生木质部的称为木射线（xylem ray），位于次生韧皮部的称为韧皮射线（phloem ray）。木射线和韧皮射线合称维管射线（vascular ray），在横切面上呈辐射状排列。维管射线的形成把木质部和韧皮部横向联系起来，使物质能够进行横向运输，并通过维管射线细胞的间隙，使根的内部得以与外界环境进行气体交换。

形成层细胞除进行切向分裂，也向其他方向分裂，扩大形成层的周径，以适应内部木质部的不断增粗。形成层在每年的生长季节内都要活动，产生新的次生维管组织。在根的次生结构中，以次生木质部为主，而次生韧皮部所占的比例较小，这是因为新的次生维管组织总是加在旧的韧皮部的内方，由于内部不断增粗产生的压力，处于外部的韧皮部因遭受破坏而丧失作用，尤其是初生韧皮部，很早就被破坏，以后逐渐轮到外层的次生韧皮部。而木质部的情况却不同，形成层每年产生的次生木质部数量较多，而且总是加在老的木质部的外方，因此初生木质部在根的中央被保存下来，次生木质部逐年增加。因此，在粗大的树根中，几乎大部分是次生木质部，而次生韧皮部仅占极小的比例。

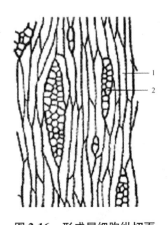

图 2-16　形成层细胞纵切面

1. 纺锤状原始细胞　2. 射线原始细胞

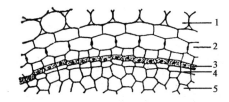

图 2-17　木栓形成层的发生与周皮的形成

1. 表皮　2. 木栓层　3. 木栓形成层　4. 栓内层　5. 皮层

2.2.6.2　周皮的形成

　　进行次生生长的根，由于形成层的活动，每年在根的内部增生新的次生维管组织，使根不断加粗。位于外方的成熟组织，因内部组织的增加受到挤压而被破坏，这时伴随发生的是中柱鞘细胞恢复分生能力形成木栓形成层。木栓形成层进行切向分裂，主要是向外方形成大量木栓（cork），向内形成少量薄壁组织，即栓内层（phelloderm）。木栓层、木栓形成层和栓内层共同组成周皮（periderm）（图 2-17）。周皮覆盖在根的表面，是根加粗后所形成的次生保护组织。最早的木栓形成层产生于中柱鞘细胞。当第一次的木栓形成层失去作用后，又有新的木栓形成层发生，位置逐渐内移，最后可深达次生韧皮部的外方。周皮的形成，使它外方的各种组织因营养断绝而死亡，以后由于土壤微生物的作用，逐渐腐烂剥落。

2.2.7　根瘤和菌根

　　植物的根系分布在土壤中，它们和土壤微生物之间存在着密切的关系。微生物不仅影响着根的生长发育，而且有些微生物可以进入植物根内，吸取所需的营养物质；同时，植物也从微生物的活动中获得所需要的物质，彼此之间有着营养物质的交流。这种植物和微生物之间建立的互惠互利的共居关系，称为共生（symbiosis）。根瘤（bacterial nodule）和菌根（mycorrhizae）是种子植物与微生物之间形成共生关系的两种类型。

2.2.7.1　根瘤

　　豆科植物的根上常常生有各种瘤状突起，称为根瘤（图 2-18）。根瘤是由生活在土壤中的根瘤菌侵入到植物根内形成的。根瘤菌首先穿破根毛进入皮层，然后在皮层细胞内迅速分裂繁殖，皮层细胞也因根瘤菌分泌物的刺激而进行分裂，使皮层部分的体积膨大，向外凸出，形成根瘤。

　　根瘤菌是一种固氮细菌，它能将空气中游离的氮固定转化为含氮化合物，供植物吸收利用。植物在生长发育中，需要大量的氮，因为氮是组成蛋白质的重要元素。尽管空气中有 78% 的氮，但它是游离态的氮，植物不能直接利用。所以根瘤菌的存在，就使植物得到

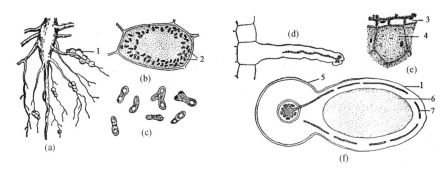

图 2-18　根　瘤

(a)具根瘤的根　(b)具根瘤菌的细胞　(c)根瘤菌　(d)根瘤菌由根毛进入根内

(e)根瘤菌引起的大型细胞　(f)根与根瘤的横切面

1. 根瘤　2. 根瘤菌　3. 正常细胞　4. 大型细胞　5. 根　6. 有根瘤菌的部分　7. 维管束

充分的氮素供应。另外，根瘤菌固氮作用所制造的含氮物质的一部分，还可以从植物的根部分泌到土壤中，被其他植物利用，因此在农业上经常把豆科植物如紫云英、田菁、苜蓿、三叶草等作为绿肥，或者把豆类与其他农作物间作，提高作物的产量。

除豆科植物外，其他植物如桦木科、木麻黄科、鼠李科、杨梅科、蔷薇科等以及裸子植物的苏铁、罗汉松等的根上也具有根瘤，而且有的种类已被用于造林固沙，改良土壤。

2.2.7.2　菌根

除根瘤外，植物的根还经常与土壤中的真菌共生在一起，形成菌根。根据真菌菌丝在植物根部存在的部位，菌根可以分为三类。

(1)外生菌根(ectomycorrhizae)

真菌的菌丝包被在植物幼根的外面，形成一个菌丝外套，有时部分菌丝侵入到根的皮层细胞间隙中，但并不侵入细胞内。具有外生菌根的根尖，呈灰白色，短而粗，通常呈二叉分枝状，根毛稀少或者没有，菌丝代替根毛，扩大了根系的吸收面积。很多森林树种，如松属、云杉属、栎属、栗属、桦木属等常具有外生菌根[图 2-19(a)]。

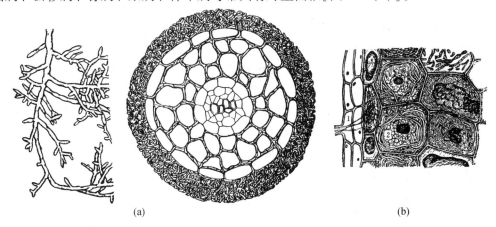

图 2-19　菌　根

(a)白云杉的外生菌根　左：菌根外形　右：菌根横切，示菌丝分布在皮层细胞间

(b)二叶舌唇兰的内生菌根，示菌丝侵入到皮层细胞内　1. 根毛细胞　2. 皮层细胞

（2）内生菌根（endomycorrhizae）

真菌的菌丝侵入到皮层细胞内，根的表面仍具有根毛，因此这种根在外表上和正常的根差别不大，只是颜色较暗。内生菌根具有促进根内物质运输，加强物质吸收的作用。银杏、侧柏、核桃、五角枫、杜鹃及某些兰科植物的根具有内生菌根［图2-19（b）］。

（3）内外生菌根（endo-ectomycorrhizae）

真菌的菌丝不仅包在根的外面，而且也侵入到皮层细胞内和胞间隙中。如桦木属、柳属植物、苹果、银白杨、柽柳、草莓等的根。

真菌与植物的根系共生，一方面真菌将所吸收的水分、无机盐和分解转化的有机物质供给植物，还能产生植物激素，尤其是维生素 B_1，促进根系生长；另一方面，植物把它制造和贮藏的有机养料供给真菌，维持真菌的生活。

菌根在许多植物的根上都能形成，特别是在多年生木本植物上最为常见。很多能够形成菌根的树种，如松树，如果没有相应的真菌存在时，就不能正常地生长，甚至死亡。因此，在林业生产上，进行播种育苗和造林时，经常针对所选树种，预先在土壤内接种所需的真菌，或事先让种子感染真菌，以保证种子的萌发和幼苗的生长发育。

2.3　茎

2.3.1　茎的功能

茎（stem）是联系根、叶的轴状结构，除少数生于地下外，一般是组成地上部分的枝干。它的主要功能是输导作用和支持作用。

茎能将根吸收的水分和矿物质，以及合成或贮藏的营养物质运输到地上部分，同时又将叶的光合产物运输到根、花、果实和种子。所以，通过茎把植物体的各个部分连成一体。

支持作用是茎的又一个主要功能。茎支持着植株地上部分的质量，使叶在空间保持适当的位置，以便充分接受阳光，有利于光合作用和蒸腾作用的进行；使花在枝条上更好地开放以利于传粉受精。茎还能抵抗自然界中的强风、暴雨和冰雪等加到植株上的压力。

茎除了输导和支持作用外，还有贮藏和繁殖的功能。茎中的薄壁组织，往往贮存大量的营养物质，某些变态茎如根状茎、块茎、球茎等贮藏的营养物质更为丰富，可作为食品或工业的原料。不少植物的茎能形成不定根和不定芽，可用来进行营养繁殖。

茎的经济用途也很广泛，如甘蔗、马铃薯、莴苣、藕、姜、桂皮等是常用的食品；杜仲、天麻、半夏、黄精、金鸡纳树等都是著名的药材；重要工业原料如纤维、橡胶、生漆、软木、木材也主要来自于茎。

2.3.2　茎的形态特征

茎的形态非常多样，有三棱形、四棱形、多棱形或扁平形，但一般来说，植物的茎呈圆柱形。茎的长短也有很大区别，最高大的茎可以达到100m以上，但也有非常短小的茎，如蒲公英和车前的茎。

茎上着生叶子或芽的部位叫作节（node），节与节之间的部分叫作节间（internode）。如果我们把着生叶子或芽的茎称为枝条（shoot），那么，茎就是枝上除去叶和芽所留下的轴状部分。多数植物的茎在叶子着生的部位只是微微有一些膨大，因此外形上节与节间区别不很明显。但有些植物的节特别明显，如甘蔗、毛竹、玉米的节膨大，莲的节特别缢缩，而节间膨大。

各种植物的节间长短也不同。有的很长，如南瓜的节间可以长达数十厘米，有的很短，短到难以辨认的程度，如蒲公英的节间还不到1mm。木本植物中，节间显著伸长的枝条，称为长枝（long shoot）；节间短缩，各个节间紧密相接，难以分辨的枝条，称为短枝（spur shoot），短枝着生在长枝上（图2-20）。叶子在短枝上呈簇生状态，如银杏、落叶松等。果树在短枝上开花结果，所以又称为果枝（fruit spur），如苹果、梨树等。

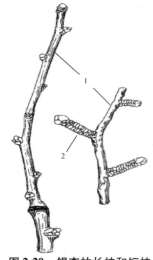

图 2-20　银杏的长枝和短枝

1. 长枝　2. 短枝

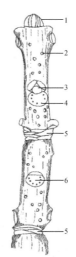

图 2-21　木本植物的冬态

1. 顶芽　2. 皮孔　3. 腋芽　4. 维管束痕　5. 芽鳞痕　6. 叶痕

多年生木本植物的冬枝，除了节和节间外，还可以看到叶痕（leaf scars）、维管束痕（bundle scars）、芽鳞痕（bud scars）和皮孔（lenticelles）等结构（图2-21）。叶片脱落后在枝条上留下的痕迹叫叶痕。叶痕内的点线状突起，是叶柄与茎间维管束断离后留下的痕迹，称维管束痕。不同植物叶痕的形状和颜色，以及维管束痕的数目及排列各不相同（图2-22）。有的茎上还可以看到芽鳞痕，这是枝条顶芽开放后，芽鳞脱落后留下的痕迹，根据芽鳞痕的数目可以判断枝条的年龄。此外，在茎上还可以看到皮孔，它是茎内组织与外界进行气体交换的通道。皮孔的形状、颜色和分布的疏密情况，也因植物而异。因此，落叶植物的冬态，可以根据以上各种结构的形态特征来鉴别植物的种类。

2.3.3　芽的类型与分枝

植物体上所有枝、叶、花都由芽（bud）发育而来，所以芽是枝、叶或花的原始体。芽的结构和性质决定着植株的长势和外貌，也决定着开花时间和结实量的多少，在农业、林业和园艺生产上，直接影响到经济产量，因此，研究芽的结构和类型有着重要的实际意义。

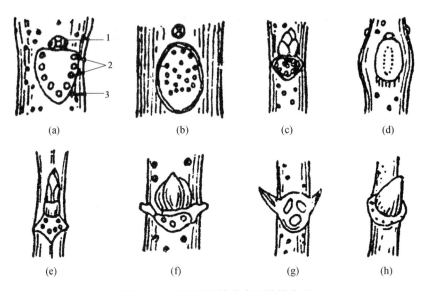

图 2-22　不同植物的叶痕和维管束痕

（a）臭椿　（b）梧桐　（c）桑　（d）梓树　（e）杨树　（f）乌桕　（g）刺槐　（h）悬铃木

1. 腋芽　2. 维管束痕　3. 叶痕

2.3.3.1　芽的结构

芽的顶端是顶端分生组织的原分生组织，在原分生组织的下面生有许多排列紧密的突起，称为叶原基（leaf primordium）（图 2-23），由叶原基进一步发育为成熟的叶。叶原基是芽内早期分化形成的叶的原始体。像这种器官发育成熟前，已在芽内分化形成的器官原基称为预生器官（preformed organ），如花原基、腋芽原基以及芽内中轴，由它们继续发育形成花和枝条。侧根的发育却不同，它不是在芽内分化出侧根原基，而是随着中柱鞘细胞恢复分裂能力分化形成，并逐渐扩大伸长形成侧根，称为新生器官（neoformed organ）。

随着芽的不断生长和分化，叶原基愈向下愈长，较下面的已发育成较长的幼叶，包被

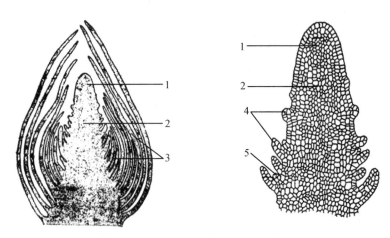

图 2-23　芽的纵切面

1. 顶端分生组织　2. 芽轴　3. 幼叶　4 叶原基　5. 腋芽原基

在芽的外面。在每个叶原基的腋部都生有另外一种小型突起，叫作腋芽原基（axillary bud primordium），将来发展成腋芽，腋芽展开后发育为侧枝。芽内叶原基、幼叶等各部分着生的轴称为芽轴（bud axis），实际上是节间没有伸长的缩短茎。

2.3.3.2　芽的类型

根据芽在茎上着生的部位，可将芽分为顶芽（terminal buds）、腋芽（axillary buds）、副芽（accessory buds）和不定芽（adventitious buds）4 种。生长在主干或侧枝顶端的芽称为顶芽（图 2-21），顶芽的活动可以使茎伸长。生长在叶腋的芽称为腋芽，又称侧芽（lateral buds），它的活动可以产生各级分枝。有些植物的叶腋内不只一个腋芽，其中后生的芽称为副芽，如紫穗槐、刺槐的腋部生有 1 个副芽，皂角树腋芽的上面生有 2 个副芽，桃树有并生的 2 个副芽，副芽的生长也可以增加茎的分枝。还有一些植物的腋芽为叶柄基部所覆盖，称为柄下芽（subpetiolar buds），如悬铃木、刺槐。顶芽和腋芽在植物体上都有固定的生长部位，合称定芽（normal bud）。另外，还有一些芽在植物体上没有固定的生长部位，这种芽称为不定芽，如柳树、桑树的老茎或创伤切口上的芽，刺槐、杨树根上的芽，秋海棠、落地生根等植物叶上的芽都属于不定芽。

根据芽发育后所形成器官的性质，芽又可分为枝芽（branch buds）、花芽（flower buds）和混合芽（mixed buds）。枝芽将来发育为枝和叶，花芽发育为花或花序，混合芽可以同时发育成枝、叶和花或花序，如梨、苹果、海棠、荞麦等。

多数生长在温带的多年生木本植物，秋天形成的芽需要越冬，芽外面常被一些坚硬的褐色鳞片包被，这种芽称为鳞芽（scaly buds）。鳞片是叶的变态，称芽鳞（bud scale），有厚的角质层，有时还覆被着毛茸或树脂黏液，可减少水分蒸腾和防止干旱冻害，以保护幼嫩的芽。没有芽鳞包被的芽称为裸芽（naked buds），少数温带树种具有裸芽，如枫杨。多数草本植物的芽都是裸芽。

芽还可以按照生理活动状态分为活动芽（active buds）和休眠芽（dormant buds）。能在当年生长季节中萌发的芽称为活动芽。一年生草本植物的芽大多数是活动芽。生长在温带的多年生木本植物，冬芽在翌年春天萌发时，只有顶芽和近上端的一些腋芽萌发，其他腋芽保持休眠状态，称为休眠芽或潜伏芽（latent buds）。不同树种芽的潜伏力不同，如荔枝潜伏芽寿命可达 40 年，而桃的潜伏芽寿命仅 3～5 年。芽潜伏力强的树种易于更新，寿命较长。潜伏芽的存在能使植物体内的营养得到大量的贮备，当植物受到创伤、虫害、不合理修剪等环境胁迫时，可以打破休眠开始活动，形成萌生枝条，称为伏芽萌枝（epicormic branches）。伏芽萌枝通常形成于被压的茎干和枝条上，随着树龄的增加，潜伏芽在逐渐衰老的枝条上萌发生长。

植物的顶芽有优先利用营养物质和抑制腋芽发育的作用，这种现象称为顶端优势（apical dominance）。越靠下部的腋芽受到顶芽的抑制越强，当顶芽受损或生长受阻时腋芽才能萌发。利用这个特点，在农业生产上，经常去掉顶芽，使腋芽得到充分的发育，形成侧枝。

2.3.3.3　茎的分枝方式

分枝是植物生长中普遍存在的现象，是植物的基本特征之一。分枝的方式，决定于顶芽和腋芽的生长关系。主干的伸长和侧枝的形成，是顶芽和腋芽分别发育的结果。主干的顶芽伸长，使植株向高处生长，腋芽能形成很多侧枝，侧枝又有顶芽和腋芽，继续增长和不断分枝，形成庞大的树冠。各种植物，由于芽发育上的差异，分枝方式各不相同。概括起来，种子植物的分枝方式有3种：单轴分枝（monopodial branching）、合轴分枝（sympodial branching）和假二叉分枝（false dichotomous branching）（图2-24）。

（1）单轴分枝

单轴分枝又称总状分枝（racemose branching）。从幼苗开始，主干的顶芽活动始终占优势，因而形成发达而通直的主干，主干上能产生各级分枝，但分枝的伸长和增粗都不及主干。这种分枝出材率高，适于建筑、造船等。一部分被子植物如杨树、榉树等，多数裸子植物如松树、柏树、银杏等都属于单轴分枝。

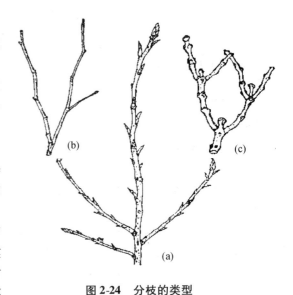

图 2-24 分枝的类型
（a）单轴分枝 （b）合轴分枝 （c）假二叉分枝

（2）合轴分枝

合轴分枝的特点是主干或侧枝的顶芽，在生长季节生长迟缓或死亡，或顶芽分化成花芽，由紧接顶芽的腋芽代替顶芽发育成新枝，继续主干的生长。经过一段时间后，顶芽又为下部的腋芽所代替而向上生长。这种分枝形成的主干是由许多腋芽发育而成的侧枝联合组成的，所以称为合轴分枝。在年幼的枝条上呈显著的曲折形状，老枝由于加粗生长后不易分辨。合轴分枝的树冠有很大的开展性，既提高了支持和承受能力，又使枝、叶繁茂，通风透光，有效地扩大了光合作用的面积。同时合轴分枝还有多生花芽的特性，因此也是一种丰产的分枝方式。大多数被子植物都是合轴分枝，如榆树、柳树、核桃、苹果、番茄、马铃薯等。

（3）假二叉分枝

假二叉分枝是具有对生叶的植物，在顶芽停止生长或分化为花芽后，由顶芽下两个对生的腋芽同时生长，形成二叉状的分枝，如丁香、梓树、泡桐、茉莉、石竹等。实际上假二叉分枝是一种特殊的合轴分枝，它和茎顶端生长点均分为二，形成真正的二叉分枝（dichotomous branching）不同。二叉分枝多见于蕨类、苔藓类和很多藻类植物。

有些植物在同一植株上有两种分枝方式，如棉花的植株上，既有单轴分枝，也有合轴分枝，单轴分枝的枝通常为营养枝，不直接开花结果，多位于植株下部，而合轴分枝的枝是开花结果枝。在棉花的栽培管理中，及早抹去下部的腋芽，使养分得以集中供应，可以促进花果的发展。

植物按照一定的方式进行分枝，反映了植物在漫长进化过程中的适应。二叉分枝是比较原始的分枝方式，因此，在进化过程中被其他分枝方式所代替。单轴分枝在蕨类植物和裸子植物中占优势。合轴分枝是一种进化的性状，是被子植物主要的分枝方式，由于顶芽的枯死失去了顶端优势，因而促使下部很多的腋芽展开，结果形成一种枝叶繁茂、扩张形的树冠，从而扩大了植物光合作用的面积。在生产中，掌握了各种植物的分枝规律，就能采取种种措施，利用它们天然的分枝方式，并适当地加以控制，使它朝着所需要的方向发展。例如，营造用材林时，应选择单轴分枝的树种，也可以用人为的方法抹去苗木的侧芽，减少分枝，促使顶芽发生，形成端直的木材。在果树栽培中，广泛应用整枝的方法改变树形，促使早期大量结实。同时通过调整主干与分枝的关系，促进果枝的生长和发育。在果树达到结果年龄后，逐年修剪，使枝条发育良好、生长旺盛，还能调整大小年结果不匀的现象。

2.3.4　茎的分化

茎起源于种子内的胚芽，有些植物还包括部分下胚轴。不同植物的种子萌发时，由于胚体各部分，特别是胚轴部分的生长速度不同，因而茎的来源也不相同。子叶出土型幼苗，种子萌发时，下胚轴显著伸长，并将子叶和胚芽推出土面，形成叶和茎，这类植物的茎绝大部分由胚芽发育而来，只有茎基部的一少部分（通常少于 1cm）来源于下胚轴。而子叶留土型幼苗，种子萌发时，下胚轴不伸长，只有上胚轴伸长，茎全部由胚芽发育而成。茎的生长包括初生生长和次生生长，初生生长是茎的伸长生长，形成茎的初生结构；次生生长形成茎的次生结构，并使茎增粗。一般草本植物的茎只进行初生生长，而多年生的双子叶植物和全部裸子植物的茎在形成初生结构后，还要进行次生生长，形成具有发达次生结构的木质茎。

2.3.5　茎的初生生长

茎的初生生长在茎尖（stem tip）部位进行。由茎尖顶端分生组织经过细胞分裂、生长、分化形成各种成熟组织，由成熟组织构成茎的初生结构。

2.3.5.1　茎尖的分区

茎尖是茎的尖端。根据细胞生长发育的程度，可以划分为 3 个区：分生区、伸长区和成熟区。茎尖没有类似于根冠的结构，这是茎尖和根尖结构上的区别。

（1）分生区

分生区位于茎的最顶端，由原分生组织和初生分生组织构成。原分生组织是由胚直接保留下来的分生组织，细胞具有持续而强烈的分裂能力。初生分生组织由原分生组织衍生的细胞组成，细胞仍具有一定的分裂能力，但在形态上已经开始了最初的分化，形成原表皮、基本分生组织和原形成层三部分。

被子植物茎尖的顶端分生组织有明显的分层现象，最外面的 1 至数层（通常为 2 层）细胞一般只进行垂周分裂，称为原套（tunica）；原套以内的部分则可进行各个方向的分裂，称为原体（corpus）（图 2-25）。在茎尖的分化过程中，原套的最外层发育成原表皮，原体细胞则发育成原形成层和基本分生组织。具有 2 层或 2 层以上原套细胞的茎尖发育时，除表皮由最外层细胞发育而来外，其他原套细胞也形成基本分生组织。

原表皮位于最外层，以后分化为茎的表皮，原形成层位于原表皮之内，以后分化为茎的维管组织，基本分生组织分化为皮层、髓和射线。绝大多数裸子植物的茎端不显示原套——原体结构，它们的茎端分生组织的最外层细胞能进行平周分裂和垂周分裂，把细胞加入到周围和茎内部的组织中去。

在顶端分生组织周围区的一定部位，由表皮细胞及其里面的1至数层细胞进行强烈分裂，形成叶原基。一般在第2或第3个叶原基的腋部生有腋芽原基（图2-23、图2-25）。叶原基和腋芽原基都发生于靠近茎表面的细胞，属外起源，这与侧根的起源不同。

（2）伸长区

伸长区位于分生区的下面。茎尖的伸长区较根尖的伸长区长，一般长达数厘米或更长，包括数个节和节间。伸长区的细胞还继续进行分裂，只不过细胞分裂的次数从上往下逐渐减少，主要进行细胞体积的伸长，因而是茎伸长生长的主要部分。同时初生分生组织开始形成成熟组织。

（3）成熟区

成熟区位于伸长区的下面，细胞生长逐渐停止，组织分化基本完成，形成各种成熟组织，构成茎的初生构造。

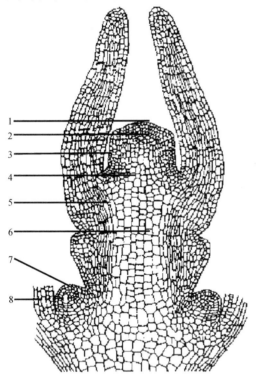

图2-25　茎尖纵切，示顶端分生组织
1. 原套　2. 原体　3. 原表皮　4. 基本分生组织
5. 原形成层　6. 髓　7. 腋芽原基　8. 幼叶

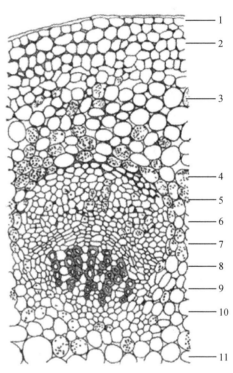

图2-26　双子叶植物茎的初生结构
1. 表皮　2. 厚角组织　3. 厚壁组织　4. 韧皮纤维
5. 原生韧皮部　6. 后生韧皮部　7. 束中形成层
8. 后生木质部　9. 原生木质部　10. 髓射线　11. 髓

2.3.5.2　茎的初生结构

（1）双子叶植物茎的初生结构

双子叶植物茎的初生结构由外向内包括表皮、皮层和维管柱三部分（图2-26）。

①表皮　表皮位于幼茎的最外层，通常由单层细胞组成。茎的表皮细胞一般是活细胞，多为狭长形，排列紧密，没有胞间隙，是茎的初生保护组织。表皮细胞的外壁常加厚

并角质化，形成一层角质层，角质层的外面通常还形成蜡层。例如，甘蔗和蓖麻的茎上，披着一层白霜，这层白霜就是蜡层。蜡层的积聚可以增加表皮的不透水性和坚韧性。在旱生植物茎的表皮上，角质层显著增厚，而水生植物的茎表皮上角质层一般较薄甚至不存在。

茎的表皮细胞之间还分布着气孔(stomata)和各种表皮毛(trichome)。表皮毛的类型因植物种类的不同而不同，有分泌挥发油、黏液等的腺毛，有可以反射强光、降低蒸腾的茸毛，也有防止动物危害的坚硬毛，也有使茎攀缘生长具钩的毛。

②皮层　皮层是表皮和维管柱之间的部分，在横切面上占有很小的比例，由多层薄壁细胞组成。靠近表皮的皮层细胞内常常含有叶绿体，能进行光合作用，并使幼茎呈现绿色。多数植物的皮层除含有薄壁组织外还含有机械组织，通常位于皮层的外周邻接表皮。机械组织大多为厚角组织，在横切面上多聚集成束，形成茎的棱角，如薄荷、南瓜等。但也有的形成一个连续的圆环，如接骨木、椴树等。有些植物茎的皮层中，还存在着厚壁组织，如南瓜的皮层中纤维与厚角组织同时存在。水生植物中一般缺乏机械组织，但细胞间隙发达，形成通气组织。有的植物茎的皮层中还分布着分泌树脂、乳汁的分泌细胞。

茎的皮层中，一般没有内皮层，典型的具有凯氏带的内皮层主要存在于根中，茎内甚为少见，只有一些草本植物、水生植物和某些植物的地下茎中，才具有内皮层。有些植物如旱金莲、蚕豆等，在相当于内皮层处的细胞中富含淀粉粒，称为淀粉鞘(starch sheath)。

③维管柱　维管柱是皮层以内的部分，由初生维管组织、髓和髓射线(pith ray)三部分构成。在茎的横切面上，维管柱占有较大的面积，这一点和根中的不同。

初生维管组织由原形成层发育而来。茎尖的原形成层在基本分生组织内呈束状排列，因而由它们发育而来的初生维管组织也都排列成束，称为维管束(vascular bundle)。束与束之间的距离，因植物种类的不同有大有小，大多数植物茎内维管束之间的距离比较宽，但也有很多种类，特别是木本植物，由于原形成层排列成近似连续的圆环，以后发育成的初生维管组织也排列成近似圆筒状，如椴树、烟草等，在这种情况下，茎内没有明显的维管束结构。

维管束　是一个复合组织，由初生木质部、初生韧皮部和束中形成层(fascicular cambium)三部分构成，是维管柱的主要部分，束与束之间有明显的束间薄壁组织，即髓射线相隔。大多数植物的初生韧皮部在维管束外方，初生木质部在内方，这种类型的维管束称为外韧维管束(collateral bundle)；有些植物的初生木质部内外两侧都有韧皮部，形成所谓的双韧维管束(bicollateral bundle)，常见于葫芦科、旋花科、茄科、夹竹桃科等植物的茎中。此外，还有周韧维管束(amphicribral vascular bundle)和周木维管束(amphivasal bundle)，如果韧皮部在中央，木质部包围在外，称为周木维管束，这类维管束在双子叶和单子叶植物中都存在；反之，如果木质部在中央，韧皮部包在外围，称为周韧维管束，多见于蕨类植物的茎中，被子植物中少见。

初生韧皮部的分化先于初生木质部，当原形成层分化成熟时，其最外层的细胞成熟得最早，形成原生韧皮部。随后，继续向内分化，形成后生韧皮部，因此初生韧皮部位于维管束的外方，它的发育方式与根中相同，也是外始式。茎的初生韧皮部通常含有筛管、伴胞和薄壁组织，在很多植物中还有成束的纤维，分布在初生韧皮部的最外侧。筛管是韧皮部的主要成分，其活动期通常只有一个生长季，少数植物可更长，如葡萄、椴树，可保持2~3年。单子叶植物的筛管在整个生活周期内，都具有输导功能。随着筛管的成熟老化，在筛孔内表面积累了大量的胼胝质(callose)，最后形成垫状的胼胝体(callosity)堵塞筛孔，隔断了联络索的沟通，筛管随即失去其运输功能。在植物的筛管分子中，有一种特殊的结构，叫P-蛋白体，正常情况下，它分散在细胞质中，当韧皮部受到干扰时，它们会聚集在筛孔处，形成黏质塞(slime body)。目前对P-蛋白体的功能还不清楚，有人认为它是一种收缩蛋白，可能在筛管运输有机物质时起作用；也有人认为，当韧皮部受伤时，它可能与胼胝质一道迅速封闭筛孔，阻止营养物质的流失。伴胞是筛管分子侧面的一个或一列细胞，与筛管分子来源于同一个母细胞，两者之间有胞间连丝相连。伴胞在超微结构上类似于分泌细胞，因此，认为可能在传递物质进入筛管分子的过程中发挥作用。韧皮薄壁细胞散生在初生韧皮部中，较伴胞大，常含有晶体、单宁、淀粉等贮藏物质。韧皮纤维实际上由原生韧皮部中的薄壁组织发育而成，所以又称为原生韧皮部纤维，后生韧皮部中一般不含有纤维。

初生木质部由导管、管胞、木薄壁细胞组成，有的种类还含有纤维。其功能主要是输导水分和无机盐类，并兼具机械支持作用。茎中初生木质部的发育顺序为内始式(endarch)，最早分化出来的叫作原生木质部，在里面，由环纹和螺纹导管或管胞组成；后生木质部居外方，由管腔较大的梯纹、网纹和孔纹导管及管胞组成，它们是初生木质部中起主要作用的部分，其中以孔纹导管及管胞较为普遍，梯纹导管和管胞是一种过渡类型，位于原生木质部和后生木质部之间。

束中形成层，又称束内形成层，它是原形成层分化为成熟组织时，在初生木质部和初生韧皮部之间，留下的一层具有潜在分生能力的组织，以后在茎的发育，特别是木质茎的增粗中，起主要作用。具有束中形成层的维管束，可以继续发育，形成次生维管组织，这种维管束称为开放维管束或无限维管束(open bundle)。单子叶植物和一些草本双子叶植物的维管束中，没有束中形成层，不能再产生新的维管组织，因此称为闭合维管束或有限维管束(closed bundle)。

髓和髓射线　在茎的初生生长过程中，基本分生组织分化成皮层的同时，也分化出髓和髓射线(图2-26)。髓位于茎的中心，通常由排列疏松的薄壁细胞组成。有些植物的髓内含有石细胞，如梓树；还有些植物的髓，它的外方有小型壁厚的细胞，围绕着内部大型的细胞，二者界限分明，形成髓的一个明显的周围区，称为环髓带(perimedullary zone)，如椴树。髓部细胞可能是生活的，也可能是死细胞。生活的髓细胞具有贮藏的功能，死亡的髓细胞腔内，若充满空气就形成了白色的瓤，如向日葵、接骨木等。有些草本植物的髓，由于成熟较早，当茎继续生长时，部分髓被拉破形成髓腔(pith cavity)。还有些植物，髓的一部分细胞死亡破坏，而另一部分细胞未被破坏，形成片状髓(lamellar pith)，如核桃、枫杨等。

髓射线是夹在维管束之间，由髓部直达皮层的薄壁组织，也称为初生射线(primary ray)。髓射线由活的薄壁细胞组成，在横切面上呈放射状排列，是茎内横向运输的通道，并有贮藏功能。当初生维管组织排列成近似圆筒状时，髓射线很难辨认。

（2）裸子植物茎的初生结构

裸子植物茎的初生构造与双子叶植物类似，同样由表皮、皮层和维管柱三部分组成（图 2-27）。以松属为例，表皮为一层排列紧密的等径细胞，皮层由多层排列疏松的薄壁细胞组成，一般呈圆形，高度液泡化，并含有叶绿体。维管柱由维管束、髓和髓射线组成，维管束中也有束中形成层，属于开放维管束。

裸子植物的茎和双子叶植物茎的主要区别在于，木质部和韧皮部的组成成分不同。裸子植物茎中的木质部主要由管胞和薄壁组织组成，而无导管和纤维；韧皮部由筛胞和薄壁细胞组成，没有伴胞和纤维，与筛胞相连的是一种特殊的薄壁细胞叫作蛋白细胞。蛋白细胞与筛胞并不同源，它的功能可能与伴胞相似。

另外，大多数裸子植物体内都具有树脂道（resin duct）。树脂道是一种裂生分泌道，它的周围由一圈称为上皮细胞（epithelial cell）的分泌细胞包围。在茎中，树脂道纵向排列，与茎轴平行；也有存在于射线中成横向排列的。

裸子植物只有木质茎，没有像双子叶植物中一生只停留在初生结构的草质茎，因此茎经过短暂的初生生长后，都进入次生生长。

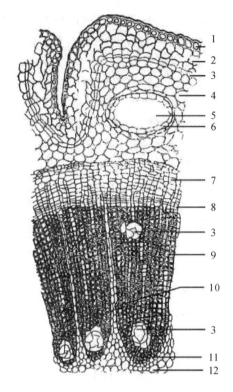

图 2-27 松属茎的初生构造
1. 表皮 2. 木栓层 3. 木栓形成层 4. 皮层
5. 树脂道 6. 上皮细胞 7. 韧皮部 8. 束中形成层
9. 后生木质部 10. 髓射线 11. 原生木质部 12. 髓

2.3.6 茎的次生生长

一般草本植物的茎，由于生活期短，只经过初生生长就完成了它们的一生，因而没有次生结构；而多年生木本植物的茎，完成初生生长后，还要进行次生生长产生次生结构。茎的次生结构包括次生维管组织和周皮两部分。

2.3.6.1 双子叶植物茎的次生生长和次生结构

（1）次生维管组织的形成

①维管形成层的发生和活动　茎的初生结构形成后，束中形成层细胞开始分裂，此时与束中形成层细胞相连的髓射线细胞也恢复分生能力，形成束间形成层（interfascicular cambium）。束中形成层与束间形成层共同组成维管形成层。

维管形成层的形态构造和根中相似，也由纺锤状原始细胞和射线原始细胞组成。形成层开始活动时（图 2-28），要经过一两次细胞分裂后才开始成熟变化，所以在木质部和韧皮部之间往往可以看到几层类似形成层的细胞，但其中只有一层细胞才是形成层细胞，其余的都是形成层和其子细胞所产生出来的细胞层。形成层细胞进行切向分裂向内形成次生木质部，加在初生木质部的外方；向外形成次生韧皮部，加在初生韧皮部的内方。形成层细胞为扩大自身的圆周，也进行径向分裂和横向分裂，以适应内方的不断增粗。因此，形成层的位置渐次向外推移。

②次生维管组织的组成　茎内的次生木质部在组成上和初生木质部基本相似，包括导管、管胞、木薄壁组织和木纤维，但都有不同程度的木质化。这些组成分子都由纺锤状原始细胞分裂衍生而成，细胞长轴与茎轴相平行。导管和管胞的类型以孔纹式和网纹式为主；木薄壁组织贯穿在次生木质部中，围绕着导管分子有多种分布方式；木纤维的数量比初生木质部中的多，成为茎内的支持结构。在次生木质部中还分布着木射线，它由射线原始细胞产生的细胞发育而成，细胞作径向排列，构成了与茎轴垂直的横向系统。木射线细胞为薄壁细胞，但细胞壁常木质化。

次生韧皮部的组成成分，基本上和初生韧皮部中的后生韧皮部相似，包括筛管、伴胞、韧皮薄壁组织和韧皮纤维，有时还有石细胞，它们由纺锤状原始细胞产生，构成次生韧皮部中的轴向系统。次生韧皮部中还有径向排列的韧皮射线，由射线原始细胞产生。韧皮射线通过射线原始细胞与木射线相连接，共同构成维管射线，横向贯穿在次生维管组织中，既是横向输导组织，也是贮藏组织。从排列方向和生理功能上看，维管射线和髓射线相似，但二者来源不同。维管射线由射线原始细胞产生，属次生结构，所以也称次生射线(secondary ray)，它随着新维管组织的形成在不断增加；髓射线是由基本分生组织形成，出现在初生结构中，因此称为初生射线，虽在次生结构中能继续生长，但数目却是固定不变的。

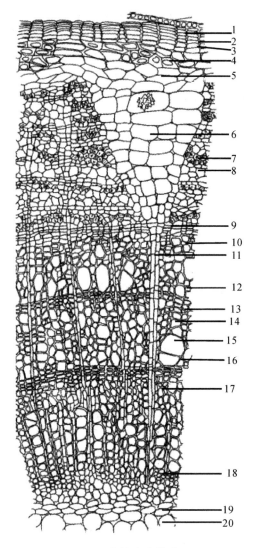

图2-28　茎的次生构造

1. 木栓层　2. 木栓形成层　3. 栓内层　4. 厚角组织
5. 薄壁组织　6. 韧皮射线　7. 韧皮纤维　8. 韧皮薄壁细胞　9. 维管形成层　10. 第三年次生木质部
11. 木射线　12. 木薄壁细胞　13. 第二年晚材
14. 木纤维　15. 导管　16. 第二年早材　17. 第一年次生木质部　18. 初生木质部　19. 环髓带　20. 髓

木本植物的茎每年都由形成层产生新的维管组织，由于形成层向外方分裂的次数不及向内方分裂的次数，再加上次生韧皮部的作用时间较短，当木栓形成层在次生韧皮部形成后，木栓以外的次生韧皮部就被破坏而死亡脱落。因此，在横切面上，次生木质部远比次生韧皮部宽厚。树木生长的年数越多，次生木质部所占的比例越大。生长二三年的木质茎上，绝大部分是次生木质部。10年以上的木质茎中，几乎都是次生木质部，初生木质部和髓已被挤压得不易识别。

（2）周皮

①木栓形成层的来源和活动 木栓形成层的形成开始于次生生长的初期。第一次木栓形成层的来源各种植物有所不同，通常由紧接表皮的一层皮层细胞转变而成，如杨树、核桃、榆等；有的由皮层的第二、三层细胞转变而成，如刺槐、马兜铃等；还有的直接由表皮细胞转变而成，如苹果、欧洲夹竹桃等；另外一些则是由近韧皮部内的薄壁细胞转变而成，如葡萄、石榴等。木栓形成层以平周分裂为主，向内外分别产生栓内层和木栓层，三者共同组成周皮。

木栓形成层的活动期限长短不一。有些植物的木栓形成层活动期限比较长，可以保持很多年，如梨树和桃树可以保持 6~8 年，杨树和桃属的某些种类可以保持 20~30 年，有的甚至可保持终生，如栓皮栎。但大多数植物木栓形成层活动期限是有限的，一般不过几个月。当第一个木栓形成层的活动停止后，接着在它的内方又产生新的木栓形成层，形成新的周皮。由于茎内部的维管组织的不断增粗，最早形成的周皮上发生了许多纵向裂缝。裂缝发生后，在其下面重新产生一小片新的周皮将裂缝补起来，破一块补一块，如此重复进行。因此，木栓形成层的形成部位逐渐内移，直到最后，产生于次生韧皮部中。这时处在木栓形成层以外的细胞，由于得不到水分和养分的供应，再加上内部的挤压，相继死亡，构成落皮层。落皮层和维管形成层以外的次生韧皮部共同形成树皮（bark）。

②皮孔 周皮形成后代替表皮起保护作用，而木栓是不透水、不透气的组织，那么，周皮内方的活组织如何和外界进行气体交换呢？在树干表面上，肉眼可以看到分布着许多具有一定色泽和形状的突起，这就是皮孔。它是茎内组织与外界进行气体交换的通道。皮孔一般发生在气孔的下方，此处木栓形成层向外不形成木栓细胞，而是形成一些排列疏松，具有发达胞间隙的薄壁细胞，称为补充组织（complementary tissue）。以后由于补充组织的逐步增多，向外突起，沿着气孔口撑破表皮，形成皮孔。就内部结构来讲，皮孔有两种主要类型，一种是由排列疏松的补充组织与排列紧密、壁栓化的 1 至多个细胞厚的封闭层交替排列而成，有显著的分层现象，尽管封闭层因补充组织的增生而连续遭到破坏，但其中总有一层是完整的，具有保护作用，如桦树、刺槐、桑树等[图 2-29（a）]；另一种是仅有补充组织的简单皮孔，如杨树、接骨木的皮孔[图 2-29（b）]。

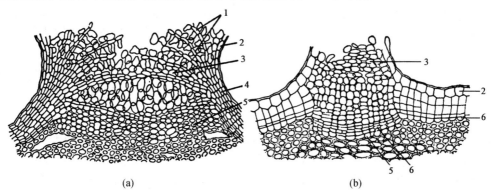

（a）　　　　　　　　　　　　（b）

图 2-29　皮孔的结构

（a）具补充细胞和封闭层的皮孔　（b）仅有补充细胞的皮孔

1. 封闭层　2. 表皮　3. 补充组织　4. 木栓　5. 栓内层　6. 木栓形成层

（3）木材的结构

①木材三切面 木本植物由于形成层的活动，不断产生次生木质部，而木质部主要由木化分子组成，形成坚实的木材。木材的结构可以通过茎的三个切面来研究（图2-30、图2-31）。

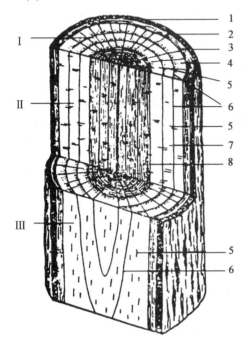

图 2-30 木材三切面简图

Ⅰ. 横切面 Ⅱ. 径向切面 Ⅲ. 切向切面

1. 外树皮 2. 内树皮 3. 形成层 4. 次生木质部
5. 射线 6. 年轮 7. 边材 8. 心材

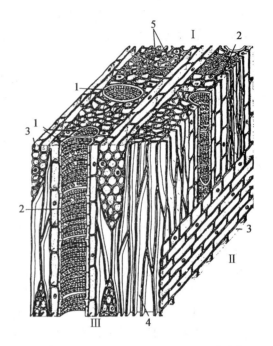

图 2-31 紫荆木材三切面，示双子叶植物次生木质部的结构

Ⅰ. 横切面 Ⅱ. 径向切面 Ⅲ. 切向切面

1. 孔纹导管 2. 木薄壁组织 3. 木射线
4. 木纤维 5. 小型导管

横切面（cross section）是与茎的纵轴相垂直的切面。通过显微镜观察，在横切面上所见的导管、管胞、木薄壁组织和木纤维，都是它们的横切面，显示出它们孔径的大小和横切面的形状。所见的射线为条形，呈辐射状排列，这是射线的纵切面，显示了射线的长度和宽度。射线的宽度因植物种类而异，大多数植物具有3至多列射线，只有单列射线的很少。

径向切面（radial section）是通过茎髓心的纵切面。在径向切面上，导管、管胞、木薄壁组织、木纤维和木射线都是它们的纵切面。可以看到导管壁上密集的具缘纹孔、导管分子端壁的穿孔和加厚的壁；木薄壁组织纵向排列，呈长方形，散布在导管的周围或成带状分布；木纤维为长纺锤形，端部互相重叠，排列成纵行。木射线与茎的主轴垂直，横向排列，通常由多层射线细胞组成，细胞的层数构成了射线的高度。射线的排列方式有两种，与茎中轴垂直的称横卧射线细胞（procumbent ray cell），与中轴平行的称直立射线细胞（upright ray cell）。有些木材中木射线只含有一种类型的射线细胞，称同型射线（homocellular ray）；有些木材中，同时含有两种类型的射线细胞，称异型射线（heterocellular ray）。在异形射线中，直立射线细胞通常分布在射线的上下边缘。

切向切面（tangential section）与茎的半径相垂直，但不通过髓心。在切向切面上，导管、管胞、木薄壁组织和木纤维都是它们的纵切面，显示它们的长度、宽度和细胞两端的形状。可以看到导管壁上密集的具缘纹孔和加厚的壁。木薄壁组织与木纤维的细胞形态和排列样式与径向切面上相同。所见到的木射线是它的横切面，多为纺锤形，两端各为1个细胞，中部则为1至数个细胞不等。可以看到射线的高度和宽度。在这三种切面上，射线的形状最为突出，可以作为判别切面类型的指标。

②生长轮（growth ring）　在茎的横切面上可以看到木质部具有许多同心圆环，称为生长轮（图2-30）。它是维管形成层受季节影响而周期性活动的结果。在有显著季节性气候的地区，不少植物的次生木质部在正常情况下，每年形成一轮，习惯上称为年轮（annual ring）。年轮的宽窄反映了树木历年的生长情况，以及抚育管理措施和气候变化。同时根据树干基部年轮的数目，可以测定树木的年龄。生长在热带多雨地区的木本植物，由于一年中气候条件相差不大，形成层的活动没有明显的周期性变化，所以年轮不明显，或者甚至没有年轮。也有不少植物在一年的正常生长中，不止形成一个生长轮，如柑橘属植物的茎，一年中可产生3个生长轮，称为假年轮（false annual ring）。此外，气候的异常、虫害的发生，出现多次寒暖或叶落的交替，都能造成形成层活动的盛衰起伏，在树木茎内形成多个生长轮。

③早材（early wood）和晚材（late wood）　形成层的活动受温度和水分条件的影响而表现出有节奏的变化。温带的春季或热带的湿季，由于温度高、水分足，形成层活动旺盛，所产生的木质部细胞体积较大，细胞壁较薄；到了温带的夏末、秋初或热带的旱季，形成层活动逐渐减弱，产生的细胞体积较小，壁较厚，而且管胞数量较多。前者在生长季节早期形成，称为早材或春材，后者在生长季节后期形成，称为晚材或秋材（图2-28）。从早材到晚材，随着季节的更替而逐渐变化，虽可看到色泽和质地的不同，但不存在截然的界限。但在上年晚材和当年早材间，可看到非常明显的分界。因而在横切面上可以看到明显的同心圆环，即生长轮。每一个生长轮由早材和晚材共同构成。

④心材（heart wood）和边材（sap wood）　在茎的横切面上，次生木质部从颜色上可以区分为两个明显的部分，靠近形成层的部分，颜色较浅，称为边材（sapwood）；茎中心部分颜色较深，称为心材（heart wood）（图2-30）。心材由边材转变而成。边材一般较湿，也称液材，是贴近树皮较新的次生木质部。它含有生活细胞，具有输导和贮藏的作用，因此边材的存在直接关系到树木的营养。形成层每年产生的次生木质部，形成新的边材，而老的边材部分，逐渐由于组织衰老死亡而转变成心材。所以心材逐年增加，而边材的厚度却较为稳定。当边材变成心材时，导管和管胞失去输导的作用，细胞腔内，充满了由附近薄壁细胞通过纹孔向内生长的一种叫作侵填体（tylosis）的囊状体构造（图2-32）。侵填体内含有鞣质、树脂、有色物质、

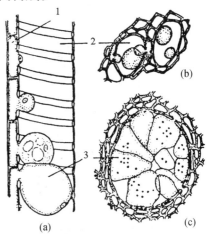

图2-32　导管内侵填体的形成过程

（a）导管纵切面　（b）、（c）导管横切面

1. 木质部的薄壁细胞　2. 导管　3. 侵填体

挥发油等有机物质，由于这些物质的积累，组织发生衰老而死亡，失去了输导水分和贮藏的功能，最后变成心材。有些树种的心材，由于侵填体的形成，木材坚硬耐磨，并有特殊的色泽，如桃花心木的心材呈红色，核桃木呈褐色，乌木呈黑色。也有些树种心材形成时，只是细胞死亡，并没有形成侵填体，因此这类树种茎干横切面上的颜色并没有心材和边材的区分。

2.3.6.2　裸子植物茎的次生构造

裸子植物茎的次生生长和次生结构与双子叶植物相似，只是木质部和韧皮部的组成成分有所不同。以松属为例，次生木质部的结构均匀，构造简单，一般不具有导管，主要由管胞、木薄壁组织和木射线组成，无典型的木纤维，管胞兼具输导和支持的双重作用，与双子叶植物相比较，显得较单纯和原始。次生韧皮部的结构也较简单，由筛胞、韧皮薄壁组织和射线组成，没有筛管和伴胞，有些种类还含有韧皮射线。很多种类茎的次生木质部和次生韧皮部内，分布着树脂道。

2.3.7　单子叶植物的茎

单子叶植物的茎尖构造与双子叶植物相同，但由它所发育的茎的构造则是不同的。大多数单子叶植物的茎只有初生结构，少数种类虽然有增粗生长，但其结构和双子叶植物的茎不同。现以毛竹为例，说明其特点。

2.3.7.1　竹茎的结构

毛竹的茎在外形上具有明显的节和节间，节间中空称髓腔。茎周围的壁称为竹壁，自外而内为竹青、竹肉和竹黄(图2-33)。竹青呈绿色；竹黄是髓腔的壁；竹肉介于竹青和竹黄之间。竹茎的结构和其他禾本科植物一样，由表皮、基本组织和维管束三部分组成。

(1)表皮

表皮是茎的最外一层细胞，细胞排列比较整齐，由长短不同的两种细胞组成(图2-34)。

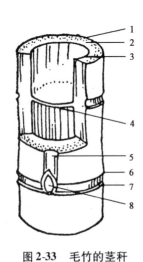

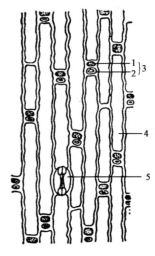

图 2-33　毛竹的茎秆
1. 竹青　2. 竹肉　3. 竹黄　4. 横隔板
5. 沟　6. 秆环　7. 箨环　8. 芽

图 2-34　单子叶植物茎的表皮结构
1. 栓质细胞　2. 硅质细胞　3. 短细胞
4. 长细胞　5. 气孔器

长细胞(long cell)是角质化的表皮细胞，构成表皮的大部分。短细胞(short cell)位于两个长细胞之间，分为两种：木栓化的栓质细胞(cork cell)和含有二氧化硅的硅质细胞(silica cell)。此外，表皮上还有由保卫细胞和副卫细胞组成的气孔器，数量不多，排列也很稀疏。

（2）基本组织

基本组织是表皮以内的部分，幼嫩的茎由薄壁细胞组成，随着年龄的增加，细胞壁增厚并木化。紧接表皮的一层细胞，壁较厚且横径较小，称下皮(hypodermis)。邻近髓腔，分布着多层石细胞，相当坚硬。基本组织中分布着维管束，没有皮层和髓的分化，基本组织兼具皮层和髓的功能。幼嫩的茎，在近表皮的基本组织细胞内含有叶绿体，呈绿色，能进行光合作用。

（3）维管束

维管束散生在基本组织中，靠外方的较小，分布较密。横切面上维管束近卵圆形(图 2-35)，外面被有纤维构成的维管束鞘(bundle sheath)。越靠外围的维管束，纤维越发达，甚至有单纯由纤维构成的束。维管束由木质部和韧皮部组成，木质部在内，韧皮部在外，中间没有形成层，为外韧有限维管束。木质部和韧皮部的发育方式与双子叶植物一致，即木质部为内始式，韧皮部为外始式，这是茎成熟的特点。原生韧皮部位于外侧，与维管束鞘相接，由于后生韧皮部的不断生长分化，已被挤压破坏成一条带状结构；后生韧皮部是韧皮部的有效部分，细胞排列整齐，由筛管和伴胞组成。木质部是韧皮部以内的部分，通常含有 3～4 个显著的导管，在横切面上排列成"V"形。"V"形的下半部是原生木质部，含有 1～2 个较小的环纹

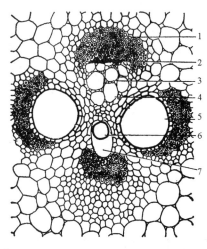

图 2-35　毛竹茎的维管束
1. 维管束鞘　2. 原生韧皮部　3. 伴胞
4. 筛管　5. 后生导管　6. 原生导管　7. 空腔

或螺纹导管，还有少量的薄壁细胞。在环纹导管的附近常有一空腔，是最早发育的一个环纹导管被破坏而形成的。"V"形的上部是后生木质部，含有 2 个大的孔纹导管，一边一个，中间分布着管胞。

2. 3. 7. 2　单子叶植物茎的增粗生长

多数单子叶植物茎的维管束没有形成层，因而不进行增粗生长。但有些单子叶植物如棕榈、甘蔗和玉米，它们的茎干有明显的增粗。这种增粗不是由于形成层的活动，而是初生加厚分生组织(primary thickening meristem)(图 2-36)活动的结果。初生加厚分生组织位于茎尖叶原基和幼叶下面，由顶端分生组织产生，细胞扁长形，与茎表皮平行。它们进行平周分裂，增生细胞，使幼茎增粗。初生加厚分生组织在茎尖顶端活动得最强烈，到了伸长区，活动逐渐减弱，在成熟区一般已停止活动，分化为成熟组织，因此茎干不能无限度地增粗。也有少数种类的茎干能够进行次生生长，产生次生结构，如百合科的芦荟、朱蕉、凤尾兰、龙血树等)。这是由于初生加厚分生组织在成熟区并没有失去活力，它在初生维管组织外方形成了侧生分生组织，称为次生加厚分生组织(secondary thickening)，也

称形成层。形成层进行切向分裂，产生的细胞一部分发育为次生维管束，一部分发育为薄壁组织。次生维管束呈径向排列于薄壁组织中(图2-37)。次生维管束一般是周木型的，木质部中只有管胞，没有导管，并且形成层在维管束的外方，不在维管束中，这些特点都与双子叶植物不同。

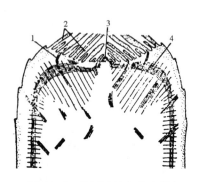

图2-36　单子叶植物茎尖纵切，
示初生加厚分生组织

1. 原形成层　2. 叶的基部　3. 顶端分生组织
4. 初生加厚分生组织

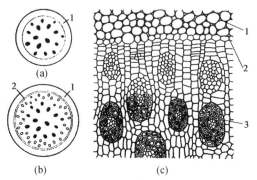

图2-37　龙血树属植物茎的横切，示次生增粗

a)茎中只有初生维管束　(b)茎中已形成次生维管束
(c)形成层与次生的周木维管束

1. 皮层　2. 形成层　3. 周木维管束

2.4　叶

2.4.1　叶的功能

叶着生在茎的节部，主要功能是进行光合作用(photosynthesis)、蒸腾作用(transpiration)、气体交换(gas exchange)，它们在植物的生活中有着重要的意义。

光合作用是绿色植物利用光能把二氧化碳和水合成有机物质的过程，其基本产物是葡萄糖和果糖，它们在植物体内经过一系列复杂的变化形成糖类、脂肪、蛋白质等有机物质。这些有机物质除供给植物自身的需要外，直接或间接为人类和动物所利用。光合作用不断释放氧气到大气中，从而保证了大气中氧含量的平衡。

蒸腾作用是植物体内的水分以气态散失到大气中的过程。在植物的生活中，需要从土壤中吸收大量的水分以维持正常的生命活动。但实际上，植物所吸收的水分只有很少量用来制造食物，大部分都通过叶表面蒸发到空气中。这种蒸发过程不是简单的物理学过程，而是一种生理学过程，对植物的生命活动有重大的意义。蒸腾作用促使水分在植物体内上升，是根系吸水的主要动力；根系吸收的矿物质能随着蒸腾液流一同上升，促进了矿物质在植物体内的运输和分配；蒸腾作用还可以降低叶表面温度，叶子吸收的大量光能，只有一小部分用于光合作用，大部分光能转变成热能，通过蒸腾作用消耗掉，从而避免了植物体因强烈光照而灼伤。

叶是植物与周围环境进行气体交换的器官。光合作用和呼吸作用对氧气和二氧化碳的吸收与释放，主要通过叶表面的气孔来进行。有些植物的叶片，还可吸收 SO_2、HF 和 Cl_2

等有毒气体，因此植物具有净化空气，改善环境的作用。

此外，叶还有吸收的功能。在生产上，除了进行土壤施肥外，还向叶表面喷洒一定浓度的肥料，就是利用叶的吸收功能；又如向叶面喷施农药，也是通过叶表面吸收进入植物体内。有些植物的叶，在一定条件下能够产生不定根和不定芽，利用这一特性，可以进行叶扦插繁殖，如落地生根、秋海棠的叶。

叶有多种经济价值，可药用、食用，也可用作其他方面。如白菜、菠菜、韭菜等都是食叶为主的蔬菜；毛地黄、颠茄、薄荷、番泻叶等在医学上有各种药用价值；剑麻的叶纤维发达，可制船缆和造纸；其他如茶叶可作饮料，烟草的叶可制卷烟，桑树的叶可饲养蚕，蒲葵的叶可制扇子，棕榈的叶鞘所形成的棕衣可作绳索、毛刷、地毡、床垫等。

2.4.2　叶的组成

植物的叶一般由叶片(leaf blade)、叶柄(petiole)和托叶(stipule)三部分组成(图2-38)。

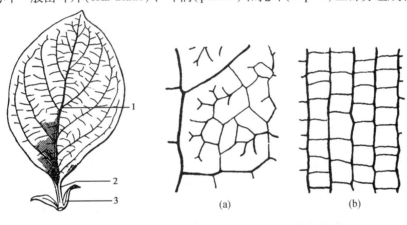

图 2- 38　叶的外形　　　　图 2-39　脉　序
1. 叶片　2. 叶柄　3. 托叶　　a. 开放式脉序　b. 封闭式脉序

（1）叶片

叶片是叶的主要部分，多数为绿色扁平体，具有较大的表面积，有利于气体交换和光能的吸收。叶片的大小、形态多种多样。但就一种植物来讲，叶片的形态是比较稳定的，可作为鉴别植物和分类的依据(见附录2)。在叶子表面很容易看到叶脉(vein)，特别是在叶子的下表面有明显的隆起。叶脉是叶中的维管束，通过叶柄与茎中的维管束相连接。叶脉在叶片中有一定的分布规律(图2-39)。一般双子叶植物的叶脉呈网状排列，有明显的主脉(midrib)，主脉的分枝叫侧脉(lateral vein)，侧脉又向两侧发出各级分枝，最后一级分枝称为脉梢(vein end)，游离在叶肉组织中，成为开放式脉序。在单子叶植物中，叶脉平行排列，各脉之间有细小的横脉相连，成为封闭式脉序。

（2）叶柄

叶柄是叶的细长柄状部分，上端与叶片相连，下端与茎相连，内部具有1～3组维管束。叶柄是茎叶之间水分和营养物质运输的通道，并能支持叶片伸展，调节叶片的位置和方向，以利于接受阳光。不同植物叶柄的长短、粗细、色泽以及毛与腺体的有无、横切面的形状等存在差异。

（3）托叶

托叶是生于叶柄基部两侧的一对附属物。托叶的功能因植物种类不同而异。一般来讲，托叶发育早期具有保护作用，有的具有保护幼芽的功能，如木兰属植物的托叶；有的具有保护植物体的功能，如刺槐的托叶刺；还有的具有攀缘的功能，如菝葜属植物的托叶；还有的具有光合作用的功能，如豌豆的大托叶。大多数植物的托叶寿命很短，通常早落，易被误认为无托叶，应加以注意。托叶的形状、色泽、大小多种多样，可作为识别植物种类的依据。

叶片、叶柄、托叶三部分都具有的叶称完全叶（complete leaf），如豆科、蔷薇科植物的叶。只具有一或两部分，称为不完全叶（incomplete leaf），其中无托叶的最为普遍，如杨树、柳树、泡桐、丁香等。也有些植物的叶没有叶柄，叶片直接着生在茎上，称无柄叶，如莴苣、荠菜的叶。还有些植物的叶甚至没有叶片，叶柄扩大成扁平状，称叶状柄（phyllode），如台湾相思树的叶［见图 2-59（e）］。

禾本科植物的叶，由叶片和叶鞘（leaf sheath）两部分组成（图 2-40）。叶片扁平呈条形。叶鞘位于叶片基部，扩大伸长，包围着茎秆，具有保护幼芽、居间分生组织以及加强茎秆的支持作用。叶片和叶鞘相连处的外侧有一色泽稍淡的环，称为叶枕（pulvinus）。叶枕有弹性和延伸性，借以调节叶片的位置。叶鞘和叶片相连接处的内侧，有一膜质片状的突出物称为叶舌（ligulate），可以防

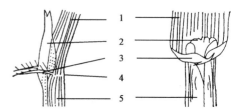

图 2-40　禾本科植物的叶
1. 叶片　2. 叶舌　3. 叶耳
4. 叶枕　5. 叶鞘

止害虫、水分、病菌、孢子等进入叶鞘，也能使叶片向外伸展以调节和控制叶片的方向。在叶舌的两侧，有一对从叶片基部边缘伸出的突出物，称为叶耳（auricle）。

一般情况下，每种植物都具有一定形状的叶，但有些植物却在同一植株上生有不同形状的叶，这种现象称为异形叶性（heterophylly）（图 2-41）。异形叶性的发生有两种情况：一种是由于环境因素的影响而产生的，称为生态异形叶性。例如，水毛茛，生长在水中的叶细裂成丝状，生长在空气中的叶呈扁平状；又如，慈姑的气生叶为箭形，漂浮叶为椭圆

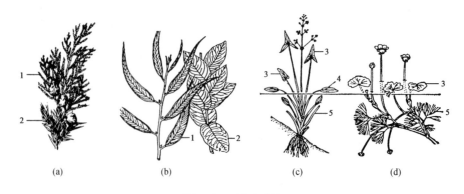

（a）　　　　　（b）　　　　　（c）　　　　　（d）

图 2-41　异形叶性
（a）圆柏　（b）蓝桉　（c）慈姑　（d）水毛茛
1. 次生叶　2. 初生叶　3. 气生叶　4. 漂浮叶　5. 沉水叶

形，水生叶带状。另一种是由于发育年龄不同，称为系统发育异形叶性。例如，圆柏幼树和萌发枝的叶为刺形，老龄林的叶为鳞形；蓝桉嫩枝上的叶较小、卵形无柄、对生，而老枝上的叶较大、披针形或镰刀形、有柄、互生。

2.4.3　叶的发育

叶的发生开始得很早。当芽形成时，在茎顶端分生组织周围的一定部位上，由表层细胞或表层下的一层或几层细胞进行分裂，形成许多侧生突起，即叶原基(见图 2-23)，这是叶分化的最早期。叶原基形成后，先是顶端生长[图 2-42(a)，(b)]，达一定长度后，转为居间生长，使叶原基迅速生长。接着，叶原基的两侧出现了边缘分生组织(marginal meristem)向两侧生长[图 2-42(c)]，同时叶原基还进行平周分裂，成为具有一定细胞层数的扁平形状，称幼叶[图 2-43(g)]。在幼叶的形成过程中，叶原基的基部没有边缘生长，只进行居间生长，结果形成叶柄。由于边缘分生组织分裂的速度并非一致，因此叶缘有不同的分裂程度，如果边缘分生组织分布不连续，就形成了复叶。

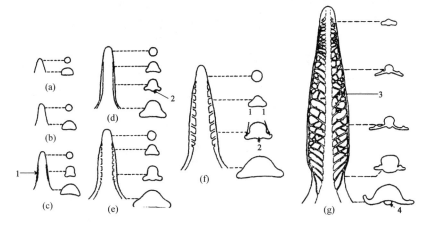

图 2-42　叶形成过程示意

(a)、(b)叶原基进行顶端生长　(c)边缘分生组织出现　(d)近轴分生组织出现

(e)、(f)叶原基较老的发育阶段　(g)幼叶阶段

1. 边缘分生组织　2. 近轴分生组织　3. 原形成层束　4. 腋芽原基

一般来讲边缘分生组织的活动时期是相当短暂的，当幼叶生长至具备成熟叶的外形时，边缘分生组织停止活动，这时幼叶的最外一层为原表皮层，里面为基本分生组织，在基本分生组织中分布着原形成层束。以后组成幼叶的各层细胞，普遍进行垂周分裂，并增加其细胞的体积，使幼叶的长度和宽度增加。随着叶片面积的不断扩大，各层细胞经过成熟分化，原表皮层发育成叶的表皮，基本分生组织发育成叶肉，原形成层束发育成叶脉，长成一片成熟的叶。

叶的生长和根茎的生长不同。根和茎的顶端生长能持续进行，它们的形状与长短由顶端生长所决定。而叶的顶端生长很早就已停止，叶的形状和大小由边缘生长和居间生长所决定。

2.4.4　叶的解剖构造

多数植物的叶在枝条上呈水平方向着生，因而叶片两面受光的情况不同，叶片内部的组织也有较大的分化，形成栅栏组织(palisade parenchyma)和海绵组织(spongy parenchyma)，这种类型的叶称为异面叶(dorsiventral leaf)，大部分双子叶植物和少数单子叶植物，具有异面叶。也有些植物的叶在枝条上直立而生，叶片两面的受光情况均等，因而叶片内部没有栅栏组织和海绵组织的区别，这种叶称为等面叶(isobilateral leaf)。有些植物的叶两面都具有栅栏组织，中间夹着海绵组织，也属于等面叶。不论异面叶还是等面叶，就叶片来讲，都由表皮、叶肉(mesophyll)和叶脉三部分组成(图2-43)。

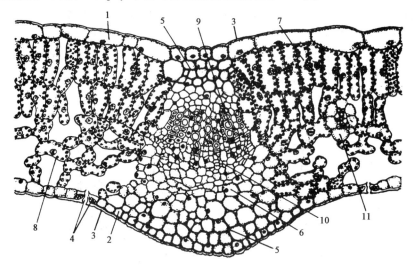

图 2-43　丁香叶片的横切面
1. 上表皮　2. 下表皮　3. 角质层　4. 气孔　5. 厚角组织　6. 薄壁组织
7. 栅栏组织　8. 海绵组织　9. 木质部　10. 韧皮部　11. 束鞘

2.4.4.1　双子叶植物叶的构造

（1）表皮

表皮是覆盖在叶片外表的保护组织。双子叶植物叶的表皮分上表皮和下表皮，由一层生活的细胞组成，不含叶绿体，细胞之间排列紧密，无胞间隙。在横切面上，表皮细胞排列较规则，呈长方形或正方形，外壁较厚且具有角质层(图2-43)。角质层的存在，对叶起着保护作用，可以控制水分蒸腾，加固机械性能，防止病菌侵入，因此角质层的厚度，可以作为选育植物优良品种的依据之一。多数植物的角质层外往往还有一层蜡质。

叶的表皮上分布着许多气孔。气孔是叶片与外界环境进行气体交换的门户，同时也是叶面施肥和喷洒农药的入口。各种植物气孔的数目和分布位置各不相同。双子叶植物的叶片通常比较宽阔，气孔呈不规则散生状态分布，主要以下表皮为多，上表皮很少甚至没有。这种分布方式可以减少水分蒸发，因为下表皮的温度较上表皮低；另外，还能防止大气中的尘埃或雨露点滴堵塞气孔。有些植物的气孔只分布在上表皮或下表皮，还有些植物的气孔却限于下表皮的局部区域，如夹竹桃叶的气孔生于下表皮的气孔窝内(见图2-49)。

气孔的分布与外界环境有直接的关系，一般生长在阳光充足地区的叶片气孔较多，阴湿地区的叶片孔较少。沉水植物的叶通常没有气孔，而浮水叶的气孔则分布在上表皮。

叶的上下表皮上，特别是下表皮上，还生有不同类型的表皮毛，以加强保护作用，减少水分蒸腾。有些表皮毛具有分泌的功能，称腺毛（glandular hairs）。

（2）叶肉

叶肉是表皮之内的绿色组织（chlorenchyma），是叶的主要部分，由薄壁细胞组成（图2-43）。邻接上表皮的叶肉细胞呈长柱形，长轴与叶表面垂直，排列整齐，称栅栏组织。栅栏组织细胞内含有很多叶绿体，紧贴细胞壁排列，扩大了叶绿体吸收光能的面积，因而栅栏组织是光合作用进行的主要场所。叶绿体在细胞内的位置能随着光照条件而移动，当光照微弱时，叶绿体排列在与阳光垂直的细胞壁上，以接受最大的光能；当光照强烈时，叶绿体移至细胞的侧壁，以免强光破坏叶绿素的分子结构。

栅栏组织的发育程度和细胞的数目主要取决于光照的强弱。光照充足时，栅栏组织发育良好，如树冠外围的叶和生长在阳坡植物的叶，栅栏组织发达，细胞层数较多；而生长在树冠下阴暗处的叶或水中的叶，就没有良好的栅栏组织，叶肉只有海绵组织构成（见图2-50、图2-51）。

栅栏组织的下方是海绵组织，与下表皮相接，细胞排列疏松，有较大的胞间隙，和气孔共同构成了叶内的通气组织，因此气体交换和蒸腾作用是海绵组织的主要功能。虽然海绵组织也能进行光合作用，但由于细胞内叶绿体含量较少，所以光合作用的强度弱于栅栏组织。此外，叶下表面颜色较浅，上表面较深，也是由于两种组织中叶绿体含量不同所致。

（3）叶脉

叶脉分布在叶肉中，它的内部结构因叶脉的大小而异。主脉和自主脉分出的大型叶脉由 1 至数根维管束构成；小型叶脉只含有一根维管束，分布在栅栏组织与海绵组织的交界处（图2-43）。叶脉维管束包括初生木质部和初生韧皮部，木质部在上方近轴面，韧皮部在下方远轴面，这是由于茎中维管束侧向进入叶中的缘故。在主脉和大型叶脉的维管束中，木质部和韧皮部之间还有一层形成层，不过它的活动期限很短，因而产生的次生组织不多。叶脉在叶中越分越细，结构也愈来愈简化。中型叶脉一般只有初生结构，机械组织或有或无；最后一级分枝的脉梢，结构异常简单，木质部只剩下一个螺纹管胞，而韧皮部仅有短狭的筛管分子和增大的伴胞，甚至只有薄壁细胞与叶肉细胞结合在一起（图2-44）。

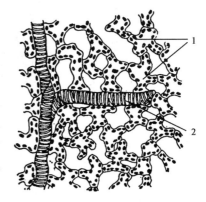

图 2-44　叶的脉梢
1. 海绵组织　2. 管胞

在小型叶脉中，与筛管分子和管胞分子相毗连的薄壁细胞，细胞壁在局部区域向细胞腔内突出生长，扩大了细胞壁与原生质体的接触面积，这种细胞称为传递细胞（transfer cell）。传递细胞的形成，扩大了细胞表面的吸收面积，对于叶肉细胞与细脉之间的水分蒸腾、溶质交换以及光合产物的短途运输有着重要的意义。

维管束外，有薄壁细胞组成的维管束鞘（bundle sheath）包围，又称束鞘。主脉和大型叶脉的维管束鞘上下两方常分布着一些排列成束状的机械组织，直接与上下表皮相连接，在下方更为发达，因此，在叶片的下方常有显著的凸起。中型叶脉束鞘的上下两方有薄壁细胞与上下表皮相连，称维管束鞘延伸（bundle sheath extension）（图2-45），有利于将叶脉的水流输送至表皮细胞，同时也起到了机械支持的作用。

叶柄的构造与茎的初生构造基本相似，由表皮、基本组织和维管束组成。最外层为表皮；表皮之内为基本组织，邻接表皮的部分常为几层厚角组织，内方为薄壁组织；基本组织内分布着维管束，数目和大小因植物而异，排列呈弧形、环形、平列形。维管束包括木质部、韧皮部和形成层三部分，木质部在上，韧皮部在下，形成层介于二者之间，活动时间很短，只形成少量的次生维管组织。

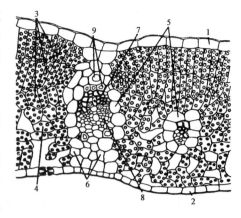

图2-45　叶横切面，示束鞘与束鞘延伸

1. 上表皮　2. 下表皮　3. 栅栏组织
4. 海绵组织　5. 束鞘　6. 束鞘延伸
7. 木质部　8. 韧皮部　9. 厚壁组织

2.4.4.2　单子叶植物叶的构造

单子叶植物的叶大多狭而长，有些不具叶柄，有些叶柄呈鞘状，包围茎秆。叶片的解剖构造可分为表皮、叶肉和叶脉三部分。现以禾本科植物毛竹为例（图2-46）说明。

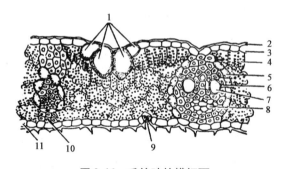

图2-46　毛竹叶的横切面

1. 泡状细胞　2. 角质层　3. 上表皮　4. 叶肉　5. 外鞘
6. 内鞘　7. 木质部　8. 韧皮部　9. 气孔　10. 机械组织　11. 下表皮

（1）表皮

表皮分上下表皮，由形状规则的细胞纵行排列而成，常包括长、短两种类型的细胞纵行排列而成。长细胞是表皮的主要组成成分，长径与叶的长轴平行，细胞壁不仅角质化，还经过了硅质化，因而叶片质地坚硬，有触手的感觉。短细胞又分为硅质细胞和栓质细胞，硅质细胞是死细胞，内部充满单个的硅质体；栓质细胞是细胞壁经过栓质化的活细胞。两种短细胞常成对地排列在长细胞行列中。

在上表皮相邻两叶脉之间，有几个大型的薄壁细胞，称为泡状细胞（bulliform cell）（图2-46）。在横切面上，泡状细胞排列成扇形，中间的细胞较大，两侧的较小，其长轴与叶脉平行，细胞内含有大的液泡。一般认为，泡状细胞在天气干旱时，失去水分，体积收缩，因而使叶片向上卷曲，以减少水分蒸腾；水分充足时，泡状细胞吸水膨胀，叶片伸展，故又称运动细胞(motor cell)。当然，叶片的伸展、卷缩还与表皮、叶肉等的失水收缩有关。

气孔分布在叶脉之间的长细胞行列中，与叶脉平行，由两个哑铃型保卫细胞和与之邻接的一对副卫细胞组成。表皮上还分布有表皮毛。

(2)叶肉

叶肉组织比较均一，由细胞壁内褶的薄壁细胞组成，没有栅栏组织和海绵组织的分化，属于等面叶。

(3)叶脉

叶脉平行排列，在叶脉之间有横的细脉互相连接。叶脉由维管束及其外围的维管束鞘组成。维管束也由木质部和韧皮部组成，中间没有形成层。毛竹的维管束鞘由两层细胞构成，外面的一层是薄壁细胞，体积较大，含有叶绿体；里面的一层细胞壁较厚，体积较小，几乎不含叶绿体。

根据维管束鞘细胞解剖构造的特点，可将单子叶植物和其他一些科的植物分为碳四(C_4)植物和碳三(C_3)植物两类(图2-46)。C_4植物的维管束鞘由一层细胞组成，细胞体积较大，含有多量大型的叶绿体，叶肉细胞紧接维管束鞘呈辐射状排列，形成同心的圈层，构成"花环"型结构。C_4植物的叶肉细胞中含有一种对二氧化碳亲和力很强的羧化酶，可将叶肉细胞中由四碳化合物所释放的CO_2再行固定还原，从而提高了光合效能，因此C_4植物又称为高光效植物，如玉米、高粱、甘蔗。而C_3植物维管束鞘由两层细胞组成，外面的一层是薄壁细胞，体积较大，含少量叶绿体；里面的一层细胞壁较厚，体积较小，几乎不含叶绿体。光合强度较弱，所以又称C_3植物为低光效植物。C_3、C_4植物维管束鞘结构的特点，不仅可以作为单子叶植物分类的依据，而且也为高光效育种和选种提供了重要依据。

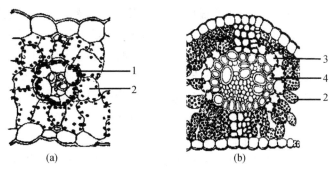

(a)　　　　　　　(b)

图 2-47　维管束鞘的形态

(a)玉米，示 C_4 植物　(b)小麦，示 C_3 植物

1. 维管束鞘　2. 叶肉细胞　3. 维管束外鞘　4. 维管束内鞘

2.4.4.3　裸子植物叶的构造

裸子植物的叶在形态构造上比被子植物变化少，除极少数为扁平的阔叶外，大多数比较狭窄，呈针形，故习惯上称裸子植物为针叶树。现以松属叶为例，说明裸子植物叶的一般构造。

松属的叶为针形，2~5 针一束生于短枝上。因每束中针叶数的不同，因此横切面成半圆形、三角形、扇形等。通过叶作横切面，可以看到，由外至内包括表皮系统、叶肉、维管束三部分(图2-48)。

(1)表皮系统

表皮系统由表皮、下皮层及气孔器组成。表皮由一层连续的砖形细胞组成，无上下表皮区别，细胞壁特别加厚并经过强烈的木质化，细胞腔很小。在表皮细胞的外壁上还覆盖着一层厚的角质层。

表皮下面是 1 至数层木质化纤维状的硬化薄壁细胞，称为下皮层。下皮细胞的层数依种类不同而异。在转角处，层数较多。下皮层除具有防止水分蒸腾外，还能使针叶具有坚固的性质。

气孔从表皮层下陷到下皮层，由一对保卫细胞和一对副卫细胞组成。气孔下陷形成的气腔，阻止了外界干燥空气和气孔的直接接触，是一种减少叶内水分蒸腾的旱生结构。

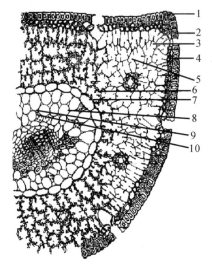

图 2-48　松属叶横切面

1. 表皮　2. 气孔　3. 叶肉　4. 下皮层
5. 树脂道　6. 内皮层　7. 转输薄壁细胞
8. 转输管胞　9. 木质部　10. 韧皮部

(2)叶肉

叶肉位于下皮层以内，细胞壁向内凹陷，形成许多皱褶，叶绿体沿壁分布排列。在叶肉组织的不同位置上分布着树脂道，由一层上皮细胞围绕，外面还有一层厚壁细胞构成的鞘包被着。

(3)维管束

在维管束和叶肉之间，有分化明显的内皮层相隔。内皮层是一层细胞壁比较厚并经过木化的细胞，在它里面排列着几层转输组织(transfusion tissue)。转输组织由管胞状细胞(tracheidal cell)和薄壁细胞组成，管胞状细胞零散地分布在薄壁细胞中。转输组织中分布着 1~2 根维管束。维管束主要由木质部和韧皮部构成，木质部在近轴面，由径向排列的管胞和薄壁细胞相间隔而成；韧皮部位于远轴面，由筛胞和薄壁细胞径向排列组成。

上述松属叶的特征在许多其他松柏类植物中也能见到，只不过在组成成分的数量上有一些差别，如下皮层细胞的层数、树脂道的数目和分布的位置、转输组织的含量等都会因属种的不同而不同。大多数松柏类植物的叶内并不含有具皱褶的叶肉细胞，也有些种类的叶内具有栅栏组织和海绵组织的分化，以此与松属叶相区别。

2.4.5　叶的生态类型

2.4.5.1　旱生植物和水生植物

叶的形态构造不仅与它的生理机能相适应，而且因所处环境条件的变化而改变。各类植物根据它们和水分的关系，可以区分为 3 种类型：旱生植物(xerophyte)、中生植物(mesophyte)和水生植物(hydrophyte)。旱生植物是生长在气候干燥、土壤水分缺乏地区的植物。为了适应这种旱生环境，叶片在形态构造上表现出两种适应形式：一种是叶片小而厚；叶角质层发达，表皮上常分布着密生的表皮毛，气孔下陷，并有下皮层产生；叶肉组织排列紧密，栅栏组织特别发达，常为两层或多层，海绵组织不发达或没有；输导组织和机械组织发达，如赤桉、夹竹桃等（图2-49）。另一种是叶片肥厚肉质化，有发达的贮水组织，如景天属、芦荟属植物；有些植物叶片强烈地缩小、退化成刺形、针形、鳞形，如仙人掌、松属、柏属等。

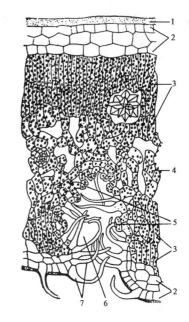

图 2-49 夹竹桃叶一部分横切面
1. 角质层　2. 复表皮　3. 栅栏组织
4. 海绵组织　5. 气孔　6. 气孔窝　7. 表皮毛

水生植物是指生长在水中的植物。水分充足，但由于水中光照不足，通气条件差，因此在结构上表现为：角质层不发达，没有表皮毛和气孔，表皮细胞内含有叶绿体；叶肉细胞层数少，没有分化为栅栏组织和海绵组织；叶内通气组织发达，输导组织和机械组织退化（图 2-50）。有些沉水植物的叶片分裂成线形，以增加与水的接触面积和气体的吸收面积，如狐尾藻。

中生植物是介于旱生植物和水生植物之间的一种类型。它们生活在气候温和、土壤湿度适中的环境条件下，大多数植物都属中生植物，前面所介绍的叶片构造就是中生植物叶的解剖特征。

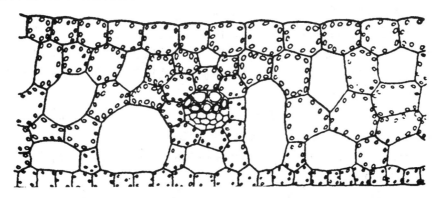

图 2-50 眼子菜属植物叶横切面

2.4.5.2 阳地植物和阴地植物

光照强度对植物的影响也很大。有些植物在充足的阳光下才能正常生长，不能忍受荫蔽的环境，这类植物称阳地植物。阳地植物受热和受光较强，所处的环境中，空气较干燥，风的影响也很大，这都加强了蒸腾作用。因此，阳地植物的叶倾向于旱生形态，但并不就是旱生植物。阳地植物的大气环境和旱生植物类似，而土壤环境可以不同。在阳地植物中有不少是湿生植物，甚至是水生植物，如水稻是阳地植物，同时也是水生植物。

阴地植物是指在光照较弱、荫蔽环境下生长良好的植物。这类植物多生长在湿润、背阴的地方，或生于密林草丛内，因此叶倾向于湿生形态。一般叶片较大而薄，角质层薄或没有，气孔较少，叶绿体含量较多。这些结构有利于在弱光环境下提高光的吸收和利用。

阳地植物和阴地植物是生长在不同光照强度中的植物，由于受光的影响，叶片在它的形态、结构上表现出差异。实际上，即使是同一棵树上，由于生长在不同的方向和位置，叶片接受阳光的强弱不同，叶片的结构也不同，如生长在树冠外围和上部的叶与生长在树冠内侧和下部的叶，就有着显著不同的特征(图2-51)。

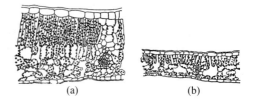

图 2-51　糖槭叶的横切面
(a)阳生叶　(b)阴生叶

2.4.6　落叶

植物的叶并不能永久生存，而是有一定寿命的，当完成一定的生命活动后，叶就枯萎死亡，从植物体上脱落。落叶是植物对环境的一种适应性表现，通过落叶可以降低植物体内水分蒸腾、维持体内水分平衡，抵抗不良环境条件，保证植物正常的生命活动。叶生活期的长短，因植物而异。一般叶的生活期只有一个生长季，每当寒冷或干旱季节来临时，全株的叶同时脱落，这种树木称为落叶树(deciduous tree)；也有些植物的叶，生活期超过1年，如女贞叶可生活1～3年，松叶3～5年，冷杉叶3～10年。这类树木的落叶不集中在一个时期，而是在春、夏季新叶发生后，老叶才逐渐枯落，因此就全树看，终年常绿，称为常绿树(evergreen tree)。

植物落叶现象受内外条件的影响。叶经过一定时期的生理活动后，细胞内积累了大量的矿物质，引起代谢活动降低，光合作用减弱，叶内碳水化合物与含氮物质减少，叶绿素分解破坏，只剩下叶黄素和胡萝卜素，所以树木的叶进入秋天后大多变为黄色；也有些叶子在落叶前细胞内产生花青素，叶子变为红色，如五角枫、黄栌等。落叶也受不良环境的影响。温带的冬季或热带的旱季，由于环境缺水，植物得不到足够的水分，落叶可大大地减少蒸腾面积，降低水分消耗。

从解剖构造上来讲，落叶是由于叶柄基部形成了离区(abscission zone)。离区包括离层(abscission layer)和保护层(protective layer)(图2-52)。落叶时，叶柄基部或靠近基部的一部分细胞，经分裂产生数层与叶柄上下表面相垂直的小型薄壁细胞，构成离层。离层的外

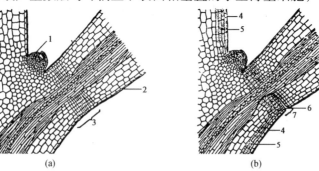

图 2-52　叶柄基部，示离区的形成
(a)离区的形成　(b)离层和保护层
1. 腋芽　2. 叶柄　3. 离区　4. 表皮　5. 周皮　6. 保护层　7. 离层

层细胞壁胶化，细胞呈游离状态，当叶片受到重力或风雨等外力作用时，便从离层脱落。离层下面有几层薄壁细胞，细胞壁栓化，当叶片脱落后，在叶柄断面处形成保护层。保护层迟早为下面形成的周皮所代替，以后与茎的周皮连接起来。

有些植物的叶，叶柄基部并未形成离区，叶片凋萎后，残留在茎秆上迟迟不落，如豌豆、水稻、小麦等。

2.5　营养器官间的联系

根、茎、叶是植物体的主要组成部分，在植物生命过程中，各自行使着特定的功能，同时又相互依赖、相互配合，共同保证植物体的正常生长。它们之间存在着营养物质的吸收、贮藏、运输、分配、调节，反映了在生理功能上的协调性；同时内部维管组织紧密相连，形成连续的输导系统，体现了结构上的连续性和统一性。

2.5.1　根与茎的联系

根和茎互相连接，共同组成植物体的主轴。早在植物幼苗时，根和茎的维管组织在排列上存在着很大差异，根中木质部和韧皮部相间排列，木质部发育方式为外始式；茎中木质部和韧皮部内外排列，木质部为内始式。因此，根和茎相接处，维管组织的构造必然要经过一个转变过程，这个部位称为过渡区(transition region)。过渡区一般发生在下胚轴，是胚轴构造上的一个特点。

在过渡区，表皮、皮层是连续的，但维管组织要经过一个改组和连接的过程。先是维管柱增粗，伴随着维管组织的分化，木质部和韧皮部的位置和方向发生一系列的变化。现以二原型根为例，说明过渡区维管组织的变化(图 2-53)。根中维管组织要经过分割、旋转、靠合，最终转变成茎的维管组织结构。首先，根初生木质部的后生木质部纵裂为二，

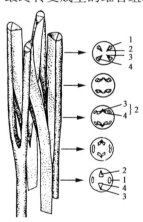

图 2-53　根茎过渡区图解
1. 韧皮部　2. 木质部
3. 原生木质部　4. 后生木质部

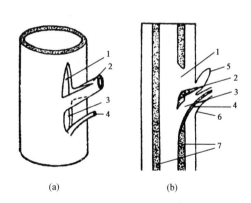

(a)　　　　　　(b)

图 2-54　叶迹、叶隙、枝迹和枝隙图解
(a)茎维管柱　(b)维管柱纵切
1. 枝隙　2. 枝迹　3. 叶隙　4. 叶迹
5. 腋芽　6. 叶柄　7. 维管组织

并向两旁旋转180°，并移位到韧皮部内方；然后，韧皮部拉长分割为两部分，分别排在木质部外方，成为外韧维管束。事实上，这是由于从胚根到胚芽的不同部位上，细胞经过分裂分化，形成的组织种类和细胞组成不同，而使木质部和韧皮部的组成分子出现在不同的位置和方向上，导致木质部和韧皮部逐渐分裂和移位，最后根茎的维管组织连接起来，完成了过渡。

2.5.2　茎与叶的联系

叶与茎通过叶柄相连接。茎中维管束在节部分出后进入叶柄，通过叶柄伸入叶片，与叶脉维管束相连。自茎中分出的维管束，在进入叶柄以前仍处于茎内的一段，称为叶迹（leaf trace）（图2-54）。各种植物的叶迹，由茎伸入叶柄基部的方式不同。有的从茎中维管束分出后可以立即进入叶柄基部，也有的和其他叶迹汇合，越过1至多个节间，才进入叶柄基部。叶迹进入叶柄后，在叶迹上方出现一个空隙，由薄壁组织填充，这个区域称为叶隙（leaf gap）。

叶腋里有腋芽，以后发育成分枝。茎和分枝的联系与茎和叶的联系一样。茎中维管束分出后在进入枝中以前仍处于茎内的那一段，称为枝迹（branch trace），枝迹位于叶迹的上方，与叶迹非常靠近。同样，枝隙（branch gap）是枝迹伸出后在它上方留下的空隙，枝隙和叶隙常互相连接，形成一公共的隙。

2.6　营养器官的变态

根、茎、叶都有一定的与功能相适应的形态构造。就大多数植物而言，同一器官的形态结构大同小异。然而在自然界中，植物为了适应某一特殊环境，而改变器官原有的功能，其形态、结构也随之改变，经过长期的自然选择，成为该种植物的特征。这种由于功能的改变所引起的形态结构上的变化称为变态（metamorphosis）。1790年，植物形态学的奠基人歌德（Johann Wolfgang Von Goethe，也是著名文学家）出版了《植物变态解释初探》（*Versuch die Metamorphose der Pflanzen zu erklären*），第一次提出了变态的概念。营养器官的变态能使植物征服多种多样的环境条件，从而使植物能在各种各样的环境条件下生存下来。

2.6.1　根的变态

根的变态主要有贮藏根（storage root）、气生根（aerial root）和寄生根（parasitic root）3种类型。

2.6.1.1　贮藏根

贮藏根具有贮藏养料的功能，所贮藏的养料可供越冬植物翌年生长发育使用。贮藏根肥厚多汁，形状多样，常见于二年生或多年生的草本双子叶植物。根据来源分两种类型。

（1）肉质直根

肉质直根（fleshy tap root）由主根发育而成，所以一株上仅有一个肉质直根。实际上肉质直根的上半部是植物的茎部，由下胚轴发育而成，只有下半部生有侧根的部分，才是植物的根[图 2-55(a)]。肉质直根在外形上都很相似，但加粗的方式不同，因而贮藏组织的来源也就不同。例如，胡萝卜的肉质直根，大部分由次生韧皮部组成，次生木质部发育微弱，构成"芯"的部分；而萝卜的肉质直根主要由次生木质部发育而成，次生韧皮部形成较少[图 2-55(c)、(d)]。

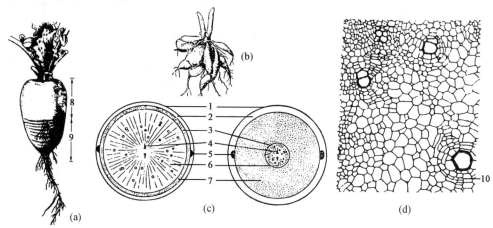

图 2-55　贮藏根

(a)萝卜的肉质直根　(b)大丽菊的块根　(c)萝卜根横切面　(d)胡萝卜根横切面　(e)甘薯块根次生木质部

1. 周皮　2. 皮层　3. 形成层　4. 初生木质部　5. 初生韧皮部　6. 次生木质部

7. 次生韧皮部　8. 茎部　9. 根部　10. 形成层

(2)块根

块根(tuber)由不定根和侧根发育而成，因此，一株上可形成多个块根，而且膨大部分完全由根形成，不含有茎的部分，如甘薯、木薯、大丽菊的块根[图 2-55(b)]。甘薯块根发育时，次生木质部的薄壁组织特别发达，导管和导管群被薄壁组织隔开，星散地分布在次生木质部中，在它们的周围陆续地发生一些新的形成层。形成层和新形成层的共同活动，形成了肥大的含有大量薄壁组织的块根[图 2-55(e)]。

2.6.1.2　气生根

气生根是生长在空气中的根，常见的有 3 种。

(1)支柱根

支柱根(prop root)为不定根。当植物的根系不能支持地上部分时，常会产生支持作用的不定根，如玉米近地面茎节上形成的不定根，伸入土中可以加固茎秆；生长在热带和亚热带的榕树，从枝上产生多数下垂的气生根，进入土壤，形成"独木成林"的特有景观。支柱根深入土中后，可再产生侧根，具有支持和吸收的双重作用。

(2)攀缘根

凌霄花和常春藤的茎细长柔弱，不能直立，必须依附他物才能生长，这类植物的茎上生出许多不定根，称为攀缘根(climbing root)。攀缘根能分泌一种黏液，碰着墙壁或物体时，就能黏着其上，攀附上升。

(3)呼吸根

生活在热带沿海沼泽地区的植物，它们都有许多支根从淤泥中伸出，挺入空气中进行呼吸,这种根称为呼吸根(pneumatophore)。呼吸根外有呼吸孔,内有发达的通气组织,以利于空气进入地下根进行呼吸作用。

2.6.1.3 寄生根

有些寄生植物,如桑寄生属、槲寄生属、菟丝子属的植物,它们的叶片退化成小鳞片,不能进行光合作用,而是借助于茎上不定根形成的吸器,伸入寄主体内吸收养料,维持自身的生活,这种不定根称寄生根(图2-56)。

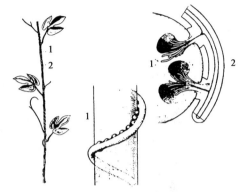

图2-56 菟丝子寄生根

1. 寄生   2. 菟丝子

2.6.2 茎的变态

正常的茎生于地面上,外形上具有节与节间。多年生草本植物的茎常生在地下,借以度过不良的气候条件。茎的变态可以分为地上茎(aerial stem)和地下茎(subterraneous stem)两类。

2.6.2.1 地上茎的变态类型

(1)茎刺

茎变态为具有保护作用的刺,称为茎刺(stem thorn)或枝刺,如山楂的单刺、皂角的分枝刺[图2-57(a)、(b)]。蔷薇科植物茎上的皮刺是由表皮形成的,与茎刺有显著的区别。

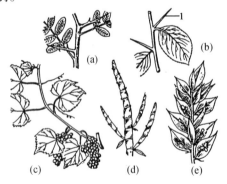

图2-57 地上茎的变态

a. 皂角的分枝刺 b. 山楂的枝刺   c. 葡萄的茎卷须   d. 竹节蓼的叶状茎   e. 假叶树的叶状茎

(2)茎卷须(stem tendril)

攀缘植物的茎细长,不能直立,变成卷须后缠绕在其他物体上,如葡萄树上与叶对生的卷须、南瓜藤上生于叶腋的卷须[图2-57(c)]。

(3)叶状茎(phylloid)

有些植物的茎变态成叶的形状,执行叶的功能,称为叶状茎或叶状枝[图2-57(d)、(e)]。如假叶树上的侧枝变态为叶状枝,叶退化成鳞片状,叶腋内可生小花。由于鳞片过小,不易辨认,常被误认为叶上开花。

2.6.2.2 地下茎的变态类型

(1)根状茎

根状茎(rhizome)生长于地下,但仍具有茎的特征,有节和节间,顶端有顶芽,叶腋内有腋芽,叶片退化成鳞片,以此与根区别[图2-58(a)、(d)]。根状茎上可以产生不定根,成为具有繁殖作用的变态茎,如竹类就是用根状茎来繁殖的。竹的根状茎叫竹鞭,有明显的节和节间,腋芽伸出土面后形成笋,长大后形成地面上的秆。多数根状茎中贮藏有大量营养物质,日常食用的藕粉就是用莲的根状茎制成的,很多药用植物药用部分,也是植物的根状茎，如黄姜。

（2）块茎

块茎（stem tuber）短而肥大，由地下茎顶端膨大而成，内部主要由薄壁细胞组成，含有大量营养物质，如马铃薯[图 2-58(e)]、菊芋、甘露子。

（3）鳞茎

鳞茎（bulb）扁平或呈圆盘状，外面由肥厚肉质的鳞叶包围[图 2-58(b)]。鳞茎多见于单子叶植物，如百合、洋葱、蒜等都生有鳞茎。百合的鳞茎圆盘状，四周具瓣状肥厚的鳞叶，富含淀粉，为食用部分，鳞叶内具腋芽。洋葱的鳞茎与百合相似，但鳞叶不成显著的瓣，而是整片将茎紧紧围裹，外方的几片随同地上叶一起枯死而成膜状，包在外方，起保护作用；内方的鳞叶肉质，含有糖分，是主要的食用部分。蒜的鳞叶长成后，干燥呈膜状，腋芽肉质膨大，形成"蒜瓣"，包在鳞叶内。

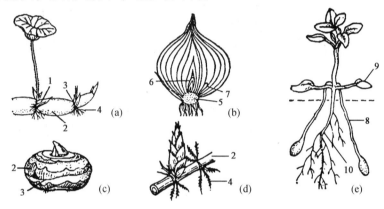

图 2-58　地下茎的变态

(a)莲　(b)洋葱　(c)荸荠　(d)竹　(e)马铃薯

1. 鳞叶　2. 节间　3. 节　4. 不定根　5. 鳞茎盘　6. 顶芽　7. 腋芽　8. 块茎　9. 子叶　10. 根

（4）球茎

球茎（corm）为圆球形或扁圆形的肉质地下茎，由根状茎先端膨大而成，有明显的节和节间，节上有退化的鳞片叶，有顶芽和腋芽。如慈姑、荸荠[图 2-58(c)]等。

2.6.3　叶的变态

叶的可塑性很大，它是植物形态构造最容易发生改变的器官。叶的变态多种多样，下面介绍常见的几种变态类型（图 2-59）。

（1）叶刺

叶刺（leaf thorn）由叶或叶的部分变态而成。如仙人掌科植物的叶变为刺形，小檗长枝上的叶变态为分枝刺，刺槐的托叶变态为托叶刺。

（2）叶卷须

某些攀缘植物的叶片、托叶或复叶的一部分变成卷须（leaf tendril），如豌豆的羽状复叶，先端的一些叶片变成卷须，菝葜的托叶变态成卷须，西葫芦的整个叶片变为卷须。

卷须与刺状物可能是由茎变态成的，也可能由叶变态而成，可以根据它们在茎上着生

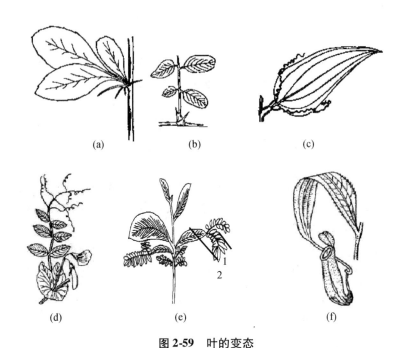

图 2-59　叶的变态

(a)小檗的叶刺　(b)刺槐的托叶刺　(c)菝葜的托叶卷须　(d)豌豆的叶卷须
(e)台湾相思的叶状柄　(f)猪笼草的捕虫叶
1. 羽状复叶　2. 叶状柄

的部位、有没有节与节间以及腋内有无腋芽来区别。

（3）叶状柄

生长在我国广东、台湾等地的台湾相思树，只在幼苗时出现几片羽状复叶，以后产生的叶，小叶完全退化，叶柄扁平成为叶片状，并具有叶的功能，称为叶状柄（phyllode）。

（4）鳞叶

叶片退化成鳞片状，称为鳞叶（scale leaf）。鳞叶有 2 种类型：一种是包在木本植物鳞芽外边的芽鳞，具茸毛或黏液，有保护幼芽的作用；另一种是生长在地下茎上的鳞叶，如洋葱和百合的鳞叶、荸荠球茎上的膜质鳞叶。

（5）捕虫叶

有些植物的叶变态为能够捕食小虫的叶，称为捕虫叶（insect-catching leaf），如狸藻的囊状叶、猪笼草的瓶状叶、茅膏菜的盘状叶等。在这些捕虫叶上有分泌黏液的腺毛，能黏住昆虫，当昆虫被捕捉后，叶片分泌消化液将昆虫消化吸收。

以上所述的植物营养器官的变态，都是植物长期适应环境的结果，就来源和功能而言，可分为同源器官（homologous organ）和同功器官（analogous organ）。同一器官，为了适应不同的外界环境，导致功能不同，形态各异，称为同源器官，如叶刺、鳞叶、捕虫叶、叶卷须等，都是叶的变态；而不同器官，长期进行相似的生理功能，以适应某一外界环境，导致功能相同、形态相似，称为同功器官，如茎卷须和叶卷须、茎刺和叶刺，它们分别是茎和叶的变态。

同功器官和同源器官的存在说明植物器官的形态构造决定于功能，而功能又决定于对环境的适应。植物某种器官的形态和功能，都是长期进化的结果，受遗传性的控制，有一定的稳定性。但并不是绝对不变的，当外界条件变化时，会引起植物新的适应而发生器官功能和形态构造的改变。

2.7　植物结构型

植物结构型（architecture）是一个形态学概念。20 世纪 70 年代，Halle 等通过对热带地区树木的形态特征及分枝格局进行系统的研究，提出了树木的结构型概念并总结出热带树木的 23 种构型模式。作为一门新的学科仅仅出现了 40 多年，但其研究领域已不仅仅局限于热带树木，许多温带植物、草本植物、藤本植物等领域也开始了构筑型的研究。一种植物的结构型是内部遗传信息和外部环境条件相互作用的产物，通过研究结构型，可以深入了解植物的遗传进化规律，掌握植物形态结构形成及其与环境互作之间的关系，进而揭示植物在各种环境下的生长发育机制。同时，在农业生产和园林绿化中，可以作为植物优良类型筛选和合理构型培育的理论依据，因而具有重要的理论研究意义和实践运用前景。

2.7.1　植物构筑模式的概念与结构模式判别依据

Halle 和 Oldeman（1970）指出：对于一个树种，生长模式决定相继的结构相，称为结构模式。结构模式是固有的生长对策，既决定植物精细形态的方式，又影响结构的结果。结构模式判别的依据是以下 4 组形态特征：

（1）生长模式

生长模式（growth pattern）指生长属于有限生长（determinate growth），还是无限生长（indeterminate growth），属于节律性生长（rhythmic growth），还是连续生长（continuous growth）。有限生长指顶端分生组织经历一段时期的营养生长后产生花芽或脱落；无限生长指顶端分生组织一直处于营养生长状态，一般不会脱落。节律性生长指枝条的生长有一定的节奏或周期性，主要由内部遗传因素控制；连续性生长指枝条的生长近于连续，没有明显的节奏或周期性。枝条生长的节律性或连续性可以根据芽鳞痕或节间距离来判断。

（2）分枝模式

分枝模式（branching pattern）指分枝属于顶端分枝、侧面分枝，还是不分枝；属于单轴分枝，还是合轴分枝；属于节律性分枝、连续性分枝，还是分散性分枝；随时分枝，还是延期分枝。

（3）轴的形态分化

轴的形态分化即直生轴（orthotropic axes）、斜生轴（plagiotropic axes）或混合轴（axes with mixed morphological features）。直生轴即为直立式的枝条，三维式分枝，生长点负向地性生长；斜生轴趋于水平，有背腹之分，二维式分枝，生长点斜向地性生长。

（4）花侧生与顶生

花的着生位置是侧生（lateral）还是顶生（terminal）。

2.7.2 23 种结构模式及其特征

植物学家 Halle、Oldeman 等人依据树木的形成与生长方式，以及形态动态特征等构筑要素，将热带树木划分为 23 个基本的结构模式，每个结构模式都以世界上著名的植物学家的姓名命名。每一种构筑模式的特征，都以上述 4 组形态特征中的一组或几组特定组合加以描述(图 2-60)。构件是指植物体拥有许多基本的单元，如花、叶、枝及分生组织等，同时包括具有潜在生存能力和不具潜在生存能力的形态学单元结构。下面例举几个常见的典型结构模式(图 2-60)。

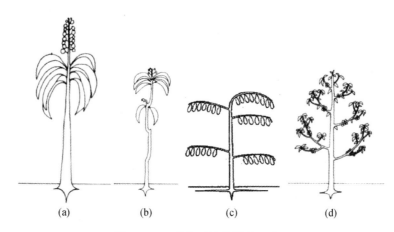

图 2-60 四种典型结构模式示意图
(a)郝一桐模型 (b)钱伯伦模型 (c)德若欧模型 (d)艾棣孟模型

(1)郝一桐模型(Holttum model)

主茎不分枝；单花(花序)顶生。郝一桐(Richard Eric Holttum，1895—1990)，是英国植物学家，曾经任职于新加坡植物园和新加坡国立大学。代表植物如凤梨科粗茎凤梨(*Puya chilensis*)。

(2)钱伯伦模型(Chamberlain model)

合轴分枝；具构件结构，子轴(替换轴)起源于母轴(依赖轴)的近顶端；母轴顶端生花，构件不分枝。钱伯伦(Charles Joseph Chamberlain，1863—1943)，是美国芝加哥大学植物形态解剖学家，著有《裸子植物：结构与进化》。代表植物如天南星科裂叶喜林芋(*Philodendron selloum*)。

(3)德若欧模型(Troll model)

合轴分枝，轴弯曲；子轴发生于母轴弯曲处；小枝倾立或水平，叶二列状；小枝圆滑"转折"。德若欧(Wilhelm Troll，1897—1978)德国著名植物形态学家。代表植物如堇菜科雷诺木(*Rinorea bengalensis*)、酢浆草科阳桃(*Averrhoa carambola*)和桃金娘科番石榴(*Psidium guajava*)。其他植物还有铁杉属(*Tsuga*)、鹅耳枥属(*Carpinus*)、朴属(*Celtis*)、水青冈属(*Fagus*)、铁木属(*Ostrya*)、椴树属(*Tilia*)和榆属(*Ulmus*)。

(4)艾棣孟模型(Attims model)

单轴分枝，不具母轴向子轴的替换式生长规律；主枝和小枝直立或上举，叶螺旋状或交互对生；主枝螺旋状（分散），不形成轮盘。艾棣孟的信息不详。代表植物如使君子科榄李（*Lumnitzera racemosa*）。其他植物还有扁柏属（*Chamaecyparis*）、崖柏属（*Thuja*）、刺柏属（*Juniperus*）、落羽杉属（*Taxodium*）和雪松属（*Cedrus*）。

复习思考题

1. 根有哪些功能？环境条件如何影响根系的分布？

2. 根尖分为哪几个区？各区有什么特点和功能？

3. 绘一张根成熟区的横切面图，说明根的初生结构。根的次生结构是如何形成的？它与初生结构有何不同？

4. 侧根是怎样形成的？为什么它与根的木质部脊数有关？

5. 何为共生现象？菌根和根瘤在植物的生活中有何意义？

6. 茎有哪些主要功能？其分枝方式有几种，各有什么特点？

7. 裸子植物和双子叶植物茎在初生结构和次生结构上有何异同？

8. 单子叶植物的茎在结构上有何特点？它是怎样增粗的？

9. 如何从解剖构造上区别木材三切面？

10. 一棵"空心"树，为什么仍能活着和生长？

11. 叶是怎样发生的？它的起源和侧根有何不同？

12. 从解剖构造上说明叶的光合作用和蒸腾作用是如何进行的？

13. C_3 植物和 C_4 植物在叶的结构上有何区别？

14. 落叶的内外因是什么？离区与落叶有何关系？落叶对于植物本身有何意义？

15. 为什么说"根深叶茂"？举例说明其间的关系。

16. 什么是植物营养器官的变态？如何区别同功器官与同源器官？

本章推荐阅读书目

1. 植物学．梁建萍．中国农业出版社，2014.

2. 植物学．赵建成，李敏，梁建萍，等．科学出版社，2012.

3. 植物学（第 2 版）．金银根．科学出版社，2009.

4. 种子植物形态解剖学导论．刘穆．科学出版社，2001.

5. 植物学．贺学礼．科学出版社，2008.

6. 植物学（第 2 版）．陆时万，等．高等教育出版社，1991.

7. 植物学．曹慧娟．中国林业出版社，1989.

8. Tropical trees and forests——an architectural analysis. Halle F, Oldeman R A A, Tomlinson P B. Springer Verlag, Berlin, Heidelberg. 1978.

第**3**章

种子植物的繁殖器官

【**本章提要**】高等植物的繁殖方式主要有营养繁殖、无性生殖和有性生殖。花、果实和种子为被子植物的繁殖器官。花由花芽发育而来，花是适应于生殖的变态短枝。花序是许多花按一定的次序在茎轴上的排列方式，分为有限花序和无限花序。组成雌蕊群的单位为心皮。心皮分化为柱头、花柱和子房。胚珠有直生胚珠、倒生胚珠和弯生胚珠等类型。胚珠着生在子房壁上的部位称为胎座，胎座有边缘胎座、侧膜胎座、中轴胎座、特立中央胎座、基底胎座和顶生胎座等几种类型。由孢原细胞经一定的发育过程形成七细胞八核胚囊，包含卵细胞 1 个，助细胞 2 个，中央细胞 1 个，反足细胞 3 个。植物的传粉有自花传粉和异花传粉两种方式。双受精是被子植物特有的现象，花粉管释放的两个精细胞一个与卵细胞融合形成受精卵（合子），另一个精细胞与二个极核融合形成初生胚乳核。胚乳发育分为核型、细胞型和沼生目型。果实有真果与假果之分，肉果与干果之分，以及聚合果与聚花果之分。裸子植物具有不同于被子植物的有性生殖特点。

  繁殖(propagation)是植物生命现象之一，是指生物生成复制品或类似物以延续种族的现象，它是生物最重要的特征之一。任何植物，不论是低等的还是高等的，它们的全部生命周期包含着两个互为依存的方面，一是维持它本身一代的生存，另一个是保持种族的延续。当植物生长发育到一定阶段，就必然通过一定的方式，从本身产生新的个体来延续后代，这就是植物的繁殖。

  繁殖是植物生命活动中的一个重要环节，也是一切植物都具有的共同特征。通过繁殖不仅延续了后代，还可以从中产生出生活力更强，适应性更广的后代，使种族得到发展。植物的繁殖方式有以下几类。

  (1)裂殖与芽殖

  通过个体的一部分繁殖后代的方式，通常为低等植物的繁殖方式[图 3-1(a)、(b)]。

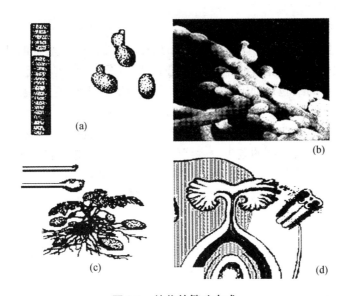

图 3-1　植物的繁殖方式
(a)裂殖　(b)芽殖　(c)营养繁殖　(d)有性生殖

①裂殖　原核生物常以此方法来繁殖。这种生殖较原始，其特点是过程简单，繁殖迅速。

②芽殖　即出芽生殖。靠个体生出小芽体，小芽体长大成为独立生活的小体。例如，酵母菌（真菌）进行芽殖时，细胞壁与原生质从母细胞的一端突出，同时细胞核分裂为二，一核留在母细胞内，另一核移入突出部分成为芽，芽脱离母体，长成新个体。

（2）营养繁殖

植物通过自身营养体的一部分形成新个体的方式称为营养繁殖（vegetative propagation）[图 3-1(c)]。分为自然营养繁殖和人工营养繁殖。自然营养繁殖多借助于块根、鳞茎、球茎、块茎、根茎等变态器官来进行繁殖，而人工营养繁殖可以分为分离（division）、扦插（cutting）、压条（layering）和嫁接（grafting）等几种繁殖类型。

（3）无性生殖

无性生殖（asexual reproduction）又称为孢子生殖，是由孢子来繁殖后代的方式。由母体生成孢子囊，在孢子囊内产生许多孢子。孢子囊成熟时，孢子散出，遇到适当条件就萌发成新个体。

（4）有性生殖

通过雌雄两性的两个细胞（配子）结合成合子来产生后代的方式称为有性生殖（sexual reproduction）。通过有性生殖，子代新个体组合亲代的优点，得到新的变异，能更好地适应环境。它有同配生殖、异配生殖和卵式生殖 3 种生殖方式。

①同配生殖　由形态上大小相似的配子融合，如衣藻。参与同配生殖的两个配子，在生理上或行为上没有明显差别。

②异配生殖　随着性细胞的进一步分化，在一个个体上出现两种配子囊。一种配子囊产生形体比较大的配子，即雌配子；另一种配子囊中产生形态与前者相似，但小得多的配

子，即雄配子。这样两个配子相融合的生殖方式称为异配生殖。

③卵式生殖　卵式生殖是植物有性生殖的最高形式。参与融合的两个配子，在结构上、能动性上和大小上都有显著的差异。雄配子（即精子）具有运动能力，细胞质少而细胞核大。雌配子是不动的细胞，细胞质多。卵式生殖的植物从藻类、真菌到高等植物都存在[图 3-1(d)]。

种子植物经过一定时期的营养生长，在外部环境（如光照、温度等）及内部激素的作用下，转入生殖生长。此时植物的茎尖分生组织不再形成营养芽而转变形成生殖芽，即被子植物的花芽和裸子植物的孢子叶球（cone）。在成长的花和孢子叶球中形成生殖细胞，经传粉、受精，最后产生种子。所以种子植物的有性生殖是卵式生殖。

3.1　被子植物的繁殖器官及生殖过程

被子植物的种子萌发成幼苗后，经过一段时间的营养生长，便转入生殖生长，并在植株的一定部位形成花芽。花是被子植物的重要特征之一，花部子房内有胚珠，经传粉、受精，胚珠发育成种子，子房发育成果实，种子包被在果实中，因此称为被子植物。从形态发生和解剖构造的特点来看，花（flower）是不分枝的变态短枝。被子植物复杂的生殖过程就是从花的形成和开放开始的。

3.1.1　被子植物的花

3.1.1.1　花的形态构造及发育

一朵完整的花可分为 6 个部分：花柄、花托、花萼、花冠、雄蕊群和雌蕊群（图 3-2）。

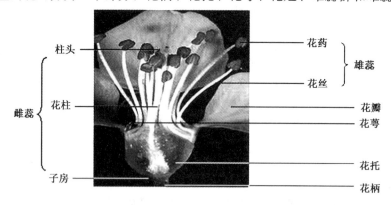

图 3-2　花各部分的模式图

（1）花柄

花柄（pedicel）或称花梗，是着生花的小枝并与茎连接，起支持和输导作用。花柄的长短随植物种类而异。有的很长，如梨、垂丝海棠；有的很短，如桑、柳等。果实成熟时，花柄成为果柄。花柄的结构与茎、枝的结构是相同的。

（2）花托

花托（receptacle）是花柄顶端的膨大部分，花的其他部分按一定方式排列着生在花托上。花托的类型较多：如木兰科植物花托呈圆柱状［图 3-3（a）］；草莓的呈圆锥形［图 3-3（b）］；桃花花托中央凹陷而呈碗状［图 3-3（c）、（d）］；有的壶状花托与花萼、花冠、雄蕊的基部愈合并与雌蕊贴生成愈合，形成下位子房。如梨、苹果等。有些植物还具有花蜜腺，如柑橘、葡萄在雌蕊基部呈盘状。

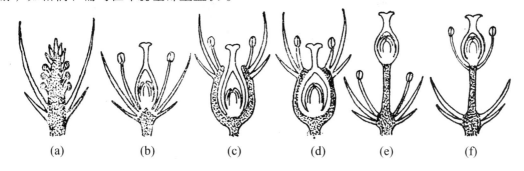

图 3-3　几种不同形状的花托

（a）花托突出如圆柱状　（b）花托突出如圆锥形　（c）、（d）花托凹陷如碗状
（e）花托在雄蕊群和雌蕊群之间延伸成柄——雌蕊柄　（f）花托在雄蕊
和花冠间延伸成柄——雌雄蕊柄

（3）花萼

花萼（calyx）是花的最外一轮变态叶，由若干萼片（sepal）组成，常为绿色，在结构上类似叶，有丰富的绿色薄壁细胞，但无栅栏、海绵组织的分化。一朵花的萼片各自分离的称为离萼（chorisepalous），如油菜、桑等。萼片基部联合或全部联合的称为合萼（gamosepalous），如棉、蚕豆、烟草。合萼下端联合的部分称为萼筒（calyx tube），先端分裂部分称为萼裂片（calyx lobe）。有些植物在花萼之外还有副萼（epicalyx），如棉、草莓、锦葵。花萼和副萼具有保护幼花的作用，并能为传粉后的子房提供营养物质。

（4）花冠

花冠（corolla）位于花萼的内轮，由若干花瓣组成。花冠常有鲜艳的色彩。花冠由薄壁细胞组成，花瓣比花萼薄，常有颜色。和萼片离合一样，花瓣也有离瓣、合瓣之分。花瓣合生的称为合瓣花（synpetal），如南瓜、番茄、丁香等；花瓣完全分离的称为离瓣花（choripetal），如油茶、桃等。花冠下部合生的部分称为花冠筒（corolla tube），上部分离的部分称花冠裂片（corolla lobe）。花瓣基部常有分泌蜜汁的腺体存在，能分泌蜜汁和香味。许多种植物花瓣也能分泌挥发油，产生特殊香味。

花冠的形态多种多样，根据花瓣数目、形状、离合状态、花冠筒的长短、花冠裂片的形态等特点，通常分为下列主要类型：十字形（如油菜、萝卜）、蝶形（包括 1 个大型旗瓣、2 个翼瓣和 2 个龙骨瓣，如大豆、蚕豆）、蔷薇形（如桃、梅等蔷薇科植物）、漏斗状（如甘薯）、钟状（花冠筒稍短而宽，如南瓜、桔梗）、筒状（花冠筒长、管形，如向日葵花序中央的花）、舌状（花冠筒较短，上部宽大向一边展开，如向日葵花序周缘的花）、唇形（上唇常 2 裂，下唇常 3 裂，如芝麻、薄荷）等（图 3-4）。

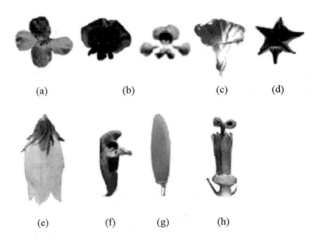

图 3-4　几种不同形状的花冠

(a)十字形　(b)蝶形　(c)漏斗形　(d)轮状　(e)钟状　(f)唇形　(g)舌状　(h)管状

花萼和花冠合称为花被(perianth)。当花萼、花冠形态、色泽相似不易区分时,可统称为花被,如洋葱、百合等。这种花被的每一片称为花被片(tepal)。花萼、花冠都有的花称为两被花(dichlamydeous flower),如棉花、油菜、花生、桃、梨等;花萼与花冠没有明显区别或两者缺一的,多指只有花萼的,称为单被花(monochlamydeous flower),如桑、板栗、甜菜等;既无花萼又无花冠的花称为无被花(achlamydeous flower),如垂柳、毛白杨、杨梅等。花瓣形状、大小相同,自花的中央向外呈辐射式排列称为整齐花(regular flower),如桃花;自花的中心呈两侧对称或没有对称面的花称为不整齐花(irregular flower),如豌豆花。花筒(hypanthium)是由花萼、花冠、雄蕊群合生而成一筒状结构,特指单子叶植物。

(5)雄蕊群

雄蕊群(androecium)为一朵花中所有雄蕊的总称。从起源上讲,雄蕊是变态叶[图3-5(a)、(b)]。雄蕊群位于花冠的内方,一般直接着生在花托上,但也有的雄蕊基部与花冠愈合。雄蕊(stamen)是花的重要组成部分之一,其数目随不同植物而有变化,一般单子叶植物为3基数,双子叶植物为4~5基数。每个雄蕊由花药和花丝两部分组成。花药(anther)为花丝顶端膨大成的囊状物,是形成花粉粒的地方。花丝(filament)常细长,基部着生在花托上,或贴生在花冠上。

雄蕊作螺旋状排列或轮状排列,花丝可能很细,或在顶部与基部稍宽。唇形科植物的花,花丝2长2短,称二强雄蕊(didynamous stamen)[图3-6(a):4],十字花科植物的雄蕊有6枚,4长2短,称四强雄蕊(tetradynamous stamen)[图3-6(a):5]。有的如锦葵科植物的花丝,联合成筒,套在雌蕊之外,称单体雄蕊(monadelphous stamen)[图3-6(a):1]。有的豆科植物,花丝10枚,9枚相连,另一花丝分离,称二体雄蕊(diadelphous stamen)[图3-6(a):2]。花丝也可联合成多束,如金丝桃的雄蕊称多体雄蕊(polydelphous stamen)[图3-6(a):3]。菊科的花,花药相连,花丝分离,称聚药雄蕊(synantherous stamen)[图3-6(a):6];而梧桐科植物花药分离,花丝相连,称连蕊。雄蕊也可与其他花部联合,如冠生雄蕊,雄蕊着生在花冠上。花药可以基底着生于花丝的顶端[底着药(innate

图 3-5　雄蕊为叶的变态证据

（a）睡莲　（b）睡莲的叶变态为雄蕊

anther）][图 3-6（b）：5]；或以背部着生于花丝上部[背着药（dorsifixed）][图 3-6（b）：6]；或以花药中部着生于花丝顶端[丁字形着药（versatile anther）][图 3-6（b）：1]。花药以药面朝向雌蕊的，称内向花药（introrse）；以药面朝向花瓣的，称外向花药（extrorse）。樟科的植物有内向和外向两种花药。花药成熟的次序自外而内的，称向心发育的雄蕊；成熟次序自内而外的，称离心发育的雄蕊。

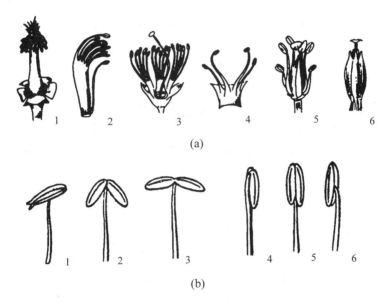

图 3-6　雄蕊的数目及着生情况（引自李扬汉《植物学》）

（a）雄蕊的数目长短和连合类型

1. 单体雄蕊　2. 二体雄蕊　3. 多体雄蕊　4. 二强雄蕊　5. 四强雄蕊　6. 聚药雄蕊

（b）雄蕊（示花药着生情况）

1. 丁字形着药　2. 叉开着药　3. 极叉开着药　4. 贴着药　5. 底着药　6. 背着药

（6）雌蕊群

雌蕊群（gynoecium）一朵花中所有雌蕊（pistil）的总称。不同植物，雌蕊群可以由 1 至数个心皮组成。构成雌蕊群的基本单位称心皮（carpel），它是由适应于生殖的变态叶卷合而成（图 3-7）。每一个雌蕊可分柱头、花柱和子房 3 个部分。

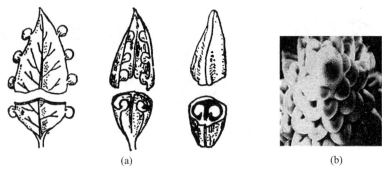

图3-7　心皮形成雌蕊的过程

（a）心皮　（b）中国鹅掌楸离心皮雌蕊发育

柱头（stigma）位于雌蕊的上部，是接受花粉的部位，它有各种形态。柱头的表皮细胞或延伸成乳头、短毛，或呈长形分枝毛茸状，如小麦、柳树的柱头呈羽毛状。花柱（style）位于柱头和子房之间，其长短随植物而不同，是花粉萌发后花粉管进入子房的通道。子房（ovary）是雌蕊基部的膨大部分，它的外层是子房壁（ovary wall），内为1至数个子房室（locule），子房室内有胚珠（ovule）。

由于组成雌蕊的心皮数目和结合情况不同，形成了不同的雌蕊类型：①单雌蕊：一朵花的雌蕊仅由1个心皮构成，子房内只有1室，如豌豆、牡丹、水稻等。②离心皮雌蕊：一朵花中由多个心皮组成，每个心皮相互分离而成为多个单雌蕊。③复雌蕊：一朵花中子房由数个心皮合为1室或数室，如牵牛、凤仙花等。

胚珠着生在心皮壁上，往往形成肉质突起，称为胎座（placenta）。由于心皮数目的不同，以及心皮连接的情况不一样，所以胎座有以下几种不同的类型：①基生胎座（basal placenta）：胚珠着生在子房基底，如向日葵［图3-8（b）：5］；②边缘胎座（marginal placenta）：单心皮单室，胚珠沿心皮的腹缝线上成纵行排列着生，如豌豆、蚕豆［图3-8（b）：3］；③中轴胎座（axial placenta）：多心皮，多室，形成中轴，胚珠沿中轴周围排列着生，如水仙、百合［图3-8（a）：1］；④特立中央胎座（free central placenta）：多室，多心皮的隔膜消失后，胚珠着生在中轴残留的中央短柱周围，如石竹、马齿苋［图3-8（b）：2］；⑤侧膜胎座（parietal placenta）：多心皮，1室，胚珠沿相邻2心皮的腹缝线着生，排列成若干纵行，如紫花地丁［图3-8（a）：2］；⑥顶生胎座（pandulous placenta）：胚珠着生在子房顶部而悬垂室中，如榆、桑［图3-8（b）：4］。

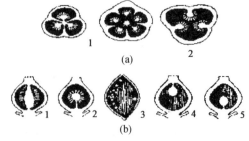

图3-8　不同类型的胎座（引自侯宽昭）

（a）横切面：1. 中轴胎座　2. 侧膜胎座

（b）纵切面：1. 中轴胎座　2. 特立中央胎座　3. 边缘胎座　4. 顶生胎座　5. 基底胎座

水稻、小麦、高粱等禾本科植物的花，与一般双子叶植物花的组成不同（图3-9），它们通常由1枚外稃（lemma）、1枚内稃（palea）（内颖）、2枚浆片（lodicule）（鳞被）、3枚或6枚雄蕊及1枚雌蕊组成。浆片是花被片的变态器官，外稃为基部的苞片变态所成，其中脉常外延成芒（awn）。内稃为小苞片（bractlet），是苞片和花之间的变态叶。开花时，浆片吸水膨胀，撑开外稃和内稃，使雄蕊和柱头露出稃外，适应风力传粉。花后，浆片便消失。

禾本科植物的花和内、外稃组成小花（floret）；再由1至多朵小花与1对颖片（glume）组成小穗（spikelet），再由小穗组成种种花序。颖片着生在小穗的基部，相当于花序分枝基部的小总苞。具有多朵小花的小穗，中间有小穗轴（rachilla）；只有1朵小花的小穗，小穗轴退化或不存在。如小麦是复穗状花序，小穗无梗，单生于每一穗轴节上。小穗基部的2枚颖片明

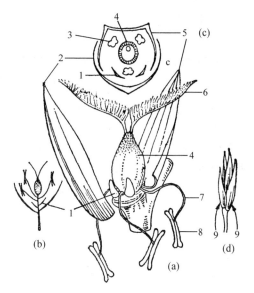

图3-9 禾本科植物的花

（a）花的解剖，示各部分结构 （b）花的纵向示意图
（c）花的横切示意图 （d）不孕小穗

1. 浆片 2. 外稃 3. 雄蕊 4. 子房 5. 内稃
6. 柱头 7. 花丝 8. 花药 9. 颖片

显，每一小穗含2~5朵花，上部几朵往往是发育不完全的不育花。每朵能育花的外面，有内外稃各1枚，内有浆片2枚，雄蕊3枚和1枚雌蕊。不育花没有雌雄蕊。

3.1.1.2 花部变化及花序

每种植物花的形态是比较稳定的，不同植物花的形态差别则比较明显，因此花是分类学上的重要依据。在不同植物中花的组成部分上也有种种变化，花萼、花冠、雄蕊群、雌蕊群都有的花称为完全花（complete flower），大多数的花都是完全花；不全具有这4部分的花称为不完全花（incomplete flower）。一朵花中兼有雄蕊和雌蕊的花称为两性花（bisexual flower），如油菜、桃、水稻等；只具备其中之一的称为单性花（unisexual flower），仅有雌蕊者称为雌花（pistillate flower）；仅有雄蕊者称为雄花（staminate flower）。如果雌花和雄花生在同一植株上的，称为雌雄同株（monoecious），如玉兰、玉米等；如果雌花和雄花分别生在不同的植株上，称为雌雄异株（dioecious），如菠菜、柳、大麻等；花中既无雌蕊，又无雄蕊，称为无性花（asexual flower），也可称为中性花（neutral flower），如向日葵边缘的舌状花。在枝顶或叶腋处只着生一朵花，称为单生花（solitary flower）；但大多数被子植物在枝顶或叶腋处着生许多花，并在花轴上按一定的排列顺序着生，称为花序（inflorescence）。花序的总花柄称为花序轴（rachis）；花序上每一朵花称为小花。花柄基部生有苞片（bract），有的花序的苞片密集着生在一起，组成总苞，如菊科植物中的蒲公英等。有的苞片转变为特殊形态，如禾本科植物小穗基部的颖片。根据花轴分枝、有无小花柄及花开放的顺序，花序可分为很多不同的类型。

根据花序轴的长短、分枝与否、花柄有无、各花开放的顺序，以及其他特殊因素所产生的变异等，花序可分为无限花序（indefifnite inflorescence）和有限花序（definite inflorescence)两大类。

（1）无限花序

无限花序的开花顺序是花序轴基部的花最先开放，然后向前依次开放；如果花序轴缩短，各花密集排列成一平面或球面时，开花顺序则是由边缘向中央依次开放。无限花序又称为向心花序或总状类花序。

无限花序分为多种类型（图3-10）。花序轴单一，较长，由下而上生有近等长花柄的两性花称为总状花序（raceme），如油菜、花生、紫藤等。花序轴较短，着生在花轴上的花，花柄长短不一，靠近基部的花其花柄较长，越近顶部其花柄越短，使得各花分布近于同一水平上，称为伞房花序（corymb），如梨、苹果、山楂等。若各花自花序轴顶部生出，花柄等长，花序成伞状，称为伞形花序（umbel），如五加、人参、韭菜、常春藤等。花序轴直立，较长，其上着生许多无柄的两性花，称为穗状花序（spike），如车前、马鞭草等。花序轴上着生许多无柄或具短柄的单性花，通常雌花序轴直立，雄花序轴柔软下垂，开花后，一般整个花序一起脱落，称为柔荑花序（catkin），如杨、柳、枫杨、栎等。基本结构与穗状花序相似，但花序轴膨大、肉质化，其上着生许多无柄的单性花，称为肉穗花序（spadix），有的肉穗花序外包有大型苞片，称为佛焰苞（spathe），因而这类花序又称佛焰花序，如玉米、香蒲、半夏、天南星、芋等。花序轴缩短呈球形或盘形，上面密生许多近无柄或无柄的花，苞片聚成总苞，生于花序基部，称为头状花序（capitulum），如三叶草、蒲公英、向日葵等。花序轴肉质，特别肥大并内凹成囊状，许多无柄单性花隐生于囊体的内壁上，雄花位于上部，雌花位于下部。整个花序仅囊体前端留一小孔，可容昆虫进出进行传粉，称为隐头花序（hypanthodium），如无花果、薜荔等。

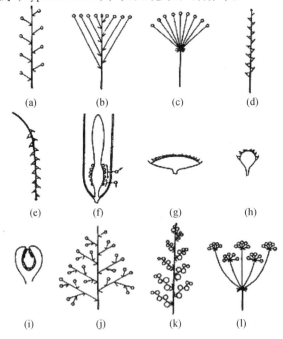

图3-10 无限花序的类型（引自王全喜《植物学》）

（a）总状花序 （b）伞房花序 （c）伞形花序 （d）穗状花序 （e）柔荑花序 （f）肉穗花序

（g）、（h）头状花序 （i）隐头花序 （j）圆锥花序 （k）复穗状花序 （l）复伞形花序

　　上述各种花序的花序轴都不分枝，而有些植物的花序轴具有分枝，在每一分枝上又按上述的某一种花序着生花朵，这类花序叫作复合花序。常见的有以下几种：圆锥花序（panicle），又称复总状花序。花序轴的分枝作总状排列，每一分枝相当于一个总状花序，如女贞、水稻、南天竹等。复伞房花序，花序轴的分枝做伞房状排列，每一分枝再为伞房花序，如花楸、石楠等。复伞形花序，花序轴顶端分出伞形分枝，各分枝之顶再生一伞形花序，如胡萝卜、芹菜、小茴香等。复穗状花序，花序轴依穗状式着生分枝，每一分枝相当于一个穗状花序，如小麦。

　　（2）有限花序

　　有限花序中最顶点或最中心的花先开，由于顶花的开放，限制了花序轴顶端继续生长，因而以后开花顺序延及下边和周围。有限花序又称为离心花序或聚伞类花序，它通常包括以下几种类型（图 3-11）。单歧聚伞花序（monochasium），花序轴顶端先生一花，然后在顶花下的一侧形成分枝，继而分枝之顶又生一花，其下方再生二次分枝，如此依次开花，形成合轴分枝式的花序。如果各次分枝都从同一方向的一侧长出，最后整个花序成为卷曲状，称为螺旋状聚伞花序（bostrix），如附地菜、勿忘我；如果各次分枝是左右相间长出，整个花序左右对称，称为蝎尾状聚伞花序（scorpioid cyme），如唐菖蒲、委陵菜等。二歧聚伞花序（dichasium），顶生花先形成，然后在其下方两侧同时发育出一对分枝，以后分枝再按上法继续生出顶花和分枝，如繁缕、石竹、大叶黄杨等。多歧聚伞花序（pleiochasium），顶花下同时发育出三个以上分枝，各分枝再以同样方式进行分枝，各分枝各自成一小聚伞花序，如大戟、益母草等。

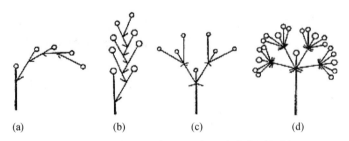

图 3-11　有限花序的类型（引自王全喜《植物学》）
（a）、（b）单歧聚伞花序　（a）螺旋状聚伞花序　（b）蝎尾状聚伞花序　（c）二歧聚伞花序　（d）多歧聚伞花序

3.1.1.3　子房的位置变化

　　原始类型的花托呈圆锥或圆柱形，在进化过程中，花托逐渐缩短，加大宽度，变为圆顶或扁平状，并且进一步在中央出现凹陷，成为凹顶形。花托形状的变化改变了花部在花托上的排列地位，特别是子房的位置，出现以下几种不同的形态（图 3-12）：

　　（1）上位子房

　　花托圆柱形或圆顶状、平顶状，花萼、花冠和雄蕊群着生在雌蕊下方的花托四周，或雌蕊外方的

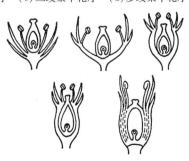

图 3-12　子房的位置
1. 子房上位（下位花）
2、3. 子房中位或半下位（周位花）
4. 子房下位（上位花）　5. 子房下位（周位花）

花托上，雌蕊的位置要比其他各部分高，这类子房称上位子房(ovary superior)。子房上位的花称下位花(hypogynous flower)，如毛茛、牡丹、蚕豆等。

(2)子房中位或半下位

花托中央凹陷，花托杯状或盂状，花萼、花冠、雄蕊群着生在杯状花托隆起的边缘上，而雌蕊的子房着生在花托的杯底，花托侧面与子房并不相连，只有底部与子房相连。因花萼、花冠和雄蕊群着生在子房周围花托的较高位置上，所以称这类子房为中位或半下位，称这类花为周位花(perigynous flower)，如蔷薇、月季、樱花等。

(3)子房下位

花托呈深陷的杯状，子房着生在花托的杯底，子房壁与花托完全愈合，只留花柱和柱头突出在外面，花萼、花冠和雄蕊群着生在子房上方的花托边缘上。这类花的子房位置最底，所以是下位子房(ovary inferior)，这类花称为上位花(epigynous flower)，如梨、苹果、黄瓜等。

3.1.1.4 植物的显花系统

从林奈的"性系统"，到恩格勒的自然分类系统，花和花序类型都被列为分类群划分的依据。然而，有关花和花序的生物学意义在经典植物学教科书中介绍不多，更缺乏功能意义上的深度认识。在经典著作《传粉生态原理》中提出了"结构性开花类别"(structural blossom classes)的概念，从传粉功能角度将传粉功能单位分为碟碗型(dish-bowl)、钟漏型(bell-funnel)、头刷型(head-brush)、咽喉型(gullet)、旗帜型(flag)和筒管型(tube)6种结构性开花类别，从而将花冠和花序类型统一于传粉功能类型。为了便于理解可将其称为显花功能类型(florescence functional types)。

6种结构性开花类别的划分并不完善，还有学者定义了9种类型，分别是：①伞型(umbel)，代表物种为伞形科植物；②碗型(bowl)，如悬钩子属和婆婆纳属；③头型(head)，如蓟属；④伞型/头型(umbel-head)，如蓍属；⑤刷型(brush)，如薄荷属和泽兰属；⑥钟型(bell)，如风铃草属；⑦管型(tube)，如蝇子草属；⑧喉型(gullet)，如野芝麻属、玄参属和柳穿鱼属；⑨旗型(flag)，如三叶草属。

(1)碟碗型

花呈碟碗状，完全扁平；如为花序则为头状花序或伞形花序；昆虫在花或花序的顶部采集花粉，如驴蹄草属、蔷薇属和虎耳草属(图3-13)。

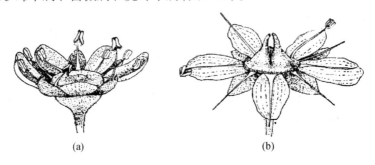

(a)　　　　　　　　　　　　(b)

图3-13　黄山虎耳草(*Saxifraga aizoides* L.)

(a)早期的雄蕊　(b)雌蕊

（2）钟漏型

风铃草属、龙胆属属于这种类型。总体上有一个或窄或宽扁平的边，它有一个很重要的功能，作为昆虫采花粉时站立的平台。花冠合生成宽而稍短的筒状或漏斗状，上部裂片扩大成钟状（图 3-14）。

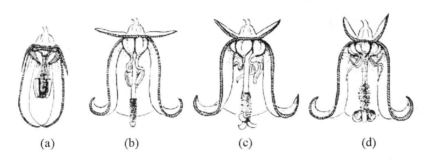

（a）　　　　　（b）　　　　　（c）　　　　　（d）

图 3-14　风铃草属（*Campanula* L. ）
（a）花芽期　（b）开花期早期　（c）开花期中期　（d）开花期后期

（3）头刷型

多为花序，也有单花。唐松草属、柳属属于这一类型。花被减少或被分割成丝状，传粉者通常用他们的腹部或头部携带花粉。该类型花被片的减少有助于向风媒花过渡，如羽叶达利豆（*Dalea pinnata*）（图 3-15）。

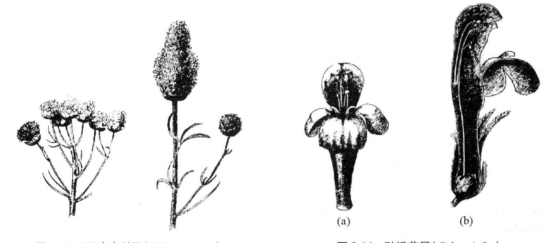

图 3-15　羽叶达利豆（*Dalea pinnata*）

（a）　　　　　（b）

图 3-16　鼬瓣花属（*Galeopsis* L. ）

（4）咽喉型

玄参科和唇形科的花为典型的咽喉型，两侧对称。雌、雄蕊限定在花的上部，花粉散落在传粉者的背面，通过贮藏有花粉的背部与柱头接触进行背面触柱式传粉（图 3-16）。

（5）旗帜型

蝶形花科为旗帜型，花冠由 1 枚旗瓣，2 枚翼瓣和 2 枚龙骨瓣等 5 枚花瓣组成，传粉者将花粉积攒在胸部、腹部和足，与伸出的柱头接触进行腹面触柱式传粉（图 3-17）。

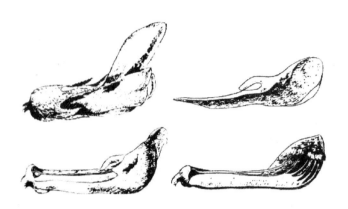

图 3-17 黄芪属(*Astragalus* L.)

(6)筒管型

翠雀属、乌头属属于这一类型。花萼或花冠形成一管状物或刺状物,内部生有花粉,传粉者不易接近花粉,必须具有长喙才能接触花粉(图 3-18)。

图 3-18 一串红(*Salvia splendens*)

3.1.1.5 繁育系统

繁育系统(breeding systems)又称为性别系统。1905 年 Blakelee 和 1928 年 Correns 最早研究了植物的繁育系统,分为同型繁育系统,包括两性、单性同株、雌全同株、雄全同株和多全同株,以及异型繁育系统,包括单性异株、雌全异株、雄全异株、多全异株和三型异株。植物群落和区系水平上繁育系统的比较研究一般按两种划分方案处理。一是分为两性花、单性异株和单性同株 3 种类型;二是分为两性花(hermaphroditic)、雌雄同株(monoecious)、雌雄异株(dioecious)、雌全同株(gynomonoecious)、雄全同株(andromonoecious)、雌全异株(gynodioecious)和雄全异株(androdioecious)7 种类型。两性花是指即同时具雌蕊与雄蕊的花。雌雄同株:即雌花与雄花同时着生在一株植物上。雌雄异株:即雌花与雄花分别着生于不同株的植物上。雌全同株:又称为雌花、两性花同株,即植株上即着生雌花、也着生两性花。雄全同株:又称为雄花、两性花同株,即植株上即着生雄花、也着生两性花。雌全异株:居群有雌株和两性花植株组成。

3.1.2 花芽分化

3.1.2.1 被子植物花芽分化的主要阶段

花是由花芽发育来的,多数植物经过幼年期(juvenile phase),达到一定的生理状态之后,植物体的某些部分能接受外界信号的刺激,叶芽内源激素平衡发生变化,芽内的顶端分生组织不再形成叶原基和腋芽原基,生长点横向扩大,向上突起并逐渐变平。以后按一定规律先后形成若干轮小突起,这些小突起就是花各部分的原基。花原基可以分为花萼原基、花瓣原基、雄蕊原基、雌蕊原基几部分，由这些原基发育成花的各部分，这个过程称为花芽分化(flower-bud differentiation)。这些原基是一群幼嫩细胞，通常生长锥形成的分生细胞全部参加花的各个原基的形成，所以花芽分化完成后，生长锥也就不存在了。幼年期的长短随植物而不同。牵牛、油菜等几乎没有幼年期，种子萌发后 2～3 天，只要能得到适当长度的日照，就可以形成花芽。但大多数植物都有相当长的幼年期，葡萄一般 3 年营养生长后开始生殖生长。木本植物如桃为 2～3 年，梨、苹果为 3～4 年，竹子约 50 年。

花芽形态随植物而异，一般花芽比腋芽肥大。有些植物一个花芽只分化成一朵花，如油茶、玉兰、桃等；有些植物则可分化为许多花而形成花序，如杨、柳、板栗、相思树等。

根据花芽分化时的形态变化，可以分为以下各时期(图 3-19)：

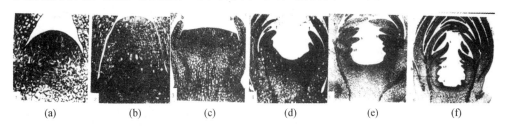

（a）　　　　（b）　　　　（c）　　　　（d）　　　　（e）　　　　（f）

图 3-19　西美腊梅花芽分化过程(向心分化)

（a）、（b）前分化期　（c）萼片形成期　（d）花瓣形成期　（e）雄蕊形成期　（f）雌蕊形成期

①前分化期　此期生长点稍尖，从外形上尚分辨不出花芽或叶芽，随后生长点细胞分裂较快，逐渐由尖到圆[图 3-19(a)、(b)]。

②萼片形成期　圆形生长点下侧细胞分裂较快，形成一些小突起，称花萼原基，接着每一花萼原基向内弯曲伸长，形成萼片[图 3-19(c)]。

③花瓣形成期　当萼片形成的后期，生长点顶端由圆变平，出现了花瓣原基，花瓣原基以不同速度向相对方向延伸增大，形成花瓣[图 3-19(d)]。

④雌雄蕊形成期　在花瓣全部形成的同时，生长点四周扩散，并稍凹陷，在凹陷的生长点上形成许多小突起，中央较大的 3～5 个突起为雌蕊原基。周围的小突起为雄蕊原基，雌雄蕊原基是同时出现的，多层的雄蕊原基围绕着中央的雌蕊原基[图 3-19(e)、(f)]。

⑤子房、花药形成期　在雌雄蕊形成后期，雌蕊下部膨大形成子房，中央有小孔形成子房室，室内开始形成胚珠，这时雄蕊原基开始分化出花药。

花芽分化过程中各种原基的分化次序，一般是从外向内分化，即最先出现的突起是花萼原基，之后依次出现花冠原基、雄蕊原基、雌蕊原基。但也因植物不同而有各种变化，例如，石榴的雄蕊是最后分化的，而龙眼则是花冠最后分化。

3.1.2.2　影响花芽分化的因素

花芽分化与外界条件有密切关系，充足的养分，适宜的光照和温度以及其他一些条件是促进花芽分化、提高成花率、成果率的关键。在栽培植物过程中所采取的一些措施如施肥、修剪、灌溉、生长素及赤霉素的应用和病虫害防治等，均可达到促进或控制花芽分化的目的。但各种植物都有特定的花芽分化特性，一些植物的花芽分化还需要一定的环境条件，最重要的是黑暗的长短和低温的要求。例如，一些晚粳稻等短日照植物，花芽分化时需要短日照、长黑夜，否则就一直停留在营养生长状态，不能进行花芽分化。又如，冬小麦等长日照植物，花芽分化时需要低温和长日照的环境条件。

3.1.3 雄蕊的发育与构造

3.1.3.1 花药的发育与构造

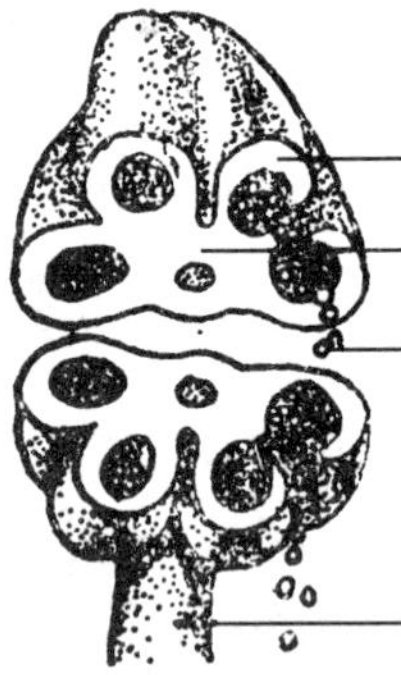

雄蕊由花芽中的雄蕊原基发育而来。雄蕊原基顶端分化为花药，基部因居间生长而形成花丝。雄蕊原基中央部分的原形成层分化为维管束，由筛管及螺纹导管组成。

花丝的结构简单，最外一层为表皮，表皮以内为薄壁组织，中央有一维管束，上与花药维管束相连，下与花托中的维管束相连。花丝在花芽中常不伸长，临开花前或开花时，以居间生长的方式迅速伸长。

花药在发育初期，构造很简单，外围是一层原表皮[图 3-21 (a)]，在表皮下有一团薄壁组织，细胞形状，大小相似。这一团细胞中有四组细胞同时进行分化，渐渐发育为花粉囊(pollen sac)，花粉囊之间的中央部分称为药隔(connective)，含一个维管束，花粉囊产生花粉粒(pollen grain)。因此，花粉(pollen)又可称小孢子(microspore)，则花粉囊可称小孢子囊(microsporangium)(图 3-21)。

花粉囊形成时，在表皮层下 4 个角隅处出现细胞核大、细胞质浓的孢原细胞(archesporial cell)[图 3-21(b)]。孢原细胞进行分裂形成内外两部分组织，外层细胞进一步发育为花粉囊壁部分，内层为造孢组织(sporogenous tissue)[图 3-21(c)]，造孢组织经进一步分化发育成花粉母细胞(pollen mother cell)。

花粉囊壁由于原始周缘层(primary parietal layer)的进一步进行平周分裂和垂周分裂，自外向内逐渐形成了纤维层(药室内壁)、中层、绒毡层[图 3-21(d)]，这 3 层位于表皮以内。

①表皮(epidermis) 整个花药的最外一层细胞，以垂周分裂增加细胞数目以适应内部

图 3-20 花药构造立体图

（花粉囊、药隔、花粉粒、花丝）

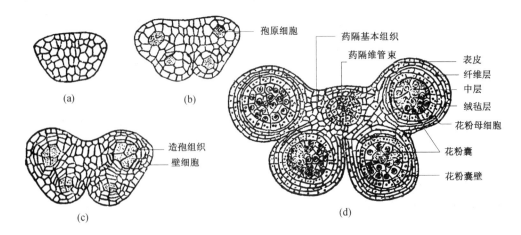

图 3-21 核桃花药的发育

组织的迅速增长。

②纤维层(fibrous layer)　通常 1 层，紧接在表皮之下，初期常贮藏大量淀粉和其他营养物质。当花药接近成熟时，细胞径向扩展，细胞内的贮藏物消失，细胞壁除了和表皮接触的一面外，内壁发生带状加厚，加厚的壁物质主要是纤维素，成熟时略木质化。另外，在两个花粉囊交接处的外侧，则无带状加厚，仅有一狭条薄壁细胞，其表皮细胞也较小，称裂口(stomium)，这种结构有利于花粉囊的开裂，又由于两个花粉囊连接处具裂口这个特殊结构，花药一旦成熟，就从裂口纵裂开来，散出花粉。

③中层(middle layer)　通常有 1~3 层细胞，一般含有淀粉或其他贮藏物。在小孢子发育过程中，中层细胞逐渐解体和被吸收，因此，成熟时花药中一般已不存在中层。但在一些中层较多的植物中，中层的最外层不仅不消失，还可发生像纤维层那样的加厚，如百合等。

④绒毡层(tapetum)　它是花粉囊壁的最内一层细胞，体积大，具腺细胞特征。初期单核，后期双核或多核。细胞质浓厚，液泡较小，细胞内含有较多的 RNA 和蛋白质，并有丰富的细胞器及丰富的油脂和类萝卜素等营养物质和生理活性物质，对小孢子的发育和花粉粒的形成起重要的营养和调节作用。绒毡层的功能失常是花粉败育的主要原因之一。

绒毡层的功能：①当小孢子母细胞减数分裂时，它具有提供或转运营养物质至花粉囊的作用。②合成和分泌胼胝质酶，分解包围四分孢子的胼胝质壁使小孢子分离。有研究报道，胼胝质酶活动不适时，如过早释放胼胝质酶则导致花粉母细胞减数分裂不正常和雄性不育。③减数分裂完成后，在花粉壁的形成上起着重要作用，提供构成花粉外壁中的特殊物质——孢粉素。④成熟花粉粒外面的花粉鞘和含油层主要包含脂类和胡萝卜素，主要由它输运。⑤提供花粉外壁中一种具有识别作用的识别蛋白，在花粉与雌蕊的相互识别中对决定亲和与否起着重要作用。⑥绒毡层解体后，降解产物可以作为花粉合成 DNA、RNA、蛋白质和淀粉的原料。花药发育过程简图如图 3-22 所示。

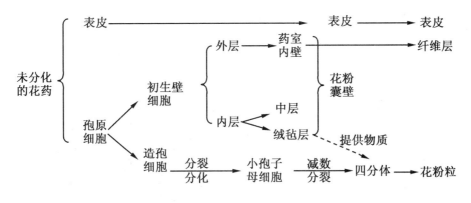

图 3-22　花为发育过程简图

3.1.3.2　雄配子体的形成和发育

孢原细胞进行平周分裂，产生内、外 2 层细胞，在内的一层称造孢细胞[图 3-23（a）]。造孢细胞经过不断分裂，形成大量小孢子母细胞(microspore mother cell)[图 3-23（b）]，这些细胞体积大，核也大，原生质浓厚、丰富，与壁细胞形态差异较大。

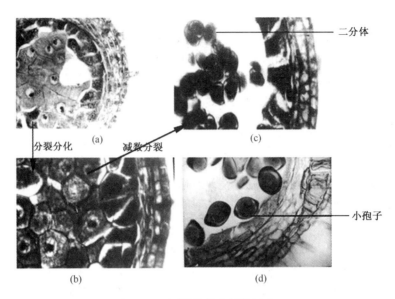

图 3-23　夏蜡梅的花粉粒形成

(a)造孢细胞　(b)小孢子母细胞　(c)二分体　(d)小孢子

　　小孢子母细胞继续发育，通过减数分裂形成四分小孢子(tetrad spores)。由于花粉母细胞形成四分小孢子时产生的新壁方式不同而使四分小孢子的排列方式不同。一般单子叶植物中的四分孢子排列在同一平面上，而双子叶植物的四分孢子排列成四面体。四分小孢子形成时由胼胝质所分隔和包围。以后四分小孢子相互分离，形成独立的细胞[图 3-23(d)]。小孢子母细胞减数分裂期时间短，而易受外界条件的影响，像低温、干旱等会影响减数分裂，从而直接影响到花粉粒的形成和活力。

　　四分体刚分离出来的单核花粉粒[图 3-24(a)]，单核、壁薄、质浓，胼胝质转化为纤维素，绒毡层分泌孢粉素形成外壁。同时，单核花粉粒从绒毡层细胞中不断吸取营养。接着核开始分裂，产生大小不等的两个核。靠近萌发孔、大的核称营养核(vegetative nucleus)，另一个远离萌发孔、小的核为生殖核(generative nucleus)，呈凸透镜状[图 3-24(b)]。

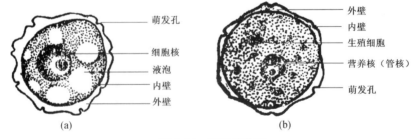

图 3-24　核桃的花粉

(a)单核花粉　(b)二细胞花粉

　　传粉时，仅由生殖细胞和营养细胞组成花粉，称 2-细胞花粉，如木兰科、毛茛科、蔷薇科、豆科等。经一段贴合期，生殖细胞从内壁游离出来，不形成细胞壁，而成为裸细胞。它再经一次有丝分裂，形成 2 个精子。精子也是无壁的裸细胞，核大、质少。这类花粉在传粉时包含 3 个核，称 3-细胞花粉，如禾本科、菊科。营养细胞是花粉粒中最大的细胞。它与花粉管的生长有关。花粉在植物授粉时多数为 2-细胞花粉。也有少数植物散粉时同时具有 2-细胞和 3-细胞两种状态的花粉，如堇菜属、捕蝇草属等。

在精子形成过程中，营养核与生殖细胞，精子与营养核，精子与精子之间都存在联系，通过三维构建（图 3-25），提出了雄性生殖单位和精子异型性概念。即雄性生殖单位：雄配子体中的营养核与一对姊妹精细胞存在物理上的连接或结构上的连接，从而成为一个结构单位。而且，一个生殖细胞的两个姊妹精细胞之间存在形态结构上和遗传上的差异，并确证精子存在异型性（图 3-25）。对白花丹的雄性生殖单位研究表明：一个精细胞较大（称第一精细胞），含极大部分的线粒体，它总是与极核融合；另一个精细胞较小（称第二精细胞），含极大部分的质体，它总是与卵细胞融合。

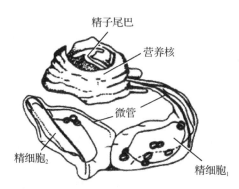

图 3-25　无融合生殖与精子异型性

图 3-26　扫描电镜下的花粉粒

成熟花粉粒形态和构造十分多样，其形状、大小、外壁上纹饰特征，萌发孔有无、数量和分布等特征，都随植物种类而异，但这些特征是受遗传因素控制的，因而就每种植物来说，这些特征又是非常稳定的（图 3-26）。

花粉的形状一般多呈球形、椭圆形，也有略成三角形或长方形的。花粉粒的大小一般在 $10 \sim 50 \mu m$，如桃约 $25 \mu m$，柑橘约 $30 \mu m$ 等。

花粉壁的发育始于减数分裂结束后不久。初生成的壁是花粉粒的外壁，继而在外壁（exine）内侧生成花粉粒的内壁（intine），所以成熟花粉有内、外二重壁包围。外壁质地坚厚，缺乏弹性，含有大量的孢粉素，并吸收了绒毡层细胞解体时生成的类胡萝卜素、类黄酮素和脂类、蛋白质等物质，积累壁中或涂覆其上，使花粉外壁具有一定色彩和黏性。内壁比外壁柔薄，富有弹性，由纤维素、果胶质、半纤维素、蛋白质等组成，包被花粉细胞的原生质。花粉内壁和外壁中所含有的蛋白是一种活性蛋白，具有识别功能，称为识别蛋白。成熟花粉粒的外壁常形成各种条纹、网纹等图案花纹和刺、疣、棒状或圆柱状等各种附属物。外壁上保留了一些不增厚的孔或沟，称萌发孔（germ pore），花粉萌发时花粉管由萌发孔或萌发沟（germ furrow）长出。孔、沟的数量因植物而异，有的只有萌发孔，有的只有萌发沟，有的两者均有。萌发沟的数量较少，但萌发孔可以从 1 个到多个，如水稻、小麦等禾本科植物只有 1 个萌发孔，油菜有 3~4 个萌发孔，棉花的萌发孔多到 8~16 个。

由于各种植物花粉具有自己的特征，因此根据花粉形态可以鉴定植物种类，尤其是在化石植物的鉴定上，花粉鉴定具有十分重要的价值，已形成专门的孢粉学（palynology），孢粉的研究已在植物分类学、地质学、古植物学，以及研究植物演替及地理分布、鉴定蜜源植物甚至侦破工作等方面得到应用。

3.1.3.3　雄性不育

花药成熟后，一般都能散放正常发育的花粉粒。由于种种内在和外界因素的影响，有时散出的花粉没有经过正常的发育，不能起到生殖的作用，这一现象称为花粉的败育（abortion）。花粉败育的原因很多，如花粉母细胞不能正常进行减数分裂以及绒毡层细胞的功能失调等。外界环境条件的影响如温度过低或严重干旱等。在极少数植物中，由于遗传和生理原因或外界环境的影响，花中的雄蕊得不到正常发育，使花药发育畸形或完全退化，这种现象称为雄性不育（male sterility）。雄性不育的植物其雌蕊发育正常，因而在杂交育种工作中往往可以利用这一特性来免去人工去雄步骤，简化杂交程序。雄性不育植株可通过杂交或化学杀雄等方法诱导。雄性不育植株有 3 种类型：①花粉全部干瘪退化。②花药内不产生花粉。③能够形成花粉，但花粉败育。最早对雄性不育报道的是加特纳（K. F. GarTmer）（1844）和达尔文（1890），雄性不育有孢子体不育和配子体不育，孢子体不育指不育基因纯合型，含不育基因的花粉表现不育。配子体不育是花粉的育性直接由本身的不育基因控制。

3.1.3.4　花粉活力与花粉贮藏

不同树种花粉生活力差异很大。自然条件下，大多数植物的花粉从花药散出后只能活数小时，数天或数个星期。一般木本植物花粉的寿命比草本植物长，如在干燥、凉爽的条件下，柑橘花粉能存活 40 ~ 50 天，椴树 45 天，苹果 10 ~ 70 天，麻栎 1 年。而草本植物中，如棉属花粉采下后 24h 存活只有 65%，超过 24h 很少存活。多数禾本科植物花粉的存活时间不超过 1 天，如玉米 1 ~ 2 天，水稻花粉在田间条件下经 3min 就有 50% 丧失生活力，5min 就全部死亡，是寿命最短的例子。

杂交是育种的重要手段。在果树和作物育种实践中，若两个亲本在时空上距离较远，而又确实需要进行辅助授粉，这就需要作短期的花粉贮藏。花粉的生活力除受植物本身的遗传决定外，同时受环境影响。影响花粉生活力的主要环境因素是温度、湿度和空气。因此，控制低温、干燥、缺氧的条件进行花粉贮藏，以降低花粉的代谢活动水平，使其处于休眠状态以保持或延长花粉的寿命。当花粉粒含水量小于 20% 时，代谢水平很低，一般在 30% ~ 65% 时代谢保持较高水平。松树花粉贮藏在 5℃，10% 的相对湿度下，15 年后还保持较高萌发率，而 25% 的相对湿度下则已失去萌发能力。西蒙得木属花粉在零下 20℃ 条件下贮藏 8 个月，萌发率为 100%，贮藏 1 年也仅下降 25%。

3.1.4　雌蕊的发育与构造

3.1.4.1　柱头和花柱

（1）柱头

柱头是接受花粉的地方，也是花粉粒和雌蕊之间发生相互作用的场所。柱头可分为两大类：一类称湿柱头（wet stigma），雌蕊在成熟过程中，不断地向外分泌分泌物，分泌物中有脂类、碳水化合物、酚类、糖蛋白等，如烟草等；另一类称干柱头（dry stigma），雌

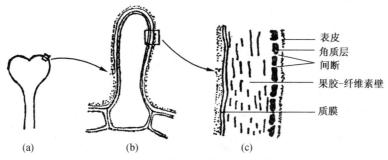

图 3-27　柱头的乳突表面结构

蕊成熟时没有分泌物，在柱头发育中明显形成表膜（图 3-27）、角质层和壁，如油菜、棉花等。

大多数被子植物的柱头具有乳突或毛状体，柱头的乳突或毛状体都是表皮细胞的特化，乳突角质膜外还覆盖一层蛋白质表膜，它起黏合花粉粒的作用，是柱头与花粉进行识别的地方。表膜角质层是不连续的，分泌物可以从角质层溢出。故干柱头不是真正干的，它在被子植物中最为常见。

（2）花柱

花柱的结构比较简单，最外层为表皮，内为基本组织，基本组织中有维管束。根据花柱中央中空与实心把花柱分为两类：①开放型，指花柱中央有 1 至数条纵行的沟道，称为花柱道（stylar canal），自柱头经花柱通向子房。如百合有 1 条花柱道。花柱道的内表面常常有一层特殊的腺性细胞，称通道细胞（canal cell），花粉管沿花柱道进入子房。②闭合型，指花柱实心，中间是一些细胞狭长，具分泌能力的细胞组成，称引导组织（transmitting tissue），如核桃、烟草等大多数双子叶植物。引导组织的细胞为狭长形含有丰富细胞器和具分泌能力的细胞。在花柱生长过程中，引导组织的细胞逐渐彼此分离，形成大的胞间隙和积累胞间物质（分泌的产物），传粉后，花粉管沿着充满胞间物质的胞间隙中生长进入子房（图 3-28）。

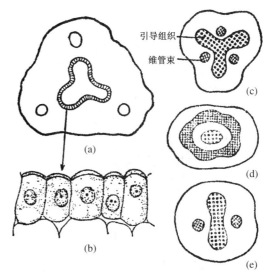

图 3-28　不同植物花柱横切面图解
（a）、（b）示中空花柱道及其周围的通道组织
（c）~（e）实心花柱中各种组织不同分布

3.1.4.2　胚珠的发育与构造

雌蕊的子房部分，外面有子房壁，其内包藏着胚珠。子房壁的内外两面都有一层表皮，在表皮上具有气孔或表皮毛，两层表皮之间为基本组织。在背缝线处有一较大的维管束，在腹缝线处有两个较小的维管束。通常在腹缝线上着生 1 至数个胚珠（大孢子囊）。胚珠是形成雌性生殖细胞的地方。子房室数和胚珠数因植物种类不同而异。如核桃是 2 心皮、1 室、1 胚珠；桃是 1 心皮、1 室、2 个胚珠；梨、石竹等多心皮合生、1 室［图 3-29

（a）～（d）〕。

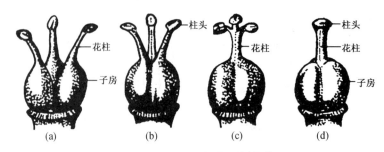

图 3-29　离心皮雌蕊和复雌蕊

（a）离心皮雌蕊　　（b）～（d）不同程度的复雌蕊

　　一个发育成熟的胚珠是由珠心、珠被、珠孔、珠柄和合点等几部分组成的。随着雌蕊的发育，在子房壁腹缝线的胎座处形成一小突起，是一团幼嫩细胞，经分裂逐渐增大，在子房中逐渐形成胚珠（图 3-30）。突起的上部形成珠心（nucellus），基部成为珠柄（funiculus），以后珠心基部表皮层细胞分裂较快，产生一环状突起，逐渐将珠心包围起来形成珠被（integument）。珠被在珠心顶端留一小孔称珠孔（micropyle）。有的植物只有一层珠被，如番茄、向日葵等多数合瓣花类植物以及核桃等少数离瓣花植物；有的植物具有两层珠被，分别称为外珠被（out integument）和内珠被（inner integument），如油茶、桃等大多数离瓣花植物以及百合、小麦、水稻等单子叶植物。珠心基部与珠被连合的部位称合点（chalaza）。胚珠以珠柄着生在胎座上〔图 3-30（b）〕。

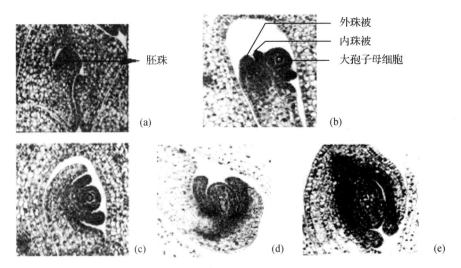

图 3-30　鹅掌楸胚珠的发育与构造

　　根据珠柄、珠孔、合点的位置变化，可将胚珠分为直生胚珠（orthotropous）、倒生胚珠（anatropous）、横生胚珠（amphitropous）、弯生胚珠（campylotropous）、拳卷胚珠（circinotropous ovule）等不同类型（图 3-31）。

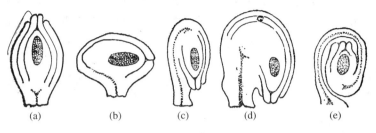

图 3-31 胚珠类型纵切面

(a)直生胚珠 (b)横生胚珠 (c)倒生胚珠 (d)弯生胚珠 (e)拳卷胚珠

①直生胚珠 胚珠各部分能平均生长，胚珠正直地着生在珠柄上，因而珠柄、珠心和珠孔的位置列于同一直线上，珠孔在珠柄相对的一端。如大黄、酸模、荞麦的胚珠。

②倒生胚珠 整个胚珠作 180°扭转，呈倒悬状，珠心并不弯曲，珠孔的位置在珠柄基部一侧。靠近珠柄的外珠被常与珠柄相贴合，形成一条向外突出的隆起，称为珠脊(raphe)，大多数被子植物属于这一类。

③横生胚珠 胚珠在形成时胚珠的一侧增长较快，使胚珠在珠柄上形成了 90°的扭曲，胚珠和珠柄成为直角，珠孔偏向一侧。

④弯生胚珠 也有些胚珠下部保持直立，而上部扭转，使胚珠上半部弯曲，珠孔朝下，向着基部，但珠心并不弯曲。这类植物如云苔、苋、豌豆、蚕豆和禾本科植物。

⑤拳卷胚珠 如果珠柄特别长，并且卷曲，包住胚珠，这样的胚珠称为拳卷胚珠。如仙人掌属、漆树等。

3.1.4.3 胚囊的发育与构造

(1)胚囊发育

在胚珠发育的同时，珠心中形成一孢原细胞(archesporial cell)。孢原细胞与其周围的珠心细胞显著不同，细胞较大，细胞核大而明显，细胞质浓，细胞器丰富，液泡化程度低。孢原细胞或再经分裂分化或直接增大形成大孢子母细胞(macrosporal mother cell)。由于胚珠又可称大孢子囊(macrosporangium)，故大孢子母细胞又可称胚囊母细胞(embryo-sac mother cell)。大孢子母细胞为二倍体(diploid, $2n$)，经减数分裂(meiosis)形成四分体，即四分大孢子(megaspores)，为单倍体(haploid, $1n$)。四分大孢子沿珠心排成一行，其中靠近珠孔的 3 个细胞逐渐退化消失，离珠孔端最远的一个具功能的大孢子继续发育，形成胚囊(embryo-sac)[图 3-32(b)]。功能大孢子开始发育时，细胞体积增大，并出现大液泡，形成单核胚囊，随后，核连续 3 次分裂，第一次分裂形成二核，移至胚囊两端，形成二核(two-nucleated)胚囊，二核胚囊连续进行二次分裂，形成四核胚囊、八核胚囊。8 个核暂时游离于共同细胞质中，以后每端的 4 个小核中，各有一核向胚囊中部移动，相互靠拢，这两个核称为极核(polar nucleus)。极核与周围的细胞质一起组成胚囊中最大的细胞，称为中央细胞(central cell)。在一些植物中，中央细胞中的两个极核常在传粉或受精前相互融合成二倍体，称次生核(secondary nucleus)。近珠孔端的 3 个核，1 个分化成卵细胞(egg cell)、2 个分化成两个助细胞(synergid)，它们合称为卵器(egg apparatus)。近合点端(chalazal end)的 3 个核分化为 3 个反足细胞(antipodal cell)。至此，发育成具有 7 个细胞的成熟胚囊[图 3-32(a)]。成熟胚囊也就是被子植物的雌配子体(female gametophyte)，其中卵器是它的雌性生殖器官，而卵细胞则是其雌性生殖细胞或称为雌配子(female gamete)。胚囊发育过程简示如图 3-33：

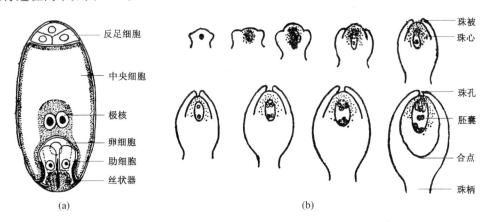

图 3-32　核桃胚囊的发育与构造

(a)成熟胚囊的结构　(b)核桃胚珠及胚囊构造发育简图

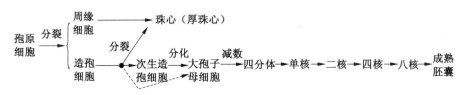

图 3-33　胚囊发育过程简图

被子植物的胚囊随植物种类不同有不同类型。上面所介绍的胚囊发育形式最初见于蓼科植物，称为蓼型(polygonum type)胚囊，这是被子植物中最常见的一种胚囊类型，约有81%的被子植物属此类型。除蓼型胚囊外，根据参加形成胚囊的大孢子数目不同、胚囊形成中经历的有丝分裂次数不同，以及成熟胚囊中除卵细胞以外，助细胞、反足细胞和极核的有无、数目以及排列位置等方面的变化，还划分出其他 10 种不同类型。例如，待宵草型、葱型、五福花型等等。

（2）胚囊的结构

根据近年来应用电子显微镜对胚囊进行超微结构研究表明，胚囊中的各个细胞器都具有特定的功能和与功能相适应的特有的形态分化。

助细胞　珠孔端，多为梨形。珠孔端的细胞壁向细胞内伸进成为丝状器，往往合点端无壁。丝状器有吸收、转送分泌物质的作用。通常大部分细胞质和核偏于珠孔端。一个助细胞在花粉管进入前或进入后退化，称退化助细胞；另一个细胞可维持到受精后一段时间，称宿存助细胞[图 3-32(a)]。

助细胞可有以下功能：①为花粉管进入及释放精子和内含物的场所；②从珠心吸收运转营养物质到胚囊，受精前起传递细胞的作用；③合成及分泌向化性物质，引导花粉管定向生长。

卵　即雌配子，位于珠孔端，与两个助细胞呈三角形排列。成熟卵细胞呈梨形。合点方向无细胞壁或有蜂窝状细胞壁。多数植物卵细胞的细胞核在合点端。

反足细胞　位于合点端，它与珠心相邻的细胞壁有壁内突，具传递细胞的特征，有些反足细胞很大，具吸器的功能。

中央细胞　中央细胞介于卵器及反足细胞之间，占很大空间。中央细胞与一个精子融合，发育为胚乳。

3.1.5　开花与传粉

3.1.5.1　开花

种子植物生长发育到一定阶段后，就能开花结实。当雄蕊的花粉粒和雌蕊的胚囊成熟以后，花萼和花冠开放，露出雄蕊和雌蕊，有利于传粉，这一现象称为开花(anthesis)。开花时，雄蕊花丝挺立，花药呈现特有的颜色；雌蕊柱头可分泌柱头液，或柱头有裂片、腺毛等结构，这些特征均有利于接受花粉。

植物初始开花的年龄、开花季节、花期、长短，以及一朵花开放的具体时间和开放持续时间，都随植物的种类不同差异很大，甚至在同种树木的不同品种也会有差别。林木、果树及其他多年生植物第一次开花的年龄相差很大，如桃 3 ~ 5 年；柑橘 6 ~ 8 年；桦木 10 ~ 12 年；麻栎 10 ~ 20 年等。开花的季节随植物的不同而不同，多数植物春夏开花，有些植物早春先叶开花，如杨、柳、梅、玉兰等。有些植物深秋、初冬开花，如山茶。有些园艺植物和热带植物，如月季、桉树可终年多次开花。

植物的开花期(blooming stage)是指一株植物从第一朵花开放到最后一朵花开放所经历的时间。开花期的长短随植物而不同，有的仅有几天，有的持续一二个月或更长。至于每朵花开放的时间各种植物也有不同，如小麦 5 ~ 30min，有些植物为几个小时，或几天，某些热带兰花单花开放时间可长达数月。植物的开花习性是长期适应形成的遗传特性，但在某种程度上也受生态条件的影响，如纬度、海拔高度、气温、光照、营养状况等的变化都可以引起植物开花的提早或推迟。

3.1.5.2　传粉

开花以后，花药开裂，花粉以各种不同的方式，传送到雌蕊的柱头上，这个过程称为传粉(pollination)。传粉的方式有自花传粉和异花传粉：

（1）自花传粉

雄蕊的花粉落到同一朵花的雌蕊的柱头上称为自花传粉(self-pollination)。在实际应用中含义常有扩大。在果树栽培中，自花传粉一般指同一品种内的传粉；在林业上则指同一株树内的传粉。典型的自花传粉有闭花受精现象，即在花蕾内就已经进行了传粉受精，如豌豆、花生等。

（2）异花传粉

一朵花的花粉传到另一朵花的柱头上称为异花传粉(cross-pollination)。在果树栽培中，一般指不同品种间的传粉；在林业上，则指不同植株间的传粉。

传粉系统是植物群落或区系中生物与非生物传粉媒介的总和。植物传粉媒介施行的传粉方式是多样的。植物传粉方式可划分为昆虫、脊椎动物和非生物传粉三大类。

昆虫传粉(entomophily)，是最复杂的传粉方式，细分的各种传粉方式及其昆虫类群如下：①蟑螂传粉（cockroach pollination），蜚蠊目；②蓟马传粉（thripsophily），缨翅目；③甲虫传粉（cantharophily），鞘翅目；④飞蛾传粉（phalaenophily），鳞翅目螟蛾科、尺蛾科、天蛾科和夜蛾科，有时天蛾科昆虫传粉单独称为天蛾传粉（hawkmoth pollination）；⑤蝴蝶传粉（psychophily），鳞翅目凤蝶科、粉蝶科、蛱蝶科和灰蝶科；⑥蝇类传粉（fly pollination），双翅目，又分2个亚类，即食蚜蝇科和蜂蝇科昆虫，可称为食蚜蝇传粉（myophily）；丽蝇科和粪蝇科昆虫，可称为丽蝇传粉（sapromyophily）；⑦胡蜂传粉（sphecophily），膜翅目胡蜂总科；⑧蚂蚁传粉（myrmecophily），膜翅目蚁科；⑨蜜蜂传粉（melittophily），膜翅目蜜蜂总科。

　　为了适应昆虫传粉，虫媒花（图3-34）一般具有以下特点：①花大而显著，并有各种鲜艳色彩。一般白天开放的花多红黄等颜色，而晚间开放的多纯白色，只有夜间活动的蛾类昆虫能识别，帮助传粉。②虫媒花多半能产蜜汁。蜜腺或是分布在花的各个部分，或是发展成特殊的器官。花蜜经分泌后积聚在花的底部或特有的距内。花蜜暴露于外，往往由甲虫、蝇和短吻的蜂类、蛾类所趋集。如果花蜜深藏于花冠之内的，多为长吻的蝶类和蛾类所吸取。昆虫取蜜时，花粉粒黏附在

图3-34　虫媒植物

昆虫体上而被传播开去。③虫媒花多具特殊的气味以吸引昆虫。不同植物散发的气味不同，所以趋附的昆虫种类也不一样，有喜芳香的，也有喜恶臭的。此外，虫媒花在结构上也常和传粉的昆虫间形成互为适应的关系，如昆虫的大小、体形、结构和行动，与花的大小、结构和蜜腺的位置等都是密切相关的。马兜铃花的特征表现为花筒长，雌雄蕊异熟，蜜腺位于花筒基部，此外在花筒的内壁生有斜向基部的倒毛，这些都与昆虫的传粉密切相关。马兜铃的传粉是靠一些小昆虫为媒介的，当花内雌蕊成熟时，小虫顺着倒毛进入花筒基部采蜜，这时虫体携带的花粉就被传送到雌蕊的柱头上。因为花筒内壁的倒毛尚未枯萎，小虫为倒毛阻于花内，一时无法爬出，直至花药成熟，花粉散出，倒毛才逐渐枯萎，为昆虫外出留下通道，而外出的昆虫周身也就黏上大量花粉，待进入另一花采蜜时，就把花粉带到另一花的柱头上去。虫媒花的花粉粒一般比风媒花要大，花粉外壁粗糙，多有刺突，花药裂开时不为风吹散，而是黏在花药上，昆虫在访花采蜜时容易触到，附于体周。雌蕊的柱头也多有黏液分泌，花粉一经接触，即被黏住。花粉数量也远较风媒花少。

　　兰科植物是被子植物中十分进化的类型，其花的结构与昆虫传粉高度适应，并与传粉昆虫构成了相互作用、相互依赖的密切关系。兰科植物中如眉兰属许多种类，它们的花能释放类似于膜翅目雌性昆虫的性信息素，能吸引雄性膜翅目昆虫进行传粉。一些不能产生花蜜的兰科植物，如斑花红门兰（Orchis macnlsta），无蜜红门兰（O. caspia）等红门兰属中许多种类具有"假蜜腺"花或"假蜜生产者"花。这类花具蜜腺距，但不产生花蜜，却能被昆虫传粉。一般认为昆虫是受到了蜜腺距存在的欺骗而寻访花朵的，因此称其为欺骗性传粉。这类兰花并不产生花蜜，无香味，但是散发着挥发性的次生物质，其中的某些脂肪酸衍生物如辛醇、十四碳醇、十六碳醇、乙酸十四碳酯等恰为地蜂属雌蜂头腺所含的成分，

还含有地蜂性信息素杜松萜烯(cadintne)的一种异构体。所以眉兰引诱地蜂的雄蜂进行拟交配以达到传粉和异花受精的目的,是适宜的视觉、触觉和嗅觉刺激对雄蜂作用的结果。又如,眉兰(*O. specnlum*)唇瓣的色彩与泥蜂(*Campsoscolia* ssp.)相似并具长红毛,对雄的泥蜂有吸引性,当泥蜂停歇在花上时,顺唇瓣长轴,头部在蕊喙之下,腹部末端与唇瓣顶端的长红毛接触,雄蜂这时特定的动作完全与交尾时相同,其间便在头部黏着花粉块。这种传粉机制称为拟交配(图3-35)。

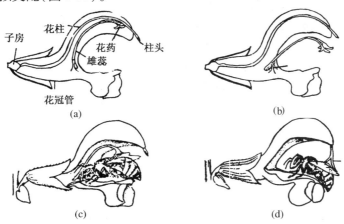

图 3-35 鼠尾草花的纵切面,示蜜蜂传粉情况
(a)花的纵切面,示雄蕊位置 (b)示蜜蜂进入时花药因蜂体进入而下移 (c)示蜂体进入花采蜜时花药与蜂背接触 (d)花柱伸长、柱头下垂与入花的虫背接触,将背上的花粉传到柱头

脊椎动物传粉主要有鸟类传粉(ornithophily)和蝙蝠传粉(chiropterophily)。借鸟类传粉的传粉方式称鸟媒,传粉的是一些小形的蜂鸟,头部长喙,在摄取花蜜时把花粉传开。蜗牛、蝙蝠等小动物也能传粉,但不常见。

非生物传粉包括风媒(anemophily)和水媒(hydrophily)。靠风传粉的植物称为风媒植物(anemophilous plant),它们的花称风媒花(anemophilous flower)。据估计,约有1/10的被子植物是风媒的,大部分禾本科植物以及木本植物中的栎树、杨树、桦木等都是风媒植物。

风媒植物的花多密集成穗状、柔荑等花序,能产生大量花粉,同时散放。花粉一般质轻、干燥,表面光滑,容易被风吹送[图3-36(a)]。禾本科植物如小麦、水稻等的花丝特别细长,花药早期就伸出在颖片之外,受风力的吹动,使大量花粉散布到空气中。风媒花的花柱往往较长,柱头膨大呈羽状,高出花外,增加接受花粉的机会。多数风媒植物有先叶开花的习性,所以开花时期常在枝叶发生之前,散出花粉受风吹送时,可以不致受枝叶的阻挡。此外,风媒植物也常是雌雄异花或异株,花被常消失,不具香味和色泽,但这些并非是必要的特征。有的风媒花同样是两性的,也具花被,如禾本科植物的花是两性的,枫、槭等植物的花也具花被。

一些植物借水传送花粉叫水媒植物[图3-36(b)],如金鱼藻和茨藻。这种传粉方式叫水媒(hydrophily)。例如,苦草属植物是雌雄异株的,它们生活在水底,当雄花成熟时,大量雄花自花柄脱落,浮升水面开放,同时雌花花柄迅速延长,把雄花顶出水面,当雄花

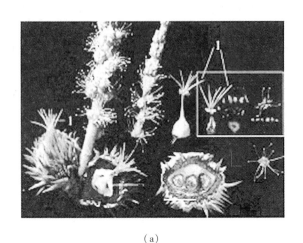

(a)　　　　　　　　　　　　(b)

图 3-36　非生物传粉
(a)风媒植物　(b)水媒植物

漂近雌花时，两种花在水面相遇，柱头和雄花花药接触，完成传粉和受精过程，以后雌花的花柄重新卷曲成螺旋状，把雌蕊带回水底，进一步发育成果实和种子。

（3）人工辅助授粉

异花传粉往往容易受到环境条件的限制，得不到传粉的机会，如风媒传粉没有风，虫媒传粉因风大或气温低，而缺少足够昆虫飞出活动传粉等，从而降低传粉和受精的机会，影响到果实和种子的产量。在农业生产上常常采用人工辅助授粉的方法，以克服因条件不足而使传粉得不到保证的缺陷，以达到预期的产量。在品种复壮的工作中，也需要采取人工辅助授粉，以达到预期的目的。人工辅助授粉可以大量增加柱头上的花粉粒，使花粉粒所含的激素相对总量有所增加，酶的反应也相应有了加强，起到促进花粉萌发和花粉管生长的作用，受精率可以得到很大提高。如玉米在一般栽培条件下，由于雄蕊先熟，到雌蕊成熟时已得不到及时的传粉，因而果穗顶部往往形成缺粒，降低了产量。人工辅助授粉能克服这一缺点，使产量提高 8% ~ 10%。又如，向日葵在自然传粉条件下，空瘪粒较多，如果辅以人工辅助授粉，同样能提高结实率和含油量。

人工辅助授粉的具体方法，在不同作物不完全一样，一般是先从雄蕊上采集花粉，然后撒到雌蕊柱头上，或者把收集的花粉，在低温和干燥的条件下加以贮藏，留待后用。

3.1.5.3　自花传粉与异花传粉的生物学意义

一般说来，自花传粉有害，异花传粉有益。早在 1876 年达尔文就发表了《植物界中异花传粉和自花传粉的作用》，在文中指出：植物连续自花传粉是有害的，异花传粉是有益的。由于异花传粉所得的后代，植株高大，生活力强，结实率高，抗逆性也强。

大量的生产实践和科学实验的事实证明了达尔文理论的正确性。如自花传粉的栽培植物，如果任其长期连续地进行自花传粉，一般三四十年后就会发生衰退，成为毫无栽培价值的品种。这表明"自花传粉有害，异花传粉有益"是自然界的一条规律。

既然自花传粉有害，异花传粉有益，那为什么自然界还存在自花传粉的植物呢？这是由于植物的自花传粉是在异花传粉条件缺乏的情况下，对繁殖的一种适应。因为在不适于异花传粉的情况下，例如，早春太冷或风雨太大，影响了昆虫的活动，自花传粉和严格的异花传粉相比，仍然具有一定的优越性。实际上，植物的自花传粉是在不具备异花传粉的条件下，长期适应的结果。在自然情况下，异花传粉的植物在条件不具备时，也有自花传粉现象。同样，自花传粉的植物，在一定条件下，也可以进行异花传粉。

自然界中虽有自花传粉的植物，但仍以异花传粉的种类为多，特别是在树木中更多。一般说，植物在长期的进化过程中形成了种种特殊的性状，以适应异花传粉。

①单性花(unisexual flower)　有些植物仅有单性花，而雄花和雌花又分别在不同的植株上，称为雌雄异株，如杨、柳等，这种情况下是严格的异花传粉。

②雌雄蕊异熟(dichogamy)　有些植物虽为两性花，但雄蕊和雌蕊并不同时成熟，或者是雄蕊先熟，在花粉散布时，同株的雌蕊尚未成熟，不能受粉，雄蕊先熟的情况比较普遍，如泡桐、莴苣、旱金莲等(图3-37)。或者是雌蕊先熟，在花粉散布时，同株花的雌蕊柱头已萎，不再受粉，如柑橘、甜菜等。

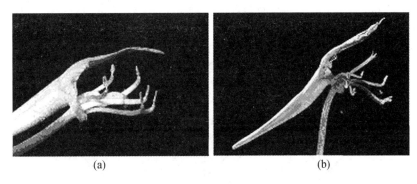

(a)　　　　　　　　　　　　　(b)

图 3-37　旱金莲的雄蕊期的花

(a)雄蕊期的花　(b)雌蕊期的花

③雌雄异位(herkogamy)　雌雄异位是指同一朵花中雌雄蕊长度不等或空间隔离的现象。雌雄异位有多种不同的形式，分为同型雌雄异位和异型雌雄异位两大类。

同型雌雄异位是指所有个体具有相同的异位方式，根据雌雄性器官的异位方式又可以分为三种主要类型：柱头探出式(approach herkogamy)、柱头缩入式(reverse herkogamy)和动态式雌雄异位(movement herkogamy)。

异型雌雄异位是指种群内不同个体有着不同的雌雄蕊异位方式。如雌雄蕊在垂直高度上发生交互变化，可称为异长花柱(heterostyly)。异长花柱包括二型花柱(distyly)和三型花柱(tristyly)，其花的雄蕊和柱头高度不同，但位置交互对应。根据花药与柱头的相对高度，二型花柱包括长花柱型(long-styled morph)和短花柱型(short-styled morph)两种花，如中国樱草、荞麦、报春花，连翘等[图3-38(a)]，传粉时只有短柱花的花粉落到长柱花的柱头上或长柱花的花粉落到短柱花的柱头上，才能受精。而三型花柱包括长花柱型、中花柱型(mid-styled morph)以及短花柱型 3 种花，如千屈菜属植物的同种个体，能产生 3 种不同长度花柱和 3 种不同长度的花丝，只有相同高度的雄蕊和雌蕊才能传粉受精[图3-38(b)]。

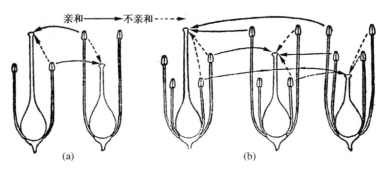

图3-38　雌雄蕊异长的种内亲合与不亲合图解
(a)二型花柱　(b)三型花柱

另一种异型雌雄蕊异位是花柱镜像性(monomorphic enantiostyly)，指花柱在花水平面上向左(左花柱型)或向右(右花柱型)偏离花中轴线的现象。具有镜像花柱的花称为镜像花(mirror-image flowers)。可根据左、右花柱花在植株上的排列式样划分为单型镜像花柱(monomorphic enantiostyly)和二型镜像花柱(dimorphic enantiostyly)两类(图3-39)。

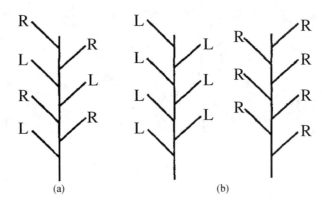

图3-39　镜像花柱的类型(引自 Barrett *et al.*，2000)
(a)单型镜像花柱　(b)二型镜像花柱
L 左花柱型花　R 右花柱型花

(4)自花不孕

花粉粒落到同一朵花或同一植株上不能结实的一种现象称为自花不孕(self-sterility)(图3-38)。自花不孕有两种情况：一种是花粉粒落到自花的柱头上，根本不能萌发，如向日葵、荞麦、黑麦等；另一种是自花的花粉粒虽能萌发，但花粉管生长缓慢，没有异花受粉花粉管生长快，故达不到自体受精，如玉米、番茄等。此外，某些兰科植物的花粉粒对自花的柱头有毒害，常引起柱头凋萎，以致花粉管不能生长。

3.1.6　受精

雌、雄性细胞，即卵细胞和精细胞的相互融合，形成合子的过程为受精(fertilization)。被子植物的受精过程包括了花粉落在柱头上萌发生长，形成花粉管，进入胚珠，释放精子至精卵完成融合的一系列变化过程。

3.1.6.1　花粉粒萌发和花粉管生长

（1）花粉与柱头之间的识别

花粉粒传到柱头上后，从柱头吸收水分，同时发生蛋白质的释放。经花粉壁蛋白与柱头表面的溢出物或亲水性的蛋白质膜（表膜）的相互识别（recognition），决定雄性花粉被雌蕊"接受"或被"拒绝"（图 3-40）。如果是亲和性的花粉，如一般同种异花的花粉则被接受，柱头提供水分、营养物质及特殊刺激花粉萌发生长的物质，同时花粉分泌角质酶溶解与柱头接触点上的角质层，花粉萌发和花粉管不断沿花柱生长。如果是自花或远缘花粉，不具亲和性，则产生"拒绝"反应，花粉的萌发和花粉管的生长被抑制。因此，花粉与雌蕊的识别作用对于完成受精起着决定性作用。对于干性柱头，它的识别功能主要在柱头；而湿性柱头，其识别功能主要在花柱。

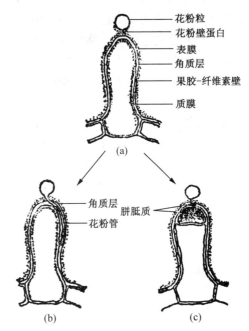

图 3-40　在十字花科和菊科花粉与柱头的相互作用
（a）花粉外壁蛋白释放到表膜上发生识别作用
（b）亲和的花粉侵入乳突细胞的角质层并向下生长
（c）不亲和花粉受到抑制，乳突细胞中形成胼胝质沉积

（2）花粉管萌发、生长

花粉粒从柱头分泌物中吸收水分膨胀，内壁从萌发孔向外突出形成细长的花粉管，内含物流入管内（图 3-41、图 3-42）。花粉管不断伸长，经花柱进入子房，最后直达胚囊。花粉管生长时，细胞质处于运动状态，如为二细胞花粉，生殖细胞和营养细胞随之进入花粉管先端，一般营养细胞在前。生殖细胞在花粉管中分裂一次形成两个精子（图 3-41）。如为三细胞花粉，营养细胞和两个精子都进入花粉管中。花粉管生长的途径，在花柱中空的植物中，花粉管沿花柱道向下生长，在实心花柱的植物中，则沿花柱中的引导组织生长。

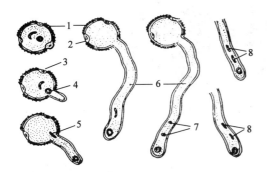

图 3-41　花粉管的生长及精子的形成
1. 外壁　2. 内壁　3. 萌发孔　4. 营养核　5. 生殖细胞　6. 花粉管　7. 生殖细胞分裂　8. 精子

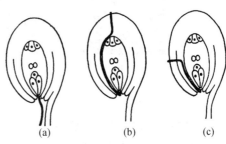

图 3-42　花粉管进入胚囊的途径
（a）珠孔受精　（b）合点受精　（c）中部受精

花粉管进入子房后，直趋珠孔，通过珠孔进入珠心，最后进入胚囊，称为珠孔受精，如油茶及大多数植物都是这种类型［图 3-42(a)］。有些植物，花粉管进入子房后，沿子房壁内表皮经合点进入胚囊，称为合点受精(chalazogamy)，如桦木、鹅耳枥、核桃等都是合点受精［图 3-42(b)］。还有些植物，如南瓜等，则是从珠被中部或珠柄处进入胚珠，然后再经珠孔进入胚囊，称为中部受精(mesogamy)［图 3-42(c)］。

花粉管在花柱中的生长速度因植物的种类及外界的条件差异而不同，木本植物一般较慢。如桃受粉后 10～12h 花粉管到达胚珠，柑橘需要 30h，核桃需要 72h，鹅掌楸需 72h 到达(图 3-43)，白桦需两个月，而栓皮栎、麻栎则需要 14 个月才受精。草本植物一般较快，如水稻、小麦从受粉到花粉管到达胚囊约 30min，菊科的橡胶草约 15～30min，蚕豆需 14～16h。影响花粉管生长快慢的外界条件主要是温度。在适宜的温度范围内，温度越高生长越快，如小麦，10℃时 2h 可达胚珠，20℃时则需 30min，30℃时仅需 15min。此外，花粉生活力的高低、亲本亲缘关系的远近、花粉数量的多少等都会影响花粉管生长速度的因素。

从传粉到受精的整个过程中，花粉管与雌蕊组织之间是一种相互同化的关系。一方面花粉要吸收同化雌蕊的物质，特别是要受到柱头液的刺激才能萌发生长，另一方面花粉与花粉管也能分泌一些物质，引起雌蕊组织的一系列变化，使大量营养物质流入花柱和子房，从而使受精过程能够顺利进行。

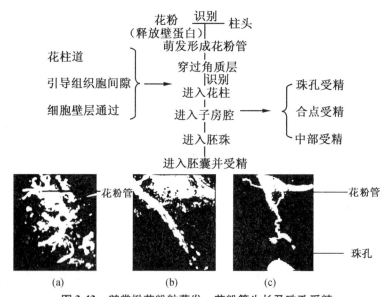

图 3-43 鹅掌楸花粉粒萌发、花粉管生长及珠孔受精

(a)花粉大量萌发 (b)花粉管通过花柱 (c)花粉管经珠被从珠孔进入胚囊

3.1.6.2 被子植物的双受精现象

双受精指花粉管的两个精子分别与卵细胞和极核结合的现象。当花粉管从一个退化助细胞处进入胚囊后，先端破裂，两个精子分别穿过质膜。其中一个精子与卵细胞结合，形成二倍体的合子(zygot)，将来发育成胚；另一个精子与极核结合形成三倍体的初生胚乳核(primary endosperm nucleus)，这种两个精子分别与卵和极核结合的现象，称为双受精

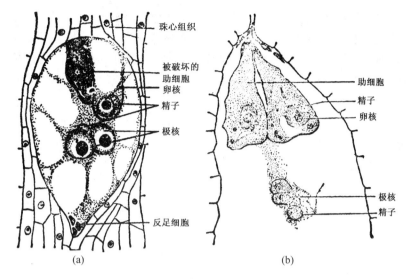

图 3-44　被子植物的双受精

（a）核桃成熟胚囊，示二精子分别与卵和极核融合　（b）油茶成熟胚，示 2 个精子分别与卵
细胞和极核融合，细胞内染色深的物质为花粉管带入的

（double fertilization）。双受精是进化过程中被子植物所特有的现象（图 3-44、图 3-45）。受精前后胚囊中的其他细胞也有种种不同的变化。有的受精前一个助细胞消失，有的两个助细胞均处于退化状态。受精后一般两个助细胞全部消失。反足细胞有的在受精前消失，如油茶等；有的在受精后消失，如核桃等；还有一些植物反足细胞可以增多形成细胞群，成为胚及胚乳发育过程中的养料，最后全部消失，如毛竹。

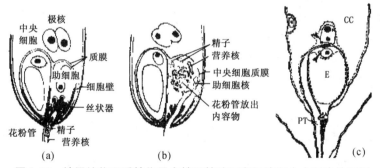

图 3-45　被子植物双受精作用中精子转移至卵细胞和中央细胞的图解

3.1.6.3　受精的选择性

在自然情况下，开花时，各种不同植物的花粉都有可能被传送到柱头上，有本种同株或异株的花粉，同时也可能有异种的花粉。但只有亲和的花粉粒能够萌发，形成花粉管伸入子房，经受精形成正常发育的种子。通常只有一条花粉管进入胚囊放出两个精子进行受精。不亲和的花粉则受到排斥，不能萌发或受精，这表明受精是有选择性的。选择是通过花粉与雌蕊组织之间的识别等一系列生理、生化、遗传机理的控制。两亲本间必须具有一定的遗传背景，即只有在遗传性上差异不过大、也不过小的亲本之间才能实现受精。大多数植物广泛表现为种内异花受精，这种选择既有利于维持种的稳定性，又能保证种的生活

力和适应性。而两亲本间遗传差异较大(如种间、属间授粉)或遗传差异太小(如自花受粉),都不能完成受精,表现出不亲和性,或花粉不能萌发、或花粉管不能正常生长、或配子不能正常融合以及胚的早期败育等。受精的选择性是在长期的自然选择条件下形成的,是生物适应性的一种表现。由此即可避免自花受精或近亲繁殖,从而保证了后代生活力的提高和适应性的加强。

在被子植物中,双精入卵和多精入卵的例外情形,也有发现,附加精子进入卵细胞后,改变了卵细胞的同化作用,使胚的营养条件和子代的遗传性也发生变化。

3.1.6.4 受精作用的生物学和实践意义

受精作用实质上是雌、雄配子相互同化过程,由于雌、雄配子间存在遗传差异,精、卵融合将父母本具有差异的遗传物质组合在一起,通过受精形成的合子及由它发育形成的新个体具有父母本的遗传特性,同时具有较强的生活力和适应性。又由于雌、雄配子本身相互之间的遗传差异(由减数分裂过程中所发生的遗传基因交换、重组所决定的),因而在所形成的后代中就可能形成一些新的变异,极大地丰富了后代的遗传性和变异性,为生物进化提供了选择的可能性和必然性。

被子植物的双受精作用具有特殊的生物学意义。因为双受精不仅使合子或由合子发育成的胚具有父母双方的遗传特性,而且作为胚发育中的营养来源的胚乳,也是通过受精而来的,因而也带有父母双方的遗传特性。这就使后代具有更深的父母遗传特性,以及更强的生活力和适应性。因此,被子植物的双受精,是植物界有性生殖过程的最进化、最高级的形式,加上其他各种形态构造上的进化适应,使它成为地球上适应性最强、构造最完美、种类最多、分布最广、在植物界中占绝对优势的类群。

开花、传粉和受精的规律,是农林生产实践以及植物遗传育种工作的理论基础。人为地控制和利用有性生殖过程的规律可以提高植物的产量和质量、创造培育新的品种。例如,生产实践中采用人工辅助授粉的方法可以提高结实率,采用蕾期授粉、混合授粉的方法克服某些自交和杂交不亲合性,利用自交提纯作物及花卉优良杂种培育新的品系,通过种子繁殖以及杂种优势以提高后代的生活力,通过杂交选育新品种等,都是上述有性生殖基本规律的应用。

3.1.7 种子和果实

被子植物完成受精作用以后,胚珠发育成种子,子房发育成果实。种子是种子植物所特有的器官。种子植物中的裸子植物,因胚珠外面没有包被,所以由胚珠形成的种子是裸露的。而被子植物的种子由果皮(子房壁或心皮)所包被,因而果实为被子植物所特有。

3.1.7.1 种子的形成

(1)胚的形成

受精后,合子经过一定时间的休眠才开始发育,休眠期的长短随植物种类不同而异,如水稻4~6h,苹果5~6d,茶属5~6个月,秋季开花的植物常可越冬。在极大多数植物中,经过休眠的合子萌发生长时,首先进行横向分裂形成两个细胞,近珠孔端的一个叫基细胞(basal cell),远离珠孔端的一个细胞叫顶细胞(apical cell)[图3-46(a)~(c)]。基细胞常膨大成泡状不再分裂或分裂参加胚柄(suspensor)、胚(embryo)的形成。细长的胚柄推向营养组织胚乳中，以利于吸收营养供应胚的生长。随着胚的生长，胚柄逐渐退化，在成熟种子中仅留痕迹。顶细胞经分裂主要形成胚或也参加形成胚柄。顶细胞经最初几次横向或纵向分裂形成原胚（proembryo），原胚再经分裂生长形成球形原胚，球形原胚继续分裂、增大和分化，由于各部分生长速度不同，在顶端的两侧生长较快形成两个突起，突起继续生长形成胚的两个子叶，子叶之间的小突起是胚芽，在胚芽相对的一端形成胚根（radicle），胚芽和胚根之间的连接部位称为胚轴，而胚轴又形成上胚轴（hypocotyl）和下胚轴（epicotyl）。这样形成了胚（图3-46）。

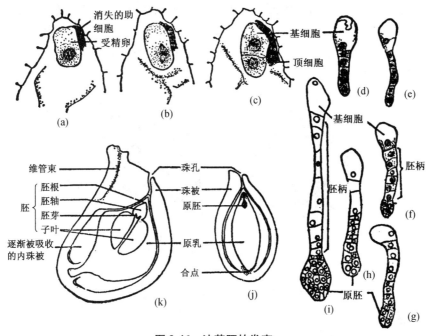

图 3-46　油茶胚的发育

　　根据胚柄的有无、基细胞和顶细胞是否参与形成胚柄，以及最初几次分裂方向的不同，胚的发育也有不同的型式，如有的植物，合子经休眠后，分裂形成球形的原胚，不产生胚柄。在原胚顶端继续分裂分化形成两个对称的子叶，称为双子叶植物。而单子叶植物胚的两个子叶生长不对称，外子叶退化仅留有小的痕迹，内子叶很大也称为盾片（scutellum），因此成熟的单子叶胚只有 1 个子叶能长大。单子叶植物胚各部分器官分化顺序基本上如下：首先产生胚芽鞘（coleoptile）突起，并在胚顶端一侧分化出盾片。以后盾片伸长，当胚芽鞘和第一幼叶形成封闭的锥状体时，第二幼叶原基已在生长锥周围形成。与此同时，在胚的中央形成胚根和根冠，外围就成为胚根鞘（coleorhiza），并出现外子叶的原始体，而在盾片、胚芽鞘和第一幼叶中分化出维管组织，盾片的背面分化出上皮细胞。最后，胚分化出第三片幼叶，并出现第一对不定根。

合子 $\begin{cases} 基细胞 \rightarrow 参加胚柄、胚的形成 \\ 顶细胞 \rightarrow 原胚 \rightarrow 球形胚 \rightarrow 心形胚 \rightarrow 鱼雷胚 \rightarrow 子叶胚 \end{cases}$

　　在一般情况下，一粒种子只有由受精卵发育形成的一个胚，但有些植物里含有两个或两个以上的胚，称为多胚现象（polyembryony）（图3-47）。多胚的产生有下列各种来源。

①经受精合子形成多胚 例如，由合子分裂产生多胚，如郁金香、椰子和百合等，除此还有由胚囊内的其他细胞经受精形成多胚的，如助细胞受精形成合子胚以外的胚，经受精产生的多胚属二倍性的，具有父母本的遗传特性。

②胚囊内细胞参与形成 如助细胞、反足细胞不经过受精发育形成的胚，这种胚是单性的，只有母本遗传特性，通常是不育的。

③由胚囊外珠心或珠被细胞分裂形成 这种胚称为不定胚(adventive embryony)。不定胚通常是由珠心或珠被的一些细胞侵入到胚囊中，与正常的受精卵同时发育，结果在 1 个胚囊中形成 1 个或数个与合子相似的，同样具有子叶、胚芽、胚轴和胚根的胚。不定胚是二倍性的，只具有母体的遗传特性，与合子相比，能较好地保持母体性状。如柑橘属、芒果属、仙人掌属等极易产生不定胚。有的一粒种子内甚至可以产生几个到数十个不定胚与合子同时在胚囊中发育。

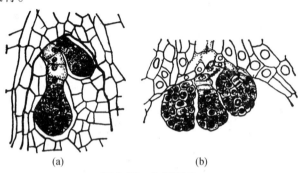

(a)   (b)

图 3-47 多胚现象

a)岩白菜的双生胚，右边小的一个是从未受精的助细胞衍生来的

(b)紫堇的 3 个原胚，中间一个是合子胚，两旁是不定胚

(2)胚乳的发育

被子植物的胚乳是极核受精后发育而成的，一般是三倍体。受精后的受精极核，即初生胚乳核，不经休眠，随即开始分裂，但每次分裂后暂不进行胞质分裂，因而形成很多游离核。最初的所有游离核都沿胚囊边缘分布，随后，核继续分裂，逐渐分布到胚囊中央，最后，游离核布满整个胚囊。同时从胚囊边缘开始逐渐产生细胞壁，并进行胞质分裂，形成胚乳细胞，并由边缘向中心发展，以这种方式形成的胚乳称为核型胚乳(nuclear endosperm)[图 3-48(a)]。胚乳游离核的数目随植物不同而有差异。如咖啡，初生胚乳核仅分裂 2 次，即四核阶段便形成胚乳细胞壁。水稻、柑橘、苹果等要形成几百个，棉等要形成上千个游离核后才逐渐形成细胞壁。

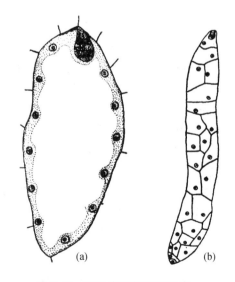

(a)   (b)

图 3-48 胚乳发育的早期阶段

(a)核桃的核型胚乳 (b)连香树的细胞型胚乳

水稻的初生胚乳核第一次分裂后，接着每隔

一段时间，核即分裂一次。这样，胚乳游离核不断增多，逐渐趋向胚囊边缘，更多的趋向珠孔端和合点端，胚囊中央为一大液泡。以后在胚囊周围逐渐形成胚乳细胞，它往往是单层的结构。随着颖果的发育，胚囊周围的胚乳细胞不断地向内方分裂，层层叠加，形成许多新的胚乳细胞层。当胚乳细胞将充满胚囊时，胚囊边缘的细胞逐渐分化形成专门贮藏蛋白质和脂肪的细胞，形成糊粉层（aleurone layer），细胞中有特殊的颗粒状结构，称为糊粉粒（aleurone grain），而胚囊中央的胚乳细胞逐渐出现淀粉粒，形成淀粉质胚乳。

细胞型胚乳：有些植物的胚乳，在形成初生胚乳核后，每次分裂都随之进行胞质分裂，产生细胞壁，成为多细胞结构，而不经过游离核时期，这种类型称为细胞型胚乳（cellular endosperm）［图 3-48（b）］，见于大多数合瓣花植物，如番茄、芝麻等。

沼生目型（helobial type）胚乳：初生胚乳核第一次分裂后把胚囊分隔成二室：珠孔室（较大）和合点室（较小）。然后，每室（主要是珠孔室）分别进行几次游离核的分裂。最后，珠孔室一般形成胚乳细胞，而合点室往往保持游离核状态。这一类型主要见于单子叶植物，如慈菇、紫萼等。

胚乳在胚的发育中起着重要作用，胚的发育依赖于胚乳的发育，胚乳初期阶段主要供给胚发育所需的营养物质，胚乳后期则成为贮藏养分的组织，以备种子萌发时需要。有些植物的种子，当胚发育时，胚乳被胚全部吸收，其中养料完全转移到子叶中。因此，种子成熟后胚乳消失而子叶特别大，成为无胚乳种子，如豆科、蔷薇科、壳斗科等。另一些植物，成熟的种子里有胚乳，将胚包围在内，成为有胚乳植物，如大戟科、柿科等植物的种子。在杂交育种中常碰见种子败育现象，许多都是由于胚乳发育中有阻碍，或推迟发育或很早退化。大多数植物的种子，当胚乳发育的时候，胚囊外的珠心组织全部被吸收。但也有些植物，如胡椒科、藜科、石竹科等植物珠心组织始终存在，在种子成熟时，珠心组织发展为一种类似胚乳的贮藏组织，包在胚乳之外，称为外胚乳（perisperm）。

（3）种皮的形成

种皮（seed coat）是由珠被发育而成的。受精后，在胚和胚乳发育的同时，珠被发育成种皮，包在种子的最外面起保护作用。具两层珠被的胚珠，常形成两层种皮，外珠被形成外种皮，内珠被形成内种皮，如棉、油菜等。但有些植物，如毛茛科、豆科等，其内珠被在种子形成过程中全部被吸收而消失，只有一层种皮。具一层珠被的胚珠，形成种子时一般只具一层种皮，如番茄、向日葵、核桃等。

种皮上有种脐（hulium）和种孔（micropyle）。种脐是种子成熟时，从种柄（funiculus）处脱落，在种子上遗留下来的痕迹。种孔来自胚珠上珠孔。种皮的结构，各种植物差异较大，一方面取决于珠被的数目，同时也取决于种皮发育中的变化。为了了解种皮结构的多样性，下面以蚕豆种子和小麦种子种皮的发育情况为例，加以说明。

蚕豆种子在形成过程中，胚珠的内珠被为胚吸收消耗，后来不复存在，所以种皮是由外珠被的组织发展来的。外珠被发育成种皮时，珠被分化成三层组织，外层细胞是一层长柱状厚壁细胞，细胞的长轴致密的平行排列，如栅状组织；第二层细胞分化为骨形厚壁细胞，这些细胞短柱状，二端膨大铺成"工"字形，壁厚，细胞腔明显，彼此紧靠排列，有极强的保护作用和机械力量，再下面是多层薄壁细胞，是外珠被未经分化的细胞层，种子在成长时，这部分细胞常被压扁。早期的种皮细胞内含有淀粉，是营养贮存的场所，所以新鲜幼嫩的蚕豆种皮柔软可食,老后转化为坚硬的组织。

　　小麦种子发育时,二层珠被也同样经过一系列变化。初时,每层珠被都包含二层细胞,合子进行第一次分裂时,外珠被开始出现退化现象,细胞内原生质逐渐消失,以后被挤压,失去原来细胞形状,终于消失。内珠被这时尚保持原有性状,并增大体积,到种子成熟时,内珠被的外层细胞开始消失,内层细胞保持短期存在,到种子成熟干燥时,它根本起不到保护作用,以后作为种子保护的组织层,主要是由心皮发育而来。

3.1.7.2　果实

　　(1)果实的形成

　　卵细胞受精后,花各部分随之发生显著变化,通常花瓣凋谢,花萼枯落,少数植物的花萼宿存,雄蕊和花柱、柱头也都枯萎,仅子房继续发育增大,形成果实(fruit)。果实包括由胚珠发育形成的种子和包在种子外面的果皮。果皮(pericarp)是由子房壁发育形成的。果皮部分的变化很多,因而形成了各种不同类型的果实。

　　在一般情况下,植物的果实纯由子房发育而来,这种果实称为真果(true fruit),如桃、杏等[图3-49(a)]。有些植物的果实除子房外,还有花的其他部分(如花托、花被等)参加发育,和子房一起形成果实,这种果实称为假果(pseudocarp),如梨、苹果、石榴等[图3-49(b)]。

　　(2)果皮的构造

　　果皮的构造可分为:外果皮、中果皮、内果皮三层,这是为了描述方便。外果皮(exocarp)一般较薄,只有1~2层细胞,通常具有角质层和气孔,有时有蜡粉和毛。幼果的果

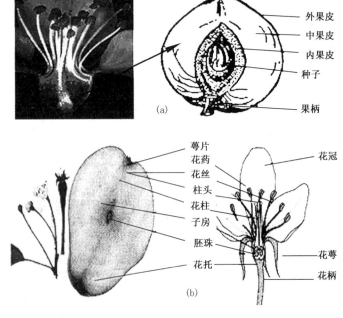

图3-49　果实结构图、果实与花部的对应关系

(a)真果　(b)假果

皮细胞中含有许多叶绿素，因此呈绿色。果实成熟时，果实细胞中产生花青素或有色体，所以显出红、橙、黄等颜色。中果皮(mesocarp)较厚，占整个果皮的大部分，在结构上各种植物差异很大。如桃、李、杏的中果皮肉质，全部由薄壁细胞组成；刺槐、豌豆的中果皮成熟时为革质，由薄壁细胞和厚壁细胞组成。中果皮内有维管束分布，有的维管束发达，形成复杂的网状结构，如丝瓜络、橘络。内果皮(endocarp)变化很大，有些植物的内果皮细胞木质化加厚，非常坚硬，如桃、李、核桃、油橄榄等；有的内果皮的表皮毛变成肉质化的汁囊，如柑橘食用的部分就是其内果皮的腺毛形成的。有些果实成熟时，内果皮分离成单个的浆汁细胞，如葡萄、番茄等。

(3)果实的类型

根据果实的心皮数目、果皮的含水情况(革质或肉质等等)、果皮是否开裂等可将果实划分为很多类型，如荚果、核果、浆果、蒴果等十几种不同类型的果实。

根据心皮数目的不同可将果实分为单果、聚合果和聚花果。单果(simple fruit)，一朵花中只有一枚雌蕊，以后只形成一个果实；聚合果(aggregate fruit)，一朵花中有许多离生雌蕊，以后每一雌蕊形成一个小果，相聚在同一花托之上，如莲、草莓、玉兰等；聚花果(multiple fruit)，果实由整个花序发育而来，花序也参与果实的组成部分，也称花序果，如桑、无花果等。

按果皮的性质来分，有肥厚肉质的，也有干燥无汁的，前者称肉果(fleshy pericarp)，后者称干果(dry pericarp)。肉果和干果又分若干类。

Ⅰ肉果　特征是果皮肉质化，往往肥厚多汁，又按果皮来源和性质不同而分为以下几类。

浆果(berry)　是肉果中最常见的一类，由一个或几个心皮组成的果实，果实柔嫩，肉质而多汁，内含多数种子，如葡萄、番茄、柿等。瓠果(pepo)是浆果的另一种，果实肉质部分是子房和花托共同发育而成的，如南瓜、冬瓜等葫芦科植物，食用部分主要是它们的果皮。柑果(hesperidium)也是一种浆果，由多心皮具中轴胎座的子房发育而成。外果皮坚韧革质，有很多油囊分布。中果皮疏松髓质，有维管束分布其间，干燥果皮的"橘络"就是维管束。内果皮膜质，室内充满含汁的长形丝状细胞，由原来子房内壁的毛茸发育而成，此类果实的食用部分，常见的有柑橘、柠檬等。

核果(drupe)　核果由一心皮一心室的单雌蕊发展而成的果实，通常有一枚种子。外果皮极薄，中果皮是发达的肉质食用部分，内果皮的细胞经木质化后，成为坚硬的核，包在种子外面。

梨果(pome)　这类果实多为子房下位花的植物所有。果实由花筒和心皮部分愈合后共同形成，是一类假果。外面很厚的肉质部分是原来的花筒，肉质部分以内是果皮部分。外果皮和花筒，以及外果皮和中果皮之间，均无明显的界限可分。内果皮由木质化的厚壁细胞组成，比较明显，如梨、苹果等。

Ⅱ干果　果实成熟后，果皮干燥，有的果皮能自行开裂，也有果实即使成熟，果皮仍闭合不开裂的，前者为裂果(dehiscent fruit)，后者为闭果(indehiscent fruit)。根据心皮结构不同，又可分为以下几种类型。

①裂果类　果实成熟后自行裂开，又可分为以下几种类型：

荚果(legume) 由单心皮发育而成的果实，成熟后，果皮沿背缝线和腹缝线二面开裂，如豌豆、蚕豆等。有的虽是荚果形式，但并不开裂，如落花生、合欢、皂荚等。也有的荚果分节状，成熟后也不开裂，而是节节脱落，每节含一粒种子，如含羞草、山蚂蝗等。

蓇葖果(follicle) 果实由单心皮或离生复心皮发育而成，成熟后只有一面开裂，有沿心皮腹缝线开裂的，如梧桐、牡丹、芍药等。也有沿背缝线开裂的，如木兰、白玉兰等

蒴果(capsule) 果实由合心皮的复雌蕊发育而成，子房有一室的，也有多室的，每室含种子多粒，成熟时有 3 种开裂方式：①纵裂，裂缝沿心皮纵轴方向分开。又可分为：室间开裂，即沿心皮腹缝线相接处裂开，如秋水仙、马兜铃等；室背开裂，沿心皮背缝处开裂，如草棉、紫花地丁等；室轴开裂，沿胞间或胞背开裂，如牵牛、曼陀罗等。②孔裂，果实成熟后，各心皮并不分离，而在子房各室上方裂成小孔，种子由孔口散出，如金鱼草、桔梗等。③周裂，合心皮一室的复雌蕊组成，心皮成熟后沿上部或中部作横裂，果实成盖状开裂，如樱草、马齿苋、车前等，也称盖果。

角果(silique) 由二心皮组成的雌蕊发育而成的果实。子房一室，后来由心皮边缘合生处向中央生出隔膜，将子房隔成二室，这一隔膜称假隔膜。果实成熟后，果皮从二腹线裂开，成二片脱落，只留假隔膜，种子附于假隔膜上，如十字花科植物。角果有细长的，超过宽的好几倍，称长角果，如芸苔、萝卜、甘蓝等；另有一些短形的，长宽之比几乎相等，称为短角果，如荠菜、遏蓝菜等。

②闭果类 果实成熟后，果皮仍不开裂，又可分为以下几类：

瘦果(achene) 瘦果只含一粒种子，果皮与种皮分离，由一心皮发育而成的果实，如荨麻、威灵菜等。

颖果(caryopsis) 果皮薄，革质，只含一粒种子，果皮与种皮紧密愈合不易分离，果实小，一般易误认为种子，是水稻、小麦、玉米等禾本科植物的特有的果实类型。

翅果(samara) 果实本身属瘦果性质，但果皮延展成翅状，有利于随风飘飞，如榆、槭、臭椿等。

坚果(nut) 外果皮坚硬木质，含一粒种子。成熟果实多附有原花序的总苞，称为壳斗，如栎、板栗等。通常一个花序中仅有一个果实成熟，也有同时有二、三个果实成熟的，如板栗。板栗外褐色坚硬的皮是它的果皮，包在外面带刺的壳，是由花序总苞发育而成的。

双悬果(cremocarp) 双悬果是由二心皮的子房发育而成的果实。伞形科植物的果实，多属这一类型。成熟后心皮分离成两瓣，并列悬挂在中央果柄上端，种子仍包于心皮中，以后脱离。果皮干燥，不开裂，如胡萝卜、小茴香的果实。

3.1.7.3 无融合生殖与单性结实

被子植物的胚一般都是从受精卵发育而来到。但也有些植物，可以不经过雌雄性细胞的融合(受精)而产生有胚的种子，这种现象称为无融合生殖(apomixis)。在玉米、小麦、烟草等植物中，其胚囊中的卵细胞，可不经过受精发育成单倍体的胚。另外，胚囊中的助细胞或反足细胞不经受精，有时也能发育成胚。这种现象曾在水稻、玉米、烟草、亚麻等作物上发现过。

根据 Battaglia(1963)定义，将由配子体产生孢子体的不经过配子融合的生殖过程，称为无融合生殖。按其定义把无融合生殖分为 2 类：①减数胚中的无融合生殖，结果可产生

单倍体孤雌、单倍体单雄、无配子生殖；②未减数胚中的无融合生殖，结果可产生二倍体孢子、体细胞无孢子。

单倍体孤雌生殖　精子在卵中集合形成单倍体。可经诱导引起，是假配合，假受精。如龙葵×金黄茄。

单倍体单雄生殖　由雄配子单独分裂获得，都是从杂交或实验处理获得。

二倍体孢子生殖胚囊　由于孢原或大孢子母细胞减数分裂受阻形成二倍体孢子。①大孢子母细胞直接发育成胚囊，如齿叶苦荬菜；②大孢子母细胞经有丝分裂形成二分体，由其中一个产生，如白花蒲公英；③大孢子母细胞与体细胞相似的有丝分裂产生胚囊，如蝶须菊属。

Maheshweri(1950)还把营养繁殖、愈伤组织的植株体形成、胚状体形成包括在内，认为它们能代替有性生殖的不发生核融合的无性过程。

一般情况下，植物结实一定要经过受精作用，否则，子房不会发育成果实。但有些植物，特别是栽培植物，不经过受精，子房也会膨大发育成果实。这种现象称单性结实(parthenocarpy)。单性结实所形成的果实，不含种子，称为无子果实，如葡萄、柑橘、香蕉等。它的产生有两种情况：

子房不需要传粉或任何刺激，就可使子房膨大形成无子果实，这叫营养单性结实(vegetative parthenocarpy)，如葡萄、柑橘、香蕉、柿子等；虽不要受精，但子房仍需要给予一定的刺激(如花粉)，才能形成无子果实，这称为刺激单性结实(stimulative parthenocarpy)，如用爬山虎的花粉刺激葡萄的花柱，得到无子果实。另外，还可用一些死花粉、花粉浸出液、生长素、赤霉素等处理雌蕊引起结实。

3.1.7.4　果实和种子对传播的适应

果实和种子的散布，主要依靠风、水、动物、人类的携带，以及果实本身所产生的机械力量。果实和种子对于各种散布力量的适应形式是不一样的。

(1)对风力散布的适应

多种植物的果实和种子是借助风力散布的，它们一般细小质轻，能悬浮在空气中为风力吹送到远处，如兰科植物的种子小而轻，可随风吹送到数千米以外的范围内分布。其次是果实或种子表面常有絮毛、果翅或其他有助于承受风力飞翔的特殊构造。棉、柳种子外面有绒毛，薄公英果实有降落伞状的冠毛。槭、榆等果皮展开成翅状[图 3-50(a)]。

(2)对水力散布的适应

水生、沼泽地生长植物，果实、种子往往借水力传送。如莲的果实呈倒圆锥形，组织疏松、质轻，飘浮在水面，随水流到各处；如椰子果实中果皮疏松，富有纤维，内果皮又极坚硬，可防止水分侵蚀，内有大量椰汁，可使胚发育，这就使椰果能在咸水环境下萌发[图 3-50(b)]。

(3)对动物和人类散布适应

这类植物的果实，有的成熟后色泽鲜艳，果肉甘美，吸引人和动物的食用，它的果实和种子是靠人类和动物携带散布的。有些植物的果实和种子的外面生有刺毛、倒钩或有黏液分泌，能挂在或黏附于动物的毛、羽，或人们的衣裤上，随着动物和人们的活动无意中把它们散布到较远的地方，如鬼针草、苍耳等。坚果常是动物的食物，特别是松鼠，把这类果实搬运走、埋藏地下，除了吃外，暂存在原地自行萌发。鸟兽吞食一些果实后，果皮被消化，残留种子由于坚韧种皮保护，随鸟兽粪便排出，散落各处[图3-50(d)、(e)]。

（4）靠果实本身的机械力量使种子散布的适应

有些植物的果实在急剧开裂时，产生机械力或喷射力，使种子散布出去。干果中的裂果类，果皮成熟后成为干燥坚硬的结构。由于果皮各层厚壁细胞的排列形式不一，随着果皮含水量的变化，容易在收缩时产生扭裂现象，借此把种子弹出，分散远处，如大豆、蚕豆、凤仙花等[图3-50(c)]。

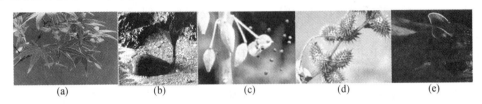

图 3-50　果实与种子的传播

（a）风力传播　（b）水力传播　（c）弹力传播　（d）动物或人类传播　（e）动物传播

3.2　裸子植物的繁殖器官及生殖过程

全世界有裸子植物850余种，它是组成森林的主要树种，大多为乔木。裸子植物的有性生殖过程与被子植物有极大的相似性，同样经过传粉、受精、产生种子。在进化过程中，它们是在不同阶段出现的两类植物，裸子植物比被子植物原始，所以裸子植物的繁殖器官及生殖过程与被子植物有比较明显的不同，如不形成花而产生孢子叶球，胚珠裸露，不形成果实等等(图3-51)。

图 3-51　裸子植物的繁殖器官

（a）银杏大孢子叶与小孢子叶　（b）苏铁小孢子叶　（c）苏铁大孢子叶

在裸子植物中，松属为常绿，高大乔木，现以松属为例说明裸子植物的生殖过程和特点。每年春天在松树的当年生的枝条上形成其生殖器官——大、小孢子叶球。大孢子叶球称雌球花，由许多大孢子叶组成；小孢子叶球称雄球花，由许多小孢子叶组成。大小孢子叶内分别形成大、小孢子囊，大小孢子囊内分别形成大、小孢子。所以产生孢子的植物体也叫孢子体。

3.2.1　小孢子叶球的发生和雄配子体的形成

3.2.1.1　小孢子叶球的发生

春季，松树新萌发枝条的基部形成许多长椭圆形、黄褐色的小孢子叶球 [图 3-52、图 3-53(a)]。每一个小孢子叶球由许多小孢子叶螺旋状排列在一个长轴上。小孢叶背面着生两个并列的长椭圆形的小孢子囊(花粉囊) [图 3-53(c)、(d)]，小孢子囊具数层细胞构成的囊壁，幼时囊中充满核大而细胞质浓的造孢细胞，造孢细胞进一步分裂发育形成圆球形的小孢子母细胞(花粉母细胞)。小

雌球花(大孢子叶球)
雄球花(小孢子叶球)
雌球果

图 3-52　松属的繁殖器官和球果

孢子母细胞经减数分裂形成四个细胞叫四分体。四分体再分离成四个小孢子(花粉粒)，小孢子是单倍体细胞。松树的小孢子(花粉粒)，具两层壁，外壁和内壁。外壁上有网状花纹，且在一侧相对的位置上形成两个膨大的气囊，叫翅 [图 3-54(a)]。气囊有使花粉易于被风传播的作用。内壁有两层，外层主要由胼胝质组成，内层由纤维素与果胶组成，具有很大伸展性。在两翅之间有一薄壁的区域，叫萌发孔，此处无外壁，而内壁特别厚。在小孢子形成过程中，绒毡层对小孢子母细胞起到营养作用，并提供小孢子孢粉素和识别物质，同时对胼胝质的解体也起一定作用。初形成的花粉粒具一核。

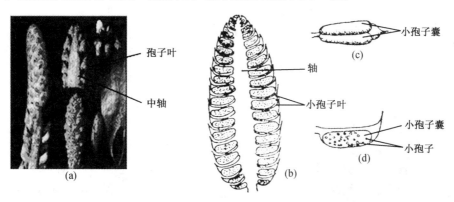

孢子叶
中轴
轴
小孢子叶
小孢子囊
(c)
小孢子囊
小孢子
(d)
(a)
(b)

图 3- 53　松属小孢子叶球的构造

(a)簇生于当年生新枝基部的小孢子叶球　(b)小孢子叶球纵切面的图解
(c)小孢子叶的外形　(d)小孢子叶的横切面

3.2.1.2　雄配子体的形成

从四分体散出的小孢子是雄配子体的第一个细胞，发育形成雄配子体，它们在花粉囊内已经开始萌发，单核的小孢子分裂为两个细胞，其中较小的一个称为第一原叶细胞，较大的一个称为胚性细胞，胚性细胞分裂形成第二原叶细胞和精子器原始细胞，精子器原始细胞再分裂一次形成一个粉管细胞和一个生殖细胞。此时，花粉粒已达成熟，这种具有 4 个细胞，即第一原叶细胞、第二原叶细胞、粉管细胞和生殖细胞的成熟花粉也就是雄配子体 [图 3-54(b)]。随着发育，第一、第二原叶细胞逐渐消失，仅留下粉管细胞和生殖细胞

继续发育。

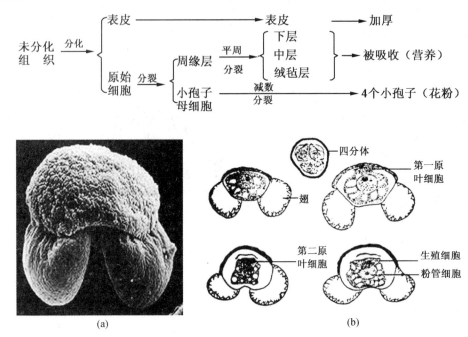

图 3- 54　松属花粉粒的构造及发育

（a）油松花粉的扫描电镜照片　（b）雄配子体的花粉和构造

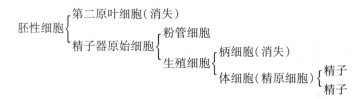

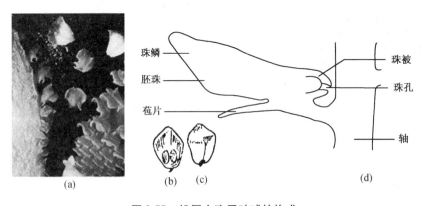

图 3-55　松属大孢子叶球的构成

（a）着生大孢子叶球的小枝　（b）珠鳞的表面观，其上着生 2 个胚珠

（c）珠鳞的背面观　（d）大孢子叶图解

3.2.2　大孢子叶球的发生和雌配子体的形成

3.2.2.1　大孢子的发生

在小孢子叶球形成的同时，在新枝顶端形成数个大孢子叶球，呈椭圆形球果状，幼时浅红色，以后变绿（见图3-52）。大孢子叶球由木质鳞片状的大孢子叶（珠鳞）和不育的膜质苞片成对螺旋状排列在一长轴上组成。每一珠鳞的上表面靠近基部形成两个大孢子囊，或称胚珠。胚珠由珠被和珠心两部分组成。珠被包在珠心组织的外面，在珠心顶端处的珠被留下一小孔，叫珠孔。珠心由一团幼嫩的细胞组成。在珠心深处形成大孢子母细胞[图3-56(a)、(b)]。大孢子母细胞进行减数分裂，形成4个大孢子，在珠心组织内排成直行，其中仅远离珠孔的一个成为可发育的大孢子[图3-56(b)~(e)]。大孢子为单倍体的细胞。从着生位置上看，松树为倒生胚珠。

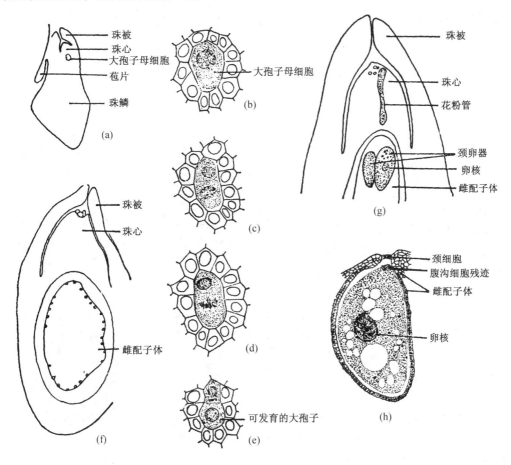

图 3-56　油松胚珠、大孢子、雌配子体的发育和构造

(a)胚珠纵切　(b)~(e)大孢子形成　(f)~(g)雌配子体　(g)~(h)颈卵器纵切

3.2.2.2　雌配子体的形成

胚珠中的大孢子是雌配子体的第一个细胞，大孢子经多次分裂形成许多游离核[图3-56(f)]，经冬季、翌春，配子体逐渐发育增大，大液泡慢慢被游离核所侵占，后期形成

壁，使雌配子体成为多细胞结构。雌配子体始终在珠心组织内发育，它除了形成 3~5 个雌性生殖器官外，大量的组织作为营养提供给胚的发育，充当胚乳的作用，因此，裸子植物的雌配子体也可称为胚乳。在雌配子体的进一步发育中，近珠孔端形成了 3~5 个明显膨大，质稀，核大，有大液泡的细胞，此乃颈卵器原始细胞。它形状较长，核处上部，中下部为大液泡。此细胞进行不均等分裂，形成一个小的初生颈细胞与一个大的中央细胞。初生颈细胞接着进行两次纵向分裂，形成 4 个颈细胞，有的再进行一次横向分裂，形成 8 个颈细胞（neck cell），同时中央细胞再增大，质变浓，液泡减少，它在受精前分裂成卵细胞和腹沟细胞（ventral canal cell），但后者迅速退化消失［图 3-56（h）］。这样由卵细胞、腹沟细胞和数个颈细胞就组成了颈卵器（archegonium），颈卵器是裸子植物的雌性生殖器官。

大孢子囊 { 珠被 / 珠心 → 大孢子母细胞 —减数分裂→ 四分体 → 雌配子体 { 胚乳 / 颈卵器原始细胞 { 颈细胞（消失） / 中央细胞 { 腹沟细胞（消失） / 卵细胞 }

3.2.3 传粉与受精

花粉成熟，花粉囊开裂使花粉散出，花粉有气囊，能随风散布。同时大孢子叶球的珠鳞彼此张开，胚珠分泌出一种黏液，叫传粉滴，由珠孔溢出。花粉落到珠孔，被分泌的黏液吸引进入珠心组织顶端，此时，珠鳞闭合，雌球花下垂。花粉粒在分泌物的刺激下萌发生长出花粉管［图 3-57（b）~（d）］。花粉管穿过珠心组织到达颈卵器。在花粉生长过程中，生殖细胞分裂为二，大的称为体细胞（body cell），小的称为柄细胞（stalk cell）［图 3-57（c）］。体细胞分裂为两个精子［图 3-57（d）］。

此时颈卵器的颈细胞和腹沟细胞已经消失。花粉管到达颈卵器内，先端破裂，放出两个精子，其中一个精子消失，另一个精子与卵细胞融合［见图 3-58（a）］，完成受精作用形成合子。由于合子是由两个单倍体的性

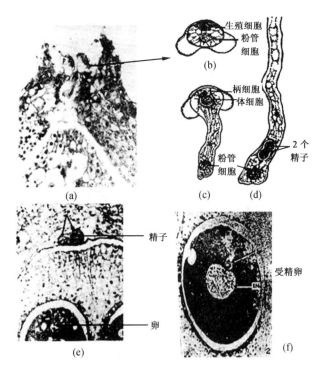

图 3-57 松属花粉管的生长与受精作用
（a）小孢子囊 （b）成熟的花粉粒 （c）萌发的花粉粒
（d）受精前的花粉管末端 （e）受精作用 （f）受精卵

细胞——精子和卵融合而成的，因此从合子开始又恢复成为二倍体的细胞，在精子到达卵细胞之前，花粉管内的粉管细胞及柄细胞除对花粉管生长起作用外，以后作为营养物质被

吸收而消失。

裸子植物从传粉到受精之间的时间间隔，一般比较长的，如油松、白皮松、贝壳杉约需 13 个月左右，日本金松约 14 个月，红杉约 6 个月，杉木约 3 个月。

3.2.4　胚与胚乳的发育和种子的形成

3.2.4.1　原胚阶段

受精后，合子经两次分裂形成四个自由核，移至颈卵器基部，排成一层［图 3-58(b)］，再经一次分裂产生 8 个核，并形成细胞壁，分上、下二层排列［图 3-58(c)］。下层细胞连续分裂二次，形成 16 个细胞，排列成四层［图 3-58(d)］，其中第三层细胞伸长形成初生胚柄，将最先端的 4 个细胞推至颈卵器下的雌配子体——胚乳组织中，此时最先端的 4 个细胞继续分裂，上部的细胞伸长形成次生胚柄。每行最先端的细胞继续多次分裂，形成相互分离的 4 个原胚及长而弯曲的胚柄，原胚继续增大形成胚。这种由一个受精卵发育形成几个胚的现象为多胚现象［图 3-58(g)］，也称简单多胚现象，这是裸子植物常有的现象。由于胚乳内有数个颈卵器，故受精后一个胚珠可以产生多个胚，但最后只有一个胚发育，其余的逐渐被吸收消失。产生多胚的方式除了上述方式外还有裂生多胚：即一个受精卵在发育过程中可裂成 2 个或多个独立的胚。裂生多胚在裸子植物中普遍存在，但在被子植物中较少见，如美洲鹿百合等。另外，在一个胚珠中可产生 2 个以上的胚囊，因而形成多胚，如桃等。

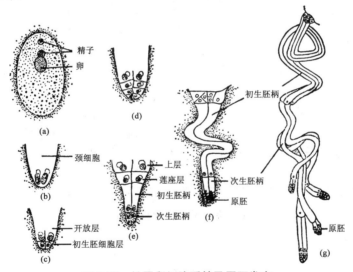

图 3-58　松属卵细胞受精及原胚发育

(a)精、卵融合　(b)受精卵分裂为四核　(c)8 个细胞排成 2 层
(d)16 个细胞排成 4 层　(e)～(g)胚柄和原胚的发育

3.2.4.2　胚的器官组织分化及胚的成熟

成熟的胚分化为胚根、胚轴、子叶、胚芽几部分。裸子植物的子叶常为多数。与胚发育同时，雌配子体继续发育，形成胚乳。珠心组织则逐渐被吸收，胚柄萎缩，残留在种子内，与胚根相连。珠被发育成种皮，这样整个胚珠形成一粒种子［图 3-59(b)］。

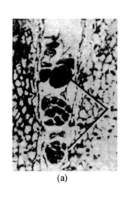 

(a)　　　　　　(b)

图 3-59　胚的发育与种子的形成

（a）多胚现象　（b）种子形成

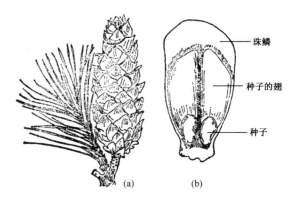

(a)　　　　(b)

图 3-60　松属的球果、种鳞及种子

（a）球果　（b）种鳞及种子

传粉之后，大孢子叶球也随之增大形成球果（cone）[图 3-60（a）]，珠鳞木化，称为种鳞（cone scale）。胚珠形成的种子裸露在种鳞上[图 3-60（b）]，裸子植物即因此而得名。同时，珠孔形成种孔，珠被形成种皮。

松属生殖过程图解如下（图 3-61）：

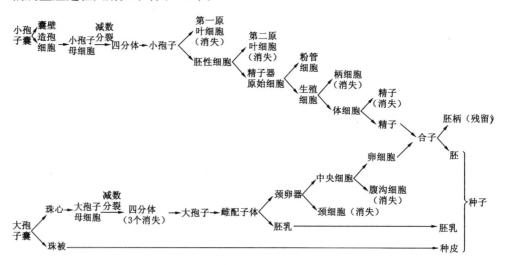

图 3-61　松属生殖过程图解

复习思考题

1. 植物的繁殖方式有几类？
2. 花的形态构造是怎样的？
3. 图示种子植物雌雄配子体的形成。
4. 图示种子植物胚和胚乳的形成。
5. 图示种子植物种子、果实的形成。

本章推荐阅读书目

1. 植物学(第 2 版). 曹惠娟. 中国林业出版社, 1992.

2. 高等植物及其多样性(光盘). 马炜梁. 施普林格出版社, 1998.

3. 植物学. 过全生. 浙江农业大学自编教材. 1990.

4. 植物学(第 2 版). 李扬汉. 高等教育出版社, 1985.

5. 植物学. 华东师范大学, 上海师范大学, 南京师范大学. 高等教育出版社, 1982.

6. 被子植物胚胎学. 胡适宜. 高等教育出版社, 1982.

第4章

植物的结构与功能

【**本章提要**】植物的发育包括生长和分化两个过程。生长是发育中的量的变化，分化是细胞异质化的过程。生长和分化受基因严格的时空调控，同时受环境的影响。植物生长包括营养生长和生殖生长两个阶段，不同生长阶段构建不同类型器官，形成适应性功能结构。植物器官可以体外形态建成，植物组织培养为体外器官建成提供技术条件，其理论基础是细胞全能性，体细胞胚发生为研究植物生长发育及形态建成提供了良好的材料。植物运动对植物适应环境有重要的生物学意义，其形式多种多样，有向性运动（向光性、向重力性、向化性、向水性、向触性）、感性运动（感震运动、感夜运动）和自动运动等方式。根毛区是根尖吸收水分和离子最活跃的区域，水分在根部的运输途径，可分为质外体途径、跨膜途径和共质体途径。根部吸水动力有根压和蒸腾拉力2种。根部吸收矿物质的过程是：首先经过交换吸附把离子吸附在表皮细胞表面，然后通过质外体和共质体运输进入皮层内部。根部吸收的水分和矿质元素向上运输主要是通过木质部，也能横向运输到韧皮部后再向上运输。植物体内水分与矿质营养的运输包括短距离运输和长距离运输。水分子内聚力大于水柱张力，水柱连续，保证水分不断上升。内聚力学说目前仍是解释水分上升原因的一个较好的学说。解释韧皮部运输的理论有压力流动学说、胞间连丝和胞质泵动学说，以及P-蛋白的收缩推动学说等。压力流动学说认为，筛分子中溶液的流动是由源和库之间渗透产生的压力梯度所推动；P-蛋白在推动溶质通过筛孔时起某种主动作用。环境因子对植物的形态建成及其功能实现产生了重要影响，如光形态建成中光对植株形态、叶片结构、趋光性等有一定影响，水分对植株形态（旱生与水生）以及温度对植株形态均有一定的影响。

4.1　植物生长与形态建成

生长发育是基因在一定时间、空间上顺序表达的过程，而基因的表达则受周围环境的调控。植物的生长与分化是植物各种生理与代谢活动的整合表现，它包括器官发端、形态建成、营养生长向生殖生长的过渡，以及个体最终走向成熟、衰老与死亡。研究这些历程的内部变化及其与环境的关系，对于控制植物的生长发育及提高林木生产力具有重要的意义。

4.1.1　生长、分化和发育的概念

被子植物的生命周期(生活史)要经过胚胎形成、种子萌发、幼苗生长、营养体形成、生殖体形成、开花、果实和种子形成、衰老死亡等阶段。在植物生命周期中，植物发生大小、形态、结构、功能上的变化，植物体的构造和机能发生由简单到复杂的变化，这就是发育(development)。从细胞及组织水平来理解，发育包括由分生细胞发育为成熟特化细胞，如形成层细胞分化出木质部和韧皮部等。发育包括生长(plant growth)和分化(differentiation)两个方面，也就是说，生长和分化贯穿在整个发育过程中。受精卵(合子)形成胚胎，就是早期的分化，称为胚胎发生(embryogenesis)。各种器官原基的出现称为器官发生(organogenesis)。种子的出根发芽是营养体建成的开始；而营养体达到一定阶段，在外界条件的诱导下，发生生殖器官，当雌雄性器官达到成熟时，进行受精过程，形成新的子一代。所以，高等植物的分化从形态上和生理上可分为3个阶段，即胚胎发生、营养器官发生和生殖器官发生。

在营养生长时期，植物的各种器官都发生形态与功能上的变化。叶原基形成叶片与叶柄，发育为成熟叶。根原基长成根，分化出侧根，最终形成完整的根系。在生殖生长时期，花原基转变成花芽，花芽发育形成花后开花，花衰老后子房形成成熟果实。

植物发育受基因的控制，在时间上有严格的顺序，如种子发芽、幼苗成长、开花结实、衰老死亡，都按一定的时间顺序发生。发育在空间上有合理的布局，比如，茎上叶原基的分布有一定的规律，形成叶序；在胚生长时，胚珠周围的组织也同时生长等。

植物生活史的完成是以细胞、组织、器官的生长与分化为基础的。在发育过程中，细胞、器官或有机体的数目、体积和质量发生不可逆的增加，称为生长。生长是由细胞分裂、伸长以及原生质体、细胞壁的增长而引起。生长一般表现为长度、细胞数目、干重和原生质总量的增加。但也有例外，比如，种子发芽时，胚乳质量减少，胚根胚芽增重，总干重并不增加而是减少。有些发育过程，细胞数目不是增加而是减少，比如，种子植物胚囊形成的前期，由胚囊母细胞减数分裂形成的4个大孢子，有3个消失，仅留1个有效大孢子。

来自同一合子或遗传上同质的细胞转变为形态上、机能上、化学构成上异质的细胞称为分化。植物的分化可以在细胞水平、组织水平和器官水平上表现出来。比如，薄壁细胞分化成厚壁细胞、木质部、韧皮部。在植物的茎上分化出叶及侧芽、侧枝，在根上分化出侧根、根毛等。整株植物的上下两端常常有不同的分化，上端分化出芽，下端分化出根。所有这些不同水平的分化，使植物的各个部分具有异质性，即具有不同的结构与功能。这

些形态、结构与功能上的变化是以细胞或组织内的生化分化为基础的。

可见，生长是发育的基础，而发育包含着生长和分化，没有生长和分化也就不能完成发育。在植物体的发育过程中由于部分细胞逐渐丧失了分裂和伸长的能力，向不同方向分化，从而形成了具有各种特殊构造和机能的细胞、组织和器官。

4.1.2 细胞的生长和分化

细胞水平的生长包括细胞分裂和细胞生长与分化。细胞的生长经常伴随着细胞形态和内部生理的变化即分化。分化是细胞在形态、内部代谢和生理功能上异质于原分生细胞的过程。细胞的分裂、生长和分化，是相互联系的复杂的生理过程，并且分别在形态上表现出相应的变化。

4.1.2.1 细胞的分裂

(1)细胞骨架控制细胞分裂和膨大的几何构型

与动物不同，植物只要活着，就有明显的不定向生长和持续的形态建成。就幼小植物体而言，持续的形态建成的中心位于植物尖端，即顶端分生组织区(茎尖和根尖)。尤其在茎尖更加明显，分生组织产生连续的结构，包括节、节间和腋芽。植物器官的形态主要依赖于细胞分裂和膨大的空间定向。例如，根尖幼嫩细胞组织源自肋状分生组织。这是因为该区的大多数细胞以横向面进行分裂，垂直于根的长轴，当新细胞开始生长时，主要是伸长生长。

①细胞分裂面的控制　细胞分裂面的决定是在间期的晚期(G₂ 期)，空间定位的最初标志是细胞骨架的重排。外层细胞质中的微管浓缩成一环状的"早前期带"。在进入分裂期前，早前期带消失，但它已决定了未来细胞的分裂面(图4-1)。在微管早前期带消失之后，"印痕"依然由有序排列的肌动蛋白微丝组成。这些肌动蛋白微丝将核固着在固定的

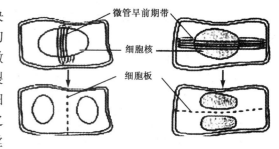

图 4-1 早前期带和细胞分裂面

位置上，直到纺锤体形成，随后它们直接移动产生细胞板的小液泡。当细胞最后分裂时，分隔两个子细胞的细胞壁在早已由早前期带所决定的面上形成。目前，研究者们正在探索究竟是什么因子控制着早前期带的发生位置。

②细胞膨大方向的定位　植物器官的形态是由细胞定向生长决定的。在活跃的生长区，如根的伸长区，细胞能膨大到原先体积的 50 倍。膨大是由于细胞壁产生膨压所致。细胞分泌酸并引起化学变化，使细胞壁上呈十字形排列的微纤丝之间松动，通过渗透压和膨胀压，吸收周围溶液中的水分。细胞膨大的体积约90%靠吸收水分。生长持续到细胞壁再次变得紧实足以抵消细胞膨压。

植物细胞在各个方向上的膨胀往往是不等的，如根尖伸长区细胞以伸长为主，可达原细胞长度的 20 倍，但宽度增加很少。细胞壁最内层微纤丝的定向生长决定了这种伸长。微纤丝由一个复合酶合成并参与原生质膜的形成。由于微纤丝不能大量伸展，细胞膨大主要沿垂直于微纤丝"束缚"的方向进行。细胞壁中微纤丝的排列形式反映了微管的发生位置

恰好与细膜相垂直。有人推测，微管限定了纤维素合成酶沿着膜特定方向移动，从而指定细胞壁中微纤丝的排列，它又决定了细胞膨大的方向。植物根尖细胞伸展使根快速伸长，可以使植株能很快得到土壤中的营养，这是植物适应固定在某处生活的重要进化特征。

（2）细胞板的形成

分生组织细胞核分裂之后，新形成的壁隔开两个子细胞，这个过程起始于细胞板的形成。在分裂中期，纺锤丝之间出现小泡，以后相互连接。在后期和末期，来自高尔基体的囊泡也加入到细胞板处，此外还分布着高度分枝的内质网和大量核糖体。由于大量的囊泡加入，细胞板向外生长，当它到达分裂细胞的纵向壁时，分裂就完成了。在每个子细胞里，高尔基体囊泡融合形成新的质膜，两个子细胞的原生质通过穿壁的胞间连丝（plasmodesma）相连。

电镜化学实验证明，最先形成细胞板的基本成分是含有大量半乳糖醛酸甲脂的多糖。花粉管内^{3}H 标记的肌醇（糖醛酸的前身）脉冲标记实验显示：最初标记出现在高尔基体的囊泡里，随后进入细胞壁。证明高尔基体参与多糖的合成，一旦高尔基体囊泡相互连合，在细胞板的两侧可以检测到纤维素。因此，细胞板有 3 层，中间主要是非纤维素的区带，分割开两个子细胞的初生壁，称为中层。中层两边各有一层纤维素，这就是初生壁形成的起始。

4.1.2.2　细胞的生长和分化

细胞通过有丝分裂过程所产生的子细胞，有的进入下一个细胞周期，再进行分裂；有的则不再分裂，而是朝着生长和分化的方向发展。细胞进行生长时，合成代谢旺盛，活跃地合成大量的新原生质，同时在细胞内也出现许多中间产物和一些代谢废物，从而使细胞的体积不断增大，质量也相应增加。在植物体的细胞分裂部位，可以明显看到，有丝分裂刚产生的子细胞都很小，其体积仅约为母细胞的一半。但经过细胞生长过程后，体积可增加几倍、几十倍，甚至更多，某些纵向伸长的纤维细胞就是最突出的例子，体积可增大几百倍、几千倍。因此，细胞生长其表现就是体积和质量的增加。

不同类型的细胞，其生长和体积的大小，都有一定的限度，这主要是受细胞遗传因素的控制，但在一定程度上，也受到环境的许多因素影响。例如，离体培养种子植物的单个细胞，由于脱离了多细胞整体的细胞间的影响。其生长情况和在体内条件下就有很大的差别。

根和茎顶端的分生组织是植物体连续扩大的所有细胞的来源。顶端分生细胞分裂产生形态与功能上一致的细胞。其中，一部分细胞脱离分生组织，细胞扩大并进入分化状态，分化为表皮、皮层、中柱或根中的根冠等，以及形成层、木质部、韧皮部、纤维、髓（薄壁细胞）等不同细胞类型。个体发育过程中，细胞在形态、结构和功能上发生改变的过程称为细胞分化（cell differentiation）。通过细胞分裂和分化，同样来源于分生组织的细胞发育为形态、结构和功能各异的细胞类型。例如，表皮细胞在细胞壁的表面形成明显的角质层以加强保护作用；叶肉细胞中前质体发育形成了大量的叶绿体专营光合作用；而贮藏细胞既不含叶绿体，也没有特化的细胞壁，但往往具有大的中央液泡和大量的白色体。

细胞分化完成后，形成生活组织的细胞或死的细胞，有的细胞分化后即死亡（如导管），称为编程性死亡。成熟组织的细胞最后老化并死亡。细胞的分生、扩大、分化在时间上有时是重叠的，但可以用实验方法将生长与分化区别开，如可用适当的抑制剂阻碍分化使生长照常进行。生长与分化有竞争，对快速生长有利的条件常常阻止分化，反之促进分化。例如，缺水时生长被延迟，但分化被促进。

个体发育过程中，细胞分裂和细胞分化有着严格的程序和规律。细胞分化过程的实质是基因按一定程序选择性地活化或阻遏。也就是说，细胞分化是基因有选择地表达的结果。不同类型的细胞具有专门活化细胞内某种特定的基因，使其转录形成特定的 mRNA，从而合成特定的酶和蛋白质，使细胞之间出现生理生化的差异，进一步出现形态、结构的分化。虽然发育生物学已发展到细胞和分子水平，但从一个简单的受精卵如何发育为具有高度复杂性的胚胎，尚未完全研究清楚，这是生物学中有待回答的一个重要问题。

细胞分化受环境因素的影响。例如，遮光栽培植物，幼苗黄化，组织分化差，薄壁组织多，输导组织和机械组织少，植株柔嫩多汁，与正常光照下栽培的幼苗有明显差异。这说明光对细胞分化有重要作用。蔬菜栽培上利用这个原理培育韭黄、蒜黄和豆芽等。又如，用培土方法来栽培大葱，长出很长的葱白，也是一种黄化栽培。

植物激素在细胞分化中也起重要作用。当细胞分裂素（cytokinin，CTK）和生长素吲哚-3-乙酸（indole-3-acetic acid，IAA）比值高时，促进芽的形成；比值低时，则促进根的形成；两种激素含量相等时，则不分化。此外，生长素可诱导愈伤组织细胞分化出木质部。在组织培养条件下，在丁香髓愈伤组织中插入一小块丁香的茎尖，在接触点之下的愈伤组织里就分化出分散成行的木质部管胞（图4-2）。如果不插入茎尖，而加入生长素和椰子乳提取液的混合物，也同样可以得到一些木质部分化，这说明生长素和细胞分裂素可诱导细胞分化出木质部。通常，低浓度的生长素能刺激木质部的发生，高浓度生长素抑制木质部的形成，生长素浓度和木质部分化程度之间存在着一种反比关系。细胞分裂素对一些植物木质部发生具有一定的促进作用。

图4-2　丁香愈伤组织中木质部的分化剖面观

图中所示为茎尖植入后54天的情况，黑色部分是木质部细胞

在适宜的生长素浓度下，把蔗糖浓度提高到2%，则利于木质部的形成，但韧皮部却很少形成，甚至不形成。在蔗糖浓度为 2.5% ~ 3.5% 时，木质部和韧皮部都能分化；蔗糖浓度为 4% 时所形成的维管组织只是韧皮部，很少或没有木质部。

细胞分化还受细胞间相互作用的影响。在植物体表皮上常见到气孔和表皮毛都按一定的规律排列，相互间保持一定的距离。气孔的分化不仅抑制邻近细胞分化为气孔，还抑制表皮毛的分化；表皮毛的分化也影响气孔的分化。表皮毛和气孔本身的分布还受其他组织的影响，例如，向日葵（*Helianthus annuus*）叶表皮毛总是位于叶脉的上面，又如，白睡莲（*Nymphaea alba*）叶子的叶肉里，石细胞的分化位置绝不在气孔下面。无论是环境条件还是细胞间相互作用的影响，都是通过调控细胞的基因表达来发挥作用的。

已分化的细胞在一定因素作用下可恢复分裂机能重新具有分生细胞的特性，这个过程称为脱分化。脱分化后往往随之发生再分化（redifferentiation），沿着另一个发展方向，分化为不同的组织。例如，根发育过程中的一定阶段，某些特定部位的中柱鞘细胞脱分化，恢复分裂机能，形成一团分生组织细胞，随后细胞不断分裂、分化形成侧根。在植物形态建成过程中不定根、不定芽和周皮等都是通过脱分化后再分化形成的。植物体的表皮、皮层、髓、韧皮部和厚角组织等都可在一定条件下发生脱分化。利用根、茎、叶进行扦插时，可见到明显的脱分化和再分化过程。

由此可见，植物细胞，甚至演化上最高级的种子植物细胞，都具有很大的可塑性(plasticity)。动物细胞也有脱分化、再分化的能力，但是高等的哺乳动物细胞的再生能力较差。

4.1.2.3　植物细胞分化的基本现象

(1) 极性(polarity)

极性是植物分化中的一个基本现象，它通常是指在器官、组织甚至细胞中，在不同的轴向上存在某种形态结构和生理生化上的梯度差异。事实上，合子(zygote)第一次分裂成基细胞(basal cell)和顶端细胞(apical cell)就是极性现象。极性一旦建立，即难于逆转。最熟悉的例子是将柳树挂在潮湿的空气中，不管是正挂还是倒挂，形态学下端总是长根，形态学上端总是长芽。受精卵在分裂以前就已建立起极性，细胞核和大多数细胞器位于细胞上部，而下部被一个大液泡占据，随着受精卵的第一次分裂，形成两个大小不等的细胞。极性造成细胞内物质分布不均匀，建立起轴向的两极分化，因此，细胞不均等分裂。

(2) 不均等分裂

细胞分裂常一分为二，形成两个相等的细胞，但是在植物体内各种特异细胞分化时，往往通过细胞分裂形成两个大小不等、命运不同的子细胞，墨角藻(*Fucus*)受精卵第一次分裂就是不均等分裂一个细胞发育为叶状体，另一个细胞发育为假根(图4-3)。又如，根毛形成(图4-4)、气孔发育、筛管、体胞形成和二核花粉粒的形成等。在整个植物生长发育过程中，不均等分裂现象是屡见不鲜的。不均等分裂是由极性引起的，还是不均等分裂导致了极性的产生，这依然是一个争论的问题。

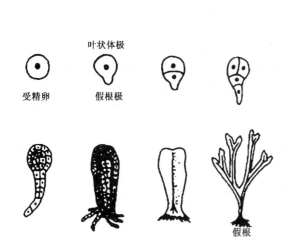

图 4-3　墨角藻(*Fucus*)的发育过程

受精卵不均等分裂，一个发育为叶
状体，另一个发育为假根

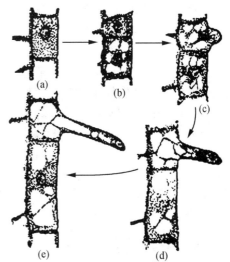

图 4-4　根原表皮细胞不均等分裂

(a) ~ (e)示分裂分化过程，大细胞发育为
表皮细胞，小细胞分化为根毛

（3）细胞器和细胞壁的分化

细胞分化是一个复杂的生理生化和形态结构变化过程，在显微镜下可观察到的细胞学变化主要有以下几个方面：

①细胞核—细胞质—液泡　分生组织细胞的核位于细胞中央，相对较大，液泡小，细胞质浓厚。随着细胞生长和分化，细胞吸水，液泡增大，逐渐合并形成中央大液泡，占据细胞体积的绝大部分，细胞核被挤向边缘，细胞质成为薄薄的一层，贴于液泡和质膜之间。

②细胞器的变化　在分生组织细胞内质体和线粒体的区别不明显，随着细胞分化，线粒体和质体显示出各自的结构特点。质体随着色素的合成和积累，分化为叶绿体、有色体和白色体3种。不同细胞含有不同的质体，从而具有不同的功能，分化为不同的组织，如叶肉细胞含有叶绿体，执行光合作用功能。贮藏组织细胞内的质体可贮藏淀粉、蛋白质或脂肪，分别形成造粉质体、造蛋白体或造油体。其他细胞器随着细胞分化也有不同程度的变化，如分泌细胞中分化出丰富的高尔基体等。

③细胞壁　具有不同功能的植物细胞，其细胞壁往往在结构上也有相应的变化，而这种结构变化往往与细胞壁的化学组成密切相关。如细胞壁次生加厚中有木质化（填充木质素，lignin）、栓质化（填充栓质，suberin）、角质化（填充角质，cutin）和矿质化（填充矿物质）。近年来，从分子水平上对细胞壁的发生、结构与功能的研究有了很大进展，已成为植物细胞生物学研究的热点之一。如 Lamport 等人（1960）发现细胞壁内有富含主脯氨酸的糖蛋白，并认为该蛋白与细胞生长时细胞壁伸展有关，定名为伸展蛋白（extensin）。经多年研究，现已确定伸展蛋白仅仅是一种结构蛋白，与细胞壁伸展无关，但在抗病和抗逆过程中有作用。机械损伤、真菌感染、热处理都能引起伸展蛋白增加，但对其作用机理还不十分清楚。

（4）相邻细胞间相互关系

相邻植物细胞之间关系极为密切，它们之间多数有胞间连丝使原生质体互相沟通。分化过程中有些细胞之间的胞间连丝发生变化，如筛管与伴胞间的胞间连丝呈分支状，直径也有所拓宽，使这对姐妹细胞紧密配合，共同执行运输功能。成熟的保卫细胞与表皮细胞之间没有胞间连丝，这有利于保卫细胞执行特定的功能。

分生组织细胞排列紧密，无细胞间隙，当发育、分化至成熟组织时，细胞之间大多出现细胞间隙，有通气作用；有的细胞间隙可积聚一些物质，特别发达的细胞间隙则有特殊的功能，如松树的树脂道就是大的细胞间隙成为贮藏树脂的场所。

此外，细胞分化过程中，细胞体积和形状也发生明显的变化。细胞形态结构的变化是分化的外部表现，它是基于细胞内酶和蛋白质合成等因素的差异造成的。植物个体发育过程中，茎尖、根尖的分生组织细胞伴随着细胞不断的分裂，逐步分化出植物体内的各种组织如薄壁组织、输导组织、机械组织、保护组织和分泌组织等。值得注意的是，分化的机理是一个相当复杂的问题，有待于从分子水平进一步研究。

4.1.3　植物的营养生长

4.1.3.1　植物生长的周期性

（1）植物生长大周期

无论器官或整个植株的生长，开始时生长有一个迟滞期，此时生长较缓慢，以后生长速度逐渐加快并达到最高点，称为对数生长期，然后生长减慢以至最终停止。德国植物生理学家 J. Von Sachs(1887)称这一"慢—快—慢"的整个生长过程为生长大周期(grand period of growth)。如果以时间为横坐标、生长量为纵坐标，则植物的生长呈"S"形曲线(图4-5)。

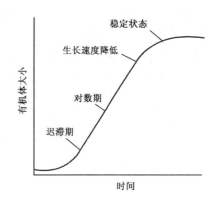

图 4-5　生长曲线

器官的生长为什么能表现出生长大周期？这应从细胞的生长情况来分析。生长是细胞分裂、细胞数目增长、体积增大、质量增加的结果。在迟滞期细胞分裂缓慢，原生质合成过程较慢，细胞几乎不伸长。由于细胞分裂是以原生质体量的增多为基础的，所以体积加大较慢。迟滞期末至对数期所有的细胞以稳定的速度进行分裂，细胞数目呈几何级数递增，此时，细胞转入伸长生长时期，由于水分的进入，细胞的体积就会迅速增加，所以生长速率是指数增长。当细胞分裂减弱时，细胞伸长达到最高速率后，就又会逐渐减慢以至最后停止。

整个植株的生长表现为"S"形生长曲线，产生的原因比较复杂，它主要与光合面积的大小及生命活动的强弱有关。生长初期，幼苗光合面积小，根系不发达，生长速率慢；随着植物光合面积的迅速扩大和庞大根系的建立，生长速率明显加快；以后随着生殖器官的形成，大量物质和能量用于繁殖，加之植株渐趋衰老，光合速率减慢，根系生长缓慢，生长渐慢以至停止。

①绝对生长速率(AGR)　指单位时间单位土地面积上生产的干物质质量，又称平均生长率(CGR)，多用以表示某种植物在不同生育时期，单位时间内物质生产的绝对值。设在 t_1 时测得质量为 W_1，t_2 时测得质量为 W_2，在 $t_2 - t_1$ 这段时间内，植株质量的增加为 $W_2 - W_1$ (在数学中记为 $\Delta W = W_2 - W_1$)，绝对生长速率 $= (W_2 - W_1)/(t_2 - t_1) = \Delta W/\Delta t$，单位为 $g \cdot d^{-1}$。但绝对值不能说明不同种类、品种或不同植株间、不同处理间在物质生产能力方面的差异。例如，2 个杨树品种的幼苗，试验开始时称重，甲品种单株苗重20g，乙品种苗重30g，生长 1 周后，甲为40g，乙为50g，从绝对生长率看，都是 $20g \cdot w^{-1}$ 但不能说两个品种长得一样快。在相同时间内，甲品种苗重增长 2 倍，而乙品种苗重增长近 1.7 倍，所以物质生产能力是甲＞乙，以这样的倍数增加，再过几周甲的质量便会赶上并超过乙。因此，在作这样的测定时，必须考虑原来大小的差异。

②相对生长速率(RGR)　绝对生长率只能反映出一段时间内(w^{-1}、d^{-1})的生长情况，只有当时间段 Δt 比较小时，即间隔的时间愈短，所反映的生长情况愈接近实际。当 $\Delta t \to 0$，即将绝对生长率求极限，此时的极限值称为在时刻 t 时的生长率，也称瞬时生长率，高等数学记作 dw/dt。相对生长速率 $RGR = 1/W \cdot dw/dt = (\ln W_2 - \ln W_1)/(t_2 - t_1)$，单位为 $(g \cdot g^{-1}) \cdot d^{-1}$。计算上例甲、乙两杨树品种幼苗的相对生长速率分别为 0.099 和 0.073，显然 RGR 可以提供甲乙 2 个品种相对生产力的比较。

(2)植物生长的昼夜周期性

在一天的 24h 中，由于光照强度和温度高低的不同，植物的生长速率随昼夜的交替而发生有规律的变化，称为植物生长的昼夜周期性(daily periodicity)。一般来说，在夏季，植物的生长速率在白天较慢，夜晚较快；而在冬季，植物的生长速率在白天较快，夜晚较慢。植物生长昼夜周期性的原因主要是：在夏季，白天温度高、光照强，蒸腾量大，植株易缺水，强光抑制植物细胞的伸长，晚上温度降低，呼吸作用减弱，物质消耗减少，积累增加，较低的夜温还有利于根系的生长以及细胞分裂素的合成，从而有利于植物的生长。但在冬季，夜晚温度太低，植物的生长受阻。

（3）植物生长的季节周期性

植物的生长在一年四季中随季节而发生有规律性的变化，称为植物生长的季节周期性（seasonal periodicity of growth）。这主要是一年四季的温度、水分、日照等条件发生有规律的变化所致。在温带地区，春天气温回升、日照延长，组织含水量增加，原生质从凝胶状态转变为溶胶状态，生长素、赤霉素和细胞分裂素从束缚态转化为游离态，各种生理代谢活动大大加强，植物的休眠芽开始萌动生长，到了夏天，光照和温度进一步延长和升高，水分比较充足，于是植物旺盛生长，秋天来临，气温逐渐下降，日照逐渐缩短，加之植物体内的脱落酸、乙烯逐渐增多，有机物从叶向生殖器官或根、茎、芽中转移，植物体上的芽进入休眠，到了冬天，植物的代谢活动降低到最低水平，处于休眠状态。对于多年生木本植物来说，这种周期性的生长，周而复始，年复一年。形成层的活动随季节的变化也有周期性的特点，植物的年轮就是由于形成层在不同的季节所形成的次生木质部在形态上的差异而造成的。因此，植物生长的季节周期性是植物对环境周期性变化长期适应的结果。

4.1.3.2 植物生长的相关性

高等植物的各个器官在形态结构和生理功能上各不相同，它们之间既有分工，又密切配合，使之成为一个统一的整体，各个器官之间的生长表现出既相互依赖，又相互制约的关系。

（1）地下部分与地上部分的相关

地下部分是指植物的根、块茎、鳞茎等地下器官，而地上部分是指植物体的茎、叶、花、果实等。植物地下部分和地上部分的生长是相互依赖的。植物地下部分的生命活动，必须依赖于地上部分的光合产物和生理活性物质，而地下部分吸收的水分、矿质元素以及合成的细胞分裂素等运往地上部分供其利用。它们相互促进，共同发展，俗话中的"根深叶茂"、"本固枝荣"就是这种依赖关系的具体体现。

地下部分和地上部分的生长也存在相互制约的一面。主要表现在对水分和营养等的争夺上。例如，当土壤缺乏水分时，地下部分一般不易发生水分亏缺而照常生长，而地上部分因水分的不足，其生长受到一定程度的抑制；相反，当土壤水分较多时，由于土壤通气性差，根的生长受到不同程度的抑制，但地上部分因水分供应充足而保持旺盛的生长。"旱长根、水长苗"就是这个道理。

地下部分和地上部分的相关性可用根冠比（root/top ratio，R/T 比值），即地下部分和地上部分的质量之比来表示。虽然它只是一个相对数值，但它可以反映出植物的生长状况，以及环境条件对植物地下部分和地上部分的不同影响。一般说来，温度较高、土壤水分较多、氮肥充足、磷肥供应较少、光照较弱时，常有利于地上部分的生长，根冠比降低；反之，则有利于地下部分的生长，根冠比增大。农业生产上，常用水肥措施来调节植物的根冠比，以促进收获器官的生长而达到增产的目的。例如，以收获地下器官（块根）的甘薯来说，应保证前期充足的水肥供应，以促进茎叶的生长，加强光合作用，而在后期则应减少氮肥和水分的供应，增施磷、钾肥，以利于光合产物的下运及淀粉的积累，从而促进薯块的长大。甘薯在前期的根冠比为 0.2，而后期应控制在 2 左右为宜。

（2）主茎和侧枝以及主根和侧根的相关

一般来说，植物的顶芽生长较快，而侧芽的生长则受到不同程度的抑制。主根和侧根之间也有类似的现象。如果将植物的顶芽或根尖的先端除掉，侧枝和侧根就会迅速长出。这种顶端生长占优势的现象称为顶端优势（apical dorminance）。顶端优势的强弱，与植物种类有关。松、杉、柏等裸子植物的顶端优势强，近顶端侧枝生长缓慢，远离顶端的侧枝生长较快，因而树冠成宝塔形，向日葵、玉米、高粱等植物也有明显的顶端优势，但水稻、小麦等植物顶端优势则很弱或没有顶端优势。

有关顶端优势的原因，目前主要有 2 种假说。一是 K. Goebel（1990）提出的"营养学说"，认为顶芽高浓度的 IAA 使顶芽成为营养物质最大的"库"，多数营养物质流向顶芽，而腋芽得不到维持正常生长所需的营养而受到抑制。另一种是"生长素假说"认为顶芽合成生长素并极性运输到侧芽，使侧芽附近的生长素浓度加大，而侧芽对生长素的反应较顶芽敏感，故使其生长受到抑制。

细胞分裂素可解除顶端优势，赤霉素有加强顶端优势的作用。但在顶芽被去掉的情况下，赤霉素不仅不能抑制侧芽生长，反而引起侧芽的强烈生长。利用顶端优势，生产上可根据需要来调节植物的株型。对于松、杉等用材树种需要高大笔直的茎干，要保持其顶端优势；雪松具明显的顶端优势，形成典型的塔形树冠，雄伟挺拔，姿态优美，为优美的观赏树种；对于果树、棉花或者是以观花为目的的观赏植物，则需要消除顶端优势，以促进侧枝的生长，多开花多结果。栽培上常采用移栽的办法，切断植物的主根，使其产生更多的侧根以提高栽培的成活率。

（3）营养器官和生殖器官的相关

营养器官和生殖器官之间的相互关系也表现为既相互依赖，又相互制约。营养生长是生殖生长的基础，只有在根、茎、叶营养器官健壮生长的基础上，才能为花、果实、种子的生殖生长创造良好的条件；而果实和种子的良好发育则又为新一代的营养器官（胚）的生长奠定了物质基础。营养器官与生殖器官的相互制约亦表现在对营养物质的争夺上。如果营养物质过多地消耗在营养器官的生长上，营养生长过旺，就会推迟生殖生长或使生殖器官发育不良。但如果营养物质过多地消耗在生殖器官的生长上，生殖生长过旺，也会引起营养器官生长势和生长量的下降，甚至导致植株的过早衰老和死亡。果树上的大小年现象，就是营养生长和生殖生长的相互制约造成的。大年时，果树开花结实多，消耗了大量的养分，植物体内积累的养分减少，影响翌年的花芽分化，使花果减少；小年时的情况则相反。因此，在果树生产中，通过疏花、疏果等措施，调节营养生长和生殖生长的矛盾，达到年年持续丰产的目的。

4.1.4　植物的生殖生长

植物的生殖生长以各种繁殖器官的形成和发育为标志，一般说来，植物开始抽薹（bolting）或形成花芽后，即代表有营养生长转入了生殖生长。

4.1.4.1 从营养生长到生殖生长的转变

通常植物经过一定时期的营养生长后，其营养分生组织便处于"感受态"，进入开花诱导期。即感受态的植物能够感受一系列内、外因子的变化，使营养分生组织的属性发生不可逆的变化，逐渐由营养性分生组织转化为繁殖性分生组织。目前已发现"光周期"和"春化作用"在营养生长向生殖生长转变过程中具有重要作用。此外，植物内源激素的变化对生殖生长的起始或者说开花现象也有重要影响。

(1) 光周期现象

一般地，白天和黑夜的相对长度称为光周期(photoperiod)。通常把植物对白天和黑夜相对长度变化的反应称为植物的光周期现象(photoperiodism)。根据开花的光周期反应，植物可以分为 3 种类型：

①短日植物(short-day plant, SDP)　指那些日照长度短于临界日长的条件下才能开花的植物，通常在春季或秋季开花，对暗期较为敏感，延长暗期会诱导或促进开花，所以又称之为长夜植物。

②长日植物(long-day plant, LDP)　指那些在日照长度长于临界日长的条件下才能开花的植物，通常在夏季开花。长日植物对光期更加敏感，增加光照会诱导或促进开花，所以长日植物又称短夜植物。

③日中性植物(day neutral plant, DNP)　指开花不受日照长度影响的植物。即开花不受临界日长的影响，或者说在任何日照条件下均可以开花。

对于短日植物和长日植物来说，所谓临界日长(critical day length)就是引起开花的最大和最小日长。由此可见，长日植物和短日植物的差别，并不表现在它们各自对日照长短要求的绝对值方面，而在与对临界日长的反应。此外，诱导周期数和光质也对营养生长向生殖生长的转变具有重要作用。

诱导周期数是指光周期敏感植物成花诱导所需的光周期数(天数)。一般地，诱导周期数植物开花要求的最少周期数，增加诱导周期数，可以促进植物提前开花，或者开花数目增加。不同植物开花诱导周期数不同，裂叶牵牛(*Pharbitis hederacea*)只需要一个诱导周期，而菊花(*Dendranthema morifolium*)的诱导周期数则为 12 个。

研究资料表明，红光是诱导成花最有效的光质。短光期结合长暗期，可以诱导短日植物开花，而使长日植物保持营养状态，但如果在长暗期中给予一个短时间的红光处理，那么植物就会发生短夜反应，即短日植物不开花而长日植物开花。

光周期敏感的植物在接受适当的光周期诱导后，营养茎端即可向生殖顶端转化而逐渐发育形成花芽。目前有实验证据表明，植物感受光刺激的部位是叶而不是芽，即发生光周期反应的部位是芽，而接受光刺激的部位是叶。并且，叶龄决定叶片光周期感应能力的大小，即未成熟叶和衰老的叶片敏感性较小，发育成熟的叶片(叶片完全展开)对光周期诱导最敏感。

(2) 春化作用

在自然条件下，低温主要影响一些二年生植物和一些一年生植物由营养顶端向生殖顶端的转化。如萝卜和冬小麦类的农作物，往往以营养体的形态过冬，到一年春天或夏天开始开花，秋末冬初的低温就成为生殖顶端形成的必需条件，称之为春化作用(vernalization）。

　　植物体中感受低温的部位是芽端的分生组织，所以低温诱导可在种子萌发或植株营养生长的任何时期进行。当然，不同植物春化作用敏感期各不相同。如甘蓝（*Brassica oleracea*）、胡萝卜（*Daucus carota*）敏感期可在幼苗生长期，而冬小麦（*Triticum aestivum*）种子萌发期即可进行低温诱导。有实验证据表明，低温处理过的冬小麦种子的呼吸速率比未处理的要高，而且植株体内的 RNA 含量、可溶性蛋白含量以及游离氨基酸均有所增加，表明低温处理能诱导一些蛋白质的合成，植物体代谢活动加速。

　　（3）激素调控

　　在植物由营养生长向生殖生长转换过程中，激素的影响是不可或缺的。任何一种植物激素均具有一定的影响成花反应，而且激素影响的效应是及其复杂的。比如，生长素或细胞分裂素对植物开花兼具一直和促进两种效应；乙烯可以促使菠萝（*Ananas comosus*）开花，并且其促进效应与处理时间相关；脱落酸一般促进短日植物在长日下开花，一直长日植物在长日下开花，并引起花芽枯萎和脱落；赤霉素可使一些需冷植物在常温下开花，或使一些长日植物在短日条件下开花、短日植物在长日下开花。成花素假说（florigen）认为：成花素是由形成茎所必需的赤霉素和开花素（anthesin）共同组成，所以植物体内必需同时具有赤霉素和开花素，植株才能开花。长日植物在短日条件下由于缺乏开花素，所以两者都不能开花；而日中性植物本身具有赤霉素和开花素，所以不论在长、短日照条件下都能开花。

　　在光周期、低温和激素综合作用下，植物从营养顶端向生殖顶端的过渡过程还涉及一些列基因的表达调控，目前利用拟南芥突变体研究了相关基因，但是它们表达调控的机理还是不够清楚。

4.1.4.2　花的形成与发育

　　植物经过适宜条件的成花诱导之后，发生成花反应的结果是茎尖从营养生长转变成生殖生长。这一过程可划分为 3 个阶段，即花的起始（initiation）、花的诱动（evocation）和花器官的分化与发育。植物的营养器官感受开花的诱导信号，并把它们传递给茎段，此为花的起始；植物营养顶端转化为生殖顶端，即为花的诱动；花器官的分化与发育包括花序分生组织的产生次级花序分生组织或花分生组织、花器官形态发生等一系列过程。

　　花序型和花芽型的分生组织具有空间位置以及细胞分裂序列上的连续性。有实验证据表明，分生组织的特异性基因的正常表达与否决定了花芽分生组织的属性。金鱼草（*Antirrhinum majus*）*flo* 基因的缺失影响花原基的发育，*flo* 突变体在营养生长时与野生型无异，在顶端分生组织从营养型向花序型转变时也表现正常，花序形成后，*flo* 突变体在花序分生组织的侧面继续发育形成花序型分生组织，而未分化形成花原基，最终形成不断重复的花序结构。同样，花器官的分化形成也受多种基因的综合影响。过去 10 多年来，被子植物中有关花发育方面的研究主要集中在拟南芥、金鱼草和矮牵牛（*Peunia ×hybrida*）等模式植物中。通过对拟南芥和金鱼草中花的同源异型突变体的研究，Coen（1991）等最早提出花器官发育的"ABC"模型，用于解释花的同源异型基因在器官形成中的作用（图 4-6）。该模型认为，萼片、花瓣、雄蕊和心皮四轮花器官形成是由 A、B 和 C 3 类同源异型基因（Homeotic gene）控制；其中 A 类基因单独调控萼片发育，A 和 B 类基因共同调控花瓣发育，B

和 C 类基因共同调控雄蕊发育，C 类基因单独调控心皮发育。ABC 模型有 3 个基本原则：①每一个类型的同源异型基因作用于相邻的两个轮，当基因突变时其所决定的花器官表型发生改变；②花同源异型基因的联合作用决定器官的发育；③A 类和 C 类的基因表达不相互重叠。由于经典 ABC 模型较好地解释了花同源异型基因的表达模式，阐明了花器官突变的分子机制，并能够预测单突变，双突变和三重突变体花器官的表型，所以被广泛接受。

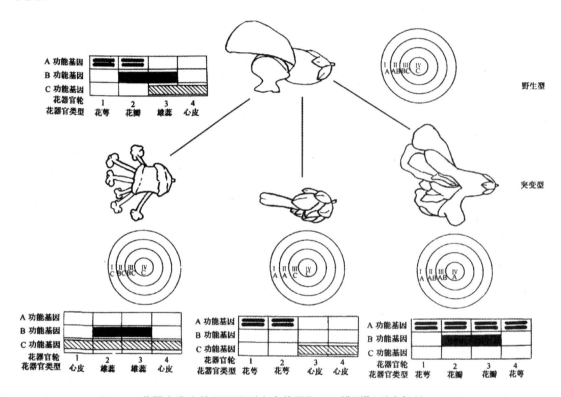

图 4-6 花器官发育的同源异型突变体及"ABC 模型"（引自杨继，2002）

随着对矮牵牛基因功能的发掘，存在有决定胚珠发育的 MADS-box 基因 FLORALBINDING PROTEIN7（FBP7）和 FBP11，它们同时也影响种子的发育。FBP11 在胚珠原基、珠被和珠柄中表达，转基因植株的花上形成异位胚珠或胎座。如果干扰 FBP11 的表达，就会在应该形成胚珠的地方发育出心皮状结构。这个发现使人们认识到还存在有与 C 类基因功能部分重叠的一类基因，Colombo（1995）等将此类调控胚珠发育的基因归属于 D 类基因范畴，并提出花发育"ABCD"模型。

研究发现协同表达 A、B 和 C 类基因时，并不能使营养器官转化为花器官，据此推测还需要有另外的基因参与调节花器官的发育。在寻找与 ABC 类基因相互作用的蛋白时，发现了一类 SEP 基因。当 SEP 基因同 A、B 类基因或者 B、C 类基因共转化拟南芥时，营养器官均能转化成花器官，说明 SEP 基因是花器官发育所必需的一类新的同源异型基因，命名为 E 类基因。目前，花发育模型据此修正为"ABCDE"模型（Sangtae，2005）。该模型认为，花发育是由同源异型基因（A、B、C、D 和 E）的活性调控，这些同源异型基因协同作用，共同调控花器官的发育。其中 A + E 活性调控第 1 轮(萼片)的发育；A + B + E 活性调控第 2 轮(花瓣)的发育；B + C + E 活性调控第 3 轮(雄蕊)的发育；C + E 活性调控第 4 轮(心皮)的发育；D + E 活性调控胚珠的发育。任何一类基因缺失，均导致相邻 2 轮花器官的改变，如 A 类功能基因对 C 类功能基因有抑制作用(图 4-7)。

尽管花发育基因的调控机理研究取得了令人瞩目的进展，并已经从各种植物中克隆了众多的花发育相关转录因子，但如何利用基因工程手段精确控制植物的发育，以及如何将这些转录因子应用于农业生产，仍然是亟需解决的问题。

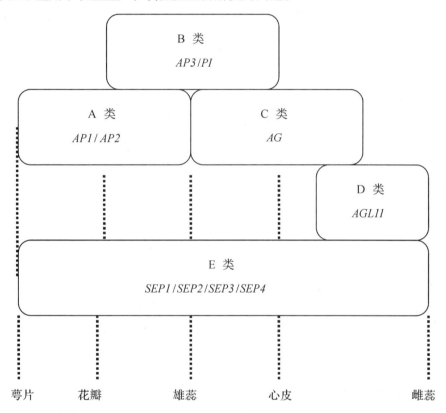

图 4-7　拟南芥花器官发育的 **ABCDE** 模型及相关基因(引自 Sangtae，2005)

4.1.5　植物组织培养和植物体形态建成

组织培养(tissue culture)是指在无菌条件下，在含有营养和植物激素等的培养基中培养离体植物组织(器官或细胞)的技术。组织培养技术的理论基础是植物细胞具有全能性(totipoteney)。1902 年，德国植物学家 Haberlandt 首次提出植物细胞全能性的理论，即离体的具有完整细胞核的植物细胞在适当的条件下，具有不断繁殖、分裂和发育成完整植株的潜在能力。Skoog 和 Miller(1957)证实烟草髓组织愈伤组织可以分化形成根和芽。Steward(1958)和 Reinert(1959)分别首次用胡萝卜根韧皮薄壁细胞诱导愈伤组织，并再生出体细胞胚胎，科学地证实了植物细胞的全能性。

具有完整细胞核的植物细胞拥有形成完整植株所必需的全部遗传信息，在生长发育过程中细胞遗传信息表达调控机制发生变化，如在一个成熟的已分化的细胞中，通常仅5%～10%的基因处于活化状态，不同基因按一定的时空顺序选择性地活化或阻遏。生长发育的差异或形态功能的差异使得细胞全能性表达的程度不一。受精卵从第一次细胞分裂到产生具有完整形态和结构和机能的植株，是合子全能性的直接表达。植物的体细胞分化成特定的形态，构成组织和器官，行使一定的功能。除茎尖、根尖细胞及分生组织细胞能分裂和分化出地上部和地下部相应组织和器官，部分表达全能性外，其他体细胞难以在整体植株上表达细胞的全能性。但它们一旦脱离其原来的器官或组织，在适宜的培养条件下，经过脱分化和再分化，生长发育成完整植株，植物细胞的全能性得到表达。

4.1.5.1 植物组织培养

根据培养对象，组织培养可分为器官培养、组织培养、胚胎培养、细胞培养和原生质培养等。根据培养过程，将从植物体上分离下来的外植体(explant)第一次培养，称初代培养(primary culture)，以后将培养体转移到新的培养基上，则统称继代培养(subculture)，继代培养还可细分为"第二代培养"、"第三代培养"等。根据培养基物理状态，把加琼脂而培养基呈固体的，称固体培养，不加琼脂而培养基呈液体的，称液体培养。

组织培养的优点在于：可以研究被培养部分在不受植物体其他部分干扰下生长和分化的规律，并且可以用各种培养条件影响它们的生长和分化，以解决理论上和生产上的问题。组织培养的特点在于：取材少，培养材料经济；人为控制培养条件，不受自然条件影响，生长周期短，繁殖率高；管理方便，利于自动控制。近年来，随着组织培养技术的迅速发展，它不仅是植物生理学范围内研究的重要课题，并已渗透到生物学的各个领域，如细胞学、遗传学、育种学、生物化学、药物学，以及农学、园艺、林业等学科中。

组织培养要在无菌条件下培养植物的离体组织，所以植物材料必须完全无菌。植物体内外带有各种各样的微生物，因此一定要先进行消毒。次氯酸钙、过氧化氢、氯化汞等是常用的消毒剂。材料消毒后就放在无菌培养基中培养。目前，在植物组织培养中应用的培养基，一般是由无机培养物、碳源、维生素、生长调节物质和有机附加物等5类物质组成。

脱分化是分化细胞在特定培育条件下表达全能性的第一步，脱分化细胞进入细胞周期，分裂形成愈伤组织或直接发生组织分化和形态建成。植物分裂细胞从 G_1 或 G_2 期脱离细胞周期进入分化，同样分化细胞从 G_1 或 G_2 期进入细胞周期脱分化。分化细胞能否诱导脱分化进入细胞周期，取决于其分化程度。Gautheret(1966)观察到筛管、细胞核开始降解的木质部细胞，以及细胞壁厚度超过 $2\mu m$ 的纤维细胞(成熟的纤维细胞细胞壁厚度为 $7\mu m$)都不能再进入细胞分裂。脱分化强弱依次是生长点细胞、形成层细胞、伴胞、分泌细胞和薄壁细胞等。

除营养条件和培养的环境条件外，诱导植物细胞脱分化最主要的因子是生长素和细胞分裂素。

植物细胞脱分化过程中，细胞分裂类型、基因表达和细胞物质变化具有明显的特征。如光烟草(*Nicotianna glauca*)茎髓部组织脱分化：第三天，核膜解体，细胞核和核仁进入细胞质；第六天，90%核碎裂，有丝分裂占1.5%，每个细胞平均有核4～5个，最高多达20个。光烟草茎髓部细胞和组织分化与脱分化的其他特征见表4-1。

表 4-1　细胞和组织分化与脱分化的区别

区别	分化	脱分化
细胞区别	有丝分裂，无液泡及蛋白体有特征，排列规则，有极性，	无丝分裂为主，出现被泡和蛋白体
形态区别	如髓分生组织等	没有特征，排列不规则，没有极性
生理区别	有专一的功能	没有专一的功能
生化区别	有不同的化学组成和代谢方式	化学组成和代谢方式基本相同

4.1.5.2　植物器官体外形态建成

体外器官形态建成指培养细胞在适宜的诱导培养条件下，形成不定芽和不定根等器官的过程。脱分化的组织或细胞在一定条件下可有转变为各种不同类型细胞的能力，其中不同组分细胞具有不同的形成完整植株或植物器官的能力。植物体外形态建成有两种途径，一是器官建成，二是体细胞胚胎(somatic embryo)建成。

在植物组培中，再生植株可以：①先形成根，在根上形成芽(颠茄(*Atropa belladonna*)细胞悬浮培养)；②先形成芽，后在芽上形成根(小麦花粉愈伤组织)；③在愈伤组织上独立地产生芽和根，以便连接成统一的轴状结构(胡萝卜)；④形成其他营养繁殖体如块茎、鳞茎和圆球茎等；⑤形成花芽或生殖器官部分，如风信子(*Hyacinthus orientalis*)培养细胞分化成花药或胚珠等。

Hicks(1980)提出培养细胞器官分化的两种模式。①间接的：外植体先形成一团愈伤组织，从愈伤组织中产生拟分生组织，最后形成芽；②直接的：没有愈伤组织阶段，从外植体直接发生芽。对于间接发生途径来说，外植体细胞脱分化后，细胞分裂形成拟分生组织(meriste-moid)又称为分生中心(meristematic center)，它是在许多植物器官发生前的愈伤组织内部所产生的分生细胞群，其特点是细胞小、等径、壁薄。核染色深，在光学显微镜下看不到液泡。电镜下，在拟分生组织发生前有一个细胞分裂活跃区，这部分细胞的液泡中有膜状突起物，细胞质含有大量小囊泡和液泡，与内质网有密切关系，拟分生组织细胞边缘有小液泡，中央是大细胞核。细胞中有较多细胞器或多核，核内含物多，在发育过程中，细胞大小平均增加，液泡增加。一般来说，芽属于外起源，根属于内起源。大多数植物细胞的器官发生是通过间接发生途径进行的。直接发生途径在一些植物细胞和组织培养表现突出。Chlyah(1974)用薄层培养方法发现，蓝猪耳属(*Torenia*)植物从表皮发育成芽的过程，即从单个细胞开始细胞分裂，分成两三个相邻细胞，这些细胞成为中心后继续快速分裂，它们周围的细胞也分裂，但速度慢，这就在每个起始中心形成一个细胞分裂区，离中心越远，有丝分裂指数下降越快。拟分生组织的形成可以从细胞的一部分、一个细胞或多个细胞起源。在非洲紫罗兰(*Saintpaulia ionantha*)中看到芽的多细胞起源。

体细胞胚胎建成是指在组织培养中，培养细胞(非合子细胞)经脱分化后，发生持续细胞分裂增殖，并依次经历与合子胚相似的胚胎发生过程，即通过形成胚性细胞、原胚细胞团、球形胚期、心形胚期、鱼雷形胚期和子叶形胚期的胚胎发育时期，进而发育成具有与合子胚形态结构相同的胚状结构，最后能萌发成苗(图 4-8)。这种由愈伤组织的薄壁细胞(体细胞)不经有性生殖过程，而直接产生类似合子胚的结构称为体细胞胚。其中由普通植物体多种器官、组织等二倍体细胞产生的应是二倍体体细胞胚，但通常称之为体细胞胚；

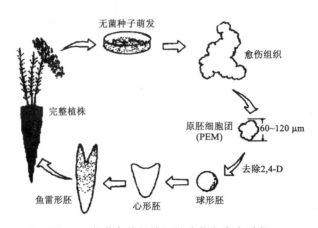

图 4-8 胡萝卜体细胞胚胎分化和发育过程

而由小孢子或其分裂产物等单倍体细胞产生的是花粉胚(pollen embryo)。

　　体细胞胚发育出的再生小植株与器官发生的不定芽发育不同,它们之间的显著差异有2点:①体细胞胚具有明显的根端与苗端的两极分化,而后者苗端是单极性结构;体细胞胚胎萌发即形成试管植株,而器官发生来源的植物,需要转移到生根培养基上诱导生根,形成完整植株。②体细胞胚的维管束与周围的母体愈伤组织或外植体组织之间分离,但后者与原愈伤组织或外植体中的维管组织相连接。

　　无论哪一种形态或器官建成类型,都首先要经历细胞分化的过程。对植物细胞分化的研究资料主要集中于维管组织的细胞分化,特别是木质部细胞的分化。百日草(Zinnia elegans)是较好的研究细胞分化的理想材料。Kohlenbach 和 Schmidt(1975)观察到,百日草叶肉细胞培养在适当的培养基上时,不经过细胞分裂就分化成导管细胞。百日草细胞分化与细胞周期关系密切。60% 的导管细胞直接从 G_1 期进行细胞分化。虽然百日草导管细胞的分化不需要进行 DNA 复制和细胞分裂,但是各种 DNA 合成抑制剂能完全抑制导管细胞的分化,这表明在导管细胞刚好要形成之前(培养后 48 ~ 60 h)所发生的 DNA 合成对于导管细胞的分化十分重要。由于卫星 DNA 合成的时间进程与 DNA 合成抑制剂阻碍导管细胞分化的时间进程一致,所以认为卫星 DNA 在导管细胞分化中可能起着重要的作用。有的植物细胞仍然要先进行细胞分裂形成愈伤组织,然后再分化成维管组织细胞。此外,百日草叶肉细胞分化为管状分子还受到细胞之间信号的调控。研究认为,木质素形成素(xylogen)是一种阿拉伯糖半乳糖苷蛋白,它是调节维管束细胞分化的胞间通讯的关键因子。

4.1.6　植物的运动

　　高等植物不能像动物一样自由地移动整体的位置,但植物体的某些器官可以产生位置移动,这就是植物的运动(movement)。在高等植物中,主要是由于生长所引起的运动,如根尖、茎尖的回旋转头运动,叶的向光运动,茎的负向地性运动,根的正向地运动,花的感夜开放等,称为生长运动(growth movement)。另外,还有一些与生长无关的,由细胞膨胀性的改变所引起的运动,如气孔的运动、含羞草小叶的合拢、复叶柄的下垂以及合欢的小叶合拢等,称为膨胀性运动(turgor movement)。植物的运动很早就吸引了许多生物学家的兴趣。例如，达尔文在大量细致观察的基础上，于 1881 年发表专著《植物的运动》，详细地描述了许多种植物的运动形式。植物通过不同方式的运动可以更好地获得生长发育所需要的能量和营养物质，完成受精作用，繁衍种族，躲避逆境，适应环境。因此，运动对植物有着重要的生物学意义。

4.1.6.1　向性运动

向性运动（tropic movement）是指植物受环境因子单方向刺激而产生的定向运动。引起向性运动的环境因子可以是光、重力、水、化学物质和接触等，相应地，可将向性分为向光性、向重力性、向化性、向水性、向触性等。

（1）向光性

植物随光的方向而弯曲的能力称为向光性（phototropism）。植物的向光性因器官而异。幼苗的胚芽鞘、茎尖常向光弯曲，称为正向光性（positive phototropism）；根背光生长，是负向光性（negative phototropism）。叶片通常与光线呈垂直方向生长，称为横向光性（dia-phototropism）。叶片的横向光性有利于叶子最大限度地吸收光能制造有机物。例如，用锡箔纸把在光下生长的苍耳（*Xanthium sibiricum*）叶片一半遮住后，叶柄相应的另一侧延长，向光源方向弯曲，这样叶片会从阴处移到光亮处叶片不易重叠，这就是叶镶嵌（leaf mosa-ic）现象。向日葵、花生（*Arachis hypogaea*）、棉花（*Gossypium* spp.）、羽扇豆（*Lupinus polyphyllus*）等植物的花或叶子在一天中随着阳光照射方向的变化而转动，称"太阳追踪"（solar tracking）。

植物感受光的部位是茎尖、芽鞘尖端、根尖、某些叶片或生长中的茎。大多数实验证实，蓝光（400~500nm）对向光性运动最有效。蓝光通过细胞膜上的受体，沿着信号转导过程将光信号转换成细胞内一系列反应，引起器官的生长运动。最近，从一种对蓝光不敏感的拟南芥突变体中，克隆到编码光受体的基因。这些受体蛋白与黄素（flavin）结合的蛋白有密切关系，黄素的吸收光谱表明，它主要吸收蓝光，可见，向光性移动中起作用的主要是蓝光。

早期对植物向光性的研究导致了生长素的发现。认为向光性的产生与生长素转移而造成的不均匀分布有关。单方向的光照引起器官尖端不同部分产生电势差，向光的一边带负电荷，背光的一边带正电荷，由于弱酸性的吲哚乙酸阴离子向带正电荷的背光的一边移动，背光的一边生长素多，细胞的伸长强烈，所以植株便向光弯曲。但 20 世纪 80 年代以来，许多学者提出向光性的产生是由于抑制物质分布不均匀引起的。他们用气相质谱等物理化学方法，测得单侧光照后，黄花燕麦芽鞘、向日葵下胚轴和萝卜下胚轴都会向光弯曲，但两侧的 IAA 含量基本相同，相反，却发现向光一侧的生长抑制物多于背光一侧。萝卜下胚轴的生长抑制物是萝卜宁（raphanusanin）和萝卜酰胺（raphanusamide），向日葵下胚轴的生长抑制物是黄质醛及其他。

（2）向重力性

向重力性（gravitropism）也称为向地性（geotropism）。如果把一株幼苗横放，数小时后就可以看到茎向上弯曲，根向下弯曲生长，弯曲的部位正是在生长最快的部位，这说明茎具有负向重力性（negative gravitropism），根有正向重力性（positive gravitropism）。地下茎呈水平方向生长，称为横向重力性（diagravitropism）。

迄今，有关植物向重力性运动产生的机理虽有过多种不同的解释，但重力影响器官运动的机理包含三个方面：①重力的感知；②重力刺激转换为细胞内生理的刺激；③生长反应。

有人认为，细胞中存在某些特殊的造粉体起着感受重力的平衡石（statolish）的作用。根冠柱（columella）、胚芽鞘尖端和茎的淀粉鞘中都有这种特殊的造粉体。当器官位置改变时，如垂直生长的根变为水平横放时，造粉体移动，使之总位于与重力方向垂直的细胞壁附近，几小时后，根逐渐向下弯曲生长，当根又变为垂直向下生长，造粉体回到原先位于的横壁附近（图4-9）。如果对根冠进行处理，使淀粉溶解消失，根就不能感受重力，淀粉粒重新形成后，根又可感知重力。

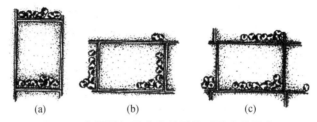

图4-9 根冠柱细胞内造粉质体对重力的反应

（a）根垂直向下生长时，造粉质体位于与土壤表面平行的横壁附近 （b）、（c）当根横放时，造粉质体逐渐向原来与土壤表面垂直的细胞壁附近转移。造粉质体在感受重力后有下沉反应

有些植物，如轮藻，它的生长依赖于最尖端的细胞，该细胞内含有充满硫酸钡结晶的囊泡，它们和上述造粉体一样起平衡石的作用。

对重力感知的另一种看法是流体静压假说。该假说认为当器官位置变动时，细胞内原生质移动对细胞的横向壁和纵向壁产生推和拉两种不同的力，从而感受到器官位置和方向的变化，再引发细胞内反应和不均衡生长。

根冠感知重力后如何使根的生长区域产生不均衡生长而向下弯曲，这个问题至今没有统一的解释。一种看法认为，当植物水平放置时，上下两侧生长素分布不均匀，上侧含量降低，下侧含量增加。在这种情况下茎的下侧生长快于上侧，表现为负向重力性。根对生长素较茎敏感，生长素含量较高时，生长反而受抑制，因此，根下侧生长比上侧生长慢，导致弯曲向下生长表现为正向重力性。

20世纪80年代以来的研究认为，Ca^{2+}和钙调素在根和茎的向重力性反应中有重要作用。实验证明当根横放后Ca^{2+}向根下侧转移。Ca^{2+}浓度增加有减弱细胞壁伸长的作用，所以横向根或胚芽鞘总是向高Ca^{2+}一侧弯曲生长。如果用钙的螯合剂EGTA处理根尖，可使根的向重力性反应丧失或减弱（图4-10）。R. Moore（1994）提出钙和生长素作用模式来解释根的向重力性生长运动，认为沿重力方向生长的根，IAA按极性运输方式运往根冠，Ca^{2+}在根质外体中对称分布；当根横放时细胞的电势产生不对称现象，使Ca^{2+}向根下侧移动。Ca^{2+}与钙调素结合，引起一系列反应，导致IAA向根的下侧移动，根下侧的IAA浓度升高，抑制细胞伸长使根弯曲向下生长。Moore还研究了向日葵、菜豆等植物侧根的横向重力性，发现向重力性运动与根冠柱大小呈正相关。为什么这些侧根不沿着重力方向垂直生长？他发现这些侧根的根冠柱较主根小，不足以形成向重力性效应物梯度。这些研

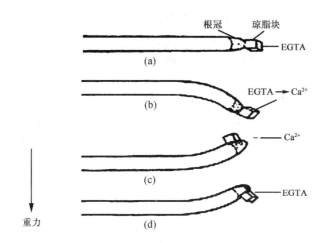

图 4-10　Ca²⁺ 对玉米根向重力性反应的影响
(a)涂在根冠上的 EGTA 妨害向重力性反应　(b)EGTA 预处理后涂上 Ca²⁺ 恢复向重力性反应
(c)Ca²⁺ 涂在根冠一侧引起向 Ca²⁺ 弯曲　(d)EGTA 涂在根冠一侧引起背离 EGTA 弯曲

究结果表明 Ca^{2+} 向下易位与生长素转移偶联在根的伸长区有明显的梯度，两者共同引起差异生长。

　　植物向重力性的机制是一个复杂的问题。值得关注的是上述各种研究都是在地球重力场中进行的，尽管有时会采用突变体作为研究材料，但缺乏失重环境作对照分析。宇宙航天飞行开创了空间生物学，为在太空中研究失重对植物生长的影响提供了条件，有望彻底揭示向重力性的机制。

　　(3)向化性

　　向化性(chemotropism)是指由于植物周围化学物质分布不均匀引起的生长运动。根的生长有向化现象，总是向肥料较多的区域生长。农业生产上根据作物的这种特性，可以用施肥影响根的生长。例如，水稻(*Oryza sativa*)深层施肥可使根向土壤深层生长，根分布广对吸收更多水肥有利。又如，种植香蕉(*Musa nana*)时可以采用以肥引芽的办法，把肥料施在人们希望它长苗的空旷地方，以达到调整香蕉植株分布均匀的目的。在真菌的生长过程中，向化性引导着菌丝向着营养物质生长。

　　(4)向水性

　　当土壤较干燥而水分分布不均匀时，根总是向较潮湿的地方，即水势高的区域生长，这种现象称为向水性(hydrotropism)。由于根的向重力性反应大大强于向水性反应，所以根的向水性研究较为困难。一个称为 ageotrpum 的豌豆(*Pisum sativum*)突变体的发现解决了这个问题。该突变体既无向重力性反应又无向光性反应。利用该突变体研究的结果表明，感受湿度梯度导致正向水性反应的部位是根冠，钙在根向水性反应中也起作用。

　　(5)向触性

　　向触性(thigmotropism)是指有些植物与一个固体物接触时，很快发生生长变化的反应。例如，黄瓜(*Cucumis sativus*)、南瓜(*Cucurbita moschata*)、丝瓜(*Luffa cylindrica*)、豌豆、

葡萄(*Vitis vinifera*)等植物的卷须(图4-11)。正在生长的卷须自发地进行着回旋转头运动,不停地寻找附近的支持物,卷须端部腹侧较为敏感,与固体物一接触,立即产生电波和化学物质向下传递,引发两侧细胞不均衡伸长,很快围绕固体物缠绕起来,可在1h内绕几圈。这些植物依靠这种方式向上攀缘生长。卷须的行为包括自发的、向触性和感触性运动,由膨斥、不均衡生长和原生质收缩共同作用完成。

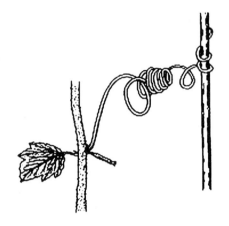

图4-11 丝瓜(*Luffa cylindrica*)的攀缘行为

有人做了这样一个有趣的实验将豌豆卷须置黑暗条件下3天,再摩擦卷须,它们不卷曲,这可能是因为卷须运动需要ATP;如果在摩擦后1h内照光,就有卷曲反应,这说明卷须对触觉的刺激有"记忆"能力。

4.1.6.2 感性运动

感性运动(nastic movement)是指没有一定方向的外界刺激所引起的运动,其反应方向与刺激方向无关。很多植物的感性运动是由于细胞膨压变化而引起的非生长性运动,有的则与生长有关。感性运动必须具有上表面和下表面(如花瓣)的两面对称构造。

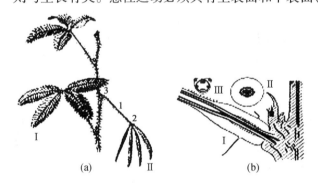

图4-12 含羞草的感震运动(引自杨世杰,2000)
(a)含羞草的一个枝条 Ⅰ.未受刺激的叶子
Ⅱ.受刺激后下垂的叶子 1.总叶柄 2.小叶柄 3.叶枕
(b)叶枕的构造 Ⅰ.叶枕纵切面 Ⅱ.叶枕横切面
Ⅲ.叶柄横切面,黑色的为维管束

(1)感震运动

感震运动(thigmonastic movement 或 seismonastic movement)最引人注意的例子是含羞草(*Mimosa pudica*)叶子的运动。当含羞草部分小叶受到接触、震动、热或电的刺激时,小叶成对地合拢;如刺激较强,这种刺激可以很快地通过电波和化学物质传递到邻近的小叶,甚至可传递到整个复叶的小叶,使邻近小叶依次合拢,并可一直传到叶柄基部,使整个复叶下垂;强刺激甚至可使整株植物的小叶合拢,复叶叶柄下垂。但经过一定的时间后

整个植物又可以恢复原状(图4-12)。含羞草总叶柄和小叶柄基部膨大,称为叶枕(pulvinus)。叶枕上部细胞的细胞壁较厚,而下部的细胞壁较薄,下部的细胞间隙比上部的大。当外界刺激传来时,叶枕下部细胞原生质的透性迅速增大,水分和K^+外流,进入细胞间隙,因此,叶枕下部细胞的膨压下降,组织疲软;而上部组织由于细胞结构不同,此时仍保持紧张状态,复叶叶柄即由叶枕处弯由产生下垂的运动。研究证明水分和K^+从叶枕下部细胞流出,是由于电波传来的刺激促进蔗糖从韧皮部卸出,导致质外体水势降低触发的。小叶片运动的机理与上述相似,只是小叶柄基部的上半部和下半部组织中细胞的构造

正好与复叶叶柄基部的叶枕相反，所以当膨压改变，部分组织疲软时，小叶即成对地合拢起来。刺激传递的速度每秒钟可达 15mm。

捕蝇草（*Dionaea muscipula*）叶子的运动也是一种感震运动。它的叶子特化为精巧的捕虫器，当小动物踏上捕虫器触发感震运动，叶子合拢，将小动物捕获，分泌消化酶，获取营养（图 4-13）。

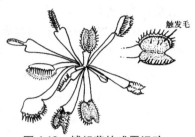

图 4-13　捕蝇草的感震运动

（引自杨杰，2002）

（2）感夜运动

感夜运动（nyctinastic movement）是一种感光性运动，由运动部位的细胞膨压变化引起的。含羞草、合欢（*Albizia julibrissin*）的复叶和小叶在白天光照弱或傍晚时合拢，叶柄下垂；白天光强时，又复张开，所以常常把这种运动又称为睡眠运动（sleep movement）。但有的植物如烟草、紫茉莉（*Mirabilis jalapa*）等则显出了相反的情况，即光增强时，花便闭合，光变弱时，花便开放，因此，它们是在晚上或阴天开放。有些植物的花，如蒲公英（*Taraxacum mongolicum*）和睡莲（*Nymphaea alba*）的花也可感夜运动。感夜运动由光敏素和生物钟参与控制。

此外，有些植物花的开放受光和温度的影响。因花瓣上部和下部细胞生长速度不同而使花瓣张开，花开放。例如，番红花（*Crocus sativus*）或郁金香（*Tulipa gesneriana*）的开花即由温度变换所引起的。当把这种植物从冷处移入温暖的室内时，过了 3～5min 后花就开放。这种感性运动与生长有关。

4.1.6.3　自动运动

自动运动（automatic movement）是指与外界因子无关，由植物体内部因子控制的运动。有的自动运动由膨压变化引起，如舞草（*Desmodium gyrans*）叶子的旋转运动（图 4-14），毛牵牛（*Pharbitis hispida*）幼苗的转头运动（图 4-15）；有的是生长运动，如牵牛（*Pharbitis hederacea*）等缠绕植物沿着支持物旋转缠绕向上生长（图 4-16）。

图 4-14　舞草的旋转运动

图 4-15　毛牵牛幼苗的转头运动

（a）　　　（b）

图 4-16　缠绕植物

（a）右旋　（b）左旋

4.1.6.4 生理钟

植物的很多生理活动具有周期性或节奏性，即存在着昼夜的或季节的周期性变化。这些周期性变化很大程度决定于环境条件的变化。一些植物体发生的昼夜周期性变化（如菜豆叶的昼夜运动），则不取决于环境条件的变化。因为这种运动即使在不变化的环境条件下，在一定天数内还仍然显示着这种周期性的、有节奏的变化。从图 4-17 中可以看出，在没有昼夜变化和温度变化的稳定条件下，叶子的升起和下降运动的每一周期接近 27h。由于这个周期不是恰好 24h，而只接近这个数值，因此，这样的周期称为近似昼夜节奏（circadian rhythum）。由此可见，植物不仅具有对环境中空间条件的适应（如适应温度的高低，光照强弱），同时还具有对时间条件的适应。近似昼夜节奏的例子很多，除了上述叶片感夜运动外，还有气孔开闭、蒸腾速率、细胞分裂、胞核体积、叶绿体形状和结构等。

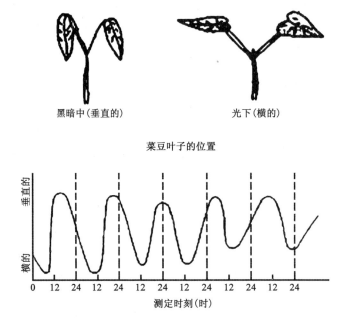

图 4-17　菜豆叶在不变化条件（微弱光及 20℃）下的运动
高点代表垂直的叶（左上）；低点代表横的叶（右上）

叶子的这种升起和下降的运动，说明了生物节奏的几个特性。首先，节奏的引起必须有一个信号，而一旦节奏开始，在稳恒的条件下仍然继续显示。在菜豆（*Phaseolus vulgaris*）叶子运动中，这个信号就是暗期跟随着一个光期。其次，一旦节奏开始，就以大约 24h 的节奏自由地运行。人们认为这个自由运行的节奏，反映出植物有一个内部变动着的过程，也就是生理钟（physiological clock）的存在。植物借助于生理钟准确地进行测时过程，但菜豆叶子运动中生理钟的测时过程变化的机理还不很清楚。现在越来越多的证据证明，膜的透性有近似昼夜的节奏变化。例如，苋菜（*Amaranthus mangostanus*）幼苗的 β-花青苷和合欢（*Albizia julibrissin*）小叶的 K^+ 的漏出是近似昼夜节奏变化，乙醇处理增加透性则延长菜豆叶片运动的周期 2～4h。

4.2　根茎结构与水分和物质的吸收及运输

植物营养体可以分成根(root)、茎干(shoot)和叶(leaf)三部分。根吸收土壤中的水分和矿物质,而茎干暴露在光和大气中,在根和茎干之间存在物质的运输。水分和矿物质经根吸收后,通过木质部运向茎干,而光合作用合成的糖则通过韧皮部由叶片运向植株的其他器官。

植物体内的物质运输主要包括 3 个水平:①在细胞水平上,水分和矿物质进出细胞的跨膜运输;②在组织或器官水平上,物质从细胞到细胞的短距离运输,如光合产物从叶肉细胞运送到韧皮部的筛管分子;③在植物整体水平上,汁液在木质部和韧皮部的长距离运输。

4.2.1　根系结构与水分吸收

植物的叶片能够吸水,但数量很少。根系是陆生植物吸水的主要器官,吸水部位主要在根尖。在根尖中,以根毛区的吸水能力最大,根冠、分生区和伸长区较小。后 3 个部分之所以吸水差,可能是由于细胞质浓厚,输导组织不发达,对水分移动阻力大。根毛区有许多根毛,增大了吸收面积(玉米增大 5.5 倍,大豆增大 12 倍),同时根毛细胞壁的外部是由果胶质组成,黏性强,亲水性也强,有利于与土壤颗粒黏着和吸水;而且根毛区的输导组织发达,对水分移动的阻力小,所以根毛区吸水能力最大。由于根部吸水主要在根尖部分进行,所以移植幼苗时应尽量避免损伤细根。

4.2.1.1　根系吸水的途径

土壤水分移动到根部表面后,要穿过表皮、皮层、内皮层和中柱鞘才能到达维管束,进一步向地上部分运送。根系吸水的途径有 3 条,即质外体途径、跨膜途径和共质体途径等。质外体途径(apoplast pathway)是指水分通过细胞壁、细胞间隙等没有原生质的部分移动,这种移动方式速度快。跨膜途径(transmembrane)是指水分从一个细胞移动到另一个细胞,要两次经过质膜,此途径只跨过膜而不经过细胞质,故称跨膜途径。共质体途径(symplast pathway)是指水分从一个细胞的细胞质经过胞间连丝,移动到另一个细胞的细胞质,如此移动下去,移动速度较慢。共质体途径和跨膜途径统称为细胞途径(cellular pathway)。这 3 条途径共同作用,使根部吸收水分。

值得注意的是内皮层细胞壁上的凯氏带(Casparian strip)。它环绕在内皮层径向壁上,木栓化和木质化,而细胞质牢牢地附在凯氏带上,所以水分只能通过内皮层的原生质体。这样内皮层就起着障碍物的作用。根尖附近的内皮层没有木栓化,易通过水分和矿物质。而内皮层已木栓化的区域,水分只有通过共质体途径进入木质部,也可通过凯氏带破裂的地方进入中柱(图 4-18)。

4.2.1.2　根系吸水的动力

根系吸水有两种动力:根压和蒸腾拉力,后者较为重要。

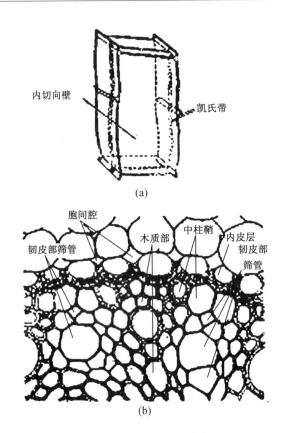

图 4-18　根内皮层的特点

(a)在木栓化发生以前单个的内皮层细胞(半图解式)　(b)玉米根的横切片，表示内皮层中壁的加厚

(1)根压

植物根系的生理活动使液流从根部上升的压力，称为根压(root pressure)。根压把根部的水分压到地上部，土壤中的水分便不断补充到根部，形成根系吸水过程，这是由根部形成力量引起的主动吸水。各种植物的根压大小不同，大多数植物的根压不超过0.05～0.5 MPa。

从植物茎的基部把茎切断切口不久即流出液滴。从受伤或折断的植物组织溢出液体的现象，称为伤流(bleeding)。流出的汁液是伤流液(bleeding sap)。伤流是由根压所引起的。不同植物的伤流程度不同，葫芦科植物伤流液较多，水稻、小麦等的伤流液较少。同一植物在不同季节中，根系生理活动强弱、根系有效吸收面积大小等都直接影响伤流液的多少。伤流液除了含有大量水分外，还含有各种无机盐、有机物和植物激素。所以伤流液的数量和成分，可作为根系活动能力强弱的指标。

没有受伤的植物如果处于土壤水分充足、天气潮湿的环境中，叶片尖端或边缘也有液体外泌的现象。这种从未受伤叶片尖端或边缘向外溢出液滴的现象称为吐水(guttation)。吐水也是由根压所引起的。水分是通过叶尖或叶缘的水孔(hydathode)排出的。若与叶片表面平行作纵切面观察可见到水孔，它是由两个不能启闭的保卫细胞及其内方的通水组织(epithem)构成(图4-19)。水分从木质部的末端，通过排列疏松的通水组织，经过保卫细胞围合成的小孔排到叶缘表面。在生产上，吐水现象可作为根系生理活动的指标，它可以说明水稻秧苗回青等生长状况。

　　土壤中的水分被根毛吸收，循着水势梯度经皮层到达导管。土壤溶液的水势对吸水有很大影响，土壤溶液水势高时，伤流速度快；土壤溶液水势低时，伤流速度慢；当导管汁液的水势等于土壤溶液的水势时，根系不能吸水；当外界溶液水势低于导管汁液的水势时，则根内的水分外流。由此可见，导管汁液与外界溶液之间的水势差决定根系能否吸水。

　　根系这种方式的吸水与地上部分无关，而与根系的生理活动有关，称为主动吸水。当用呼吸抑制剂处理时，伤流和吐水就受到抑制，当根系呼吸增强，代谢活跃时，根系吸水增加。

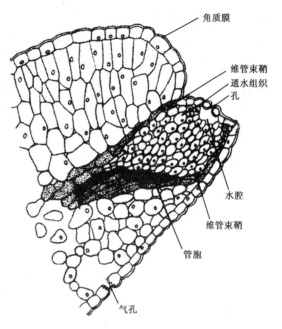

图 4-19　舌状虎耳草(*Saxifragra lingulata*)
叶的水孔纵切面

角质膜
维管束鞘
通水组织
孔
水腔
维管束鞘
管胞
气孔

　　到目前为止，关于根压产生的机理还不十分清楚。主要有两种解释：

　　①渗透论　根部导管四周的活细胞进行新陈代谢，不断向导管分泌无机盐和有机物，导管的水势下降，而附近活细胞的水势较高，所以水分不断流入导管。较外层细胞的水分向内层细胞的移动也是同样的道理。试验证明，根系在水势高的溶液中时，伤流速度快；如将根系转放在水势较低的溶液中，伤流速度变慢。

　　②代谢论　持这种见解的人认为，呼吸释放的能量参与根系的吸水过程。例如，当外界环境温度降低，氧分压下降或呼吸抑制剂存在时，根压、伤流、吐水或根系吸水便会降低或停顿；相反，低浓度的生长素溶液则能促进伤流速度。

　　(2)蒸腾拉力

　　叶片蒸腾时，气孔下腔附近的叶肉细胞因蒸腾失水而水势下降，所以从旁边细胞取得水分。同理，旁边细胞又从另一个细胞取得水分，如此下去，便从导管吸水，最后根部就从环境吸收水分。这种吸水完全是蒸腾失水而产生的蒸腾拉力(transpirational pull)所引起的，是由枝叶形成的力量传到根部而引起的被动吸水。蒸腾着的枝叶可通过被麻醉或死亡的根吸水，甚至没有根的切条也可以吸水。因此，根似乎只是水分进入植物体的被动吸收表面。

　　根压和蒸腾拉力在根系吸水过程中所占的比重，因植株蒸腾速率而异。通常蒸腾强的植物的吸水主要是由蒸腾拉力引起的。只有春季叶片未展开时，蒸腾速率很低的植株，根压才成为主要吸水动力。

4.2.1.3　影响根系吸水的因子

　　根的木质部溶液的渗透势、根系发达程度、根系对水分的透性程度和根系呼吸速率等能影响吸水。在外界条件中，大气因子影响蒸腾速率，从而间接影响根系吸水，而土壤因子则直接影响根系吸水。

根系能否吸水，取决于根系水势和土壤溶液水势之差值，只要土壤溶液水势高于根系的水势，植物就可以顺利吸水。

土壤中水分有3种不同状态存在：①被土壤颗粒紧密结合的水分，称为吸湿水，植物不能吸收；②受重力的影响而向下流动的水，称为重力水，植物也无法吸收利用；③存留在土壤孔隙间的水，称为毛细管水，植物可吸收利用。土壤溶液中含有很多溶质，除盐碱地外，一般土壤溶液的溶质势为 $10 \sim 20\text{kPa}$，而植物根细胞的水势一般比此值更低，植物能够吸水。盐碱土中盐分浓度过高时土壤溶液水势降低，根系吸水困难植物就会发生萎蔫。使用化学肥料过量也造成根系吸水困难，产生"烧苗"现象。

4.2.2 植物体内水分的运输

陆生植物根系从土壤中吸收的水分，必须运到茎、叶和其他器官，供植物各种代谢的需要或者蒸腾到体外。

4.2.2.1 水分运输的途径

水在整个运输途径中，一部分是在活细胞中的短距离横向运输，又称侧向运输（lateral transport），包括土壤水分由根毛→根的皮层→根中柱→根的导管及叶脉导管→叶肉细胞→叶肉细胞间隙与气孔下腔→气孔蒸腾。另一部分是通过导管和管胞的长距离运输（图4-20）。由此可见，土壤—植物—空气三者之间的水分是具有连续性的。

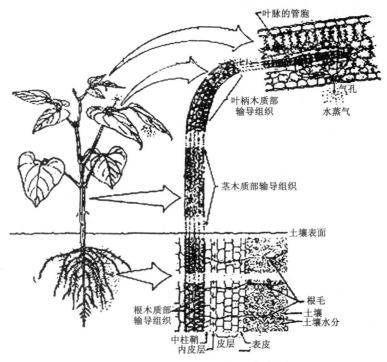

图4-20 水分从根向地上部运输的途径

(Thomas L. Rost, Michael G. Barbour, *et al.*, 1979, *Botany, A Brief Introduction to Plant Biology*, p. 97, John Wiley & Sons)

根据原生质的有无，植物组织可分为质外体（apoplast，又称非原质体）和共质体（symplast）两大部分。质外体是指没有原生质的部分，包括细胞壁、细胞间隙和导管的空腔贯穿各个细胞之间，是一个连续的体系。质外体不是空隙就是具有细孔的网状体（如细胞壁），水分、溶质和气体可以在其中自由扩散，所以运输迅速。共质体是指无数细胞的原生质体，通过胞间连丝联系，形成一个连续的整体。水分和溶质在共质体内进行渗透性运输，速度较慢。

经过活细胞的水分，如由叶脉到气孔下腔附近的叶肉细胞，这部分水在植物内的运输长度不过几毫米，距离很短，但因细胞内有原生质体，加上以渗透方式运输，所以阻力很大，不适于长距离运转。没有真正输导系统的植物（如苔藓和地衣）不能长得很高，在进化过程中出现了管胞（蕨类植物和裸子植物）和导管（被子植物），才有可能出现高达几米甚至几百米的植物，道理就在此。

导管和管胞都是中空无原生质体的长形死细胞，细胞和细胞之间都有孔，特别是导管细胞的横壁几乎消失殆尽，对水分运输的阻力很小，适于长距离的运输。裸子植物的水分运输途径是管胞，被子植物是导管和管胞。管胞和导管的水分运输距离以植株高度而定，由几厘米到几百米。

4.2.2.2　水分运输的速度与动力

活细胞原生质体对水流移动的阻力很大。因为原生质是由许多亲水物质组成，都具有水合膜，当水分流过时，原生质把水分吸住，保持在水合膜上，水流便遇到阻力。实验表明，在 0.1 MPa 条件下，水流经过原生质的速度只有 10^{-3}cm·h^{-1}。水分在木质部细胞中运输的速度比在薄壁细胞中快得多，为 $3 \sim 45$ m·h^{-1}。具体速度以植物输导组织隔膜大小和环境条件而定。具环孔材的树木的导管较大而且较长，水流速度最高为 $20 \sim 40$m·h^{-1}，甚至更高；具散孔材的树木的导管较短，水流速度慢，只有 $1 \sim 6$ m·h^{-1}；而裸子植物只有管胞，没有导管，水流速度更慢，还不到 0.6 m·h^{-1}。草本植物中的水流速度和环孔树木相近。同样的枝条，被太阳直接照射时的水流速度快于间接照射时的速度。同一植株，晚上水流速度低，白天高。

植物体内水分运输的动力有两种：一种是下部的根压，另一种是上部的蒸腾拉力。

植物的根压能使水进入木质部，但大多数植物的根压不超过 0.2MPa，而 0.2MPa 也只能使水分上升 20.4m。许多植物的高度远远比这个数值大得多，同时蒸腾旺盛时根压很小，所以水分上升的主要动力不是靠根压。对于幼苗和尚未展叶的树木，以及在蒸腾强度低时，根压是水分上运的动力。而对于高大树木，或蒸腾强烈时，水分上升的动力主要是蒸腾拉力。

植物的蒸腾作用主要是在叶片上进行的。叶片的蒸腾有两种：一种是通过角质层的蒸腾，称为角质蒸腾（cuticular transpiration）；另一种是通过气孔的蒸腾，称为气孔蒸腾（stomata transpiration）。幼嫩叶片或潮湿荫蔽条件下成长的叶片，角质层蒸腾可占总蒸腾量的 $1/3 \sim 1/2$。但是，成熟叶片的角质层蒸腾仅占总蒸腾量的 $5\% \sim 10\%$，气孔蒸腾是蒸腾作用的主要形式。

水分是沿水势梯度从土壤通过植物流向大气的。与土壤水势比较，大气水势是很低的。从土壤到大气，水分愈向上运，其水势愈低。这就提供水分在植物体内上升至叶片的力量。蒸腾拉力是指当气孔附近的叶肉细胞因蒸腾作用散发水分后，水势降低，于是就从旁边的细胞吸取水分。同理，这个细胞又从另一细胞吸水，这样依次下去，便可从导管夺取水分。因此，蒸腾越强，失水越多，植物顶部的水势越小，从导管拉水的力量越强。蒸腾拉力要把下部的水分沿茎的木质部拉上去，导管中的水分必须形成连续的水柱。否则，水柱一中断，便无法把水拉上去。

通常用内聚力学说（cohesion theory）来解释植物体内水分上运时水柱不断的问题。水分子间具有相互吸引的力量，这是水的内聚力（cohesive force）。水分子的内聚力很大，据测定，植物细胞中水分子的内聚力达 20 MPa 以上。水柱的一端受到蒸腾拉力的同时，水柱内的内聚力又使水柱下降，这样上拉、下坠便使水柱产生张力（tension）。木质部水柱张力为 0.5 ~ 3 MPa。水柱张力比内聚力小，所以水柱不会中断。这种以水分具有较大的内聚力保证由叶至根水柱不断来解释水分上升原因的学说，称为内聚力学说，亦称蒸腾内聚力张力学说（transpiration-cohesion-tension theory）。

有两个因素促使木质部中水的内聚力增加：①当水进入根的时候，已经进行了十分有效的过滤，这样就除去了一些微细的颗粒，而这些颗粒往往能成为形成气泡的核；②水是处在十分细微的管子中。然而有充分的证据表明确有气泡形成，并且在许多乔木中这可能是一种正常的状况。气泡一旦形成，在一根导管或管胞之内将被隔离，需要十分大的拉力才能将带有空气的水拉过中层的界面。中层上孔的半径大概不超过 0.01μm，由此测算出拉气泡通过这个孔至少需要 15MPa 的拉力。一棵活的植物有如此大的拉力是不能想像的。气泡一旦形成是否就能重新解体尚不能确定。如果有可能的话，那一定是在十分窄的导管或管胞分子中进行。另一方面，在环孔材中发现，一些十分大的导管中，似乎第一个夏天形成的气泡可能被永久保留，因为每一根导管的功能只有几个月，并且只有木质部年轮最外层的大导管才有功能。

4.2.3　根系结构与矿物质吸收

植物体内已发现的矿物质元素有 60 余种，这些元素并非全部是植物必需的。根据实验，现普遍认为必需元素有 16 种，近年来许多植物营养学家将 Ni 作为第 17 种列入必需元素中。根据植物对必需元素需要量的多少，将其分为大量元素（C、H、O、N、K、Ca、Mg、S）、微量元素（Fe、Ma、B、Zn、Cu、Mo、Cl、Ni）。

必需矿质元素在植物体内的生理作用主要有 3 个方面：①细胞的结构物质；②调节酶的活性与生命活动；③电化学作用，如离子平衡、原生质胶体的稳定和电荷中和等。

4.2.3.1　吸收部位与途径

示踪元素实验表明，根尖各区都可吸收矿物质元素，最活跃的部位是靠近根冠的分生区和根毛区，但由于分生区尚无输导组织的分化，吸收的矿物质元素不能及时上运，所以分生区对于吸收矿质元素的作用不大。根毛区有大量根毛，已有输导组织分化，内皮层有凯氏带，能有效地吸收矿质元素并及时上运。因此，根毛区是根系吸收矿物质元素的主要部位，根毛的存在能使根部与土壤环境的接触面积大大增加。

根部吸收溶液中的矿物质要经过以下步骤：

①离子吸附在根部细胞表面　根部细胞在吸收离子的过程中，同时进行着离子的吸附

与解吸附。这时，总有一部分离子被其他离子所置换。由于细胞吸附离子具有交换性质，故称为交换吸附（exchange adsorption）。根部之所以能进行交换吸附，是因为根部细胞的质膜表层有阴阳离子，其中主要是 H^+ 和 HCO_3^-，由根的呼吸作用放出 CO_2 和 H_2O，形成 H_2CO_3。H_2CO_3 解离为 H^+ 和 HCO_3^-，这两种离子分别与土壤溶液和土壤颗粒表面的阴阳离子进行交换吸附，盐类离子即被吸附在细胞表面。交换吸附不需要能量，吸收速度很快（几分之一秒）。

②离子进入根的内部　吸附在根表面的矿质元素可通过主动运输、被动运输或内吞作用跨膜进入细胞，通过胞间连丝，经内皮层进入导管。吸附在根表面的离子也可在质外体中扩散，到达凯氏带时再跨膜进入细胞，经由共质体途径继续移动，进入导管。

4.2.3.2　根系吸收矿质元素的特点

植物根系吸收矿质元素是一个复杂的过程，它既与吸水有关，又有其独立性和选择性。尽管矿质元素一般要溶解于水中才能被吸收，但根系对矿质元素和水分的吸收，并无一致的关系。例如，菜豆吸水量增加 1 倍时，所吸收的 K、P、Ca 只增加 0.1 ~ 0.7 倍，不同离子增加量也不相同，原因是两者吸收的机理不同。根系吸水主要由蒸腾作用引起的被动吸水，而吸收矿质元素则以消耗能量的主动吸收为主，需要载体参与，有饱和效应。此外，根吸收离子的数量不与溶液中离子数量成比例，具有选择性。植物对同一种盐的阴离子和阳离子的吸收也有差异。

4.2.4　木质部与矿物质运输

根部吸收的矿物质，有一部分留存在根内，大部分运输到植物体的其他部分。包括矿物质在植物体内向上、向下的运输，以及在地上部分的分布与以后的再次分配等。

根毛区离子吸收的质外体和共质体途径是从每一个细胞的细胞质直至无生命的木质部，而质外体途径是经过细胞壁网络和凯氏带，随后进入共质体。

水分和矿物质经过短距离运输进入根的内部，最后进入木质部的导管（或管胞）。经细胞或导管（或管胞）运输到植物的地上部分。这就涉及离子从中柱鞘细胞或活的木质部细胞进入到木质部的死细胞中的问题。用呼吸抑制剂（阻止 ATP 形成）的试验表明，离子进入木质部需要代谢能和 ATP 的参与，即中柱鞘细胞或活的木质部细胞一方面能吸收离子，另一方面又将离子释放到木质部的死细胞中。溶质的长距离运输是以水为载体，矿质元素与小分子有机化合物在木质部和韧皮部维管系统中运输。由根系向地上部的长距离运输基本上是在非生活的木质部导管中进行的，木质部运输受到静压（根压）和水势梯度的驱动。因此，从根系向地上部的木质部溶质流是单向性的。通过分析木质部的伤流液证明，绝大多数营养元素以无机离子的形式在木质部运输。根部吸收的无机氮可以在根内转变为有机化合物，所以在木质部运输中存在天冬氨酸、谷氨酸及其酰胺。部分磷酸根被吸收后也会很快转变成有机磷化合物，但磷主要以无机形式向上运输。矿质元素以离子形式或其他形式进入导管后随着蒸腾流一起上升，也可以顺着浓度差而扩散。

矿物质在韧皮部中的长距离运输是双向性的。运输的方向取决于不同器官或组织对矿质营养的需求，即由源到库的转移。在筛管的汁液里可以检查出大部分主要营养元素的无机离子，如在蓖麻（Ricinus communis）筛管的汁液里有 K^+、Na^+、Ca^{2+}、Mg^{2+}、Cl^-、

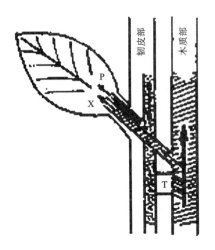

图 4-21 矿物质在茎中的运输

连着叶片的茎中韧皮部（P）和木质部（X）
的长距离运输。木质部—韧皮部通过转移
细胞（T）中转

NO_3^-、SO_4^{2-}、$H_2PO_4^-$、HCO_3^-、NH_4^+等。在长距离运输期间，矿质养和有机溶质靠扩散交换过程，在木质部和韧皮部之间进行转移（图 4-21）。从韧皮部向木质部的转移可能是下坡型的，如果存在明显的浓度梯度便可以通过筛管原生质膜"渗漏"出去。相反，对大多数有机或无机溶质，由木质部到韧皮部的转移是一个逆着浓度梯度的上坡型运输，即可能是一个主动运输过程。木质部到韧皮部的转移对于植物的矿质营养尤为重要，因为木质部运输的主要方向是蒸腾最强的场所（器官），而那里往往不是矿质养分需要量最多的部位。矿质元素的库主要在茎顶端、果实和种子中。在禾本科植物的茎中，节是矿质养分从木质部向韧皮部转移最集中的部位。

叶片吸收的离子在茎部向上运输的途径是韧皮部，不过有些矿物质元素能从韧皮部横向运输到木质部而向上运输，所以，叶片吸收的矿质元素在茎部向上运输是通过韧皮部和木质部。

矿质元素在植物体内的运输速度约为 $30\sim100\mathrm{cm}\cdot\mathrm{h}^{-1}$。

4.3 韧皮部与有机物运输

叶片是进行光合作用合成有机物的主要场所，植物各器官、组织所需要的有机物，主要是由叶片供应的。从有机物生产地到消耗地或贮藏场所之间，必然有一个运输问题。从农业实践而言，如何使较高的生物产量转变成较高的经济产量（即通称的作物产量，如小麦、水稻、玉米、油菜、大豆的种子，马铃薯的块茎，甘蔗的茎等），与有机物的有效运输密切相关。

4.3.1 根茎叶韧皮部输导系统

韧皮部是由筛管、伴胞与韧皮薄壁细胞所组成，其中筛管是运输的主要通道。对各类群植物进行比较发现，凡是同化物须经一定距离运输的植物，在其体内都有筛细胞分化，并且筛细胞结构基本相似只是特化程度不同。如大型的褐藻（昆布、海带），它们体躯发达，同化物也须远距离运输，因此在体内也分化出一种类似于筛管的特化细胞叫喇叭状菌丝（trumpethypae）（图 4-22）。菌丝呈哑铃形，菌丝内含有除细胞正常组成如核、线粒体、质体与内质网、小液泡外，已分化出明显的筛板。示踪方法证明同化物纵向运输速度可达 $0.8\,\mathrm{m}\cdot\mathrm{h}$，但无伴胞。苔藓植物配子体中已分化出更类似于高等植物的筛细胞，细胞内

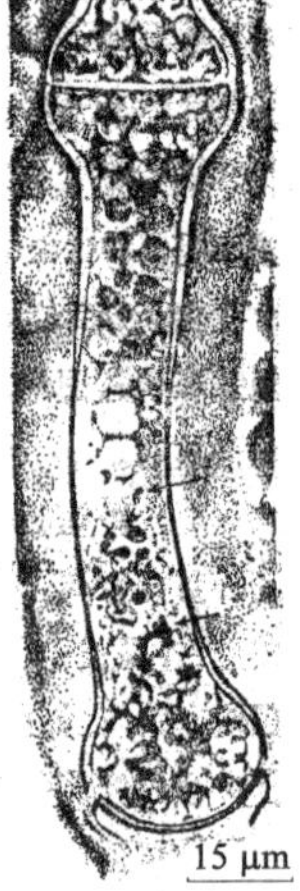

图 4-22 昆布的喇叭状菌丝
筛管的原始状态

核已破裂仅保留内质网，并在这类细胞附近出现富含酶活性的薄壁细胞，比藻类筛细胞的特化程度有了进步。蕨类植物筛细胞与被子植物已经类似，核已退化，内质网已变成丝状，有明显的筛板与筛孔，在筛细胞附近分化出一些原生质浓厚，并有很多线粒体与核糖体的薄壁细胞，已基本上分化为专司运输同化物的特化组织。裸子植物筛细胞结构已与被子植物相似，所不同的是在筛细胞内尚无 P-蛋白的出现（韧皮蛋白），内质网仍为丝状体。在筛细胞附近的蛋白细胞（albuminaus cell）有胞间连丝与筛细胞相通，类似于被子植物伴胞作用。被子植物筛管有明显的筛板筛孔，并与伴胞配对组合，伴胞为筛管提供结构物质——蛋白质、信息物质 RNA；维持筛管分子间渗透平衡，调节同化物向筛管的装载与卸出。筛管中 P-蛋白为管状、丝状或线状，是筛管高度进化的结果，其出现使得筛孔进一步扩大，更有利于长距离运输。

被子植物筛管的最大特征是细胞端壁形成了有孔的筛板，在侧壁上也有筛区，而裸子植物筛胞端壁上无明显筛板，筛区在两侧。

4.3.2　有机物运输的途径和形式

同化物包括光合作用的产物通过韧皮部的筛管进行运输。韧皮部的运输可以向上和向下进行，不受重力的影响。运输的方向是从供应的区域（源，source）到代谢或者贮藏的区域（库，sink）。源是指输出的器官，如成熟的叶子，它产生的光合作用产物超过它本身的需要。另一种类型的源是输出的贮藏器官，例如，第二年春天的甜菜或者胡萝卜的根是一种源，种子的子叶和胚乳细胞对萌发的幼苗是源。库包括所有植物的非光合作用器官和不能产生足够光合作用产物来维持它们生长或贮藏需要的器官，如根、块茎，发育的果实和未成熟的叶，它们必须靠输入碳水化合物来维持正常的生长发育。

韧皮部汁液分析结果表明，在大多数植物中运输的物质主要是糖类。氮主要以氨基酸和酰胺的形式（特别是谷氨酸/谷氨酰胺和天冬氨酸/天冬酰胺）存在于韧皮部中，但比糖类少得多。此外，韧皮部汁液中还含有植物激素（如生长素、赤霉素、细胞分裂素和脱落酸）以及无机离子（包括 K、Mg、P 和 Cl）。

在高等植物中运输的糖类是非还原性的糖，如蔗糖、棉籽糖、水苏糖和毛蕊草糖。其中，蔗糖是最主要的运输糖，占韧皮部汁液干重的 30% 以上。还原糖以及它们的磷酸衍生物不是以糖的形式运输，它们具有暴露的醛基或者酮基，有较高的反应活性。

近年来通过同位素示踪方法证明糖在韧皮部中运输的速度通常在 $50 \sim 100 \mathrm{cm} \cdot \mathrm{h}^{-1}$，这比糖在水中扩散速率大几千倍，各种植物的运输速率虽有不同，但大致都在这个范围。

4.3.3　韧皮部装载

韧皮部装载（phloem loading）是指光合产物从叶肉细胞到筛分子—伴胞复合体（sieve element-companion cell complex）的整个过程。韧皮部装载的物质有蔗糖、无机离子和氨基酸等。光合产物从叶肉细胞的叶绿体转移到成熟叶的筛管的过程包括：①光合作用形成的磷酸丙糖先从叶绿体转移到细胞质，并在蔗糖磷酸合成酶的作用下合成蔗糖；②蔗糖从叶肉细胞运输到小叶脉筛管的附近，这个过程通常只包括 2 个或者 3 个细胞的短距离运输；③蔗糖被运进筛管分子。

在玉米(*Zea mays*)和许多其他植物中，筛管分子积聚的蔗糖比叶肉细胞多2~3倍，因此韧皮部装载是需能的主动运输。

质膜ATP酶利用ATP水解释放的能量把H^+泵出细胞，在质外体中建立高的质子浓度，然后蔗糖/H^+共运载体利用这种质子梯度推动蔗糖进入筛分子—伴胞复合体的共质体中。实验表明，筛管的pH(pH 7.5~8.5)与质外体的pH(pH 5~6)间存在着一个电化学梯度，达2~3个pH单位。增加质外体的pH值就会降低质子梯度，从而降低蔗糖的装载和其后的运输。在低浓度的外部蔗糖溶液中，蔗糖吸收明显地被碱性pH所抑制，而被酸性pH所促进。蔗糖溶液因外加溶液从pH 5增加到pH 8，运输降低40%。

同化产物(主要是蔗糖)从周围的叶肉细胞转运进韧皮部的筛分子—伴胞复合体存在着两条途径——质外体途径和共质体途径(图4-23)。在许多植物(如蚕豆、玉米和甜菜)中，叶肉细胞和邻近的伴细胞以及筛管分子之间的胞间连丝较少，糖从叶肉细胞运出后，进入质外体空间，继而到达小叶脉的质外体，然后被筛分子—伴胞复合体主动吸收。糖从伴胞转运到筛管分子是通过共质体。实验表明，标记的蔗糖进入韧皮部比进入叶肉细胞更为迅速；甜菜(*Beta vulgaris*)叶吸收的外源[14]C-蔗糖被大量地装载入韧皮部。此外，蔗糖从叶肉细胞进入质外体还受质外体中的K^+控制。在甜菜叶的质外体中，高水平的K^+增加蔗糖进入质外体的速度。

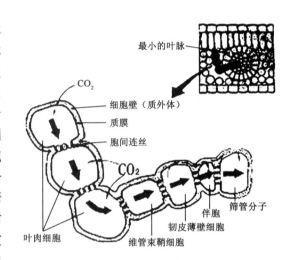

图4-23　源叶中韧皮部装载的可能途径图解

粗箭头表示共质体途径；细箭头表示质外体途径

4.3.4　韧皮部卸出

韧皮部的卸出(phloem unloading)是指被运输的糖从库组织的筛分子中输出的过程。韧皮部的卸出可发生在成熟韧皮部的任何地方，也可发生在植株的许多部位，如新生的嫩叶、贮藏茎、根、幼根和种子等。大多数植物授粉后，种子成为同化物输入占压倒优势的库。正在生长的营养库如根和幼叶，同化物卸出和输入细胞，通常是共质体途径。贮藏库如甜菜根和甘蔗(*Saccharum sinense*)茎，蔗糖在进入库的共质体之前被卸进质外体。在生殖库(发育的种子)中，质外体途径是需要的，因为在母体组织和胚性组织之间没有共质体联系。

当卸出是共质体途径时，运输糖通过胞间连丝传递到接受细胞，在进入与组织生长有关的代谢途径以前，它能在细胞质或者液泡中被代谢。当卸出是质外体途径时，运输糖能在质外体本身部分被代谢。例如，在甘蔗茎和玉米籽粒中，蔗糖在质外体中被转化酶分解成为葡萄糖和果糖，并以葡萄糖和果糖的形式被吸收。另一方面，在甜菜根和大豆(*Glycine max*)种子中，蔗糖穿过质外体而不发生变化。贮藏库能够在液泡中积累蔗糖，或者吸收的糖在贮藏前能被代谢成为其他的溶质。

利用抑制剂进行的一些研究表明，同化物输入库组织是需要能量的。需要能量的位点随植物种类或者器官而不同。在质外体卸出途径中，糖必须至少两次跨膜运输：筛分子伴胞复合体的膜和接受细胞的膜。当输入库细胞的液泡时，也必须穿过液泡膜。在跨膜的运输过程中，载体必须起作用。已经证明，在卸出是质外体途径的库中，至少有一次膜运输步骤是主动的。在卸出是共质体途径的库中，在输入库细胞的过程中没有膜被穿过。通过胞间连丝的卸出是被动的，因为运输糖从高浓度的筛分子运转到低浓度的库细胞。库细胞中的低浓度被呼吸作用和运输糖转换成为生长必需的其他化合物所维持。在生长库中，代谢能量是直接需要的。代谢转换也有助于某些具有质外体途径的器官维持库吸收的浓度梯度。

4.3.5　韧皮部运输有机物的机理

韧皮部主要由筛管、伴胞、韧皮薄壁细胞和韧皮纤维组成。韧皮部中主要承担物质运输的细胞是筛管。伴胞与筛管关系密切，它们起源于单个形成层细胞，细胞间有许多分枝的胞间连丝相连。伴胞具有相对稠密的细胞质和细胞核，液泡较小，线粒体、高尔基体和内质网丰富。伴胞以 ATP 的形式向筛管分子提供能量。在一些植物中，叶肉细胞产生的同化产物通过伴胞传递到筛管分子。伴胞与相关的筛管一样具有相同的渗透势（图 4-24）。韧皮薄壁细胞类似植物中的其他薄壁细胞，具有大的液泡和明显的叶绿体。它们可能在贮藏以及溶质和水分的侧向运输中起作用。韧皮纤维是一种厚壁细胞，有时它们聚集成束起支持作用。

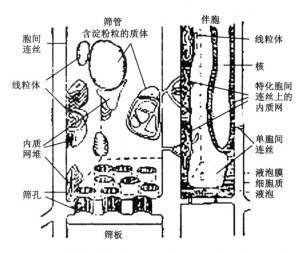

图 4-24　筛管和伴胞的部分立体图，示细胞间孔的类型

在一些植物中，伴胞具有许多内生生长的细胞壁，这样大大增加了细胞膜的表面积。具有细胞壁内生生长和扩大膜表面积的细胞称为传递细胞。传递细胞可有效地促进同化物从叶肉细胞转移到筛管。传递细胞还存在于木质部、叶节的韧皮薄壁细胞和植物的生殖结构（如配子体和孢子体之间的界面）中。

双子叶植物的筛管分子通常富含韧皮蛋白（phloem protein，P-蛋白）（图 4-25）。P-蛋白很少在单子叶植物中发现，在裸子植物中不存在。P-蛋白在细胞中的存在形式（管状、纤维状、颗粒状和结晶状）与植物的种类以及细胞的成熟度有关。P-蛋白的功能可能是通过堵塞筛板封闭受伤的筛管分子。筛管具有较高的内部膨压，筛管分子通过开放的筛孔相互连接，当筛管被切断或者被穿刺时，由于压力的作用引起筛管分子的内含物向切断处移动。如果一些封闭机制不存在，植物就可能丧失大量的韧皮部汁液。然而，当液流向切断处移动时，P-蛋白和其他的细胞内含物就会被诱捕到筛板孔上，有助于封闭筛管分子和阻止进一步的汁液丧失。P-蛋白的发现以及早期电子显微镜的研究结果表明，筛孔是被 P-蛋白所充满，P-蛋白在推动溶质通过筛孔中起某种主动作用。随着样品固定技术的进步，人们已经观察到筛孔是开放的。

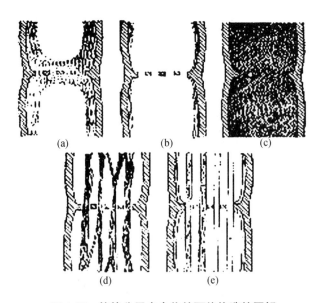

图 4-25　筛管分子内含物的可能构造的图解

(a)被细胞质堵住的筛孔　(b)孔未被堵住，故筛分子的空腔是连接的　(c)腔与孔充满了均匀的纤丝网
(d)纤丝束填充了筛分子的腔，并在筛板处穿过筛孔　(e)有膜包围着的穿细胞束，内含物可有可无

解释韧皮部运输的理论有压力流动学说、胞间连束和胞质泵动学说以及 P-蛋白的收缩推动学说等。压力流动学说，也称为集流学说，经过几十年来的不断补充和修改，是迄今被普遍接受的一种解释韧皮部运输机理学说。

压力流动学说认为，筛分子中溶液的流动是由源和库之间渗透产生的压力梯度所推动（图 4-26）。由于源端韧皮部装载和库端韧皮部卸出的结果，压力梯度被建立，即能量驱动的韧皮部装载在源组织的筛分子中产生高的渗透压，引起水势的急剧下降，水分随着水势梯度进入筛分子和使膨压增加。在运输途径的库端韧皮部卸出使库组织筛分子中的渗透压下降。由于韧皮部的水势高于木质部，水分随水势梯度离开韧皮部，引起库的韧皮部筛分子的膨压下降。筛分子中的内容物像水流一样沿着运输途径被集流机械地推动。在源端，糖被主动地装载进入筛分子—伴胞复合体，水分渗透进入韧皮细胞，建立高的膨压。在库端，当糖被卸出时，水分离开韧皮细胞，以及产生较低的压力。水和溶解于水的溶质通过集流从高压力区域（源）传递到低压力的区域（库）。

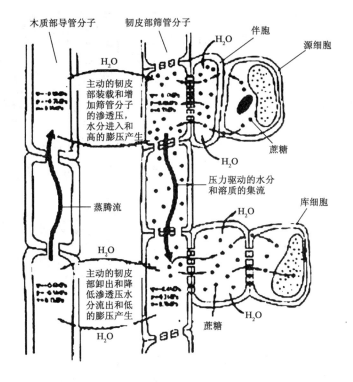

图 4-26　压力流动学说图解

在源端，糖被主动地装载进入筛分子—伴胞复合体，水分渗透进入韧皮细胞，
建立高的膨压。在库端，当糖被卸出时，水分离开韧皮细胞，以及产生较低的压力。
水和溶解于水的溶质通过集流从高压力区域（源）传递到低压力的区域（库）

实验证明，源端的压力总是高于库端。例如，喷瓜（*Ecballiun elaterium*）的源和库之间的压力差为 0.11MPa。根据水势和渗透压计算大豆源和库之间的实际压力差是 0.41MPa。通过压力流动运输需要的压力差是 0.12~0.46MPa，因此，观察到的压力差似乎足够驱动韧皮部的集流运输。

4.4　植物与环境

植物能通过茎和根的顶端分生组织持续地生长，在某种意义上说，它永远是胚性的，易受环境影响而引起变化。因此植物的体形、结构以及各种组织和器官都是在外界环境条件的作用下形成的。拉马克曾指出：环境对动物的影响比较间接，它先影响动物的生活习性和使用程度，然后由习性再影响构造。而环境对植物的影响则是直接的，这是因为植物具有固着不动的习性，而大多数动物是活动的，并且往往能采取行动来躲避不利条件的影响，植物一般不能采取这种行动，而是对环境不利条件（逆境）必须由适应来抵抗。逆境对很多植物种的形态和生活史产生了深远的影响。

植物结构与功能在两个方面受到环境的影响：①系统进化方面。由水生到陆生长期进化，经过自然选择，适应恶劣环境，如树的木质部进化能支持植物抗重力。②植株个体改变结构和生理状况以适应环境的刺激。如植物气孔在白天炎热时关闭贮存水分。植物分化出地下根和地上茎系统是对陆地的适应结果。"旗杆"树生长在风口上（图 4-27），由于大风的机械干扰限制了枝在迎风面的生长，在强风期间，生长应答减少了枝的数量。这里，环境不仅影响了所有器官的生长和发育，还影响了植物的形态。

光、温度和水是最常见的环境因子。生物物种长期在环境条件的作用下，它的形态、结构和生理机能以及生活习性都有进化。

图 4-27 "旗杆"树在迎风面的生长
受到大风的机械干扰

4.4.1 水对植物生长的影响及植物的适应

由于海里的环境条件改变不大，藻类植物从寒武纪一直到现在，在结构上的进化程度并不高，但到了志留纪末泥盆纪初，地球上陆续出现了许多陆地，生活在浅海中的藻类可能会周期性或经常性地遭受失水逐渐产生了两栖性的藻类、苔藓和蕨类植物。藻类的配子体能够独立生活，在水中完成受精、合子发育等过程。苔藓植物的颈卵器由颈沟细胞、腹沟细胞及卵细胞所组成，在颈卵器的周围围绕着许多不育细胞，颈卵器的受精过程离不开水。蕨类植物的配子体（原叶体）还能独立生活，它的受精过程仍然在水中进行。

大约到了距今 2.85 亿年的二叠纪、侏罗纪时，真正的陆生植物——裸子植物兴起，构成了高大的密林。裸子植物开始用种子进行繁殖，形成了花粉管，花粉管穿过珠心组织将精子直接输送到颈卵器，使植物受精作用摆脱了对水的依赖。被子植物还形成了 2 层珠被，增强了抗旱能力，保护胚胎的发育；而双受精和新型胚乳以及子叶的形成都使得胚的发育有足够的养料供应，对于陆地上的干旱条件有更强的适应性。

陆生植物由于环境的压力，在植物发育周期中，配子体所占的时间很短，且发育不良，失去独立生活能力，不得不在孢子体内行寄生生活，最后形成种子。陆生植物在干旱的条件下能繁殖的特性，是植物对长期干旱条件所作的反应，并通过植物体内的自我调节作用而逐渐形成的。陆生植物需要更多的细胞担当营养性作用，而担任生殖的细胞就相对减少了；而且还要牺牲更多的本来可以作生殖用的细胞，以供养少量生殖细胞的营养。所以，陆生植物开始单细胞的生殖器官（孢子囊）演变为多细胞的生殖器官了。在卵子和精子外周的细胞，水生植物都可以作生殖之用，可是最低级的陆生植物，当卵子和精子发育时，就将其周围细胞的原生质吸收了，作为它的养料，或者把外围细胞作为生殖器官的一个附属体。所以，陆生植物开始形成多细胞构造的精子器和颈卵器等生殖器官。

从组织的分化程度来看，裸子植物较两栖性的蕨类植物进步，但与被子植物相比，结构上仍有缺点：如裸子植物的木质部具有管胞，兼有输水和支持的作用，而被子植物木质部内的管胞，分化为导管和纤维两种细胞，导管起输水作用，纤维起支持树体的作用。

被子植物中的水生植物，不需吸水的根，不需坚强的茎，也不需输导组织。它们大多数有一套"抗沉"的器官如气囊等，使之漂浮在水中。生活在淡水中的王莲（*Victoria regia*），具有圆形的大叶，直径达 1.5～2.0m，平铺在水面上，周围边缘上卷以增加叶的浮力。水生植物机械组织不发达，仅起到维持身体的扭转和弯曲的作用，免于被急流所冲断，而且只生长在中轴部分，这与陆地植物机械组织生长在靠近茎的外围完全不同。如慈姑（*Sagittaria sagittifolia*）、花蔺属（*Butomus*）植物的叶子，伸长如一条飘带，在急流中，顺着流水摆动。

陆生植物的基本形式是直立的。直立的形式可以保证获得最大的光能和有利于抵抗不良的环境条件。最理想和最有效的陆生植物的茎形态是圆锥形，在物理学中它是极稳定的形态。它具有强大的抗重力和抗风的能力，还可以长出最大的叶面积和最大的叶片。例如，云杉属（*Picea*）、松属（*Pinus*）和其他陆地木本植物，茎中的机械组织是密集地分布在外围部分，而在茎的中间部位通常都没有机械组织分布。对于一个圆柱来说，所受的压缩力和伸张力由圆柱外缘向中央逐渐减小，到圆柱中心等于零。结构力学测算表明，当圆柱壁的厚度等于圆柱总直径的 1/7 时，用材最省，抗压力最大。草本植物的茎，其机械组织的厚度常常近于茎的直径的 1/7，这样构建植物形态和结构最经济。根中的机械组织主要是抵抗拉拔力而不是弯曲的力。因此，它的机械组织主要分布在根的中央部分。水分供给的多少是决定叶在系统发育和个体发育中形成各种形态和结构的关键因素之一。通常干燥地带生长的植物的叶不具海绵组织，所有的叶肉都有栅栏组织。而那些完全生活在水中的植物的叶，就只有海绵组织，而不具有栅栏组织。

由叶状体植物向维管植物的进化，是植物由水生环境向陆地干旱环境适应改变的过程，这一过程包含着植物内部结构与生理机能的一系列变化，也使植物具备了以下新的适应性特征：

①具备了调节和控制体内外水平衡的能力，从而能够适应陆地干旱环境；

②具备了坚强的机械支撑力，不需要水介质的支持而能直立于陆地上；

③具备了有效的运输水分和营养物质的特殊系统，因而能有效利用陆地土壤中的水分与营养物质；

④具备了抗紫外辐射的能力，因而能暴露于强光照下。

非维管植物的一些种类通过形成厚壁的休眠孢子、厚的胶质外鞘，以及某些生理机制的改变而获得抗旱或耐旱能力。苔藓植物主要是通过生理过程适应陆地干旱环境的。这种被动的适应只能达到"耐受"干旱环境的程度，只有维管植物达到了主动地适应和"利用"陆地特殊环境条件的程度。

以上内容说明水分供应的多少是植物进化途径和方向的决定因素，影响到植物内部和外部的形态和构造。植物转移到陆地以后，为了避免水分的耗损和干旱的压力，适应光照、温度、雨水等各种条件的变化，促使植物形成了能够保持水分的生理机能和机械支持作用的组织，如在叶片表面有厚薄不同的角质层，有发达的气孔器，茎和叶上具茸毛，干旱时改变叶形（卷缩等）以缩小蒸发面积，不良条件到来时的落叶和休眠，输导组织和机械组织的发育，旱生植物具充分发达的根系，以及在水分供应紧缺时产生自动调节作用等。

4.4.2　光对植物生长的影响及植物的适应

　　光对植物的生长发育调控作用最明显。为了便于对光照的竞争和使生殖细胞有效地分布，植物向高大的方向发展。随着植物体的增高，水分与营养物质的运输困难也增大了，而且高大的植物体需要更强的机械支撑。这些因素所构成的选择压，推动了维管系统的进化。最初是有局部增厚的木质化的圆柱形的输导细胞(管胞)和有利于营养物质输送的筛胞产生，进而是有运输和支撑双重功能的维管系统的出现。

　　暗处生长的幼苗，茎细长柔弱，茎端呈钩状，子叶不展开，叶片细小，黄白色，称为黄化苗。把黄化苗转移到光下生长，会引起形态发生深刻变化，茎的生长被抑制、子叶展开，叶片发达、叶绿体也生成。植物属固生生物，必须具备极其精细的光感受系统和信号转换系统，以监视光信号的方向、量和质，并调节其生长和发育，使其处于最佳状态。这一结果是在其生活史中的每一个阶段(如种子萌发，幼苗、根、茎、叶的发育，性别的分化，花的发育，芽的休眠等)，通过调节不同基因表达来实现的。这些由光所调节的发育过程统称为光形态建成。光对植物形态建成的影响体现在低能量光所调控的形态建成。日照长度影响植物生长和发育的很多方面，最明显的是对开花的影响。某些种类开花被短日照促进(短日照植物)，有的种类被长日照促进(长日照植物)，而很多其他种类对日长的变化不很敏感，称为"光期钝感植物"。一般说来，短日照植物是热带或亚热带地区的植物(如甘蔗、玉米、水稻)或是温带地区秋季开花的种(如栽培的菊花)，而长日照植物是温带地区夏季开花的植物。

　　生长也受日照长度的影响，因此很多长日照植物具有的莲座状习性，是由于在短日照条件下，其茎的节间短缩，呈"套筒状"，而当它们转移到长日照条件时，其节间大大地受到刺激而伸长。这种变化可以在草莓(*Fragaria × ananassa*)中观察到，其中轴呈现莲座习性，它不受日长的影响，但侧枝的节间伸长受长日照的巨大刺激而产生匍匐茎。

　　光的来源也是决定叶在系统发育和个体发育中形成各种特性和结构的关键因素之一。阴生植物叶片较薄，叶表面积较大，叶绿体多，气孔少，使它们能更有效地利用少量的光。光合有效强度对栅栏薄壁细胞数目的影响比对海绵薄壁细胞数目的影响大。遮阴植株的栅栏薄壁细胞的形状由类似圆柱形变成了圆锥形。光强对喜光树种(桦木、山杨)的影响大于耐阴树种(白蜡、槭、七叶树)，光太强，也会伤害细胞的原生质，使叶绿素发生分解，尤以幼芽嫩叶受害最大。处在这种条件下，植物能够调整其内部机构，使之受害为最小。如植物幼嫩部分，多含有红色的花青素以减轻光线的伤害；其出生的位置为直立或下垂而不横出，以免强光的直射。生长在海水中有达几百米长的红藻或褐藻，也受不同环境的诱导。由于海水屈折光的关系，一部分红光不能深入海水内，植物只得在此特殊环境里调整它的内部机构，以便利用深海能够射进的光(如绿光)进行光合作用。植物的绿色叶子能够吸收日光的全部红光及一部分橙色光和蓝光，光合效率最高。主要是因为红光分解CO_2的能力最强。这就是大多数植物叶片为绿色的主要根源。

　　植物叶子排列的几何图形(互生或对生)是符合多吸收太阳光线的需要的，使上部的叶不致遮盖下部的叶。例如，爪哇三叶草，叶子沿茎干向下呈螺旋形排列；车前(*Plantago asiatica*)的叶的排列也是呈螺旋形的。这样上下叶互相交叠错置，彼此不影响日光的照射，使叶对光的吸收面为最大。

光对植物生命活动的影响是复杂多样的，不仅仅是一个能源问题。植物细胞内的 3 种质体，在细胞分化发育过程中随发育状况及外界因素不同而变化。白色体内有的含有原叶绿素，呈无色颗粒状。白色体在光照情况下，内膜逐渐发育成正常的叶绿体基粒，同时形成叶绿素。叶绿体也可以随着细胞及外界温度变化而转变成有色体。例如，某些果树幼嫩的子房是白色的，当子房发育成幼果时逐渐变为绿色，到果实成熟时又转变为橙黄色或红色，都是由于细胞内质体的变化引起的。

近年来，钙在光形态建成中的作用愈来愈受到重视，认为钙在光敏素反应中起着第二信使的作用。Haupt 和 Weisnseel（1976）提出 Ca^{2+} 和依赖于 Ca^{2+} 的调节蛋白促成了光敏素对细胞酶活性和细胞生长发育的影响，后来发现钙调素确实也存在于许多植物的细胞质和细胞器中。有证据表明光敏素的光活化能迅速导致细胞内 Ca^{2+} 浓度的增加。例如，照射红光能促进球子蕨属（Onoclea）孢子的萌发。原子吸收光谱测定表明，照射红光时引起了细胞内 Ca^{2+} 浓度的增加，照射远红光时，这种刺激作用又会逆转。

光敏素通过 Ca^{2+} 第二信使调节生理过程，可概括为光敏素经光活化形成远红光吸收形式（pfr），膜透性改变，导致细胞器内 Ca^{2+} 浓度增加，Ca^{2+} 与 CaM 结合形成 Ca^{2+}-CaM 复合物并激活 CaM，活化后的 CaM 使蛋白激酶或蛋白磷酸酶活化，催化蛋白质（酶）的磷酸化或去磷酸化，从而改变关键酶的活性，调节光形态建成的生理生化过程。

20 世纪 90 年代以来，人们更多是通过筛选光形态建成的缺失突变体，来研究参与光信号转导的一些未知功能的信号蛋白组分。根据对光与暗刺激所发生的不同反应，可将突变体分成 2 种类型：一类属于光不敏感型突变体，其共同特点是在光下生长呈黄化苗形态即具有伸长的下胚轴；一类是光反应组成型突变体，在黑暗下生长却拥有短的下胚轴、展开的子叶和光调控基因的表达等光形态建成特征。目前，人们正在使用一系列新技术包括生物信息学（bioinforrnatics）及功能基因组学（functional genomics）方法，对隐色素及光敏色素的信号转导进行研究，以求解答光受体发出的信号是如何诱发植物作出反应的内在机制。

4.4.3 温度对植物形态结构的影响及植物适应

植物通常采取回避或适应低温的方式生存。回避冻结温度的植物包括以下各种类型：

（1）地面植物或地上芽植物

其多年生芽紧靠近土壤表面，它们受到枯枝落叶或雪的保护。典型的地面植物生活型和很多高山种类一样形成一种"垫状"习性，如虎耳草（Saxifraga stolonifera）；或者以其短的节间而构成一种莲座状习性，如草莓。如果这种地面植物在夏季发育成较高位的枝条，这些枝条在冬季有不同程度的枯顶。

（2）半隐生植物或地面芽植物

它们的多年生芽位于土表内，在这里受到周围的土壤和枯枝落叶或雪的保护。很多庭园多年生草本植物，如荷兰紫苑（Michaem asdaisies）、天蓝绣球（Phlox paniculata）、翠雀（Delphinium grandiflorum）都属于这种类型。

（3）隐生植物（hidden plants）或隐芽植物

它们完全在地下越冬，如果是沼泽植物则完全在水下越冬。在所有类群中，它们在冻结时可受到最充分的保护，这种地下生类型出现在有较长的干旱季节和寒冷季节的地区。其地下器官具有不同的形态类型，包括根状茎、块茎、球茎和鳞茎。

几乎所有温带气候的种都显示秋季不断增强抗冻性。若将植物暴露在户外低温 1~2 周，能促进它的抗冻性。然而，仅低温本身并不能诱导锻炼，在低温处理期间植物必须暴露在光照下，因为在锻炼过程中仍然需要光照以进行光合作用。另外，短日照处理可促使植物生长停止或进入休眠。处于生长中的组织比休眠的组织容易受冻害，因此，短日照能促进很多种植物，特别是木本植物的抗冻性。

冻结涉及对细胞膜的损害。已经证明对膜的损害主要涉及蛋白质的组分。Levitt (1962) 认为由于膜上形成孔，类脂层两侧上的两层蛋白质互相接触而且形成共价键。冻伤导致细胞蛋白质上流基（—SH）数目的减少，这可能是由于相邻蛋白质分子之间的二硫键（—S—S）形成的缘故。

植物在低温锻炼期间细胞内形成类脂，由于类脂的不饱合度较大，要比未经锻炼的细胞原生质体更易流动，较大的流动性可能导致融化期间膜孔容易修复。而且，某些锻炼引起细胞磷脂含量的大量增加，这可能导致质膜的褶皱。因而，在冻结收缩期间可减少机械力损伤的危险。

生物个体的结构进化趋势体现在结构上的复杂性和多样性。结构上的复杂性表明结构层次的增加和各结构层次的分化程度增大。也就是说，生物多样性主要表现在高层次的生物结构及其功能的变化上，而生物界的统一性则主要体现在低层次的生物结构上。形态的复杂性与其生理功能的复杂性是相关的，具有复杂结构的器官同时具有复杂的和相对完善的功能。

复习思考题

1. 何谓植物生长与分化？何谓脱分化？细胞组织分化与脱分化的区别何在？
2. 何谓组织培养？试述在植物组培上是如何证实细胞全能性这一理论的？
3. 微管早前期带在细胞分裂中的作用如何？
4. 何谓植物生长大周期？什么是绝对生长量与相对生长量？
5. 在宇宙飞船中培养植物，你认为根和茎的生长方向会发生什么变化？
6. 试述植物运动的生物学意义？
7. 玉米根冠被人工切除后在地面条件下，大约 5 天即可再生出完整的根冠，但在太空中却不能再生根冠。为什么？
8. 观察、记录校园植物的运动现象，并分析其属于何种运动类型？有何生物学意义？
9. 从输导组织的结构与组成分析，为什么说被子植物比裸子植物更进化？
10. 说明水分如何从土壤进入到根的内部，再经植物体最后通过叶散发到大气中的？
11. 矿质营养物质是如何被植物根吸收的？
12. 如果没有蒸腾作用，依靠根压，能满足高大乔木对水分的需求吗？
13. 从结构与生理功能上说明叶片是如何适应热带干旱条件的？
14. 你能否设计一个实验，说明筛管内有无双向运输现象？

15. 切花当在水下从茎端切下时，能保持长时间不萎蔫，当将切花移到充满水的花瓶中，水滴依然能出现在茎切端，解释工作原理。

16. 下列哪一过程属于木质部汁液上升的呼吸—内聚力—张力机理。

　　a. 叶肉细胞中水的蒸腾，开始拉动相邻细胞中水分子并最终从木质部中获得。b. 由于氢键产生的内聚力导致呼吸拉动运转水分子到另一个水分子。c. 窄管腔木质导管和亲水壁，帮助保持水柱克服重力。d. 主动泵水到根木质部中。e. 增加表面张力，缩减叶肉表面膜的水势。

17. 下列哪一过程有渗透参与？

　　a. 木质部汁液长距离运输。b. 保卫细胞膨胀。c. 浸在低渗溶液的细胞吸水。d. 根压。e. 根冠中相邻细胞之间水分移动。

18. 许多植物受单侧光照射一段时间后都会向光源方向弯曲或倾斜，为什么？

19. 植物有哪些主要的感应活动，它们各有哪些特点？

20. 如果你在今后几十年里生活在一个又大又低的树枝上建的树房子里，随着树的生长，你会升高吗？解释你的答案。

21. 描述植物和动物生长和发育上的最主要区别。

22. 选择 3 种特殊类型的植物细胞并描述其结构是如何适应它们特殊的功能的。

23. 将原来生长在干旱或高寒环境中的植物移栽到相对湿润、温暖的环境中。该植物会比在原来环境中生长得更好么？

24. 简述花器官发育的模型不同基因的功能。

本章推荐阅读书目

1. 植物结构、功能和适应. ［英］M. A. 霍尔. 姚璧君，等译，王伏雄等校. 科学出版社，1987.

2. 植物的生长和发育. ［美］A. C. 利奥疲德，［澳大利亚］P. E. 克里德曼. 科学出版社，1985.

3. 生物进化控制论. 裴新树. 科学出版社，1998.

4. 生物进化. 张昀. 北京大学出版社，1998.

5. 现代生物学. 胡玉佳. 高等教育出版社，施普林格出版社，1999.

6. 现代生命科学概论. 刘广发. 科学出版社，2001.

7. 植物生长与分化. 韩碧文. 中国农业大学出版社，2003.

8. 植物学. 李名扬. 中国林业出版社，2004.

9. 植物生理学. 江苏农学院. 农业出版社，1986.

10. 植物生物学. 杨世杰. 科学出版社，2000.

11. 植物生理学(第 4 版). 潘瑞炽. 高等教育出版社，2001.

12. 植物生物学. 杨继. 高等教育出版社，2002.

13. Biology (4th Edition). N. A. Campbell. The Benjamin/Cummings PublishingCampany, Inc. California, USA，1996.

第5章

植物系统分类基础

【本章提要】植物分类学的任务是建立系统、鉴定标本、描述形态、命名新分类群。系统学与分类学相关，但更注重进化、建立分类系统。

　　早期朴素的分类思想与实践，可追溯到有文字记载以前。分类学的西方文化根源在古希腊，代表人物是亚里斯多德和切奥弗拉斯特。林奈建立了"性系统"，第一次系统地应用了"双名法"，标志着近代植物分类学的开端。达尔文进化论的问世，标志着西方现代分类学的开始，前半期的主要代表人物有恩格勒、哈钦松等；后半期主要代表人物有克朗奎斯特、塔赫他间等。中国古代文化及其分类学是东方文化根源的主要代表，代表性集成著作有《诗经》《尔雅》和《神农本草经》等，古代分类思想的特点是朴素、实用与宏观；自秦汉至明朝中叶，中国的药用植物与园林植物分类兴旺发达，出现了大批本草专著以及花卉专谱。

　　植物分类学中有同物异名和同名异物现象。《国际植物命名法规》对植物名称作出了规定。植物分类等级最基本的有界、门、纲、目、科、属、种。种的名称采用"双名法"。植物的名称必须依托模式标本。检索表由拉马克首创。物种的概念有多种，比较流行的有生物学物种概念、系统发育物种概念、进化物种概念等。现代植物分类学有三大学派：表征分类学派、进化分类学派和分支分类学派。

　　被子植物分类系统主要有恩格勒、哈钦松、塔赫他间、克朗奎斯特、APG 5个系统，其中恩格勒系统以假花学说为基础，哈钦松、克朗奎斯特、塔赫他间以真花学说为基础，APG 是根据分子系统学研究提出的不断更新的系统。

　　物以类聚，人以群分。分类学(taxonomy)就是一门关于类群划分的学科，"taxonomy"来源于拉丁语，"taxis"意思是排列和顺序，后缀"nomy"是知识的意思。分类学要阐明分类的基础、原理、规则和过程，并以一定的方式对植物进行排列，按照名称和特定的等级来进行描述和排列。一般地，植物分类学有以下内涵：

（1）分类（classification）

依据特定形态指标，按照不同的分类等级，对植物进行排列，每种植物都处于特定分类位置。建立分类系统是一个复杂的过程。分类系统大致可分为 3 种基本类型：①人为分类系统（artificial system）。一般指早期的分类系统，主要根据实用性来建立系统，依据的特征很少，例如，根据习性、颜色、形状、有无毒性来分类。②表征分类系统（phenetic system）。根据多个特征和总体相似性来建立分类系统，如利用计算机来进行数量分类。③系统发育分类系统（phylogenetic system）。根据进化关系、进化历史来建立分类系统。分类学家要确定新分类群的位置或等级，决定旧分类群的划分、归并、转移或改变。

（2）鉴定（identification）

要建立一个完整的分类系统，就必定会遇见未鉴定的植物，对这些植物进行正确鉴定、并放置到正确的位置，是非常重要的。鉴定就是决定植物的名称、系统位置，鉴定常常要依靠二歧检索表。

（3）描述（description）

即陈述一个分类群的属性，记录其多方面的特征，用以比较与其他植物的异同。描述需要用严谨的术语。

（4）命名（nomenclature）

植物的科学名称要符合世界通用的精确的命名规则。国际植物命名法规（International Code of Botanical Nomenclature，ICBN）对植物命名作出了严格的规定。

分类学具有动态性、综合性和基础性特点。分类的信息会随认识水平的提高而改变；分类学是其他学科的基础；分类学需要综合其他学科的信息，如遗传学、生态学、形态学、解剖学和生理学等。

系统学（systematics）是研究有机体种类、多样性及类群间相互关系的学科。系统学不仅包含传统分类学的内容，而且对植物进行更深入的观察，如进化、物种形成、自然选择、生殖生物学及变异方面的研究。系统学与分类学有联系，也有区别。系统学要达到以下 4 个目的：①提供鉴定、命名和描述植物分类群（taxon）的方法；②提供一个分类体系来表达系统发育关系；③对植物分类群进行区域性调查（floras，区系）；④提供进化过程与进化关系的知识。

5.1　植物分类学发展简史

植物分类学作为一门系统的学科，如果从林奈（Carl Linnaeus，1707—1778）算起，已经有 250 多年的历史。然而，植物分类学的思想萌芽，却远不止 250 年。古代朴素的植物分类思想可能从人类存在就已开始了，早期人已知植物能否食用或作其他用途。据研究，作为人类食物的三大禾本科作物分别支撑三大文明的发展，小麦支撑欧洲文明，水稻支撑东方文明，玉米支撑美洲文明。尽管植物分类学与其他自然科学分支学科一样，源于西方，但决不可忽视东方文化对于植物分类学发展的贡献，尤其是中国文化对于植物分类学的影响。

5.1.1　分类学思想的萌芽

植物分类学的西方文化根源，是古希腊的自然哲学。切奥弗拉斯特（Theophrastus，公元前372—前287年）常常被西方尊称为"植物学之父"。切奥弗拉斯特的传世之作有两部：《植物历史》（*Historia de Plaatis*，英译为 *History of Plants* 或 *Inquiry into Plants*）和《植物成因》（*De Causis Plaatarums*，英译为 *The Causes of Plants* 或 *Etiology of Plants*）。在两部著作中，前者篇幅长达9卷，主要是对植物进行描述和分类，后者长达6卷，主要对植物进行生理方面的思考。切奥弗拉斯特最早认识了单子叶植物与双子叶植物，区别了生花植物（即被子植物）与球果植物（即裸子植物）；记载了500多种植物或植物品种，其中大多数是栽培物种。例如，描述了棉花、胡椒、月桂、香蕉，描述了天门冬属（*Asparagus*）和水仙属（*Narcissus*）。除此以外，他对于植物外部与内部结构，乔木、灌木与草本，有性与无性生殖，1年生、2年生与多年生，子房上位与子房下位，有限与无限（指花序）等都有了基本的认识。罗马雄辩家 Caius Plinus Secundus 在其27卷的巨著"*Natural History*"中，花了1/4的篇幅论述生物学，涉及植物学的内容主要是关于医学和农业的知识。这部著作对西方的影响超过1 000年，也是第一批可携带的印刷品。与此同时，希腊人（Dioscorides）也出版了一部有影响的自然历史书 *Materia Medica*（药材），介绍了600种植物的药用价值，该书在欧洲广为流传。

东方植物学知识同样有悠久的历史根源。汇集公元前11世纪—前6世纪的我国第一部诗歌总集《诗经》，记载了200多种植物，如荇菜、卷耳、蒹葭、菡萏、木瓜、桃、柏、榛、檀、黍、稷、禾、麦，描述了采英、采卷耳等农事活动。公元前476—前221年的《尔雅》中记载植物约有300种，并分为草本和木本两大类。秦汉时期的《神农本草经》，是我国最早的药学专著，论载药物365种，并根据药物性能功效不同将其分为上、中、下"三品"。"上品"如青芝、赤芝、黄芝、黑芝、紫芝、车前子、薪蓂子、充蔚子、菟丝子、地肤子、决明子、蛇床子等。"中品"如有赤箭、黄芩、丹参、玄参、白芷、紫草、紫菀、白鲜、白薇等。"下品"有牡丹、百合、大黄、甘遂、大戟、乌头、鸢尾、贯众、半夏等。

5.1.2　本草学时期

从古罗马没落到文艺复兴，西方处于漫长的黑暗时期，也称为中世纪。期间，西方基本上没有原创性的植物分类经典和思想，为数不多的学者也是模仿古希腊、古罗马的著作。14世纪意大利的文艺复兴，带来了文学艺术的繁荣、科学思想的创新，植物分类学研究也在欧洲开始兴起。航海技术的进步，使得欧洲植物学探险与考察盛行。出于药用和食用植物开发的考虑，在16世纪欧洲产生了一批本草学家。如德国知名的本草学家有 Otto Brunfels（1464—1534），Jerome Bock（1469—1554）和 Leonhart Fuchs（1501—1566）。他们分别出版了①*Herbarum vivae Eicones*；② *Neu Kretuerbuck*；③*De Historia Stirpium*。

中国的本草学研究早于西方，继《神农本草经》以来，不断发展完善，形成了许多本草著作。

梁陶弘景所辑《名医别录》完成于公元500年左右，载730种药物，分为玉石、草木、虫兽、果、菜、米食及有名未用 7 类。

唐李世勣、苏恭等主持编纂的《新修本草》颁行于显庆四年（公元 659 年），是我国历史上第一部官修本草，收载药物共 844 种，增加了药物图谱，并附以文字说明。该书于公元 731 年传入日本，并广为流传。

宋代的本草著作有多本，公元 973—974 年刊行了《开宝本草》，1060 年刊行《嘉佑补注本草》，1062 年刊行《图经本草》。《图经本草》所附 900 多幅药图是我国现存最早的版刻本草图谱。

金元时期有刘完素的《本草论》、朱丹溪的《本草衍义补遗》。

明代有朱啸的《救荒本草》（1406）、刘文泰的《本草品汇精要》（1503）、李时珍的《本草纲目》。李时珍（1515—1590），湖北蕲县蕲州镇人，明代杰出的医学家、药学家、植物学家和博物学家。一生中著有《本草纲目》等十余部著作，为中华民族和人类做出了巨大的贡献。《本草纲目》全书共有 190 多万字，记载了 1 892 种药物，并将其分成 60 类。其中 374 种是李时珍新增加的药物。从 17 世纪起，《本草纲目》陆续被译成日、德、英、法、俄等 5 国文字。李时珍从嘉靖三十一年（1552）至万历六年（1578），前后花了 27 年时间，经过 3 次大的修改，才完成了这部历史巨著。

清代有赵学敏的《本草纲目拾遗》（1765）、黄宫绣的《本草求真》（1769）等。吴其濬于 1848 年所著《植物名实图考》共载有植物 1 714 种。

另一方面，中国的园林植物分类也有悠久的历史，对于植物分类有深远的影响。自《诗经》《尔雅》对观赏植物的记载以后，至秦汉时期，对于果树和花木有系统的记载。西晋嵇含的《南方草木状》是我国最早的地方花卉园艺书籍，记载植物 80 种；唐代与宋代，花卉专著不断出现，如唐代有王芳庆的《园林草木疏》，宋代有范成大的《范村梅谱》、王观的《芍药谱》、王贵学的《兰谱》、刘蒙的《菊谱》等。明清之间，花卉专著与专谱大量出现，其中非常重要的两部书有明王象晋的《群芳谱》和清陈淏子的《花镜》。总体而言，我国的园艺花卉典籍，早于西方人为分类系统，从实用主义的角度为植物分类特别是观赏植物分类作出了贡献。

5.1.3　近代植物分类学

继本草学家之后，欧洲相继出现了一批近代植物学家。意大利植物学家凯萨宾诺（Andrea Cesalpino，1519—1603）在其 16 卷的代表作 *De Plantis*（1583）中，描述了 1 500 种植物，还建立了标本馆。凯萨宾诺基本上属于亚里斯多德式的哲学家，非常强调分类的哲学基础，而不单是医学上的应用，因而，也被称为第一位现代植物学家。在这一时期，亚里斯多德的物种"模式"概念变得时兴。认为物种是固定不变的实体，是建立在理想的或固定的模式基础之上的。瑞士植物分类学家包欣（Caspard Bauhin，1560—1624），在其代表作 *Pinax theatri botanici* 中将植物按照属、种顺序来进行排列，为林奈的"双名法"奠定了基础。被誉为"英国植物学之父"的学者 John Rah（1627—1705）出版的 *Synopsis Methodica Stirpium Britauuicarum*，是第一部英国植物区系论著，他的代表作还有 *Methodus Plautarum Nova*（1682）和 *Historia Plautarum*（1696—1704）。他将相似的植物排列在一起，运用许多不同的特征建立分类系统。

瑞典人林奈（1707—1778）号称"植物分类学之父"，曾于 1732 年对北欧北部的 Lapland 地区进行了 5 个月的考察，采集了 537 份标本。随后，出版了奠定后来学术地位的著作 *Systema Naturae*（1735），*Geuera Platarum*（1737）和 *Methodus Sexualis*（1737）。林奈的性系统提供了人为分类的基本框架，根据雄蕊数等性状分成 24 个纲，每个纲又分成若干个目。24 个纲为：

单雄蕊纲（Monandria）	多雄蕊纲（Polyandria）
双雄蕊纲（Diandria）	二强雄蕊纲（Didynamia）
三雄蕊纲（Triandria）	四强雄蕊纲（Tetradynamia）
四雄蕊纲（Tetrandria）	单体雄蕊纲（Monadelphia）
五雄蕊纲（Pentandria）	二体雄蕊纲（Diadelphia）
六雄蕊纲（Hexandria）	多体雄蕊纲（Polyadelphia）
七雄蕊纲（Hepandria）	聚合雄蕊纲（Syngenesia）
八雄蕊纲（Octandria）	雌雄聚合纲（Gynandria）
九雄蕊纲（Enneandria）	单性同株纲（Monoedia）
十雄蕊纲（Decandria）	单性异株纲（Dioecia）
十二至十九雄蕊纲（Dodecandria）	杂性花纲（Polygamia）
二十雄蕊纲（Ioosandria）	隐花纲（Cryptogamia）

林奈的《植物种志》（*Species Plautarum*）是现代植物分类的起始点。他共命名了 12 000 个物种（7 700 种植物，4 300 种动物）和 1 105 个属。林奈的主要学术贡献有：①提出了比较完整的人为分类系统；②最早系统一致地使用双名法；③在许多著作中提供了植物鉴定的简短描述；④考证了许多植物异名；⑤创造了许多形态术语。

18 世纪后期，植物学家开始考虑分类学之根本目的，试图找到更多的信息，反映植物之间的自然关系。林奈的性系统虽然易于鉴定，但显然是人为的。根据性系统，将仙人掌与松树放在一起显然不自然。因而，一些"自然分类系统"开始出现。阿丹森（Michel Adanson，1727—1806）排斥了生殖特征优先的观点，主张采用尽可能多的特征，这样得出的分类系统将更加自然。他的著作《植物科志》"*Familles de splantes*"对林奈系统进行了挑战，但他当时未取得胜利，因为他反对"双名法"。他主张的表型分类（phenetic taoxonomy），是现代计算机辅助的数量分类（Numerical taxonomy）的原型，因而又被称为"Adansonian taxonomy（阿德逊分类）"。自 18 世纪中叶至 19 世纪初，法国出现了一个植物分类学之家——裕苏家族，共有 4 位植物分类学家，分别是 Antoine de Jussieu（1688—1758），Joseph de Jussieu（1704—1779）、Bernard de Jussieu（1699—1777）和 Antoine-Laurent de Jussieu（1748—1836）。他们第一次提出了自然系统，把相似的植物排列在一起，并且按自然系统来对巴黎植物园进行排列。A. -L·裕苏出版了 *Genera Plauturum*，把各个属排列在 100 个科中，科的概念依照其叔父 B. 裕苏和 Michel Adanson 的观点。德堪多（Augustin Pyramus de Candolle，1778—1841）是瑞士知名的植物分类学家与农学开拓者，著作颇丰，主要有 *Prodromus Systematis*，*Naturalis Regni Vegetabilis* 和 *Plantarum Historia Succulentarum*（1799—1802）等。*Prodromus Systematis* 是一部世界性植物志，完成了 58 000 种、161 科。英国人边沁（George Bentham，1800—1884）和虎克（Hooker）在伦敦建立邱园，负责成立世界最正规的系统学研究机构。早期植物学考察、探险采回来的大量植物标本放在邱园，边沁与虎克花了 20 年时间写成了专著《植物属志》（*Genera Plautarum*），是一本按自然系统排列的各属描述性手册。

5.1.4　现代植物分类学

1859 年，进化论者达尔文（Carles Darwin，1809—1882）出版了《物种起源》，提出生物进化、适者生存、自然选择等观点，对于分类学有巨大的影响。其中在以下两个方面有直接影响：其一，物种是从另外的物种进化而来，即物种具有进化历史，称为系统发育（phylogeny）；其二，理想的模式不能代表一个物种，物种是一个或一些可变的群体。自达尔文主义问世以来，分类系统开始反映进化关系。《物种起源》发表以后不久就有一批系统学家提出了分类系统。格瑞（Asa Gray，1810—1888）是 19 世纪最著名的植物学家之一，也是把达尔文主义从英国带到美国的科学家。作为美国的第一位植物学教授，格瑞与达尔文密切合作，比较研究欧洲植物与新英格兰植物，后来进行温带亚洲与新英格兰的比较区系研究，认为两个地区地质史上曾经有一个统一的区系。他的代表作有 A Manual of Botany of the Northern United States（1848），他使哈佛大学成为美国领先的植物分类研究机构。德国植物分类学家艾希勒（August Wilhelm Eichler，1839—1887）于 1875 年首先提出：复杂即进化。德国学者恩格勒（Adolf Engler，1844—1936）和柏兰特（Karl Prantl，1849—1893）提出了第一个反映达尔文主义的分类系统，认为分类系统应当反映进化的历史。他们的分类系统反映在巨著《自然植物科志》"*Die Naturlichen Pflanzenfamilien*，1887—1915"中，将最原始的类群放在系统的开端，高级的类群放在系统的顶端。在他们看来，简单即原始，但现在看来简单未必一定原始。他们认为原始的"柔荑花序类"，现在看来并非原始的、自然的类群。但是，该系统在 20 世纪具有巨大的影响，许多世界性的标准、植物志、标本室都曾经采用该系统。来自美国内布拉斯加州的植物分类学家贝西（Charles E. Bessey，1845—1915）是格瑞的学生，他提出了一系列分类原则，即特征的原始态与进化态，原始的即古老的，进化的即现代的。认为木兰型花是原始的，单性的柔荑花序并非原始性状。他的代表作为 *The Phylogenetic Taxonomy of Flowering Plants*。贝西根据自己提出的分类原则，提出了分类系统，其排列就像仙人掌。哈钦松（John Hutchinson，1884—1972）是英国邱园的植物分类学家。他出版了 *Families of Flowering Plants* 和 *Genera of Flowering Plants*，主张木本和草本具有不同的演化路线。

20 世纪中后期，一批更加成熟的有花植物分类系统纷纷问世。克朗奎斯特（Arthur Cronquist，1919—1992）一生大多数时间在纽约植物园工作，他继承了贝西的许多观点，吸收了塔赫他间（A. Takhtajan）的一些设想，1981 年出版了专著《一个完整的有花植物分类系统》（*An Integrated System of Classification of Flowering Plants*，1981、1988）。该系统是目前世界广为采用的植物分类系统。塔赫他间（Armen Takhatajian，1910—2009 ）是前苏联亚美尼亚裔的植物学家，在高等植物研究方面很有建树，晚年在纽约植物园工作。《有花植物：起源与扩散》（*Flowering Plants；Origin and Dispersal*）是他早年有影响的著作，他提出的植物分类系统几经修订，最新版为《多样性和有花植物分类》（*Diversity and Classification of Flowering Plants*）。丹麦哥本哈根大学的达赫格林（Rolf M. T. Dahlgren，1932—

1987）也曾经提出了一个分类系统（*A Revised System of Classification of the Angiosperms*）。索恩（Robert F. Thorne，1920—2015）是美国加州 Rancho Santa Anna Botanical Garden 的分类学家，他在其著作 *A Phylogenetic Classification of the Angiospermae* 中提出了一个现代被子植物分类系统。

在经典分类学之外，20 世纪其他一些植物学家的研究工作及思想，对系统分类也有深远的影响。1917 年，丹麦植物学家 O. Wing 认识到植物染色体的差异，并指出了这些信息在分类中的作用，从而推动了细胞分类学（cytotaxonomy）的发展。瑞典人 Turesson 于 20 世纪 20~30 年代开始物种的实验研究，揭示种内变异，提出了物种的不同居群适应不同环境以及生态型的概念。Camp 和 Gilly 在 30~40 年代讨论了物种概念，认为植物物种概念比动物复杂得多，不存在唯一的物种定义，并提出了物种的不同类型。Clausen，Keck & Hiesey 于 1940 年代在美国加利福尼亚进行了不同环境的同种植物相互移栽实验，进一步深化了生态型的概念。Huxley 于 1940 年出版了有关新系统学（*New Systematics*）的论著。Alston 和 Turner 1959 年开始了"生化系统学"（biochemical systematics）研究。对现代植物分类学与系统学影响更大的是 Hennig 和 Palmer。1966 年，德国动物学家 Hennig 首次提出了一种新的系统发育分析方法，称为"分支系统学"（cladistics）。他的论著译成其他文字以后，对于植物分类学产生了巨大影响。大约在 20 世纪 80 年代初期开始，Palmer 等一批科学家开始将分子生物学方法应用于系统学，从而开拓了分子系统学（molecular systematics）领域。

我国的植物分类学教学与研究起步较晚。植物学家钟观光（1868—1940）是国内第一个用近代科学方法进行广泛植物采集调查的人，先后在北京大学、浙江大学创建我国早期的植物标本室和植物园，为推动我国近代植物学研究和发展做出了重要贡献。称得上中国植物分类学教学与研究的开拓者与奠基者的科学家有钱崇澍（1883—1965）、陈焕镛（1890—1971）、胡先骕（1894—1968）、刘慎谔（1897—1975）等。在树木分类方面被公认的奠基人是陈嵘（1888—1971）；郑万钧（1904—1983）与胡先骕联合发表的水杉属是世界公认的重大发现，他主编的《中国植物志》第七卷及提出的裸子植物分类系统具有国际影响。秦仁昌（1898—1986）是世界著名的蕨类植物系统学家，1940 年发表的《水龙骨科的自然分类》，对国际蕨类植物学界产生了历史性的影响。其他一大批早期植物分类学家都为中国植物分类学的发展做出了巨大贡献。

5.2 物种概念

物种是什么？一般来说，物种的范畴是模糊的，因为生物世界是一个有机连续的系统，即自原子和分子，到细胞、器官和个体，直到居群、物种、群落、生态系统和景观。在这个连续的系统中，要进行各等级的划分，其结果必定是模糊的，同时也取决于特定的研究需要。要区别一个个体，看似容易，实际上有时是很难的。对于一些营养繁殖的植物就很难说了，一丛萌芽更新的灌木有可能起源于不同的种子。

5.2.1 模式与居群

物种的界定，目前一般有两种途径：

（1）模式观

物种模式的思想，起源于古希腊时期的柏拉图和亚里斯多德，认为任何客观实体是永恒不变的完美类型，任何不同于那种理想型的变异都是这个物质世界的不幸缺憾。及至林奈的"双名法"，模式概念的应用已相当广泛。《国际植物命名法规》对模式概念进行了严格的限定。在生物分类学界，模式概念深入人心，根深蒂固。分类学家在进行种系划分时，会提到"正种"与"变种"，采集标本时要采那些"正常的、有代表性的生物个体或部分"，这些提法多少体现了柏拉图式的模式观。

（2）居群观

也可认为是进化观。居群两字的英文是"population"，它有多种中文"译名"：居群、群体、种群、繁群等等。这种现象至少说明两点：其一，20 世纪生物学各分支学科之间缺少足够的沟通与渗透，群体多在遗传学家特别是群体遗传学家中流行，种群多在生态学家特别是种群生态学家中使用，居群则在进化生物学家中流行。其二，认识上的偏差，传统的群体和种群名称未能反映地理空间的要素，居群至少反映了地理空间、同种个体群这样两个要素。我们没有必要刻意将"群体遗传学"修改为"居群遗传学"，也不必将"种群生态学"改为"居群生态学"，但我们必须明确一点：一般说来，"population"可以整合遗传学、生态学和进化生物学等生物学分支学科。

居群观注重种内变异。按照居群观，一个种由若干群个体组成，这些个体在遗传、形态、生理和行为方面有变异，这些变异是进化和适应的基础，反映了个体间的遗传差别和环境作用的效果。Ernst Mayr 在评价模式派与居群派时说过："模式的希腊文是 eidos，模式派认为模式是现实的，变异是幻觉；而居群派认为，模式是抽象的，变异是现实的。"模式派强调种的变异格局分析，认为物种不是一个历史层面上的实体，种的划分是基于观察值的统计分布，并没有对这些格局进行历史的或进化的假设。居群派强调种的过程分析，观察到的结果被认为是历史事件和动态变化的结果。

5.2.2　物种的一般概念

物种有许多定义，并且又各不统一。主要有以下几种。

（1）Campbell（1987）的物种定义

物种是特定类型的有机体，其成员具有相似的解剖特征和相互交配的能力。

（2）Keeton（1972）的物种定义

物种是群体的最大单位，在此单位内，有效基因流动得以发生。

（3）Kirk（1975）的物种定义

物种是一组亲缘个体，个体间实际上或者有潜力相互交配；物种是一组有机体，它们构成一个完整的基因库。

以上是普通生物学中的物种定义，各有优点，也都存在问题。必须充分认识到，物种被看作可设计的假说，该假说是基于现有可利用的信息。种的设计是暂时的，可能随更新的可利用信息而改变，换言之，假设可能在将来被推翻。关于物种的主要争议点有：这些假设如何测定，有用信息的利用方式，以及依据的哲学框架。物种概念的发展主要基于以下几个方面，诸如形态上的不连续、生殖隔离、祖先与后代的格局、遗传内聚力（genetic cohension)和生态适应性。

(4)生物学物种概念(biological species concept，BSC)

在动物学中，生物学物种概念(也称为隔离概念)从1942年以来最流行。Mayr(1942)指出，物种是一群实际上或潜在地可以交配的群体，在生殖上与其他的此类实体是隔离的。后来，Mayr(1969)又作了修正，认为一个物种有3个不同的功能：物种是一个生殖群体；物种是一个生态学单位；物种是一个遗传学单位，包含一个巨大的相互交流的基因库。

生物学物种概念强调生殖隔离，但仅凭借生殖隔离又难以明确地界定物种，所以常常以形态的或其他的标准来作为生殖隔离的依据。生物学物种概念的另一局限性是：对于历史性的种(随时间而变化，如化石种)难以应用，特别是在微生物和植物中自然杂交和遗传间渗很普遍，隔离概念说服力不强。

(5)系统发育物种概念(phylogenetic species concept，PSC)

这个概念是当今最流行的物种概念，也称为分支物种概念。PSC认为分类应反映物种及较高等级的分支关系，而不顾其遗传相关性程度。分类单位之间的关系用分支图来表达，是一种亲缘关系的估计或假设。Cracraft(1983)认为，物种是"单个有机体的最小可判断的簇，其中存在祖先与后代的亲缘格局。"PSC定义的一个最基本的概念就是共享近裔特征。近裔特征也称为衍征(apomorphic characters)，被定义为独特的特征，在其他类型或更远久的类群中没有出现。如果两个或更多的个体或群体共享某一衍征，那么，在以其他缺少该衍征的个体或群体为参照时，这两个或更多个体或群体被假定为相对近缘。应当指出，所谓共享衍征(synapomorphy)是一个相对概念。

(6)进化物种概念(evolutional species concept，ESC)

根据ESC，"存在一个有机体祖先—后代群体的单一谱系，该谱系具有维持其不同于其他谱系的特质，拥有自身的进化趋势和历史命运"(Wiley，1978；Simpson，1961)。物种可视为一个进化实体，具有历史的连接，而不是生存的连接，其基础是表型的或物理特征上的内聚力(phenetic or physical eohesions)和不间断性(discontinuities)。在某些方面，进化物种概念类似于系统发育物种概念。它强调物种可通过发育的、遗传的和生态的约束(constrains)来看作一个进化单位。Templeton(1989)指出了进化物种概念的几个实际问题：没有对特征进行定位或导向；难以理解何谓共同的进化命运；由于它仅讨论进化内聚力的结果，而不是机制本身，因而该定义不是一种机制上的定义。

除了以上有关物种的定义和概念以外，还出现过其他物种概念：

(7)表型派(phenetie school)

它是模式途径的修正，主要根据个体的定量测定、形态不连续性来进行数学分析。该学派认为，最好的分类系统是相似性和连续性的总体格局，它基于尽可能多的特征，不管实际的祖先关系。这一概念现在很少采用。

(8)生态物种概念(ecological species concept)

Van Valen(1976)提出这样一个物种概念，认为物种是"一个谱系或一组密切相关的谱系，在它的分布区内占有一个适应带，至少不同于其他任何一个谱系；该谱系从其分布区以外的所有谱系进化而来"。他把适应带(adaptive zone)定义为资源空间加上捕食者和寄生物。

（9）认知物种概念（recognition species concept）

由 Paterson（1985）提出，它是生物学物种概念的补充。按照该物种概念，物种是具有生殖机制促进基因交换的基因重组领域。在生物学物种概念中，强调防止不相似个体间的基因交流。

（10）内聚力物种（cohesion species）

内聚力物种是一个相对新的概念，由 Templeton（1989）提出，物种是由个体组成的最可包容的群体，这些个体具有通过内在凝聚机制的表型聚合的潜能。内聚概念强调自然选择、基因流动等机制导致物种内聚，而不是分离。

5.2.3　两种哲学观点

（1）唯名论者（Nominalists）的观点

他们怀疑物种能否作为现实自然实体的客观存在，认为只有个体存在；物种被认为是精神上的虚构，不是客观存在。达尔文就持这种观点。他写到："依我看，物种是武断地给定的，为了方便，它代表一组相互密切相像的个体，它与变种没有根本区别，变种是用来指称那些差别较小、更易波动的类型。"

Ehrieh & Holm（1963）指出，物种的概念是没有基础的归纳，分类过程需要找到有差别的簇，安排成一个系列分类等级——亚种、种等。

（2）多元物种论者（pluralist）的观点

认为物种概念应随分类群的不同而不同，应考虑多个物种概念。因此，Seuder（1974）建议，物种可分为古生物种（paleospecies）、同胞种（sibling Species）、形态种（morphospeeies）、杂交种（hybrid species）等几种类型，以用于不同的生物学场合。

Ehrieh & Holm（1963）认为一些物种概念确实缺乏广泛的生物学基础，只能适合特定的生物类群，如生物学物种概念很适合鸟类，因为个体、育种等概念很容易掌握。反观植物，生物学物种概念是模糊的、甚至矛盾的。在植物中有种间的可育杂种，多倍体起源的新变种，还有无性种。因而，学术界期待更广泛更精确的物种概念。

5.3　植物命名与分类检索表

人类在认识自然的过程中，给每一种植物都赋予特定的名称。由于地区、语言、民族的不同，同一种植物往往因地区、语言等差别而有不同的名称，例如甘薯，有白薯、红薯、山芋、地瓜、番薯等多个俗名，这种现象称为同物异名（synonym）。反过来，不同的植物也可能有相同的名称，如白头翁分别代表不同地区的 10 多种植物，这种现象称为同名异物（homonym）。同物异名和同名异物现象往往造成学术交流上的混乱、植物利用上的错误信息。因此，植物必须有世界通用的科学名称。

国际植物学会植物命名委员会负责起草、修订《国际植物命名法规》（ICBN），对植物的命名作出规定。最新版本的《国际植物命名法规》是 2011 年在澳大利亚墨尔本修订的，简称为《墨尔本法规》(*Melbourne Code*)，其他较近版本的法规分别为《维也纳法规》(2005)、《St. Louis 法规》(1999)、《东京法规》(1994)、《柏林法规》(1988)、《悉尼法规》(1982)和《列宁格勒悉尼法规》(1978)。

根据 ICBN，植物命名必须遵循 6 条原则：①植物命名与动物命名相独立；②植物分类群名称的采用，取决于命名的模式标本；③植物分类群的命名以发表的优先权为基础；④每个分类群只有一个正确名称，即符合法规的最早的名称(少数例外)；⑤科学名称用拉丁文描述；⑥法规追溯既往(少数例外)。ICBN 的规定要达到两个目的，一是规定分类等级的名称及其书写方法，二是为高级分类单位内部的命名做出规定，确定不同的分类等级或分类阶层(表 5-1)。

在各分类等级中还可以插入亚等级，如亚纲(Subclass)、族(Tribe)、亚科(Subfamily)、组(Section)、亚种(Subspecies 缩写 subsp. 或 ssp.)、变种(Variety，缩写 var.)、变型(Form，缩写 f.)等。

表 5-1　植物分类等级

中文	英文	拉丁文	例子
界	Kindom	Regnum	
门	Division	-phyta	木兰植物门 Magnoliophyta
纲	Class	-opsida	木兰纲 Magnoliopsida
目	Order	-ales	木兰目 Magnoliales
科	Family	-aceae	木兰科 Magnoliaceae
属	Genus	—	木兰属 *Magnolia*
种	Species	—	白玉兰 *Magnolia denudate* Desr.

科的名称一般要按照以上形式来命名，即模式属加上科名后缀，如松科的模式属为 *Pinus* L.，科名为 Pinaceae。但 8 个保留科名例外，历史上沿用的科名与按 ICBM 规定形成的科名书写形式都是合法的，因而它们的科名有两种写法，即菊科(Compositae, Asteraceae)、十字花科(Cruciferae, Brassicaeae)、禾本科(Graminae, Poaceae)、山竹子科(Guttiferae, Clusiaceae)、唇形科(Labiatae, Lamiaceae)、豆科(Leguminosae, Fabaceae)、棕榈科(Palmae, Arecaecae)、伞形科(Umbelliferae, Apiaceae)。

属名具有以下典型特征：①拉丁语单数名词。②描述性(习性、生境、地理、生长、形态等)，如鹅掌楸属(*Liriodendron*)中，"Lirio" = "lily"(百合)，"dendron"为树木的意思。③来自不同的文化或语言，如银杏属(*Ginkgo*)来自中国东南沿海一带方言。④纪念人物或地名，如观光木属(*Tsoongiodendron*)为纪念我国早期植物采集家、分类学家钟观光先生。属名的书写形式应注意：第一个字母大写，一般用斜体，可以单独书写。"genus(属)"的复数形式为"genera"。当出现两次或两次以上同一属名时，第二次以后可以缩写。如 *Acer rubra*, *A. palmatum*。"*Acer* spp."指该属的多个种，"*Acer* sp."指该属的一个不确定的种。

种的名称采用"双名法"，"双名法"不是林奈首创的，但是他首先在《植物种志》(*Species Plantarum*, 1753)中系统地、一贯地使用。双名(Binominals)即属名加上种加词(Specific Epithet)，例如，白栎的拉丁名为 *Quercus alba* L.，其中"*Quercus*"为属名，"*alba*"为种加词。种加词具有以下典型特征：①拉丁语形容词，数与性与属名一致。②纪念性、描述性。③种加词不能单独书写，总是放在属名之后。

定名人引证也是分类学不可缺少的环节。科学工作者在正式的专业学术期刊上发表论文并涉及拉丁学名时，分类群的拉丁名称必需有定名人引证。定名人引证需要注意以下几点：①除习惯正确用法（如"L."代表林奈）以外，定名人引证一般包括"名'的拼音第一字母缩写，加上"姓"的完整拼音，如"H. T. Zhang"代表"张宏达"。②如果定名人有 2 位，则两位作者都要引证，两位定名人之间用"&"或"et"连接，如"Smith & Jones"或"Smith et Jones"；如果定名人有 3 位或 3 位以上，则需要用"et al."字样。③如果一个名称由某位作者提出，但未正式发表，由其他的作者正式发表，则需要用"ex"表示；如夏至草属（*Lagopsis* Bunge ex Benth.）中，"Bunge"为提出该属名称的作者，"Benth."为正式发表该属的作者。④如果一个分类群分类地位改变，则原作者和后作者均要引证，原作者在前，并加括号，后作者在后；如 *Senecio cordifolia*（Hook.）Smith 中"Hook."为原作者，他发表了 *Arnica cordifolia* Hook.；"Smith"为后作者，他认为该基本名（实体）应当放置在 *Senecio* 中。

为了避免可能存在的重名现象，在发表新分类群之前，一般要进行名称检索。一般地，新世界的植物在"Gray Herbarium Index"上检索，其他地区的植物在"Index Kewensis"上检索。分类学的重要工作内容之一是为新分类群命名，以及对旧分类群进行重新分类处理，分类处理主要有以下形式：①拆分，将一个分类群分割成两个分类群；②归并，将两个分类群合并成一个分类群；③分类位置转移，由一个大类群转移到另一个大类群；④分类等级改变，由种降为亚种或由亚种提升为种，其他分类等级也可有类似的改变。

一般来说，一个分类群只有唯一一个正确的名称（保留科名例外）。正确名称必须合法、有效，即符合以下条件：①符合法规；②有效发表（在植物学家认同的印刷体出版物上发表）；③符合拉丁语法和命名习惯（如科名以-aceae 为后缀，双名中的种加词必须与属名在语法上一致）；④提供适当的描述，或引证已正式发表的分类群；⑤具有必要的形态特征拉丁语描述；⑥必须指定或选定命名所依托的模式。

在经典的分类学中，分类群的名称必须以模式标本为基础（少数例外，如在 1753 年 5 月 1 日以前有效发表的维管植物）。模式标本包含以下类型：①主模式（Holotype）。作者发表一个新分类群时，采用或指定的模式标本。指定的"主模式"，往往是作者在发表时引证多份标本中最有代表性的标本。②等模式（Isotype）。是指主模式的同一号标本的"复份"。③后选模式（Lectotype）。早期分类学家在发表新分类群时，往往未标定"模式"或"主模式"字样，或者原始材料丢失，后来的研究者选定的模式标本称为"后选模式"。④合模式（Syntype）。如果发表的原材料有 2 份或 2 份以上标本，而又未指定为"主模式"，或者所有的标本均指定为模式标本，则其中的任何一份标本称为"合模式"。⑤新模式（Neotype）。当一个分类群发表时的所有原材料被确认为不存在，可以选择一份标本为模式，这份标本称为新模式。

在选定后选模式时，应先选"等模式"，后选"合模式"。模式之所以有许多种类型，是因为要解决许多历史上遗留的分类问题。比如，德国柏林标本馆在"二战"期间被毁，原馆藏的独份模式标本，肯定已经不复存在，所以要选定"新模式"。又如，原来的一份标本作为发表新种的原始材料，采自同一个植物体，有好几份，分别送到几个标本馆，所有这些同号标本均为"等模式"。

在进行分类处理或考证某个植物的名称时，常常会遇到同一植物有 2 个以上名称，其中只有一个为合法的正确的名称，其他必须废弃的附加名称为异名(synonyms)。异名有不同的类型：①命名上的异名(nomenclatural synonyms)，又称为同模式异名(homotypic synonyms)。即废弃的名称与正确名称基于同一模式标本，这些异名的存在是因为植物学家在检查同一模式标本时采用了不同的名称。②分类上的异名(taxonomic synonyms)，又称为不同模式异名(heterotypic synonyms)。即废弃的名称与正确的名称基于不同的模式标本，这些异名的存在是因为不同植物学家在检查不同模式标本时，分类观点不一造成的。

识别和鉴定植物是植物分类学工作者最基本的工作，也是从事其他植物生物学研究的基础和前提。鉴定一份标本或识别特定的植物有多种方式，基本途径有：①请教专家，这需要花较长的时间。②根据经验辨认，这对于熟悉地区的某些植物有效，但对于新地区的植物不起作用。③比较和对照标本、照片、图鉴和描述，判断植物名称，但只有少数植物具有完整的信息。④采用分类检索表鉴定，这是最广泛应用的鉴定途径，只要熟悉分类学术语，就可以鉴定出任何地方的植物。因此，检索表是植物分类学工作者的重要工具。

何谓检索表？检索表是 1778 年由法国动物学家、进化生物学家拉马克(Jean BaptisteLamarck)首先设计出来的。通过查询一组对应的相反特征，经接受或排斥过程，逐步检索出目标植物。检索表应具有以下要素：

(1)相反的特征组合

如：

花顶生；落叶性。

花腋生；常绿性。

(2)二歧原则

如以下的处理是不恰当的：

1. 花顶生；落叶性
1. 花腋生；常绿性
1. 花单生，常绿或落叶

(3)数字标记及特定位置

如：

1. 花顶生；落叶性
  2. 叶全缘，倒卵型；聚合蓇葖果 ·················· **白玉兰** *Magnolia denudata*
  2. 叶两侧有裂片；聚合果由小坚果组成 ·············· **中国鹅掌楸** *Liriodendron chinense*
1. 花腋生，常绿性 ······································ **含笑** *Michelia figo*

检索表通常有两种类型：定距检索表和平行检索表。以上木兰科 3 种植物的检索表，属于定距检索表，其优点是对应的特征在一起，易于辨认，缺点是浪费空间。平行检索表，句首数字左边对齐，并按数字升序逐对排列，其优点是节省空间，缺点是检索时常常需要跳跃式查询。上述定距检索表若排列成平行检索表，其形式变为：

1. 花顶生；落叶性 ………………………………………………………… **2**

1. 花腋生；常绿性 ……………………………………… 含笑 *Michelia figo*

2. 叶全缘，倒卵型；聚合蓇葖果 …………………… 白玉兰 *Magnolia denudata*

2. 叶两侧有裂片；聚合果由小坚果组成 …………… 中国鹅掌楸 *Liriodendron chinense*

掌握分类检索表是植物分类学工作者的基本功。编制检索表需要注意以下几点：①始终牢记二歧原则。②选择相反的特征对。③采用明确简洁的陈述。④尽量选用宏观特征和形态术语。⑤鉴定到具体某个分类单位时，应尽量采用两个或两个以上特征。

5.4　现代植物分类学若干学派

5.4.1　概念

(1)分类运行单位(operational taxonomic units，OTU)

数量分类学上的一个概念，指任何等级的分类群，可以是一个物种的不同个体，不同的物种或不同的属，等等。

(2)表征相互关系(phenetic relationships)

指相似的关系，即将分类群组合成更高一级分类群时，组合的依据是总体相似性或相异性。如果两个分类群共有特征越多，被组合在同一个高级分类群的可能性就越高。表征分类依据的特征尽可能多，包括化学、形态、解剖、生理和生态等方面的特征。任何特征均可以作为分类的信息。人为分类或表征分类(有时也称为自然分类)就是以表征关系为基础的。

(3)系统发育相互关系(phylogenetic relationships)

也称为祖先关系或进化关系，即血统关系，与共同祖先的相关度。进化分类和分支分类所依赖的就是系统发育相互关系。

5.4.2　表征学派

表征学派的发展大致经历了3个时期：

(1)早期人为的或机械的分类系统也称为古代表征系统

根据一个或很少几个特征，先采用的特征是分类的优先特征。切奥弗拉斯特的分类即古代表征分类。中外本草学家根据用途的分类，也是古代表征分类。林奈的性系统，以雄蕊数目为优先特征，划分24纲，也属于人为分类。人为分类的优点是实用、简单。其缺点是缺乏生物学分析，预见性价值低。

(2)近代表征分类系统也称为自然系统

依据总体相似性，选择尽可能多的特征，各特征之间没有优先性，或各特征的权重相等或相近。法国的裕苏家族及其《植物属志》、瑞士的德堪多及其著作 *Prodromous Systematis Naturalis Regui Vegetabilis*，英国的边沁与虎克及其所著的《植物属志》，都是自然系统的代表。这些系统也称为"前达尔文系统"，当时盛行物种固定不变论，生物学家以为，这些表征分类系统是揭示和归纳生物多样性的最佳方式。但是，当进化论问世以后，自然系统或表征分类在很大程度上被抛弃，而被系统发育系统所取代。

（3）现代数量分类系统也称为计算机辅助表征系统（computerized phonetic system）

计算机的出现使得数量分类学家可以采集更多的数据，以一种无偏差的方式决定 OUT 之间的相似性。Sokal and Sneath 首先将数量分类推介到学术界。其基本思路是：首先用计算机统计每对 OUT 的相似性，然后进行聚类分析（簇分析），构建树状图（dendrongram）。数量分类有 3 个基本原则：第一，信息越多，分类系统越可靠；第二，每个特征的权重相等，即无优先特征；第三，以 OUT 之间的总体相似性为基础。数量分类一般分 5 个步骤：①选择分类群或 OUT。②选择特征或性状。③计算与估计相似系数。④生成树状图。⑤分类结果的解释。

数量分类的优点是：可再生成，客观无偏差，数据完整，可对大量分类群进行分类操作。其缺点是：不能解释进化变化，归类时不能避免趋同演化（convergent evolution）的干扰。例如，热带沙漠的"仙人掌状植物"经历了相同或相似的选择压力，许多植物类似于仙人掌，然而，这些"仙人掌状植物"分别属于萝藦科（Asclepiadaceae）、大戟科（Euphorbiaceae）、菊科（Asteraceae）和仙人掌科（Cactaceae）。

5.4.3　系统发育分类学派

也称为进化系统学派。系统发育分类之目标是：分类系统要反映一组特定分类群的亲缘关系（血统关系、谱系关系）或进化历史。达尔文《物种起源》（1859）的发表，标志着系统发育分类学的开端。根据进化理论，植物（及其他物种）是一个动态的实体，随时间的推移而变化，由一个物种衍生出另一个物种。表征关系反映的是分类群之间"水平轴"上的关系，即相似性，缺乏"垂直轴"上的关系；而系统发育分类学的目的是要反映共有的祖先，即进化关系、进化历史。

构建进化分类系统有 3 个步骤：首先，获得尽可能多的数据，数据来源可以是形态学、解剖学、生物化学、生理学、生态学、孢粉学证据。数据越多，结果越可靠，其实这与表征分类一致。其次，证据的评价要合理，不同的数据在构建分类系统时的价值不等，分类学家要判断哪些数据对于反映进化关系最重要。第三，要决定原始性状与进化性状，原始性状又称为祖先性状，进化性状又称为衍生性状。关于原始与进化的判断，可以对化石记录与现存植物进行比较。

Thorne（1976）提出了系统发育分类的若干原理：①现存的物种由历史上存在的物种演变而来，所以是进化变化的产物。②趋同（convergent）与平行（Parallel）演化很普遍。③任何给定特征的原始、祖先状态，不会比现存的、衍生的物种更特化。换言之，如果一个特定的分类群被确定为某类群的最原始成分，则该分类群的祖先不含有更特化的特征。④进化既可表现为退化（reduction）或简化（simplicity），也可表现为多样化或特化（specialization）。⑤在不同的植物器官或组织中，进化速率和方向可能不同。许多植物含有原始的（保守的）与进化的（特化的）性状组合。⑥许多现存被子植物，由原始的、一般特征的祖先，经过高度特化或修饰演变而来。因此，由现存亲缘科的成员衍生出现存科的成员是不可能的。

进化分类有许多合理的成分，但也有缺点：①关于趋同演化。具有相似选择压力的物种在形态上相似。这就很容易把趋同演化的一对分类群误认为亲缘关系很近。②缺乏适当的化石证据。化石沉积是一个零散的、随机的过程。一些化石沉积事件正巧很迅速，使得化石可能不足以记录这种变化。③严格的进化分类认为，分类群的起源是单系的（monophyletic）。换言之，祖先只有一个，多系起源是不可能的。如豆科（广义）、禾本科是单系起源。然而，有些科的起源被认为是多系的（polyphyletic）。

5.4.4 分支学派

分支分类学（cladistics）是由德国昆虫学家亨尼希（Willi Hennig，1913—1976）于 20 世纪 50 年代创立的。德文原文发表于 1955 年，但直到 1966 年翻译成英语后才为学术界所认同。所谓分支（clade），即谱系（lineage），源于希腊文"Klados"，相当于英文的"branch"。

分支分类的理论基础是基于进化之分支式样的分类。按照分支分类理论，类群划分的依据是共有衍生的特征，简言之，"近裔共度"。分支分类学对有关术语作如下定义：

衍征（apomorphy）：衍生的或进化的特征。

祖征（pleisiomorphy）：原始特征。

共有衍征（synapomorphies）：分类群共有的衍生特征。

共有祖征（synpleisiomorphies）：分类群共有的原始特征。

单系（monophyletic）：所有后代共有一个祖先（图 5-1）。

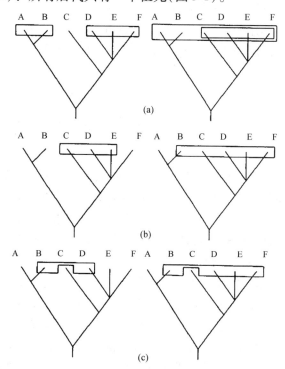

图 5-1 单系、并系与复系类群（引自钟杨等《分支分类的理论与方法》）

(a)单系类群：|A，B|，|D，E，F|，|C，D，E，F|，|A，B，C，D，E，F|

(b)并系类群：|C，D，E|，|B，C，D，E，F| (c)复系类群：|B，D|，|B，D，E，F|

复系(polyphyletic)：一个类群由来自不同祖先的成员组成(图5-1)。

并系(paraphyletic)：一个类群仅仅含有共同祖先成员中的一部分(图5-1)。

如果一个特征是衍生的，那该特征是建立在原始的、祖先的性状基础之上。祖征的出现早于某个分类，而衍征的出现伴随该分类群而出现。

分支分类学借助分支图(cladogram)(图5-2)来反映亲缘关系。分支图由分支、节点、末端等基本单位构成，节点代表一个物种形成事件，即祖先物种分裂为两个后代的生物学事件；分支末端是新形成的两个物种。分支图是非常复杂的，当分类群为3个时，可能的分支图有4个；4个分类群就有26个可能的分支图。

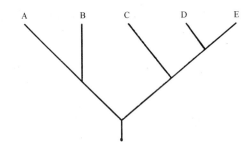

图5-2　分支图(引自钟杨等《分支分类的理论与方法》)

分支分类学具备相当好的学术思路，但也存在缺点。分支图有时存在趋同性(homoplasy)问题，造成趋同性的原因是多方面的，可能由趋同演化造成，也可能由于平行演化所致，还可能是外类群选择不恰当的结果。尽管如此，分支学派是目前世界最流行的，特别是当今分子数据不断涌现的年代，分支分类学与分子系统学的结合，已经对植物系统学产生深刻的影响。

5.5　现代植物分类的主要方法

植物的系统分类不能简单地等同于识别，识别只是系统分类过程中最基础、最基本的一个过程。植物分类工作不仅要对植物进行分门别类，更要探讨各分类群间的系统演化和亲缘关系。因此，在分类方法上已不再局限于经典分类方法，出现了解剖学分类法、细胞学分类法、孢粉学分类法、化学分类法、分子生物学分类法、数学分类法等，历史上也曾将除形态学以外、需要借助于实验手段进行分类的方法称为实验分类法。

目前，有关分类方法的称谓较混乱，尚无统一标准，如常见的染色体分类法、电镜分类法、电泳法、色谱法、光谱法、数量分类法、同工酶法、流式细胞法等。仔细推敲可知，这些并不都是分类方法，更多的是技术手段；如"染色体分类法"是应用染色体技术的细胞学分类法，"电镜分类法"是形态学分类、解剖学分类和孢粉学分类常用的实验技术，"电泳法"是化学分类和分子生物学分类法的实验技术，"色谱法""光谱法"是典型的化学分类技术，"同工酶"是植物体内具有相同或相近功能的一类大分子的总称，"同工酶法"是通过电泳显示出这些大分子的谱带，间接地反映出其化学组成，因此，仍属化学分类的范畴。

随着科学的发展必将出现更多的新技术、新方法应用于植物系统分类当中。这些分类方法既是对经典分类法的一个验证，又是对经典分类的补充、丰富和发展。

5.5.1　植物形态学分类法

植物形态学分类法是应用历史最悠久、最广泛、目前仍然是最可靠的一种传统、经典分类方法。主要以植物的外部形态特征，如根、茎、叶、花、果实、种子等为分类的主要依据，通过表观形态特征的差异对植物进行分门别类、通过形态的相似程度来判断彼此亲缘关系的远近。其中，花、果、种子等具有较高遗传稳定性的特征成为高级分类单位（属、科及以上分类单位）的主要依据，如胚珠裸露与否为区别裸子植物门与被子植物门的主要依据，子叶数目为木兰纲（双子叶植物）与百合纲（单子叶植物）的主要区别，十字花冠成为十字花科、唇形花冠成为唇形科的主要识别特征等；枝、叶等特征常为属下等级的分类依据，如叶的类型、小叶数量、枝上刺的类型等为五加属分种的主要依据等（表 5-2）。

表 5-2　裸子植物、双子叶植物、单子叶植物主要形态特征比较

分类群 特征	裸子植物	被子植物	
		双子叶植物	单子叶植物
花被	无	有	有
花部组成基数	（球花孢子叶）不定数	4 或 5 数	3 数
胚珠	裸露	有子房包被	有子房包被
花粉萌发孔	无明显统一规律	多为 3 数	多为 1 个
传粉方式	风媒	虫媒、风媒或其他媒介	虫媒、风媒或其他媒介
游动精子	部分类群中有	无	无
双受精现象	无（少数有）	有	有
果实	无真正果实，种子裸露	形成果实	形成果实
子叶数目	2 至多数	2	1
脉序	多无复杂脉序	网状脉	平行或弧形脉
木质部结构	具管胞，多无导管	多有导管，纤维	多有导管，纤维
茎维管束分布	环状	环状	散生
茎内形成层	有	有	无
主根	发达	发达	常不发达，多为须根

植物形态分类法的基本过程是：标本采集、整理、制作、鉴定、验证，最后定名。基本实验条件有：实验室及常规配置、标本室、简单的形态解剖用具（解剖针、解剖刀等）、观察仪器（手持放大镜、双目解剖镜）、摄像（影）设备等。该方法的主要优点是对鉴定设备条件要求不高、实验成本低、方法简便、便于应用等。主要缺点是对亲缘关系的判断易受植物形态特征后天趋同现象的迷惑。如对柔荑花序类植物分类地位、亲缘关系的处理，不同分类系统存在显著的差异。较早的恩格勒系统将这些科放在较原始的地位，视为亲缘关系较近；但在后来的克朗奎斯特系统中将这些科放在了不同的进化地位，彼此甚至被放

在了不同的亚纲。

植物形态学分类法的发展基本是伴随着观察工具和分析方法的创新进行的。如放大镜、显微镜的使用使形态分类由仅凭肉眼即可观察到的形态拓展到了如表皮毛等附属物的微小形态领域，各种统计分析方法的应用实现了分类由定性向定量的转变。

依据植物形态学分类法，目前已形成了多种风格不同的分类系统，同时，出版了较为系统全面的针对植物形态特征描述的植物种志、植物科志，如各类植物志、树木志等，诸多新种的发表也多以形态分类为主要依据，产生了多种多样的分类检索系统、植物分类信息系统。从系统分类的祖先林奈至现代的植物学家，可谓巨著频现，成就卓著。

5.5.2　植物解剖学分类法

广义上讲，植物解剖学分类法是形态分类法的一部分，只是所依据的特征部位不同。习惯上将植物形态分类法视为以外部形态特征为主；而植物解剖学分类法则是以内部解剖构造特征，如植物茎(木材)、叶、花、果实、种子等各组成部分组织结构特征作为主要分类依据。

植物解剖特征一般用于大类群的分类。已出版或发表的用于分类的有关植物解剖学研究成果也多是以属(族)或至少以组及其以上等级的分类群为基本单位进行比较的。如应用木材断面特征、侵填体的有无、射线的类型与大小、导管螺纹加厚情况、纹孔类型对产于我国的胡桃科的属级分类，应用木材横切面韧皮纤维的形状、大小、数量、结晶的有无以及结晶的形状对红豆杉科分族、分属，应用叶表皮细胞类型对禾本科内亚科、族的分类等。从目前的研究看，种级或种下等级的应用极少，或说仅有少量尝试。

植物解剖学分类法的基本过程是：供试样品的采集、固定，样品的必要处理，制片(光学观察用的切片、电镜观察用的切片等)，读片，比较分析，确定分类结果。基本实验条件有：实验室及常规配置，必要的药品、试剂，切片用设备、材料，光学显微镜，电子显微镜，显微摄影设备等。

植物解剖学分类法是对形态分类法的进一步补充与验证，在一定分类等级上和一定范围内可形成自己独立的分类系统。其主要不足是：由于植物解剖特征受生长状况、取样部位、生长环境等诸多因素的影响较大，其实验结果又受到实验方法、重复程度、镜检判读水平的影响，因此，其分类结果的可靠性必须经过严格的推敲；同时，对实验设备条件、实验经费、实验人员素质的依赖程度较高，应用范围受到了一定的限制。目前，已出版的有关植物解剖方面的资料多限于特征描述和少量的大类群间的比较，资料尚不完整，更缺乏系统性。

5.5.3　细胞学分类法

细胞学分类法是指应用染色体技术对植物细胞染色体组型(核型)进行分析，对植物进行分类、对各分类群系统关系进行研究的一种方法。其主要分类依据是植物染色体组型(核型)即染色体组在有丝分裂中期的表型，包括染色体数目、大小、形态及异染色质的分布特征等。一般由核型公式表达：

$2n$ = 体细胞染色体数目 = 中部着丝点染色体数目 m + 近中部着丝点染色体数目 sm + 近

端部着丝点染色体数目 st + 端部着丝点染色体数目 t

如 $2n = 18 = 10m + 4sm + 2st + 2t$ 示体细胞染色体总数为 18、中部着丝点染色体 10、近中部着丝点染色体 4、近端部着丝点染色体 2、端部着丝点染色体 2。其中，染色体类型由臂比来确定：$1.0 \leqslant m < 1.7$，$1.7 \leqslant sm < 3.0$，$3.0 \leqslant st < 7$，$t \geqslant 7.0$。此外，20 世纪 70 年代发展起来的染色体分带技术成为细胞分类法的又一依据，但由于该技术在植物当中的应用未能像在动物中应用的那样成功而始终未能全面开展起来。

植物染色体组型在科内、属内甚至种内变异均相当丰富；因此，细胞学分类法可用于各个等级的分类。也同样是由于变异过大，决定了这种分类多是辅助性的，不是决定性的，即细胞学分类法本身很难独树一帜，必须有来自其他学科或其他方法提供的进一步的证据。从目前在分类中的应用来看，细胞学分类法更多的是用来处理存疑分类群(多为科或科以下分类群，在科以上分类群似参考价值不大)的分类地位问题，而且已有许多成功的实例。如，大血藤属(Sargentodoxa)$2a = 22$，基数为 11，与木通科各属的染色体数目 $2a = 32$，30，28 明显不同，结合花的结构、叶形及解剖构造、花粉形态及同工酶谱等证据，有学者提出了将大血藤属从木通科分出而另立一新科，并得到了很多学者的支持。

细胞学分类法的基本过程是：采样、固定、制片、镜检、测量、照相、分析等。基本实验条件有：实验室及常规配置，必要的药品、试剂、染色剂，光学显微镜，显微摄影设备等。

由于染色体组在各分类群中变异较大，又可能因实验条件、实验操作者不同导致同一材料的不同实验结果，实际应用中必须广泛取样，增大样本数。

更多的工作仍是基础资料的积累，尚有大部分种缺乏细胞学资料。现有文献中多数为描述性资料，成功用于分类的文献相对较少。

流式细胞术(Flow cytometry，FCM)是 20 世纪 70 年代发展起来的一种对细胞的物理化学性质进行快速测定并可分类收集的技术，可分析细胞大小、细胞周期、内部结构、DNA、RNA、蛋白质、抗原及生物活性等，具有快捷、精确、方便、有效的特点。该技术可在瞬间对大量细胞进行准确的分析，目前已广泛应用于细胞生物学、发育生物学、植物生理学、分子生物学、植物系统分类学等研究领域。

5.5.4　孢粉学分类法

孢粉学分类法主要是借助于孢粉学研究方法与研究成果对植物进行系统分类的一种方法。其主要分类依据是孢子、花粉的形态特征；包括孢子、花粉形态，极性，萌发孔的位置、类型、数量，壁结构、外层饰纹(颗粒、刺、疣、网眼或条纹等的大小、数量、密度)等。一般认为花粉形态结构受环境因素影响较小，因此，常作为重要的植物分类依据。

孢粉学分类法更多的应用于属及属以上分类群系统分类研究上。由于孢粉学研究近于微观状态，因此，对显微镜的依赖程度较高，亦随着显微镜的换代、尤其是电子显微镜的应用而得到迅速发展，常被用于专题研究。如：用扫描电镜对孢粉表面形态、用透射电镜对内部结构进行观察，通过与被认为相近类群的对比分析，从而实现对某些有疑问的分类群分类地位的确定工作等。但是，新近的研究表明，属下等级的分类也十分有效。如：松属花粉的亚显微结构在不同种间其帽缘大小、帽面纹饰等均有较显著的差异(孙京田，

2002)，同样的结果甚至出现于梅花和番茄的不同品种间。应用花粉条纹和脊的宽窄、深浅、流畅程度和纹饰平伏程度等特征指标将梅花品种分为 6 大类，并推测出纹饰由密至稀、由细至粗、由平伏至起伏、分叉由少至多到不连续、整个特征由繁至简、由规则至不规则的进化趋势；根据纹饰类型与特点将番茄品种分成了 3 类：粗疣-颗粒状、细疣-颗粒状和网纹-颗粒状，显示出了种内变异与品种间的亲缘关系。

孢粉学分类法的基本过程是：孢粉的采集，样品制备(样品处理、制片或黏台、镀铂或制成超薄切片等)，镜检、读片、测量、摄影，结果比较分析，确定最后分类结果。基本实验条件同解剖学分类法。

孢粉学研究需要注意的是分析材料中样品采集时间与成熟程度问题。据研究，植物孢粉的不同发育阶段(成熟程度)其内部结构与表面纹饰不同。因此，必须保证各实验样品发育阶段的一致性，实验结果才有可比性。

目前，发表的各类有关研究文献数以万计，已有孢粉形态描述的植物达数万种，但与现有的种子植物总种数还相差甚远。

5.5.5 植物化学分类学分类法

植物化学分类学分类法是以植物化学成分及其生物合成途径为依据，从分子水平上对植物分类和亲缘关系进行研究的一种方法。其基本原理是亲缘关系近的植物类群含有类似的化学成分和产物。用于植物分类的化学成分主要包括蛋白质、酶(同工酶)、核酸等大分子化合物和生物碱、萜类、氨基酸、类黄酮、花青素、皂苷等小分子化合物。应用的分析技术主要包括电泳法、光谱法、层析法、血清鉴别法等。植物化学分类基本过程因应用的技术不同有所差异，基本实验条件与一般生物化学实验相同。

从已做的工作看，植物化学分类学分类法对研究植物分类问题、系统关系问题、分类等级问题等均提供了有力的帮助，在各级分类群中均有一定的应用，在许多分类群中找到了特征成分，增加了分类群的可识别性。如毛茛目各科均含有异喹啉类生物碱、氰苷和木脂素类化合物等特征成分，原置于毛茛科的芍药属不具上述特征成分而具有单萜类化合物，被分类学家们一致地从毛茛科中分出独立为芍药科；山柰酚-3,7-双葡萄糖苷和山柰酚为木贼科的特征成分，山柰酚-3-双葡萄糖苷为木贼属的特征成分，槲皮素为问荆属的特征成分；许多种级分类群甚至种下等级也都有自己的特征成分。

由于目前植物化学成分分析工作前期基础资料尚少，在各分类群间发展尚不平衡，对植物分类的支持尚缺乏系统性，但在部分分类群中的细致工作已体现出其较强的生命力。

5.5.6 植物分子生物学分类法

严格地讲，广义的化学分类法包含了分子生物学分类法，前者更注重某种化学成分的有无、量的多少；而后者更多的以蛋白质和核酸等大分子的结构(序列)与功能为研究目标，是更具体、更先进、更可靠的植物分类方法，尽管起步较晚，但方兴未艾。

该分类法的主要依据是蛋白质或 DNA 序列的差异，如能实现全序列测定并确定功能，那么分类和系统研究将最彻底、最完美。但限于实验、技术和经济条件，暂时还很难做到。目前已有的研究多是以 DNA 片段多态性为依据的探索性分类研究，这种多态性反映出的是分子水平上分类群间的差异。用于揭示 DNA 多态性的分子标记主要有限制性片段长度多态性(Restriction Fragment Length Polymorphism，RFLP)，随机扩增多态性 DNA(Random Amplified Polymorphic DNA，RAPD)，扩增片段长度多态性(Amplified Fragment Length Polymorphism，AFLP)和简单重复序列(Single Sequence Repeat，SSR)等。其基本过程和实验条件与分子生物学研究基本相同。

据目前的研究结果，该方法适于在属、种及种下等级的分类研究和亲缘关系探索中应用；但研究成果尚少，更高级分类群的研究有待开展。

亲缘地理学(Phylogeography)是一门年轻、有活力、综合的学科，其研究内容是采用遗传数据来认识群体的历史。目前，分子标记已广泛应用于亲缘地理学研究。常用的分子标记有：共显性标记 RFLP 和 SSR，显性标记 RAPD、ISSR(简单序列重复间区)、SCAR(序列特异性扩增区)和 AFLP。近年来，国内外许多学者应用分子标记与亲缘地理学开展森林植物变异研究。

5.5.7　数学分类法

又称数量分类或数值分类，是应用数学理论和电子计算机研究生物分类、探讨各分类群间亲缘关系的一种方法。依据的基本原理是亲缘关系相近的分类群其特征值具有最大的数学相似性。分类的依据是已有描述的相关植物的各类分类信息(特征或性状，如前述 7 种方法中所获得的各类信息)，按照一定标准对各类特征或性状赋予一定的值，从而实现分类的定量化，以减少人为因素对结果的影响。

数学分类法适用于各个等级。其基本过程是：特征的选择、特征的赋值、数据的计算机运算(通常以各种聚类分析为主，运算的结果为相似系数矩阵或树系图)、结果综合对比分析、得出结论。目前，这一方法已成为系统分类的一个常规手段。

事实上，数学分类是利用现有研究资料应用数学方法进行的一个综合判断，因此，其结果的准确程度决定于对现有研究资料的最大占有和正确赋值。此外，在特征或性状选择时要注意：①性状选取的随机性。不能根据自己的好恶来决定性状的取舍(如易测的性状多次被选用，不易测的性状则很少用等)，必须合理分配性状的分布。②性状之间的可比性。多数情况下所选择的性状是来自于不同的参考文献，可能不同学者的描述不甚统一，必须统一标准。③避免相关性状的重复使用。较极端的例子如：基因型与表型是密切相关的，如应用了全部的表型性状，又应用了部分已知的基因型性状，那么这部分已知的基因型的应用，相当于增加了所对应的表型性状的计算权重，造成结果的明显倾向性。总之，数学分类法在实际应用中还有较多不完善之处，还需要在实际应用中进行研究克服。

现代科学的发展证明，没有任何一种方法能够独立完成种子植物的系统分类工作，常常是多种方法的结合更为有效。因此，实际应用中不宜过多地突出某一分类方法的重要程度。

5.6　被子植物的分类系统介绍

按照植物之间的亲缘关系对被子植物进行分类，建立起植物自然进化系统，说明被子植物间的演化关系，是植物分类学家长期以来努力的目标。但由于有关被子植物起源、演化的证据不足，到目前为止，还没有一个比较完善的分类系统。下面主要介绍当前较为流行的 5 个分类系统。

5.6.1　恩格勒系统

这一系统是由德国植物学家恩格勒（A. Engler）于 1892 年编制的一个分类系统。在他与帕兰特（K. Prantl）合著的 23 卷巨著《植物自然分科志》（*Die Naturilichen Pflanzenfamilien*）（1887—1915）和《植物分科志要》（*Syllabus der Pflanzenfamilion*）中采用了这个系统。该分类系统是分类学史上第一个较完善的自然分类系统。在第 11 版的《植物分科志要》（1936）里，将植物界分为 14 门，其中第 14 门为种子植物门，包括裸子植物亚门和被子植物亚门。被子植物亚门分为单子叶植物和双子叶植物 2 个纲，后者又分为离瓣花亚纲（离瓣花类）和合瓣花亚纲（合瓣花类）。共计有 55 目 303 科。

该系统特点为：坚持假花说，将柔荑花序类植物作为被子植物的原始类群，而将木兰、毛茛等科看作较为进化的类型；将双子叶植物分为古生花被亚纲（离瓣类）和后生花被亚纲（合瓣类），并将单子叶植物放于双子叶植物之前，但在 1964 年出版的《植物分科志要》第 12 版中又将双子叶植物放于单子叶植物前，并把植物界分为 17 门，其中被子植物单独成立被子植物门，共包括 2 纲 62 目 344 科。

本系统对植物亲缘关系的一些解释，受到了一些植物学者的反对，但因其发表早，沿用久，而且包括了整个植物界，在使用上有一定的便利，所以迄今为止，世界上除英法以外，大部分国家都采用本系统。我国的《中国植物志》、多数地方植物志和大多数的植物标本馆（室）都采用了本系统，主要是采用《植物分科志要》第 11 版（1936）和第 12 版（1964）这两个版本中的系统。

5.6.2　哈钦松系统

这一系统是英国植物学家哈钦松（J. Hutchinson）在以英国学者边沁（Bentham）和虎克（Hooker）的分类系统，和以美国植物学家柏施（Bessey）的花是由两性孢子叶球演化而来的概念（即真花学说）为基础建立的。于 1926 年出版的《有花植物科志》（*The Families of Flowering Plants*）（包括两卷 1926，1934）一书中发表的，在 1959 年和 1973 年两次修订。由原来的 105 目 332 科增加到 111 目 411 科。

该系统的特点是：坚持真花学说及单元起源的观点，将双子叶植物分为木本和草本两大平行发展支，从木本多心皮类（木兰目）演化出木本植物，从草本多心皮类（毛茛目）演化出草本植物；无被花和单被花是后来演化过程中退化而成的；柔荑花序类各科来源于金缕梅目。单子叶植物起源于双子叶植物的毛茛目，并在早期分化为 3 个进化线：萼花区（calyciferae）、冠花区（corolla-filorae）和颖花区（gumiflorae）。本系统和恩格勒系统相比，有了很大进步，主要表现在把多心皮类作为演化的起点，在不少方面阐明了被子植物的演化关系。但是，由于他坚持将木本和草本作为第一级区分，导致许多亲缘关系很近的科被远远分开，如草本的伞形科和木本的五加科、山茱萸科分开，草本的唇形科和木本的马鞭草科分开，因而难以被人接受。这个系统发表后，在世界上很少使用，但在我国受到了相当的重视，如北京大学生物系(标本室)都采用了这个系统进行标本排列，由这 3 个研究所分别编写的《广州植物志》、《广东植物志》、《海南植物志》、《广西植物志》、《云南植物志》以及北京大学汪劲武教授编写的《种子植物分类学》都采用了这个系统。后来的塔赫他间系统、克朗奎斯特系统都是在此基础上发展起来的。

5.6.3　塔赫他间系统

这个系统是前苏联学者塔赫他间(A. Takhtajan) 1942 年首次发表的，直到 1997 年曾经多次修订。在 1980 年修订的分类系统中，他首次冲破了传统的把双子叶植物分为离瓣花和合瓣花亚纲的概念，把被子植物分成 2 纲 10 亚纲 28 超目 92 目 410 科，经过 1987 年和 1997 年的 2 次修订，该系统的亚纲、超目、目和科的数目均为增加，结果，新修改的系统包括 17 亚纲 71 超目 232 目 591 科。

该系统的特点是：坚持真花学说及单元起源的观点，认为被子植物起源于种子蕨，并通过幼态成熟(neoteny)演化而成；草本植物是由木本植物演化而来的；认为木兰目是最原始的被子植物代表，由木兰目发展出毛茛目及睡莲目；单子叶植物起源于原始的水生双子叶植物的具单沟舟形花粉的睡莲目莼菜科，将原属毛茛科的芍药属独立成芍药科，并属于芍药目；柔荑花序类各自起源于金缕梅目。增加了亚纲的数目，使各自的安排更为合理；在分类等级方面，于"亚纲"和"目"之间增设了"超目"一级分类单元，对某些分类单元，特别是目和科的范围和安排都作了重要的变动。

幼态成熟一般指较原始和先发生的阶段变成终结阶段或成年阶段，个体发育的末期阶段为早期阶段所代替，导致个体发育的过早完成。具体来讲，幼态成熟就是某一器官或组织的发育早期便停止进一步分化而滞留在这一阶段，并成熟形成类似早期特点的新器官和新组织，最终导致新类群的产生。

本系统是当代著名的分类系统。由中山大学和南京大学生物系编写的《植物学》的被子植物分类部分采用了该系统。

5.6.4　克朗奎斯特系统

这一系统是美国分类学家克朗奎斯特(A. Cronquist)于 1957 年在所著的《双子叶植物目、科新系统纲要》(Outline of a New System of Families and Orders of Dicotyledons)一文中发表的，1968 年在所著的《有花植物分类和演化》(*The Evolution and Classification of Flowering Plants*)一书中进行了修订，在 1981 年所著的《有花植物分类的完整系统》(*An Integrated System of Classification of Flowering Plants*)中进一步修订，修订后的系统将被子植物分为 2 纲 11 亚纲 83 目 383 科。

该系统的特点是：亦采用真花学说、单元起源观点，认为被子植物起源于一类已经绝灭的种子蕨；现代所有生活着的被子植物各亚纲都不可能是从现存的其他亚纲的植物进化来的；木兰亚纲是被子植物的基础复合群，木兰目是被子植物的原始类群；柔荑花序类各目起源于金缕梅目；单子叶植物起源于类似现代睡莲目的祖先，并认为泽泻亚纲是百合亚纲进化线上近基部的一个侧枝(图 5-3)。

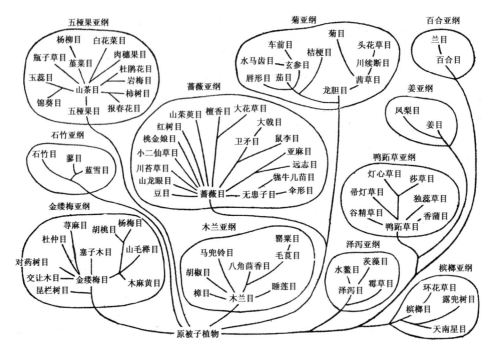

图5-3 克朗奎斯特有花植物亚纲和目的系统关系(1981)

克朗奎斯特系统与塔赫他间系统,以及后来的 APG 系统由于不断吸收现代科学各方面的研究成果,多次修订,目前已十分接近。这也充分说明现代分类学正在逐步走向成熟。但是个别分类单元的安排仍有较大的差异,克朗奎斯特系统未设"超目"一级分类单元,科的数目也有所压缩,范围也较适中。因此,该系统自发表后受到了普遍的重视,在美国高等院校的植物分类教学中多采用该系统。在我国,吴国芳等编著的《植物学》被子植物分类部分采用了本系统,辽宁大学生物系和浙江农林大学的植物标本室也采用了本系统。本教材中科的排列也采用了本系统。

以下是克朗奎斯特在 1981 年经过修订后的系统(表5-3)。

表5-3 Division Magnoliophyta 木兰植物门的系统(Cronquist,1981)

纲、目	科
一、木兰纲 Magnoliopsida	
(一)木兰亚纲 Magnoliidae	
1. 木兰目 Magnoliales	Winteraceae(林仙科),Degeneriaceae(单室木兰科),Himantandraceae(舌蕊花科),Eupomatiaceae(帽花木科),Austrobaileyaceae(木兰藤科),Magnoliaceae(木兰科),Lactoridaceae(短蕊花科),Annonaceae(番荔枝科),Myristacaceae(肉豆蔻科),Canellaceae(白桂皮科)
2. 樟目 Laurales	Amborellaceae(无油樟科),Trimeniaceae(腺齿木科),Monimiaceae(杯轴花科),Gomortegaceae(腺蕊花科),Calycanthaceae(蜡梅科),Idiospermaceae(奇子树科),Lauraceae(樟科),Hemandiaceae(莲叶桐科)
3. 胡椒目 Piperales	Chloranthaceae(金粟兰科),Saururaceae(三白草科),Piperaceae(胡椒科)
4. 马兜铃目 Aristolochiales	Aristolochiaceae(马兜铃科)

（续）

纲、目	科
5. 八角茴香目 Illicinles	Illiciaceae(八角茴香科)，Schisandraceae(五味子科)
6. 睡莲目 Nymphaeales	Nelumbonaceae(莲科)，Nymphaeaceae(睡莲科)，Barclayaceae(合瓣莲科)，Cabombaceae(莼菜科)，Ceratophyllaceae(金鱼藻科)
7. 毛茛目 Ranunculales	Ranunculaceae(毛茛科)，Circaeasteraceae(星叶科)，Berberidaceae(小檗科)，Sargentodoxaceae(大血藤科)，Lardizabalaceae(木通科)，Menispermaceae(防己科)，Coriariaceae(马桑科)，Sabiaceae(清风藤科)
8. 罂粟目 Papaverales	Papaveraceae(罂粟科)，Fumariaceae(紫堇科)
（二）金缕梅亚纲 Hamamelididae	
1. 昆栏树目 Trochodendrales	Tetracentreaceae(水青树科)，Trochodendraceae(昆栏树科)
2. 金缕梅目 Hamamelidaceae	Cercidiphyllaceae(连香树科)，Eupteleaceae(领春木科)，Platanaceae(悬铃木科)，Hamamelidaceae(金缕梅科)，Myrothamnaceae(香灌木科)
3. 交让木目 Daphniphyllales	Daphniphyllaceae(交让木科)
4. 对药树目 Didymelales	Didymelaceae(对药树科)
5. 杜仲目 Eucommiales	Eucommiaceae(杜仲科)
6. 荨麻目 Urticales	Barbeyaceae(钩毛叶科)，Ulmaceae(榆科)，Cannabaceae(大麻科)，Moraceae(桑科)，Cecropiaceae(伞树科)，Urticaceae(荨麻科)
7. 塞子木目 Leitneriales	Leitneriaceae(塞子木科)
8. 胡桃目 Juglandales	Rhoipteleaceae(马尾树科)，Juglandaceae(胡桃科)
9. 杨梅目 Myricales	Myricaceae(杨梅科)
10. 壳斗目 Fagales	Balanopaceae(橄树果科)，Ticodendraceae(太果木科)，Fagaceae(壳斗科)，Betulaceae(桦木科)
11. 木麻黄目 Casuarinales	Casuarinaceae(木麻黄科)
（三）石竹亚纲 Caryophyllidae	
1. 石竹目 Caryophyllales	Phytolaccaceae(商陆科)，Achatocarpaceae(玛瑙果科)，Nyctaginaceae(紫茉莉科)，Aizoaceae(番杏科)，Didiereaceae(龙树科)，Cactaceae(仙人掌科)，Chenopodiaceae(藜科)，Amaranthaceae(苋科)，Portulacaceae(马齿苋科)，Basellaceae(落葵科)，Molluginaceae(粟米草科)，Caryophyllaceae(石竹科)
2. 蓼目 Polygonales	Polygonaceae(蓼科)
3. 蓝雪目 Plumbaginales	Plunmbaginaceae(蓝雪科)
（四）五桠果亚纲 Dilleniidae	
1. 五桠果目 Dillentales	Dilleniaceae(五桠果科)，Paeoniaceae(芍药科)
2. 山茶目 Theales	Ochnaceae(金莲木科)，Sphaerosepalaceae(球萼树科)，Sarcolaenaceae(旋花树科)，Dipterocarpaceae(龙脑香科)，Caryocaraceae(油桃木科)，Theaceae(山茶科)，Actinidiaceae(猕猴桃科)，Scytopetalaceae(木果树科)，Pentaphylacaceae(五列木科)，Tetrameristaceae(田籽树科)，Pelliciraceae(假红树科)，Oncothecaceae(五蕊茶科)，Marcgraviaceae(蜜囊花科)，Quiinaceae(羽叶树科)，Elatinaceae(沟繁缕科)，Paracryphiaceae(八蕊树科)，Medusagynaceae(伞果树科)，Clusiaceae(藤黄科)

（续）

纲、目	科
3. 锦葵目 Malvales	Elaeocarpaceae（杜英科），Tiliaceae（椴树科），Sterculiaceae（梧桐科），Bombacaceae（木棉科），Malvaceae（锦葵科）
4. 玉蕊目 Lecythidales	Lecythidaceae（玉蕊科）
5. 猪笼草目 Nepenthales	Sarraceniaceae（瓶子草科），Nepenthaceae（猪笼草科），Droseraceae（茅膏菜科）
6. 堇菜目 Violales	Flacourtiaceae（大风子科），Peridiscaceae（围盘树科），Bixaceae（红木科），Cistaceae（半日花科），Huaceae（蒜树科），Lacistemataceae（裂药花科），Scyphostegiaceae（杯盖花科），Stachyuraceae（旌节花科），Violaceae（堇菜科），Tamaricaceae（柽柳科），Frankeniaceae（瓣鳞花科），Dioncophyllaceae（双钩叶科），Ancistrocladaceae（钩枝藤科），Turneraceae（时钟花科），Malesherbiaceae（王冠草科），Passifloraceae（西番莲科），Achariaceae（钟花科），Caricaceae（番木瓜科），Fouquieriaceae（福桂花科），Hoplestigmataceae（单柱花科），Cucurbitaceae（葫芦科），Datiscaceae（四数木科），Begoniaceae（秋海棠科），Loasaceae（刺莲花科）
7. 杨柳目 Salicales	Salicaceae（杨柳科）
8. 白花菜目 Capparales	Tovariaceae（烈味三叶花科），Capparaceae（白花菜科），Brassicaceae（十字花科），Moringaceae（辣木科），Resedaceae（木犀草科）
9. 肉穗果目 Batales	Gyrostemonaceae（环蕊科），Bataceae（肉穗果科）
10. 杜鹃花目 Ericales	Cyrillaceae（翅萼树科），Clethraceae（山柳科），Grubbiaceae（假石南科），Empetraceae（岩高兰科），Epacridaceae（尖苞树科），Ericaceae（杜鹃花科），Pyrolaceae（鹿蹄草科），Monotropaceae（水晶兰科）
11. 岩梅目 Diapensiales	Diapensiaceae（岩梅科）
12. 柿树目 Ebenales	Sapotaceae（山榄科），Ebenaceae（柿树科），Styracaceae（野茉莉科、安息香科），Lissocarpaceae（光果科），Symplocaceae（山矾科）
13. 报春花目 Primulales	Theophrastaceae（假轮叶科），Myrsinaceae（紫金牛科），Primulaceae（报春花科）
（五）蔷薇亚纲 Rosidae	
1. 蔷薇目 Rosales	Brunelliaceae（瓣裂果科），Connaraceae（牛栓藤科），Eucryphiaceae（船形果科），Cunoniaceae（火把树科），Davidsoniaceae（澳楸科），Dialypetalanthaceae（毛枝树科），Pittosporaceae（海桐花科），Byblidaceae（腺毛草科），Hydrangeaceae（八仙花科），Columelliaceae（弯药树科），Grossulariaceae（茶藨子科），Greyiaceae（鞘叶树科），Bruniaceae（鳞叶树科），Anisophylleaceae（四柱木科），Alseuosmiaceae（假海桐科），Crassulaceae（景天科），Cephalotaceae（土瓶草科），Saxifragaceae（虎耳草科），Rosaceae（蔷薇科），Neuradaceae（沙莓科），Crossosomataceae（燧体木科），Chrysobalanaceae（金壳果科），Surianaceae（海人树科），Rhabdodendraceae（棒木科）
2. 豆目 Fabales	Mimosaceae（含羞草科），Caesalpiniaceae（云实科），Fabaceae（豆科）
3. 山龙眼目 Proteales	Elaeagnaceae（胡颓子科），Proteaceae（山龙眼科）
4. 川蔓草目 Podostemales	Podostemaceae（川蔓草科）
5. 小二仙草目 Haloragales	Haloragaceae（小二仙草科），Gunneraceae（洋二仙草科）

（续）

纲、目	科
6. 桃金娘目 Myrtales	Sonneratiaceae(海桑科)，Lythraceae(千屈菜科)，Penaeaceae(管萼科)，Crypteroniaceae(隐翼科)，Thymelaeaceae(瑞香科)，Trapaceae(菱科)，Myrtaceae(桃金娘科)，Punicaceae(石榴科)，Onagraceae(柳叶菜科)，Melastomataceae(野牡丹科)，Combretaceae(使君子科)
7. 红树目 Rhizophorales	Rhizophoraceae(红树科)
8. 山茱萸目 Cornales	Alangiaceae(八角枫科)，Nyssaceae(珙桐科)，Cornaceae(山茱萸科)，Garryaceae(绞木科)
9. 檀香目 Santalales	Medusandraceae(毛丝花科)，Dipentodontaceae(十齿花科)，Olacaceae(铁青树科)，Opiliaceae(山柚子科)，Santalaceae(檀香科)，Misodendraceae(羽毛果科)，Loranthaceae(桑寄生科)，Viscaceae(槲寄生科)，Eremolepitdaceae(房底珠科)，Balanophoraceae(蛇菰科)
10. 大花草目 Rafflesiales	Hydnoraceae(菌花科)，Mitrastemonaceae(帽蕊草科)，Rafflesiaceae(大花草科)
11. 卫矛目 Celastrales	Geissolomataceae(四棱果科)，Celastraceae(卫矛科)，Hippocrateaceae(翅子藤科)，Stackhousiaceae(木根草科)，Salvadoraceae(刺茉莉科)，Aquifoliaceae(冬青科)，Icacinaceae(茶茱萸科)，Aextoxicaceae(鳞枝树科)，Cardiopteridaceae(心翼果科)，Corynocarpaceae(棒果木科)，Dichapetalaceae(毒鼠子科)
12. 大戟目 Euphorbiales	Buxaceae(黄杨科)，Simmondsiaceae(油蜡树)，Pandaceae(小盘木科)，Euphorbiaceae(大戟科)
13. 鼠李目 Rhamnales	Rhamnaceae(鼠李科)，Leeaceae(火筒树科)，Vitaceae(葡萄科)
14. 亚麻目 Linales	Erythroxylaceae(古柯科)，Humiriaceae 香膏科，Linaceae(亚麻科)
15. 远志目 Polygalales	Malpighiaceae(金虎尾科)，Vochysiaceae(蜡烛树科)，Trigoniaceae(三角果科)，Tremandraceae(孔药花科)，Polygalaceae(远志科)，Xanthophyllaceae(黄叶树科)，Krameriaceae(刺球果科)
16. 无患子目 Sapindales	Staphyleaceae(省沽油科)，Melianthaceae(蜜花科)，Bretschneideraceae(钟萼木科)，Akaniaceae(叠珠树科)，Sapindaceae(无患子科)，Hippocastanaceae(七叶树科)，Aceraceae(槭树科)，Burseraceae(橄榄科)，Anacardiaceae(漆树科)，Julianiaceae(三柱草科)，Simaroubaceae(苦木科)，Cneoraceae(叶柄花科)，Meliaceae(楝科)，Rutaceae(芸香科)，Zygophyllaceae(蒺藜科)
17. 牻牛儿苗目 Geraniales	Oxalidaceae(酢浆草科)，Geraniaceae(牻牛儿苗科)，Limnanthaceae(沼花科)，Tropaeolaceae(旱金莲科)，Balsaminaceae(凤仙花科)
18. 伞形目 Apiales	Araliaceae(五加科)，Apiaceae(伞形科)
(六)菊亚纲 Asteridae	
1. 龙胆目 Gentianales	Loganiaceae(马钱科)，Retziaceae(轮叶科)，Gentianaceae(龙胆科)，Saccifoliaceae(囊叶木科)，Apocynaceae(夹竹桃科)，Asclepiadaceae(萝摩科)
2. 茄目 Solanales	Duckeodendraceae(核果木科)，Nolanaceae(假茄科)，Solanaceae(茄科)，Convolvulaceae(旋花科)，Cuscutaceae(菟丝子科)，Menyanthaceae(睡菜科)，Polemoniaceae(花葱科)，Hydrophyllaceae(田基麻科)
3. 唇形目 Lamiales	Lennoaceae(盖裂寄生科)，Boraginaceae(紫草科)，Verbenaceae(马鞭草科)，Lamiaceae(唇形科)

（续）

纲、目	科
4. 水马齿目 Callitrichales	Hippuridaceae（杉叶藻科），Callitrichaceae（水马齿科），Hydrostachyaceae（水穗花科）
5. 车前目 Plantaginales	Plataginaceae（车前科）
6. 玄参目 Scrophulariales	Buddlejaceae（醉鱼草科），Oleaceae（木犀科），Scrophulariaceae（玄参科），Globulariaceae（肾药花科），Myoporaceae（苦槛蓝科），Orobanchaceae（列当科），Gesneriaceae（苦苣苔科），Acanthaceae（爵床科），Pedaliaceae（胡麻科），Bignoniaceae（紫葳科），Mendonciaceae（对叶藤科），Lentibulariaceae（狸藻科）
7. 桔梗目 Campanulales	Pentaphragmataceae（五膜草科），Sphenocleaceae（楔瓣花科），Campanulaceae（桔梗科），Stylidiaceae（花柱草科），Donatiaceae（陀螺果科），Brunoniaceae（蓝针花科），Goodeniaceae（草海桐科）
8. 茜草目 Rubiales	Rubiaceae（茜草科），Theligonaceae（假牛繁缕科）
9. 川续断目 Dipsacales	Caprifoliaceae（忍冬科），Adoxaceae（五福花科），Valerianaceae（败酱科），Dipsacaceae（川续断科）
10. 头花草目 Calycerales	Calyceraceae（头花草科）
11. 菊目 Asterales	Asteraceae（菊科）
二、百合纲 Liliopsida	
（七）泽泻亚纲 Alismatidae	
1. 泽泻目 Alismatales	Butomaceae（花蔺科），Limnocharitaceae（黄花绒叶草科），Alismataceae（泽泻科）
2. 水鳖目 Hydrocharitales	Hydrocharitaceae（水鳖科）
3. 茨藻目 Najadales	Aponogetonaceae（水雍科），Scheuchzeriaceae（休氏藻科），Juncaginaceae（水麦冬科），Potamogetonaceae（眼子菜科），Ruppiaceae（蔓藻科），Najadaceae（茨藻科），Zannichelliaceae（角果藻科），Posidoniaceae（波喜荡草科），Cymodoceaceae（丝粉藻科），Zosteraceae（甘藻科）
4. 霉草目 Triuridales	Petrosaviaceae（无叶莲科），Triuridaceae（霉草科）
（八）槟榔亚纲 Arecidae	
1. 槟榔目 Arecales	Arecaceae（槟榔科、棕榈科）
2. 环花草目 Cyclanthales	Cyclanthaceae（环花草科）
3. 露兜树目 Pandanales	Pandanaceae（露兜树科）
4. 天南星目 Arales	Acoraceae（菖蒲科），Araceae（天南星科），Lemnaceae（浮萍科）
（九）鸭跖草亚纲 Commelinidae	
1. 鸭跖草目 Commelinales	Rapateaceae（偏穗草科），Xyridaceae（黄眼草科），Mayacaceae（苔草科），Commelinaceae（鸭跖草科）
2. 谷精草目 Eriocaulales	Eriocaulaceae（谷精草科）
3. 帚灯草目 Restionales	Flagellariaceae（须叶藤科），Joinvilleaceae（拟苇科），Restionaceae（帚灯草科），Centrolepidaceae（刺鳞草科）
4. 灯心草目 Juncales	Juncaceae（灯心草科），Thurniaceae（梭子草科）
5. 莎草目 Cyperales	Cyperaceae（莎草科），Poaceae（禾本科）

（续）

纲、目	科
6. 独蕊草目 Hydatellales	Hydatellaceae（独蕊草科）
7. 香蒲目 Typhales	Sparganiaceae（黑三棱科），Typhaceae（香蒲科）
（十）姜亚纲 Zingiberidae	
1. 凤梨目 Bromeliales	Bromeliaceae（凤梨科）
2. 姜目 Zingiberales	Strelitziaceae（鹤望兰科），Heliconiaceae（蝎尾蕉科），Musaceae（芭蕉科），Lowiaceae（兰花蕉科），Zingiberaceae（姜科），Costaceae（闭鞘姜科），Cannaceae（美人蕉科），Marantaceae（竹芋科）
（十一）百合亚纲 Liliidae	
1. 百合目 Liliales	Philydraceae（田葱科），Pontederiaceae（雨久花科），Haemodoraceae（血皮草科），Cyanastraceae（蓝星科），Liliaceae（百合科），Iridaceae（鸢尾科），Velloziaceae（翡若翠科），Aloaceae（芦荟科），Agavaceae（龙舌兰科），Xanthorrhoeaceae（刺叶树科），Hanguanaceae（匍茎草科），Taccaceae（蒟蒻薯科），Stemonaceae（百部科），Smilacaceae（菝葜科），Dioscoreaceae（薯蓣科）
2. 兰目 Orchidales	Geosiridaceae（地蜂草科），Burmanniaceae（水玉簪科），Corsiaceae（白玉簪科），Orchidaceae（兰科）

5.6.5 APG 系统

目前，由被子植物系统发育研究组（Angiosperm Phylogeny Group，APG）提出并不断更新的 APG 系统（APG Ⅱ & Ⅲ）已成为进一步系统进化研究的基本框架。其主要内容为：被子植物的根部类群为无油樟科（Amborellaceae）、睡莲科和木兰藤目（Austrobaileyales）；早期分支还有木兰分支（Magnoliids）、金鱼藻科、金粟兰科和单子叶植物，其中木兰分支和单子叶植物是比较大的分支；被子植物的主干分支是真双子叶植物，约有 17.5 万种。

被子植物系统树的一级结构特点是：基部被子植物（basal angiosperm）+ 真双子叶植物（eudicots），前者为并系，后者为单系（图 5-4）。基部被子植物分支关系如下：①无油樟科是被子植物的根，它与所有现存被子植物呈姐妹关系。单种的无油樟属植物 Amborella trichopoda，也称为互叶梅，分布在新喀里多尼亚，是原樟目成员。②无油樟科、睡莲科和木兰藤目是被子植物的最早的 3 个分支，先后与现存被子植物呈姐妹群关系［图 5-4（a）］。木兰藤目包含木兰藤科（Austrobaileyaceae）、五味子科、八角科和早落瓣科（Trimeniaceae）。③单子叶植物、金鱼藻科、金粟兰科和木兰分支 4 个并行类群之间的分支先后顺序还没有解决［图 5-4（a）、（b）］。④木兰分支包含了 Cronquist、Takhtajan 等系统中的原始被子植物类群，由木兰目、樟目、胡椒目和白樟目构成。⑤单子叶植物是被子植物的主要适应辐射事件之一。单子叶植物分支被证明为 1 个单系群［图 5-4（d）］。其根部类群是菖蒲目，基部分支包括泽泻目、天门冬目、薯蓣目、百合目和露兜树目，冠部形成单系的鸭跖草分支（Commelinids），该分支包含毛瓣花科、槟榔目、禾本目和鸭跖草目 + 姜目 4 个分支。

被子植物系统树的二级结构特点是：真双子叶植物 = 早期分化真双子叶植物（early diverging eudicots）+ 核心真双子叶植物（coreeudicots）。早期分化真双子叶植物包含毛莨

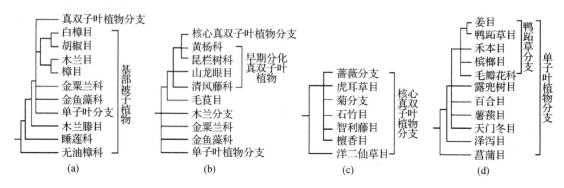

图5-4　被子植物系统发育树

目、山龙眼目、清风藤科、昆栏树科和黄杨科5个分支[图5-4(b)]。核心真双子叶植物由洋二仙草目、檀香目、智利藤目、石竹目、虎耳草目、菊分支(Asterids)和蔷薇分支(Rosids)7个分支组成[图5-4(c)]，其中洋二仙草目是最早的分支。蔷薇分支包含：Ⅰ类真蔷薇分支(eurosids Ⅰ)，由蒺藜目、卫矛目、葫芦目、豆目、壳斗目、金虎尾目、酢浆草目和蔷薇目共8目构成；Ⅱ类真蔷薇分支(eurosids Ⅱ)，由十字花目、锦葵目和无患子目等3目构成；其他分支：流苏子目＝牻牛儿苗目和桃金娘目[图5-5(a)]。菊分支包含：Ⅰ类真菊分支(Euasterids Ⅰ)由丝缨花目、龙胆目、唇形目和茄目等4目构成；Ⅱ类真菊分支(Euasterids Ⅱ)则由伞形目、冬青目、菊目和川续断目等4目构成；其他分支：山茱萸目和杜鹃花目[图5-5(b)]。也有学者将Ⅰ类和Ⅱ类真蔷薇分支分别称为豆分支(fabids)和锦葵分支(malvids)，Ⅰ类和Ⅱ类真菊分支分别称为唇形分支(lamiids)和桔梗分支(campanulids)。

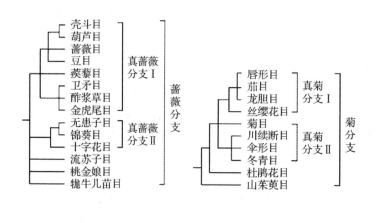

图5-5　蔷薇分支与菊分支系统发育树

有关被子植物的新分类系统见表5-4。

表 5-4　植物分类系统简表

类别	分类情况		
被子植物分类系统	*无油樟科 Amborellaceae	16. 姜目 Zingiberales	29. 壳斗目 Fagales
	*金粟兰科 Chloranthaceae	**真双子叶植物分支 Eudicots**	30. 金虎尾目 Malpighiales
	*睡莲科 Nymphaeaceae	*黄杨科 Buxaceae	31. 酢浆草目 Oxalidales
	1. 木兰藤目 Austrobaileyales	*清风藤科 Sabiaceae	32. 蔷薇目 Rosales
	2. 金鱼藻目 Ceratophyllales	*昆栏树科 Trochodendraceae	Ⅱ类真蔷薇分支 Eurosids Ⅱ
	木兰分支 Magnoliids	17. 山龙眼目 Proteales	33. 十字花目 Brassicales
	3. 白樟目 Canellales	18. 毛茛目 Ranunculales	34. 锦葵目 Malvales
	4. 樟目 Laurales	**核心真双子叶植物分支 Core Eudicots**	35. 无患子目 Sapindales
	5. 木兰目 Magnoliales	*智利藤科 Berberidopsidaceae	**菊分支 Asterids**
	6. 胡椒目 Piperales	19. 洋二仙草目 Gunnerales	36. 山茱萸目 Cornales
	单子叶植物分支 Monocots	20. 石竹目 Caryophyllales	37. 杜鹃花目 Ericales
	7. 菖蒲目 Acorales	21. 檀香目 Santalales	Ⅰ类真菊分支 Euasterids Ⅰ
	8. 泽泻目 Alismatales	22. 虎耳草目 Saxifragales	38. 丝缨花目 Garryales
	9. 天门冬目 Asparagales	**蔷薇分支 Rosids**	39. 龙胆目 Gentianales
	10. 薯蓣目 Dioscoreales	23. 流苏子目 Crossosomatales	40. 唇形目 Lamiales
	11. 百合目 Liliales	24. 牛儿苗目 Geran	41. 茄目 Solanales
	12. 露兜树目 Pandanales	25. 桃金娘目 Myrtales	Ⅱ类真菊分支 Euasterids Ⅱ
	鸭跖草分支 Commelinids	Ⅰ类真蔷薇分支 Eurosids Ⅰ	42. 伞形目 Apiales
	*毛瓣花科 Dasypogonaceae	*蒺藜科 Zygophyllaceae	43. 冬青目 Aquifoliales
	13. 槟榔目 Arecales	26. 卫矛目 Celastrales	44. 菊目 Asterales
	14. 鸭跖草目 Commelinales	27. 葫芦目 Cucurbitales	45. 川续断目 Dipsacales
	15. 禾本目 Poales	28. 豆目 Fabales	

注：被子植物分类系统中除系统树节点上的科外，其余科名均省略。被子植物科名部分参考了汤彦承和路安民的汉译。

复习思考题

1. 西方植物分类学经历了哪些发展阶段？试列举主要代表人物并指出其主要贡献。

2. 中国古代本草学与园艺科学技术发展对于世界植物分类有什么贡献？

3. 何谓同物异名和同名异物现象？何谓命名上的异名和分类上的异名？

4. 举例说明"双名法"和各种模式的应用。

5. 植物的主要分类等级有哪些？

6. 试讨论物种观和物种的一般概念。

7. 结合校园树木花草识别，试编制分类检索表。

8. 谈谈现代植物分类的主要学派。

9. 简述现代植物分类的主要方法与手段。

10. 试述哈钦松、塔赫他间、克朗奎斯特、APG 被子植物分类系统的异同。

本章推荐阅读书目

1. 物种起源. ［英］达尔文，舒德干，等译. 陕西人民出版社，2001.
2. Evolution. Strickberger M W. 科学出版社，Jones and Bartlett Publishers，2002.
3. 现代生物学. 胡玉佳. 高等教育出版社，施普林格出版社，1999.
4. 植物学导论. 姚敦义. 高等教育出版社，2002.
5. 分支分类的理论与方法. 钟杨，李伟，黄德世. 科学出版社，1994.
6. 植物化学分类学. 周荣汉，段金廒. 上海科学技术出版社，2005.

第**6**章

孢子植物

【本章提要】孢子植物是不产生种子、靠孢子繁殖的植物，包括藻类、菌类、地衣、苔藓和蕨类植物。前三者不在母体内受精形成胚，又称低等植物；后二者在母体内受精形成胚，属于高等植物。

藻类能进行光合作用，是低等植物中的自养类型。其植物体有单细胞、群体、丝状体、片状体等多种类型。可分为蓝藻门、绿藻门、裸藻门和褐藻门等。

菌类一般不能进行光合作用，通常具有细胞壁，是低等植物中的异养类型，为单细胞或丝状体结构。包括细菌门、黏菌门、卵菌门和真菌门。后3门属于真核生物，现合称为菌物界。

地衣是藻类和真菌的共生复合体。其藻类主要是单细胞或丝状的蓝藻和绿藻，真菌主要是子囊菌。地衣能在裸露的岩石上生长，分泌地衣酸腐蚀和分解岩石，对土壤形成起积极作用。

苔藓植物配子体发达，孢子体寄生在配子体上。配子体没有维管束结构，只有假根，具有典型的颈卵器。孢子体包括孢蒴、蒴柄和基足三部分。受精过程离不开水。分为苔纲、角苔纲和藓纲。

蕨类植物孢子体发达，有维管组织和根、茎、叶分化，其木质部主要由管胞构成，韧皮部主要由筛胞构成，一般没有形成层。配子体为原叶体，产生简化的颈卵器，独立生活。受精过程离不开水。分为松叶蕨亚门、石松亚门、水韭亚门、楔叶亚门和真蕨亚门。

6.1　孢子植物的概念及植物界的基本类群

要了解什么是孢子植物(spore plants)，首先要知道什么是孢子(spore)。简单地说，孢子是一种特殊的繁殖细胞，它不经过受精，脱离亲本后能直接发育成新个体。孢子植物就是指在生活史中未曾形成种子，而是通过产生孢子繁殖后代的植物，包括藻类植物、菌类植物、地衣植物、苔藓植物和蕨类植物。从分类和系统进化的角度看，孢子植物不是一个自然类群，它们的形态、结构、习性乃至生殖方式等十分多样。在植物系统学中，孢子植物是与种子植物相区别的一个术语，后者在生活史中产生了种子，用种子繁殖后代，包括裸子植物和被子植物。

　　按照广义的概念，也就是两界系统的概念，植物界通常被划分为 16 个门（表6-1）。通常，自然界的植物除了分为孢子植物和种子植物外，还从其植物体的结构等方面，再分为不同的类群。例如，主要根据植物生殖过程中受精卵是否在母体内发育形成胚，把植物划分为低等植物（lower plant）和高等植物（higher plant）或无胚植物（non embryophytes）和有胚植物（embryophytes），前者包括藻类植物、菌类植物和地衣植物，后者包括苔藓植物、蕨类植物、裸子植物和被子植物；主要根据植物体内是否产生维管系统结构，把植物分为非维管植物（non vascular plant）和维管植物（vascular plant），前者包括藻类植物、菌类植物、地衣植物和苔藓植物，后者包括蕨类植物、裸子植物和被子植物；把配子体具有颈卵器的植物称为颈卵器植物（archegonial plant），包括苔藓植物、蕨类植物和大部分裸子植物。早期，还根据植物是否开花把而将其分为显花植物（phanerogamae）和隐花植物（cryptogamae），严格地说显花植物是指具有真正的花的植物也就是被子植物，而其他的植物称为隐花植物，但也有的作者将裸子植物的大小孢子叶球也当作"花"看待，理由是它们也产生了花粉囊和种子，因而也有将裸子植物当作显花植物的。

表 6-1　植物界各类群的划分及其关系

隐花植物	孢子植物	低等植物（无胚植物）	藻类植物	蓝藻门	
				裸藻门	
				绿藻门	
				金藻门	
				甲藻门	
				红藻门	
				褐藻门	
			菌类植物	细菌门	
				黏菌门	菌物
				卵菌门	
				真菌门	
			地衣植物	地衣门	
		高等植物（有胚植物）		苔藓植物门	颈卵器植物
			维管植物	蕨类植物门	
显花植物	种子植物			裸子植物门（或亚门）	
				被子植物门（或亚门）	

本章将按照藻类植物、菌类植物、地衣植物、苔藓植物和蕨类植物的顺序，对孢子植物进行介绍。

6.2　藻类植物

6.2.1　藻类植物的主要特征及主要类群特征

藻类植物(Algae)是细胞内含有光合色素，能进行光合作用的低等自养植物的统称，是植物界中形态和结构最简单的类群。藻类植物的植物体有单细胞、群体和多细胞个体等多种类型。在多细胞类型中，又有丝状体、片状体(叶状体)等，但没有根、茎、叶的分化。像藻类植物一样没有根、茎、叶的分化的植物体称为原植体。藻类植物的细胞壁分为两层，外层为果胶质，内层为纤维素。绝大多数藻类植物的细胞内含有叶绿素和其他色素，而且由于各种色素的成分和比例的差异，使它们呈现出不同的颜色。多数藻类植物仅有单细胞的生殖器官，少数高级种类的生殖器官是多细胞的，但不论如何，其生殖器官的每个细胞都直接参与生殖作用，即都能直接形成孢子或配子，生殖器官的外围没有保护细胞层包围。藻类植物的合子(受精卵)不在母体内发育成多细胞的胚，换言之，藻类植物是无胚植物。

目前已经发现和记载的藻类植物近3万种，其中90%的种类生活在海水或淡水中，少数种类生活在潮湿的地表、岩石、墙壁、树干等表面。一些种类耐贫瘠，可在地震、火山爆发、洪水泛滥后形成的新鲜无机质的环境中迅速定居，成为先锋植物。有些藻类能耐高温或低温，如少数蓝藻和硅藻等专门生长在水温高达80℃的温泉中，而另外一些种类可以生活在雪峰、极地等零下几十度的环境中。有些藻类能与真菌、其他植物和动物共生或寄生。少数藻类生活在腐殖质丰富的黑暗环境中，失去叶绿素，专营腐生生活，如绿球藻属(*Chlorococcus*)、眼虫藻属(*Euglena*)、小球藻属(*Chlorella*)和衣藻属(*Chlamydomonas*)等部分种类。总之，藻类植物的分布和生态习性是极其多种多样的。

水华和赤潮：由于生活及工农业生产中含有大量氮、磷的废污水进入水体后，导致水体富营养化，进而促进蓝藻、绿藻、硅藻等藻类大量繁殖，使水体呈现蓝至绿色，称为"水华"，是水体严重污染的典型表现。"水华"造成的最大危害是：饮用水源受到威胁，藻毒素通过食物链影响人类健康，蓝藻"水华"的次生代谢产物 MCRST 能损害肝脏或致癌，直接威胁人类的健康。海水中出类似现象(一般呈红色)则称为"赤潮"。至今，由于湖泊、江河及海洋的持续污染而导致水华和赤潮的泛滥已经给人类和自然界带来了巨大的损失或灾害。

根据藻类植物的细胞结构、细胞壁成分、细胞内的色素、贮藏的养料、鞭毛的有无、鞭毛的数目、鞭毛着生的位置和类型，以及生殖方式的不同等，通常将藻类植物分为蓝藻门、绿藻门、裸藻门、金藻门、甲藻门、红藻门、褐藻门共7个门。也有些文献将藻类植物分为8门或9门等等。以下介绍蓝藻门、绿藻门、裸藻门和褐藻门等类群。

6.2.2 蓝藻门

6.2.2.1 蓝藻门的主要特征

蓝藻门(Cyanophyta)细胞的原生质体不分化为细胞质和细胞核,只有比较简单的中央质(centroplasm)和周质(periplasm),属于原核生物(prokaryotes)。中央质位于中央,没有核膜和核仁分化,但有染色质,称作原核或拟核。周质中具有进行光合作用的结构——光合片层(photosynthetic lamella),由很多膜围成的扁平囊状体组成,表面附着光合色素。蓝藻的色素为叶绿素 a 和藻蓝素等,故植物体呈蓝色。光合作用的贮藏物质主要是蓝藻淀粉。

蓝藻的植物体有单细胞、群体和丝状体等几种类型。细胞壁的主要成分为黏肽或肽聚糖,不含纤维素。细胞壁外有胶质鞘(gelatinous sheath),其主要成分为果胶质和黏多糖,群体类型的蓝藻还有公共的胶质鞘。胶质鞘具有耐旱和耐高温等保护机体的作用。

蓝藻不行有性生殖,主要通过细胞的简单分裂进行繁殖。单细胞类型的蓝藻细胞分裂后,子细胞立即分离,形成两个个体,称为裂殖。群体类型的蓝藻,其细胞反复分裂后,子细胞不分离,而形成多细胞的大群体,此后大群体不断破裂,再形成小群体。丝状体类型的蓝藻可以进行断裂式的营养繁殖,即丝状体中因某些细胞死亡而断裂,或因形成异型细胞而断裂,或在两个营养细胞之间形成小段,称为"藻殖段",每个藻殖段都可以发育成一个新的丝状体。

除营养繁殖外,蓝藻还可以产生孢子,进行无性繁殖。常见的是在一些丝状体类型中产生厚壁孢子(akinete)。厚壁孢子体积较大,细胞壁增厚,能长期休眠以度过不良环境。在环境适宜时,厚壁孢子直接萌发或分裂形成若干外生孢子或内生孢子,再形成新的丝状体。

6.2.2.2 蓝藻门的分类和代表植物

目前已知的蓝藻门植物大约有 1 500 种,只有 1 个纲,即蓝藻纲(Cyanophyceae),3 个目,即色球藻目(Chroococcales)、管胞藻目(Chamaesiphonales)和颤藻目(Osillatoriales)。以下介绍主要的 4 个属。

(1)色球藻属(*Chroococcus*)

色球藻属是色球藻目中常见的种类。主要生活于湖泊、池塘、水沟等淡水中,或湿润的地表、岩石或树干表面。植物体为单细胞或群体结构。每个细胞有自身的胶质鞘,群体外面还有群体胶质鞘,胶质鞘透明无色。色球藻以细胞直接分裂方式进行繁殖。

(2)颤藻属(*Oscillatoria*)

隶属于颤藻目,生活于湿地或浅水中。植物体是单列细胞组成的丝状体(filament),能不断摆动和颤动[图 6-1(a)]。细胞短圆柱状,无胶质鞘,或有一层不明显的胶质鞘,丝状体则有群体胶质鞘。颤藻主要以形成藻殖段的方式进行营养繁殖。

(3)念珠藻属(*Nostoc*)

隶属于颤藻目,植物体为单列细胞组成的念珠状不分枝的丝状体[图 6-1(b)]。丝状体常常再绞织成肉眼能看到或看不到的球形体、片状体或不规则的团块,其外面具有公共胶质鞘。丝状体每隔若干细胞就分化出一个异型胞,其细胞壁较厚,藻体可从异型胞处断裂,形成藻殖段,进行营养繁殖。在环境条件恶化时,有的细胞可以转变成厚壁孢子(厚

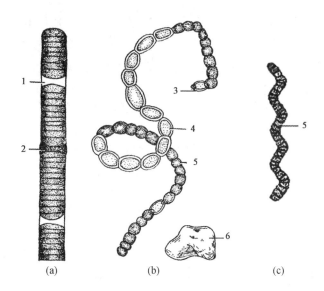

图 6-1　蓝　藻(仿李扬汉《植物学》)

(a)颤藻属　(b)念珠藻属　(c)螺旋藻属

1. 死细胞　2. 隔离盘　3. 异形胞　4. 厚垣孢子　5. 营养细胞　6. 念珠藻属外形

垣孢子)进行休眠,待环境条件好转时再形成新的植物体。

念珠藻生活于淡水中及积水或潮湿土壤或岩石表面,常见的地木耳(葛仙米 *Nostoc conmmue*)和发菜(*N. flagelliforme*)均可食用。前者各地有分布,后者主产我国西北地区。由于过度利用和生境恶化,其资源趋于枯竭。因此,发菜被作为国家重点保护野生植物,列入 1999 年我国政府颁布的《国家重点保护野生植物名录(第一批)》中。

(4)螺旋藻属(*Spirulina*)

隶属于颤藻目,植物体通常为多细胞、螺旋状弯曲的丝状体[图 6-1(c)]。近 30 年来我国开发利用的钝顶螺旋藻(*Spirulina platensis*),据分析其蛋白质含量高达 50% ~ 70%,含有 18 种氨基酸,包括人体和动物不能合成的 8 种氨基酸,由于其细胞壁几乎不含纤维素,因而极易被人体吸收,是一种优良的保健食品。

蓝藻的细胞构造及生殖方式既简单又原始,是地球上最原始、最古老的生物。据有关资料,蓝藻的微化石已有 31 亿年的历史,推测大约在 35 亿 ~ 33 亿年前,蓝藻与细菌一起出现。到寒武纪时,蓝藻特别繁盛,地质史上称这个时期为蓝藻时代。蓝藻作为地球上最早的光合生物,对增加地球大气层的氧气含量、促进地球生物圈的进化具有极其重要的作用。

6.2.3　绿藻门

6.2.3.1　绿藻门的主要特征

绿藻门(Chlorophyta)的植物体有单细胞、群体、丝状体、叶状体和管状体等多种类型。单细胞和一些群体类型的营养细胞具有鞭毛,终身能运动;多细胞类型的营养体不能运动,只是在繁殖时形成具有鞭毛的游动孢子或具有鞭毛的游动配子。游动孢子及配子有 2 或 4 条等长的顶生鞭毛。

绿藻的细胞壁分为 2 层,外层为果胶质,内层主要为纤维素,与高等植物的细胞壁相似。它们的细胞核、叶绿体(载色体)的结构及色素和同化产物的类型也与高等植物的相似。不同绿藻的叶绿体类型多样,有杯状、片状、星状、带状和网状等类型,内含 1 至几个蛋白核。色素以叶绿素 a、叶绿素 b 为主,还有叶黄素和胡萝卜素,因而其植物体呈绿色。绿藻贮藏的同化产物有淀粉和油类。

绿藻的繁殖方式有营养繁殖、无性生殖和有性生殖 3 种类型。单细胞和群体类型的营养繁殖主要是通过细胞直接分裂进行,多细胞类型的主要通过营养体断裂的方式进行。绿藻的无性生殖主要由某些体细胞转变成孢子囊,其内部发生有丝分裂形成多数孢子,孢子释放后再发育成为新的个体来实现。绿藻的有性生殖是先产生配子,配子两两结合形成合子,再由合子直接萌发成新个体,或者合子先进行减数分裂形成孢子,再由孢子发育形成新个体。绿藻的有性生殖有 3 种类型,即同配生殖、异配生殖和卵式生殖。同配生殖是指相互结合的两个配子都有鞭毛,而且它们的形态和大小没有区别;异配生殖指相互结合的两个配子都有鞭毛,而且它们的形态和大小已经有一定的区别;卵式生殖指相互结合的两个配子一大一小,其中体积大的一个失去鞭毛不能运动,为雌性。卵式生殖是有性生殖的最进化的形式。

绿藻分布于世界各地,常见于淡水中和陆地阴湿处,少数种类分布于海水中。

6.2.3.2 绿藻门的分类和代表植物

绿藻门约 400 属 7 000 种左右,通常分为绿藻纲(Chlorophyceae)和轮藻纲(Charophyceae),前者含 13 目,后者仅有轮藻目。

(1)绿藻纲(Chlorophyceae)

植物体为单细胞、丝状体、片状体等,产生无性孢子,可行无性生殖,有性生殖器官为单细胞结构。

①衣藻属(Chlamydomonus) 植物体为单细胞,卵形,内有 1 个大型的杯状叶绿体,叶绿体下部有 1 个淀粉核(蛋白核)。叶绿体凹陷的部分装有细胞质、细胞核等结构。细胞前端有 2 条等长的鞭毛,鞭毛基部有 2 个伸缩泡,旁边有 1 个红色眼点[图6-2(a)],能在水中自由运动。

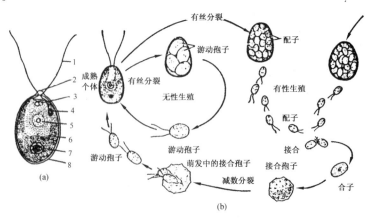

图 6-2 衣藻属(引自徐汉卿《植物学》)

(a)衣藻属的细胞结构 (b)衣藻的生活史

1. 鞭毛 2. 细胞前端的突起 3. 伸缩泡 4. 眼点 5. 细胞核 6. 杯状叶绿体 7. 造粉核 8. 细胞壁

衣藻有无性生殖和有性生殖两种生殖方式[图 6-2(b)]。环境条件好时通常进行无性生殖。生殖时藻体失去鞭毛变成孢子囊，内部细胞核先分裂多次，形成 4～16 个子核，随后细胞质分裂，形成 4～16 个子原生质体，之后每个子原生质体分泌一层细胞壁并生出两条鞭毛，孢子囊壁破裂后，子细胞逸出，因能借助鞭毛在水中游动，称为游动孢子，游动孢子进而发育成长成新的衣藻。

有性生殖时，细胞内的原生质体经过分裂形成 8～64 个小细胞，称配子。配子在形态上和游动孢子没有差别，只是更小一些。成熟的配子从母细胞中放出后，即可成对结合，形成具 4 条鞭毛能游动的合子。合子游动数小时后鞭毛脱落，细胞壁加厚进行休眠。以后，在环境适宜时萌发，其内部经减数分裂，产生 4 个子细胞，接着合子壁胶化破裂，子细胞被放出，并在几分钟之内生出鞭毛，发育为新个体。多数衣藻的有性生殖为同配生殖，少数种类为异配生殖或卵式生殖。

衣藻的配子与孢子形体相同，而且实验发现，在营养充足时，衣藻主要产生孢子，进行无性繁殖，营养缺乏时，则主要产生配子，进行有性生殖，而且若再给配子充分的营养时，配子可以不经过配合而各自形成新的个体，其行为与孢子相同。这一切表明，衣藻的有性生殖与无性生殖同源，其有性生殖是由无性生殖演变而来的。

本属约 100 多种，生活于富含有机质的淡水沟和池塘中，早春和晚秋较多，常形成大片群落，使水变成绿色。

②水绵属(*Spirogyra*)　植物体是不分枝的丝状体[图 6-3(a)]。每个细胞中有一个细胞核、液泡和其他细胞器。有一至数条螺旋形带状的叶绿体，上有一列淀粉核。细胞壁外包裹胶质，用手触摸有黏滑感。

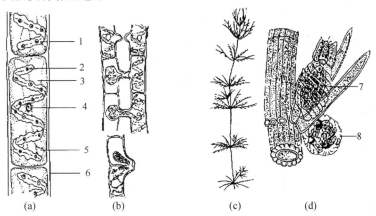

图 6-3　绿藻门植物(仿何凤仙《植物学实验》)
(a)水绵属一部分植物体　(b)水绵属植物有性生殖梯形接合和侧面接合　(c)轮藻属植物体
(d)轮藻属藻体的一部分，示节上轮生假叶、卵囊球和精囊球
1. 叶绿体　2. 蛋白核　3. 液泡　4. 细胞核　5. 细胞质　6. 细胞壁　7. 卵囊球　8. 精囊球

水绵通过丝状体断裂或丝状体的每个细胞分裂进行营养繁殖[图 6-3(b)]。其有性生殖为接合生殖(conjugation)。生殖时两条靠近的丝状体相对应的细胞的一侧发生突起，进而接触，接触处的细胞壁消失，连接成接合管。两条丝状体之间可以形成多个横列的接合管，外形如梯子，故称"梯形接合"(scalariform conjugation)。细胞中的原生质体收缩形成

配子，雄性丝状体中的雄配子通过接合管移至对应的雌性丝状体的细胞中与雌配子结合。结合后，雄性丝状体的细胞往往只剩下一条空壁而脱离。合子耐旱性强，水枯不死，所以有性生殖多发生在春季或秋季，以合子方式度过不良环境条件。合子在环境适宜时萌发。萌发时，核先减数分裂，形成 4 个单倍核，其中 3 个消失，只有 1 个核萌发，形成萌发管，由此长成新的植物体。

本属约 300 种，是常见的淡水绿藻，在小河、池塘、沟渠或水田等处均能生长，有时大片生于水底或大块飘浮于水面。清澈溪流中的干净水绵可供食用，这在云南的西双版纳是传统的傣族风味食物。

（2）轮藻纲（Charophyceae）

仅有轮藻科，植物体分化程度较高，具有轮生的分枝，节和节间显著，没有无性生殖，有性生殖时产生多细胞结构的卵囊和精子囊。

轮藻属（Chara）多生于清洁的淡水中，常在水底大片生长，少数生长在微盐性的水中。植物体直立，具轮生的分枝，体表常含有钙质，因而粗糙。轮藻以单列细胞分枝的假根固着于水底淤泥中，主枝及分枝均分化成"节"和"节间"，而且枝的顶端有 1 个半球形的细胞，叫作顶端细胞（apical cell），其细胞的分裂使植物体伸长。分枝的节上还具有单细胞的刺状突起[图 6-3（c）]。

轮藻通过藻体断裂进行营养繁殖。也可以在藻体的基部长出含有大量淀粉的珠芽，珠芽脱离母体后再发育为新的轮藻。轮藻的有性生殖是卵式生殖，生殖时在侧枝的节上产生卵囊（oogonium）和精子囊（spermatangium），两者的外围表面都有营养细胞保护着[图 6-3（d）]。卵囊内含 1 个卵细胞；精子囊内产生多数精子，其形状细长、螺旋形，有两条鞭毛。成熟后的精子被释放到水中，借助于水进入卵囊与卵结合。合子分泌形成厚壁后脱离藻体，休眠后经减数分裂萌发，可长出数个轮藻植株。

轮藻的植物体高度进化，生殖器官构造复杂，外面有一层营养细胞包围着，可以与高等植物的性器官相比，因此，有人将它们列为独立的一门，即"轮藻门"。

6.2.4 裸藻门

6.2.4.1 裸藻门的主要特征

裸藻门（Euglenophyta）是单细胞藻类，多数种类无细胞壁，有 1～3 条鞭毛，有感光器——眼点（eyespot，stigma），能在水中进行趋光或闭光运动。眼点位于细胞的前端，由红色的感光物质，如 β-胡萝卜素及其衍生物构成。

多数裸藻具有盘状、星状或带状等类型的叶绿体（载色体），含叶绿素 a、叶绿素 b、β-胡萝卜素和叶黄素，行光合作用，同化产物主要为裸藻特有的裸藻淀粉（paramylum）及脂肪。少数种类无色素，不能进行光合作用，其营养方式为腐生，或具有吞食习性。

裸藻门种类至今未发现有性生殖，它们主要以细胞纵裂方式进行营养繁殖。有的种类在环境条件恶劣时，细胞失去鞭毛、停止运动，分泌出较厚的壁，成为胞囊（cyst），以度过不良环境，待外界条件好转时原生质体从胞囊厚壁中脱出，再形成新的个体。

裸藻主要生活在淡水环境中，少数种类生活于海水或半咸水中。在水环境有机质丰富或富营养化时，可以大量繁殖形成水华，污染水体。

6.2.4.2 裸藻门的分类和代表植物

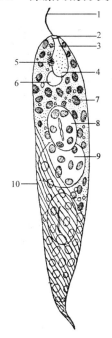

图 6-4 裸 藻
（引自张景钺等《植物系统学》）
前端示切面观，后端示表面观

1. 鞭毛 2. 胞口 3. 胞咽 4. 储蓄泡
5. 眼点 6. 收缩泡 7. 叶绿体 8. 副
淀粉 9. 细胞核 10. 表膜

裸藻门只有裸藻纲（Euglenophyceae），含 2 个目，即裸藻目（Euglenales）和柄裸藻目（Colaciales），40 属 800 余种。

常见的有裸藻属（*Euglena*）藻类，约有 150 余种，分布于世界各地。其细胞为梭形，前端有胞口（cytostome），胞口下有沟，沟下有胞咽（cytopharynx），胞咽下有一个袋状的储蓄泡（reservoir），细胞中的代谢废物可以经过胞咽及胞口排出体外。在储蓄泡附近有一个或多个伸缩泡（contractile vacuole），眼点也位于储蓄泡旁。裸藻属的细胞有 2 条鞭毛，其中一条正常，从胞口伸出，具有运动能力；另一条退化，保留在储蓄泡内，称为副鞭体。裸藻细胞内有很多叶绿体，但没有纤维素的壁，仅有一层富于弹性的表面，因而个体可以伸缩变形，兼有动、植物特征（图 6-4）。

柄裸藻属（*Colacium*）的种类较少，生活史中大部分时期具有细胞壁、无鞭毛，有眼点，不运动，只是在某一时期产生具有鞭毛的游动细胞，能进行短暂运动，之后失去鞭毛，分泌出细胞壁和胶质柄，黏附于某些浮游动物体上（图 6-5）。

6.2.4.3 裸藻门的地位和价值

裸藻的细胞结构和习性兼有植物和动物的特点，被看作动植物的共同祖先。裸藻门的色素与绿藻门相同，曾经被放到绿藻门中。但是两者在鞭毛类型、光合产物及细胞的结构等方面又有很大的差别，因而它们的关系仍然还不清楚。从自身演化看，裸藻有从单细胞到群体、从运动到不运动的发展趋势，体现了低等植物进化的基本规律。裸藻的细胞在黑暗中叶绿素和色素会消失，在光照条件下又会恢复，这对研究载色体等细胞器的形成有一定意义，是很好的生物学实验材料。

6.2.5 褐藻门

6.2.5.1 褐藻门的主要特征

褐藻门（Phaeophyta）几乎全为海产。藻体含有叶绿素 a、叶绿素 c、胡萝卜素和叶黄素。其中以胡萝卜素和叶黄素的含量较多，因此常呈黄褐色。贮藏的养分主要是褐藻淀粉（即海带糖，一种水溶性的多糖类）和甘露醇。

褐藻的植物体为多细胞结构，没有单细胞和群体的类型。藻体为分枝的丝状体或叶状体，最大的类型，

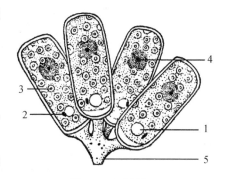

图 6-5 柄裸藻
（引自张景钺等《植物系统学》）
1. 储蓄泡 2. 眼点 3. 叶绿体
4. 细胞核 5. 胶质的柄

如巨藻属(*Macrocystis*)的种类，可长达 400m。有的种类具有表皮层、皮层和髓的组织分化。

　　褐藻可以通过藻体的断裂进行营养繁殖。大部分种类能进行无性生殖，产生游动孢子或不动孢子，其游动孢子及配子都具有两根侧生的不等长的鞭毛。褐藻都具有有性生殖，包括同配、异配和卵式生殖。通常都有世代交替，而且有同型世代交替和异型世代交替两种类型。前者孢子体和配子体形态相同，难以区分；后者孢子体和配子体形态不同，易于区分。

　　褐藻孢子体的组织分化和世代交替现象的出现，表明它们是藻类植物中进化程度较高的类群。

6.2.5.2 褐藻门的分类和代表植物

　　褐藻门约有 1 500 种，绝大多数固着于海底生活，是"海洋森林"的主要构成部份。传统上，根据世代交替的有无及其不同类型，将褐藻分为 3 个纲，即等世代纲(Isogeneratae)、不等世代纲(Heterogenenratae)和无孢子纲(Cyclosporae)。等世代纲有明显的世代交替，而且孢子体世代和配子体世代的植物体形态相同；不等世代纲也具有明显的世代交替，但是两种世代的植物体形态不同，通常孢子体大，而配子体微小；无孢子纲不产生无性生殖的孢子，只有有性生殖，并且全为卵式生殖。

　　海带(*Laminaria japonica*)是著名的食用藻类，属不等世代纲海带属，该属约 30 种。海带生长要求水温较低，夏季平均水温不超过 20℃，而孢子体生长的最适宜水温是 5～10℃。海带的孢子体由带片、带柄和固着器 3 部分构成。带片是藻体的主体部分，为不分枝的扁平带状体，内部构造分为表皮、皮层和髓 3 个层次，髓中有类似筛管的组织，具有输导作用。带柄是带片基部变细的部分，内部构造与带片类似。固着器呈分枝的根状，使海带固着于海底，也称为假根。

　　海带的生活史有明显的世代交替(图 6-6)。孢子体成熟时，在带片的两面产生棒状孢

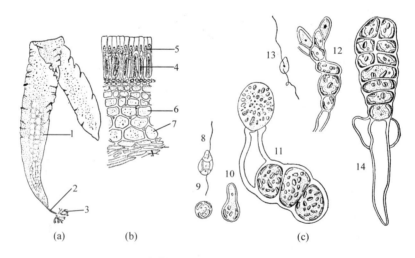

图 6-6　海带(引自张景钺《植物系统学》)

(a)孢子体(较幼的)全形　(b)生殖时期带片的切面较大　(c)生活史的不同阶段

1. 带片　2. 柄　3. 固着器　4. 孢子囊　5. 隔丝，注意细胞顶端的壁特别加厚　6. 皮层
7. 髓　8. 游动的孢子　9、10. 孢子的萌发　11. 成熟的雌配子体，空的卵囊的顶端为卵
12. 成熟的雌配子体，空细胞为精子囊　13. 游动的精子　14. 幼小的孢子体，下面的空细胞为卵囊

子囊，孢子囊之间夹着长的细胞称隔丝(paraphsis)。孢子囊聚生为暗褐色的孢子囊群。孢子囊中的孢子母细胞经过减数分裂及多次普通分裂，产生许多侧生双鞭毛的同型游动孢子。游动孢子梨形，两条侧生鞭毛不等长。同型的孢子在生理上是相同的，可萌发为雌配子体和雄配子体。雄配子体由十几到几十个细胞组成，为分枝的丝状体，由其中的一个细胞形成精子囊，可产生一个具有侧生双鞭毛的精子，其形态和构造与游动孢子相似。雌配子体由少数较大的细胞组成，分枝也很少，在枝端产生单细胞的卵囊，内有 1 枚较大的卵细胞，成熟时卵排出，附着于卵囊顶端，卵在母体外受精形成二倍体合子。合子脱离母体后很快萌发为新的海带。海带的孢子体和配子体差异很大，前者大型并有组织分化，后者只由十几个细胞组成，这样的世代交替称为孢子体发达的异型世代交替。

6.3　菌类植物和菌物

菌类是单细胞或丝状体，一般无光合色素，不进行光合作用，靠现成的有机物质生活。菌类的细胞具有细胞壁或者至少在生活史的孢子阶段具有细胞壁而与一般的动物相区别，因而在生物的两界分类系统中，通常将菌类列入植物界。绝大部分菌类的营养方式是异养(heterotrophy)，包括寄生和腐生。凡是从活的动植物体吸取养分的称为寄生(parasitism)。凡是通过分解死亡的植物体或有机物质获取养分的称为腐生(saprophytism)。多数菌类是严格腐生的，少数菌类是严格寄生的，有一些菌类以寄生为主兼营腐生，有的以腐生为主兼营寄生。还有很多真菌先寄生于活体上，待寄主死后由寄生转为腐生。

据估计，自然界的菌类有 150 万种，目前已经被定名的有 10 万余种，包括细菌门、黏菌门、卵菌门和真菌门。后面 3 门的细胞具有细胞核和细胞器，属于真核生物。1969 年以来魏泰克(Whittaker)将真核类的菌类合称为菌物界(Fungi)，现在多简称为菌物。所以通常所说的菌类植物是包括细菌在内的具有细胞壁的异养生物，而所谓菌物是不包括细菌在内的、具有细胞壁的真核菌类植物。

6.3.1　细菌门

6.3.1.1　细菌门的主要特征

细菌门(Schizomycophyta，Bacteriophyta)是单细胞生物，具有由黏质复合物构成的细胞壁，但没有细胞核和细胞器，与蓝藻同属于原核生物。绝大多数细菌不含叶绿素，为异养生物。少数细菌，如硫细菌、铁细菌、紫细菌等是自养的，能利用 CO_2 及化学能自制养料。

细菌通过细胞分裂或出芽方式进行繁殖，无有性生殖。分裂时，其细胞中部凹陷，缢缩成为 2 个新细菌。有的种类的细胞以出芽方式形成 1 至数个突起，这些突起最终从母细胞上脱落成为新细菌。细菌的分裂繁殖速度很快，条件适宜时，每 20 ~ 30 min 可繁殖一代，理论上一天 24h 可繁殖 47 ~ 71 代，所以由细菌引起的疾病传播速度很快，有时难以控制。

有的细菌在环境条件不良时，如干旱、低温或高温时，可以通过细胞壁加厚形成芽孢，度过不良环境，待环境适宜时其细胞壁溶解消失，再成为一个正常的细菌。也就是说，一个细菌形成一个芽孢，而一个芽孢又恢复成一个细菌，细菌的数量并没有增多，所以形成芽孢并不是细菌的繁殖方式。芽孢中加厚的细胞壁多为脂类物质，不易失水，内部的原生质凝缩、含水量和代谢活动降低，能够非常有效的抵抗外界不良条件。有的芽孢在 $-253℃$ 下不死，或在 $100℃$ 下 30 min 不死，或在非常干旱的环境中不死。所以医疗、生产和科研中的灭菌、消毒的要求非常严格。

细菌在形态上可以分为以下 3 种基本类型（图 6-7）。

①球菌　细胞为球形或半球形，直径在 $0.5 \sim 2 \ \mu m$ 的范围，通常没有鞭毛。

②杆菌　细包呈杆棒状，长度在 $1.5 \sim 10 \ \mu m$ 的范围，通常在生活中的某一个时期具有鞭毛，因而能够游动。

③螺旋菌　细胞长而弯曲，其形态又常因发育阶段和生活环境的不同而改变，在生活中的某一个时期具有鞭毛。

有的细菌的细胞略弯曲，称为弧菌，可以看作杆菌与螺旋菌的中间类型。

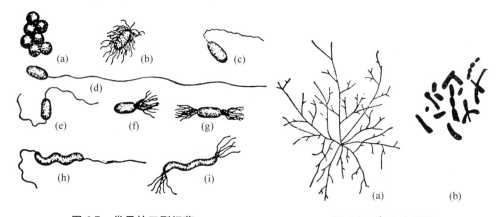

图 6-7　常见的三型细菌

（引自张景钺等《植物系统学》）

（a）球菌　（b）~（g）杆菌　（h）、（i）螺旋菌

图 6-8　牛型放线菌

（引自张景钺等《植物系统学》）

（a）生活在培养基上的分枝丝状体

（b）丝状体断裂后的情况

另外，放线菌（Actinomycetes）也被认为是细菌中的一类。其细胞为杆状，不游动，在某些情况下变成分枝的丝状体（图 6-8）。从细胞结构看，它像细菌，从分枝丝状体看，则像真菌，故有人认为它是细菌和真菌的中间形态，还有人将它们从细菌中分出来，称为放线菌门。

目前已经知道的细菌约有 2 000 余种，它们分布遍布地球的各个角落，空气、水、土壤，生物体的内、外，甚至一切物体的表面都有细菌存在。

6.3.1.2　细菌门的营养方式

（1）异养细菌（heterotrophic bacteria）

多数细菌的营养方式是异养，它们从环境中获取有机含碳化合物。多数种类从死亡的动植物遗体或排泄物中取得有机碳，称为腐生细菌（saprophytic bacteria）；少数种类从活的动植物体上取得有机碳，称为寄生细菌（parasitic bacteria）。但是腐生和寄生之间的界限不是十分严格，多数寄生细菌可以在寄主以外的非生物环境中生活，利用这种特点，可以在人工培养基上繁殖寄生细菌。

腐生细菌既生活于自然环境中，也有一部分生活于人和动物的消化道中，后者对人和动物消化道内的食物如纤维素和蛋白质的分解和吸收是不可缺少的。食草动物之所以能利用纤维素，正是因为它们的消化道中具有能分解纤维素的细菌的缘故。

寄生细菌寄生于动植物活体内，它们从活的动植物体上取得有机碳，能够使动植物生病，称为动植物病原菌或动植物病害。土壤杆菌(*Agrobacterium tumefaciens*)是常见的植物病害，它从植物的伤口侵入，使植物细胞剧烈增生，并长成大小不等的瘤状体，大的重达几十千克，影响植物的正常生长发育，称为根癌病或根顶瘿病。经济果木由于经常修枝和嫁接，最容易发生这种病。

（2）自养细菌(autotrophic bacteria)

自养细菌是自己能够合成有机物的细菌，根据其合成有机物的能量的来源，分为化能细菌和光能细菌两类。

化能细菌(chemosynthetic bacteria)借氧化无机物放出的能量，将无机物合成为有机物，如硫细菌、硝化细菌和铁细菌等。其中硫细菌分布最为广泛，它们能将硫化氢氧化为硫和硫酸(图6-9)，化学过程如下：

$$2H_2SO + O_2 \longrightarrow 2H_2O + 2S + 能量$$
$$2S + 2H_2O + 3O_2 \longrightarrow 2H_2SO_4 + 能量$$

光能细菌(photosynthetic bacteria)的细胞内含有细菌叶绿素和红色素，能够进行与其他绿色植物类似的光合作用，特称为细菌光合作用，如紫细菌(purple bacteria)。但这类细菌在自然界中只是极少数。

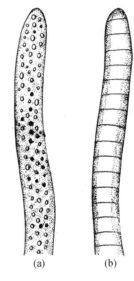

图 6-9　硫细菌
（引自张景钺等《植物系统学》）
（a）不分枝的丝状体，细胞内充满硫的颗粒
（b）硫被利用之后，显出细胞的横壁

6.3.1.3　细菌在自然界中的作用和经济意义

自然界有机物包括食物的腐烂分解，主要是由于腐生细菌的作用才得以实现。腐生细菌和其他腐生微生物一道，能把动、植物的残遗物(尸体、枯枝落叶和排泄物等)分解为简单的无机物，如二氧化碳、水、硝酸氨、硫酸氨、磷酸盐等，完成自然界的物质循环——矿化作用。所有的高等植物都不能直接消化纤维素，也不能直接吸收蛋白质，这些地球上数量最多的物质，只有在多种腐生细菌的配合下逐级分解，才能最终变成简单的无机物——水、二氧化碳、氨和其他各种无机盐等，重新被植物吸收利用，重新进入生物循环。所以腐生细菌及腐生真菌是自然界生态系统中不可缺少的分解者，在生态系统的物质循环中具有不可替代的作用。

有两类细菌能够吸收空气中的游离的氮素，把氮素和糖类化合为含氮的有机物，这一过程称为固氮作用。一类是根瘤细菌(*Rizobium*)，寄生于豆科、桦木科、胡颓子科等植物的根中，形成瘤状突起，称根瘤，它们在根内把空气中的氮与根内的糖结合为含氮有机物，直接供给寄主植物的根吸收。另一类是自由生活在土壤中的固氮细菌，包括梭状芽孢杆菌属（*Clostridium*）和固氮菌属（*Azotobacter*），它们从土壤中的腐烂有机物中吸取糖，与游离的氮结合为有机氮，也可供给高等植物氮素。

此外，磷细菌能把磷酸钙、磷灰石、磷灰土分解为农作物容易吸收的养分。硅酸盐细菌能促进土壤中的磷、钾转化为植物可以吸收的物质，使这些植物生长更好。

很多寄生细菌是致病菌，如伤寒杆菌、猪霍乱菌等，可以使人体、野生动物、家养动物致病，甚至危害生命。从狭义的观点看，这些细菌使生产受到损失。从进化和生物多样性的角度看，这些作用加速了被害群体中老弱个体的死亡，减少对食物的消耗或减少不良后代的产生等，有利于种群的发展，实际上是一种有益的自然选择。

细菌在化学工业、造纸、制革和炼糖等工业领域也广为应用。在医药卫生方面，可以利用细菌生产多种药物，利用杀死的病原菌或处理后丧失毒力的活病原菌，可制成各种预防和治疗疾病的疫苗和卡介苗。

有些放线菌能产生抗菌素。常见的药物如链霉素、四环素、土霉素等，都是从放线菌类中提取出来的抗生素。

6.3.2　黏菌门

6.3.2.1　黏菌门的主要特征

黏菌（Myxomycophyta）是介于动物与植物之间的一类生物，它们在生活史的营养期是一团裸露的、没有细胞壁的多核原生质团，能不断变形运动和吞食小的固体食物，称为变形体（Plasmodium），与原生动物中的变形虫相似。但在繁殖时期，黏菌又产生具有纤维素细胞壁的孢子，因而具有植物性状。

黏菌多数生长在阴暗和潮湿的地方，如森林中的腐木、落叶及其他湿润的有机物上。大多数黏菌为腐生菌，极少数黏菌寄生于高等植物体的细胞内。

6.3.2.2　黏菌门的分类和代表植物

黏菌门约500余种，现代将其分为4个纲，即集胞菌纲（Acrasiomycetes）、水生黏菌纲（Hydromyxomycetes）、黏菌纲（Myxomycetes）和根肿菌纲（Plasmodiophoromycetes）。

发网菌属（*Stemonitis*）是常见的黏菌类，其变形体呈不规则网状，直径数厘米，在阴湿处的腐木或朽叶上缓缓爬行。繁殖时，变形体爬到干燥光亮处，形成很多发状的突起，每个突起发育成一个具柄的孢子囊（子实体）。孢子囊通常长筒形，紫灰色，外有包被（peridium）。孢子囊柄深入囊内部分，称菌轴（columlla），囊内有孢丝（capillitium）交织成孢网。原生质团中的许多核进行减数分裂，形成许多块单核的小原生质，每块小原生质分泌出纤维素的细胞壁，变成一个孢子，藏在孢丝的网眼中。成熟时，包被破裂，借助孢网的弹力把孢子弹出。

孢子在适合的环境下，即可萌发为具二条不等长鞭毛的游动细胞。游动细胞的鞭毛可以收缩，使游动细胞变成一个变形体状细胞，称变形菌胞。由游动细胞或变形菌孢两两配合，形成合子，合子不经过休眠，合子核进行多次有丝分裂，形成多数双倍体核，构成一个多核的变形体（图6-10）。

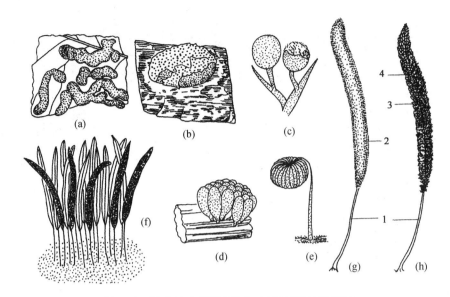

图 6-10　黏菌的孢子囊(引自叶创兴等《植物学》)
(a)绒泡菌属,生在叶片上　(b)煤绒菌属,生在木头上　(c)脆网菌属　(d)团毛菌属　(e)灯笼菌属
(f)~(h)发网菌属[(f)丛生孢子囊　(g)一个完整的孢子囊　(h)包被已剥落的孢子囊]
1. 孢子囊柄　2. 包被　3. 孢丝　4. 囊轴

6.3.3　卵菌门

　　卵菌门(Oomycota)营养体多数为均匀分枝的丝状体,菌丝无分隔,类似于低等真菌中的藻状菌,因此早期将卵菌类归入真菌门中。但是其细胞壁含纤维素;无性生殖时产生的游动孢子具有等长的 2 根鞭毛,茸鞭在前、尾鞭在后;有性生殖为卵式生殖,萌发成二倍体的营养体(真菌的营养体主要为单倍体),这些都是与真菌不相同的。

　　卵菌大多数为水生的腐生菌或寄生菌,少数是高等植物的专性寄生菌。仅有卵菌纲(Oomycetes),4 目 74 属约 600 种。常见的有水霉属(*Saprolegnia*)和白锈菌属(*Albugo*)。水霉属主要营腐生生活,生活在淡水鱼的鳃盖、侧线、伤口上以及鱼卵上,形成鱼霉,危害鱼类。白锈菌属寄生于高等植物尤其是十字花科植物上,菌丝生长于寄主的细胞间,危害寄主的茎、叶、花和果实,并产生白色粉状孢子堆(图 6-11)。

6.3.4　真菌门

6.3.4.1　真菌门的主要特征

　　真菌门(Eumycophyta)的营养体除少数原始种类是单细胞外,一般都是复杂分枝并相互缠绕的丝状体,称菌丝体(mycelium),其每一根丝称为菌丝(hyphae)。菌丝有的分隔,有的不分隔,不分隔的菌丝实为一个多核的大细胞(图 6-12)。

　　大多数真菌的细胞壁由几丁质(chitin)组成,部分低等种类(如藻状菌)则具有纤维素的细胞壁。菌丝细胞内包含有细胞核、细胞质、液泡,储存有油滴、肝糖等成分。有些种类的细胞,其原生质体含非光合色素而使菌丝(尤其是老的菌丝)呈现不同的颜色。

　　真菌的生活方式是异养,其中多数腐生,少数寄生,有的是腐生为主,兼有寄生,有

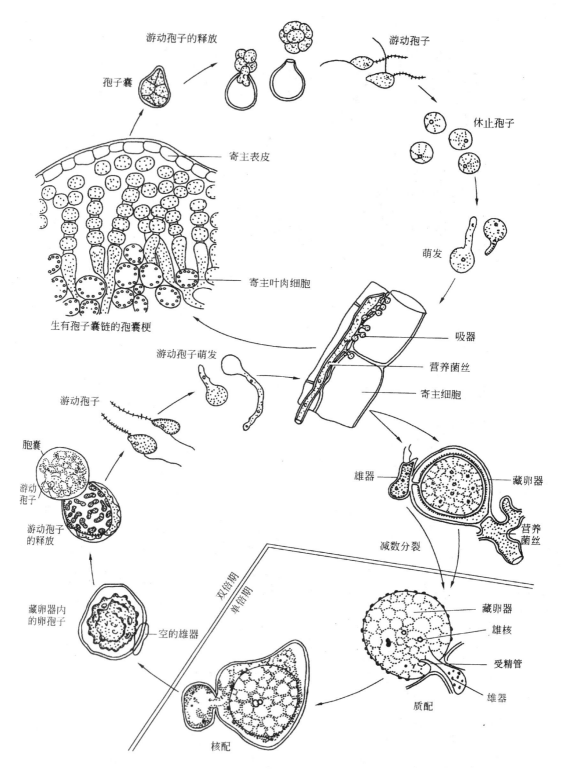

游动孢子的释放

游动孢子

孢子囊

休止孢子

寄主表皮

萌发

寄主叶肉细胞

吸器

营养菌丝

生有孢子囊链的孢囊梗

寄主细胞

游动孢子萌发

游动孢子

雄器

藏卵器

胞囊

游动孢子

营养菌丝

游动孢子的释放

减数分裂

藏卵器内的卵孢子

空的雄器

藏卵器

雄核

受精管

双倍期

单倍期

雄器

质配

核配

图6-11　白锈菌的生活史(引自叶创兴等《植物学》)

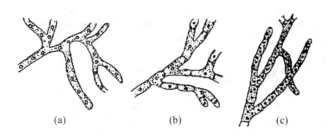

图 6-12 真菌菌丝的类型(引自郑湘如等《植物学》)

(a)无隔多核菌丝 (b)有隔菌丝(单核) (c)有隔菌丝(多核)

的是寄生为主,兼有腐生。只有一小部分是绝对寄生的,这部分常常是造成农作物病害,如小麦秆锈病(*Puccinia graminis*)等的主要病原菌。

真菌的生殖方式有营养繁殖、无性生殖和有性生殖 3 种,其中,无性生殖极为发达,形成各种各样的孢子。

高等类型的真菌进行有性生殖时,常形成特殊的、质地致密的菌丝组织结构,其中产生有性孢子,此种组织结构称子实体(sporophore)。每种真菌的子实体的形态特征是基本一致的,是识别真菌和进行真菌分类的重要依据。

真菌的分布极广,陆地、水中及大气中都有,尤其以土壤中最多。

6.3.4.2 真菌门的分类和代表植物

真菌的种类很多,已知道的约有 3 800 多属 70 000 种以上。早期常将真菌分为 4 纲,即藻状菌纲、子囊菌纲、担子菌纲和半知菌纲。现在常将真菌分为 5 个亚门,即鞭毛菌亚门、接合菌亚门、子囊菌亚门、担子菌亚门和半知菌亚门。后面的 3 个亚门与早期的子囊菌纲、担子菌纲和半知菌纲是对应的,而早期的藻状菌纲重新组合为现在的鞭毛菌亚门和接合菌亚门。

(1)鞭毛菌亚门(Mastigomycotina)

多数为单细胞种类,少数是分枝的丝状体,但菌丝无横隔,为多核结构,具有纤维素细胞壁。孢子和配子都具有 1 根鞭毛,需借助于水游动。有性生殖有同配和异配两种方式。鞭毛菌亚门的种类不多,约 500 余种,分为壶菌纲(Chytridiomycetes)和丝壶菌纲(Hyphochytridiomycetes)。

节壶菌属(*Physoderma*)是本亚门的常见类群,隶属于壶菌纲。该属种类都是寄生真菌,主要寄生于高等植物的薄壁组织中。如玉米节壶菌(*P. maydis*),危害玉米叶片和叶鞘,引起褐斑病,病斑呈 1 ~ 5 mm 大小的褐色隆起斑块,内有大量黄绿色粉末状的休眠孢子(图 6-13)。

(2)接合菌亚门(Zygomycotina)

多为分枝的丝状体,菌丝无横隔,含多核。具有几丁质的细胞壁。无性生殖时不再产生游动孢子,称为静孢子。有性生殖时配子囊相接合,形成接合孢子。本亚门多数为腐生菌,生于土壤中或有机质丰富的基质上,少数为寄生菌,寄生于人体和动植物体内。接合菌亚门约 600 余种,分为接合菌纲(Zygomycetes)和毛菌纲(Trichomycetes)。其中,以黑根霉最为常见。

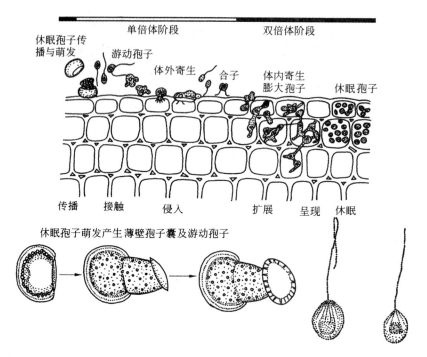

图6-13 玉蜀黍节壶菌的侵染发育过程（引自叶创兴等《植物学》）

上半部表示传播过程；下半部表示休眠孢子萌发产生的游动孢子

黑根霉（匍枝根霉）（*Rhizopus nigricans*）也称面包霉，属于接合菌纲。多腐生于富含淀粉的食物上，菌丝横生，向下生有假根，向上生出孢子囊梗，其先端分隔形成孢子囊，囊内产生许多孢子。孢子成熟后呈黑色，散落在适宜的基质上，就萌发成新的菌丝。它们可进行有性接合生殖（图6-14）。黑根霉常使蔬菜、水果和食物等腐烂。甘薯贮藏期间，如遇高温、高湿和通风不良，常由黑根霉引起软腐病而腐烂。

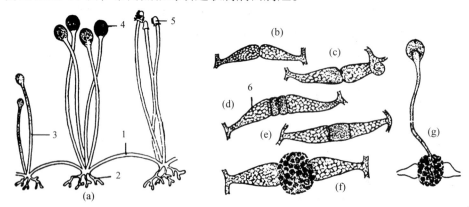

图6-14 黑根霉（引自张景钺等《植物系统学》）

(a)菌丝体及孢子囊的不同发育阶段 (b)、(c)原配子囊 (d)配子囊 (e)、(f)早期及成熟的合子 (g)合子的萌发

1. 主枝 2. 假根 3. 孢囊梗 4. 孢子囊 5. 囊轴，有少数未散去的孢子仍附着其上 6. 囊柄

（3）子囊菌亚门（Ascomycotina）

菌丝有分隔，有性生殖时形成子囊（ascus）、子囊孢子（ascuspore）及子囊果。子囊是有性生殖时两性核结合的场所，结合的核经减数分裂，通常形成 8 个内生的子囊孢子。本亚门的子实体也称为子囊果（ascocarp），其形状和特征是子囊菌分类的重要依据。子囊果周围是菌丝交织而成的包被（peridium），即子囊果的壁。子囊果内的子囊常常集中分布，占据一定的区域或层次，称为子实层或子囊层，其子囊之间有隔丝。子囊果有 3 种类型（图 6-15）即：

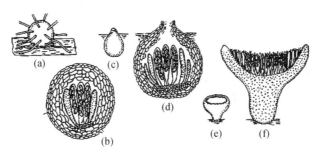

图 6-15　子囊果的 3 种类型（引自叶创兴等《植物学》）
（a）、（b）闭囊壳　（c）、（d）子囊壳　（e）、（f）子囊盘

子囊盘（apothecium）　子囊果为盘状、杯状或碗状，敞开，子实层通常暴露在外；

子囊壳（perithecium）　子囊果为瓶状，顶端有孔口，子囊果常埋于子座（stroma）中；

闭囊壳（cleistothecium）　子囊果为球形，无孔口，完全封闭。

子囊菌亚门是真菌中种类较多的类群，约 1.5 万种，现代将它们分为 6 个纲，即半子囊菌纲（Hemiascomycetes）、腔囊菌纲（Loculoacomycetes）、不整囊菌纲（Plectomycetes）、虫囊菌纲（Laboulbeniomycetes）、核菌纲（Pyrenomycetes）和盘菌纲（Pezizomycetes）。常见和重要的属有酵母菌属、青霉属、曲霉属和虫草属等。

①酵母菌属（Saccharomyces）　子囊菌纲中最原始的种类。菌体为单细胞，卵形，有一个大液泡，核很小。酵母菌的重要特征是出芽繁殖（图 6-16）。首先在母细胞的一端形成一个小芽，也叫芽生孢子（blastospore），老核分裂后形成的子核移入其中一个小芽，小芽长大后脱离母细胞，成为一个新酵母菌。有性生殖时合子不转变为子囊，以芽殖法产生二倍体的细胞，由二倍体的细胞转变成子囊，减数分裂后形成 4 个子囊孢子。酵母菌能将糖类在无氧条件下分解

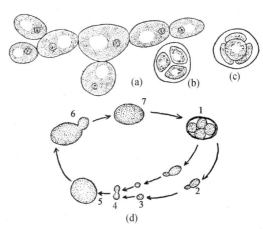

图 6-16　啤酒酵母（引自张景钺等《植物系统学》）
（a）因不断地出芽而形成群体
（b）、（c）子囊，内有 4 个子囊孢子　（d）生活史图解
1. 子囊　2. 单倍体的细胞在进行出芽生殖　3、4. 芽体及接合
5. 合子　6. 二倍体卵细胞的出芽生殖
7. 二倍体的细胞进行减数分裂

为二氧化碳和酒精，在发酵工业中应用广泛，如常用于制造啤酒等。

②青霉属（*Penicillium*）　主要是以分生孢子繁殖，从菌丝体上产生很多直立的分生孢子梗，梗的先端分枝数次，呈扫帚状，最后的分枝称小梗（sterigma）。小梗上产生一串青绿色的分生孢子（图6-17）。有性生殖仅在少数种中发现，子囊果是闭囊壳。

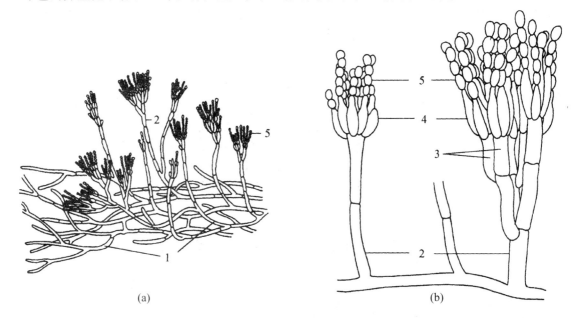

(a)　　　　　　　　　　　　　　　(b)

图6-17　青霉属（引自叶创兴等《植物学》）
（a）青霉属菌株，从营养菌丝上长出分生孢子梗　（b）放大的分生孢子梗
1. 营养菌丝　2. 分生孢子梗　3. 梗基　4. 小梗　5. 分生孢子

青霉素（盘尼西林）是世界上最重要的抗菌素药物，是20世纪医学上的重大发现，主要是从黄青霉（*Penicillium chrysogenum*）和点心青霉（*P. notatum*）中提取的。与青霉相近的是曲霉属（*Aspergillus*），其分生孢子梗顶端膨大成球，不分枝，可区别于前者。其中的黄曲霉（*A. flaqus*）可产生黄曲霉素，其毒性很大，能使动物致癌和致死。

③虫草属（*Cordyceps*）　寄生于鳞翅目昆虫体内，其中冬虫夏草（*C. sinensis*）（图6-18）最著名。该菌的子囊孢子秋季侵入鳞翅目幼虫体内，菌丝在虫体内形成菌核，幼虫仅存完好的外皮。翌年春天从幼虫头部长出有柄的棒状子座。由于子座伸出土面，状似一颗褐色的小草，故有冬虫夏草之名。冬虫夏草主要分布于我国西南地区高海拔山区，历来被作为名贵补药，有补肾、止血和止痰等功效。因被过度采挖，野外资源急剧下降，已被列入1999年我国政府颁布的《国家重点保护野生植物名录（第一批）》中。

图6-18　冬虫夏草
（引自张景钺等《植物系统学》）

（4）担子菌亚门（Basidiomycotina）

没有单细胞种类，菌丝体都由有隔菌丝构成，有性生殖时形成担子（basidium），是两性核结合的场所。担子上常生有 4 个外生的担孢子（basidiospore）。担子菌的子实体也称为担子果，其大小、形状、地质、色泽差异大，是进行担子菌分类的重要依据。

担子菌亚门是真菌中种类最多的类群，约有 2.2 万种，现代将它们分为 3 个纲，即冬孢菌纲（Teliomycetes）、层菌纲（Hymenomycetes）和腹菌纲（Gasteromycetes）。

伞菌属（*Agaricus*）是本亚门最普遍的种类，子实体由菌盖（pileus）、菌褶（gills）、菌柄（stipe）和菌环（annulus）组成。菌褶呈薄片状，数量多，侧向排列于菌盖的腹面（下面），担子密集整齐地分布于菌褶表面，形成子实层。担子之间有隔丝。担子棒状，顶端有 4 个小梗，每个小梗上分生 1 个担孢子。担孢子成熟后脱落，生成单核菌丝，经过复杂的变化，又生成子实体（图 6-19）。

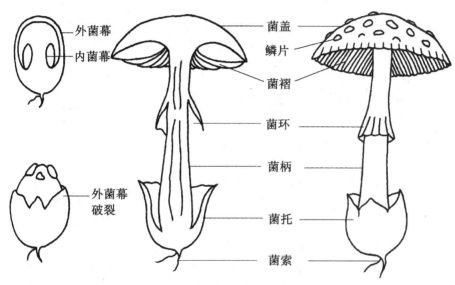

图 6-19　伞菌子实体的形态结构
（引自叶创兴等《植物学》）

本亚门的香菇（*Lentinus edodes*）、平菇（*Pleurotus ostreatus*）、口磨（*Tricholma gambosum*）、木耳（*Auricularia auricula*）、银耳（*Tremella fusiformis*）、猴头（*Hericium erinaceus*）等都是美味和营养丰富的食品。药用的有猪苓（*Polyporus umbellatus*）、灵芝（*Ganoderma lucidium*）、茯苓（*Poria cocos*）等。常见的农作物病原菌有麦菌秆锈病菌（*Puccinia graminis*）、玉米黑粉病菌（*Ustilago maydis*）等（图 6-20）。

松茸（*Tricholoma matsutake*）是著名食用真菌，为了保护其野生资源，列入 1999 年我国政府颁布的《国家重点保护野生植物名录（第一批）》中，作为国家二级重点保护植物。

（4）半知菌亚门（Deuteromycotina）

本亚门的种类，是尚未发现其有性生殖的真菌，其中大多数是子囊菌亚门的无性阶段，少数是担子菌亚门的无性阶段。一旦弄清其有性阶段的生活史，就可以将它们归到子囊菌亚门或担子菌亚门。本亚门常见的病原菌有稻瘟病菌（*Piricularia oryzae*），水稻纹枯病

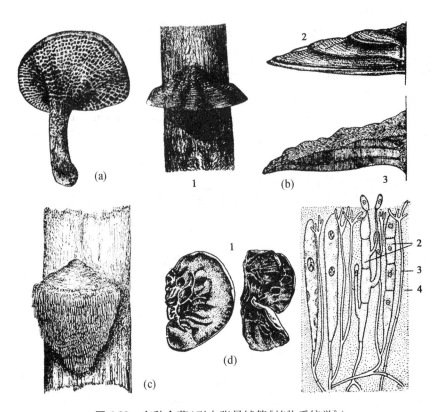

图 6-20 多种伞菌(引自张景钺等《植物系统学》)

(a)昆明小牛肝菌 (b)灵芝：1. 生在树干上的子实体 2. 子实体侧面观 3. 子实体纵切面
(c)猴头菌 (d)木耳：1. 子实体外形 2. 分隔担子 3. 隔丝 4. 胶质体

菌(*Rhizoctonia soleni*)，除引起水稻纹枯病外，还可危害大麦、小麦、豆类、棉花、马铃薯等作物；棉花炭疽病菌(*Colletotrichum gossypii*)是引起棉花苗期和铃期最重要的病害。

6. 3. 4. 3 真菌门的演化

真菌是低等异养植物中种类和数量最多的类群，这与它们从简单到复杂、由水生到陆生的不断进化是分不开的。

鞭毛菌亚门不但具有单细胞的种类，而且具有游动孢子和游动配子，它们至少在繁殖的阶段还要直接依赖于水，适应陆生环境的能力还不强，代表着较原始的类型。接合菌亚门不再具有单细胞的种类，虽然菌丝也是多核结构，但是不再出现游动孢子，有性生殖为接合生殖，即通过两性配子囊的直接接合完成两性配子的受精，没有带鞭毛的游动配子，明显向适应陆生生活的方向进化。子囊菌类可能是由接合菌亚门中能产生静孢子的类型进化而来的。子囊菌亚门和担子菌亚门的生活史不但没有游动孢子和游动配子，而且菌丝体深入基质，避免了陆生环境的干燥和营养物质的缺乏，更特别的是形成了子实体，保证了形成孢子所需的营养，增加了产生孢子的面积，孢子数量也大大增多，孢子散播的方式也多样化，有些种类甚至已经能够利用昆虫和其他动物来散播孢子，使它们更适应陆生生活，也成为种类最多的真菌。

6.4　地衣门

6.4.1　地衣门的主要特征

地衣(Lichen)是藻类和真菌的共生复合体，两者关系密切，并有专一性关系，因而每种地衣都有其特定的形态、结构及生理特点。地衣体中共生的藻类主要是单细胞或丝状的蓝藻和绿藻。共生的真菌绝大多数为子囊菌，少数为担子菌，极少数为半知菌。菌类通常在复合体中占大部分，藻类在复合体的内部形成一层或若干团，数量较少。藻类为整个复合体制造养分，菌类吸收水分和无机盐，为藻类提供原料，并围裹藻类细胞，使之保持一定的湿度而不会干死。

只有特定的真菌与蓝藻和绿藻结合到一起，才能建立共生关系，形成特定的地衣，这样的真菌称为地衣型真菌。

6.4.2　地衣门的形态和构造

地衣可根据形态特点分为3类(图6-21)：①壳状地衣，其植物体为非常薄的粉末状或霉斑状，紧贴基质，如岩石、树皮和土壤等表面，通常难以和基质分开；②叶状地衣，其植物体扁平，有背腹面，以假根或脐固着于基质上，易于和基质分开；③枝状地衣，其植物体直立或下垂如丝，没有背腹面之分，多分枝。

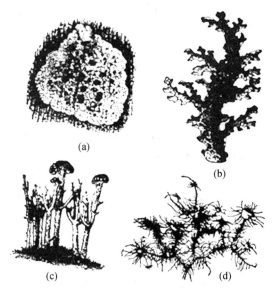

图6-21　地衣的类型(引自曹慧娟《植物学》)
(a)壳状地衣　(b)叶状地衣　(c)、(d)枝状地衣

地衣的结构可分为同层地衣和异层地衣两种类型(图6-22)。

同层地衣的结构简单，其藻细胞散乱分布于菌丝之间，没有专门的藻胞层和菌丝层的区别。壳状地衣一般都是同层地衣。

异层地衣的结构较为复杂，其菌类和藻类细胞明显分层，一般可分为上皮层、藻胞层、髓层和下皮层等层次。上下皮层由菌丝紧密交织而成，质地致密，主要起保护和吸收作用。藻胞层位于上皮层之下，由疏松的菌丝包着藻细胞而成。髓层位于藻胞层之下、下皮层之上，由菌丝组成，菌丝间有许多大的空隙，因而质地疏松。髓层的主要功能是贮存空气、水分和养分。叶状地衣和枝状地衣属于异层地衣，其中枝状地衣由于横切面呈圆柱形，没有背腹面之分，所以也就没有上下皮层的区分，而只有皮层、藻胞层和髓层。

地衣往往呈现出各种色彩，是因为上皮层内通常含有大量橙色与黄色色素的缘故。

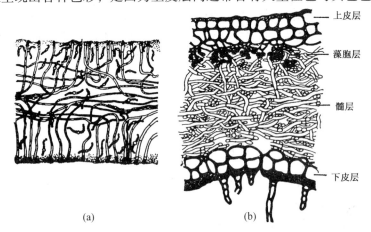

图6-22　叶状地衣的横切面构造（引自曹慧娟《植物学》）
（a）同层地衣　（b）异层地衣

6.4.3　地衣门的分类

地衣约 15 500 种，以共生的真菌为主进行分类，分为藻状菌地衣纲、子囊菌地衣纲和担子菌地衣纲。

（1）藻状菌地衣纲（Phycolichenes）

迄今只发现一种，即地管衣（*Geosiphon pyriforme*），产于欧洲，共生的藻类为念珠藻。

（2）子囊菌地衣纲（Ascolichenes）

占地衣中的绝大多数，约占地衣种类的99%，其地衣型真菌主要是子囊菌中的盘菌类和核菌类。主要的种类有蜈蚣衣属（*Physcia*）、梅花衣属（*Parmelia*）、松萝属（*Usnea*）和石蕊属（*Cladonia*）等。

（3）担子菌地衣纲（Basidiolichenes）

本纲地衣种类少，只有6属10余种，主要分布于热带。其地衣型真菌多为低级的伞菌类和伏革菌类，藻类是蓝藻（蓝球藻属和双歧藻属）和绿藻（原球藻属和堇青藻属 *Trentepohlia*）。常见的种类有扇衣属（*Cora*）和云片衣属（*Dictyonema*）。

6.4.4　地衣门的繁殖

地衣的繁殖有营养繁殖和有性繁殖两种类型。

营养繁殖是地衣最主要的繁殖方式，通过地衣体断裂和碎裂为数个裂片，每个裂片再可发育为一个新个体。

　　另外，地衣还可以通过形成粉芽（soredium）进行营养繁殖。粉芽（图 6-23）是由少数菌丝包裹着几个藻细胞形成的特殊的繁殖体，脱离母体后，在条件适宜的环境中发育为新个体。

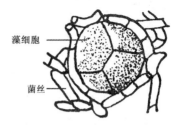

藻细胞 ——

菌丝 ——

图 6-23　粉　芽
（仿曹慧娟《植物学》）

　　地衣的有性繁殖通过共生的真菌独立进行。共生的真菌通过有性生殖方式产生子囊孢子或担孢子。孢子散布后，如果遇到与它共生的藻类细胞，孢子萌发后就能与之不断发育成新的地衣。如果遇不到相应的藻类细胞，真菌的孢子即使萌发，也很快死去。

6.4.5　地衣门在自然界的作用及其经济价值

　　地衣是多年生植物，生长的速度非常缓慢，几年才长几厘米，因而它需要的土壤、营养和水湿条件很低，也能忍耐长期的干旱和低温——干旱时休眠，所以地衣能在其他植物不能生长的裸露的岩石、土壤或树干上生长，也能在寒带积雪的冻原生长。地衣在岩石表面生长后，通过分泌地衣酸，腐蚀和分解岩石，对于岩石风化和土壤形成都起促进作用，并且是其他植物的开路先锋，所以称为先锋植物。

　　有的地衣可作药用，如石蕊（*Cladonia cristutella*）、松萝（*Usnea subrobusta*）等，地衣酸有抗菌作用，多种地衣体内的多糖有抗癌能力。地衣中含地衣淀粉，因此，多种地衣可供食用和作饲料。著名的滇金丝猴的主要食物就是地衣。

　　另外，地衣对 SO_2 反应敏锐，工业区附近地衣不能生长，所以地衣可用作对大气污染的监测指示植物。

　　有的地衣，如染料衣（*Roccella tinctoria*）、红粉衣（*Ochrolechia tartarea*）等的菌丝含有各种色素，可以提取地衣红、石蕊红等色素物质，作为化学指示剂、生物染料等等。

　　地衣也有危害的一面，如云杉、冷杉林中，树冠上常被松萝挂满，可导致树木死亡。有的地衣生长在茶树和柑橘树上，危害较大。

6.5　低等植物小结

　　以上各类植物，即藻类植物、菌类植物和地衣植物通常合称为低等植物或无胚植物，其共同特点是：

　　①植物体结构简单：或单细胞，或多细胞的丝状体，或叶状体，没有根茎叶分化。

　　②生殖器官主要是单细胞的结构。

　　③受精卵不在母体内发育成多细胞结构的幼小的植物体——胚，而是脱离母体后在环境中直接发育成新个体，由于受精卵得不到母体的营养和保护，后代的成活率较低。

　　④多数生活在水中或潮湿的环境中——适应陆生环境的能力弱。

　　以上特征中，最核心的是没有形成胚。总体上低等植物进化程度低、适应陆生环境的能力不强。

6.6　苔藓植物门

植物界从苔藓植物开始，包括苔藓植物、蕨类植物和种子植物，受精卵在母体内发育形成多细胞结构的幼小植物体——胚，使受精卵发育的初期阶段得到母体的保护和更好的营养，提高了后代的成活力，加强了适应陆地生活的能力，是植物界进化的飞跃，这些植物称为高等植物或有胚植物。此外，除苔藓植物外，高等植物都具有比较完善的保护组织、输导组织、机械组织和维管束的形成，有茎、叶乃至根的分化；生活史中具有明显的世代交替；具有由多细胞构成的生殖器官及其外围的保护性结构等，这些都是比低等植物结构更完善、更适应陆地生活的主要方面。

6.6.1　苔藓植物门的主要特征

苔藓植物门(Bryophyta)生活史中有明显的世代交替。配子体自养，体形相对显著，而且生活的时间较长，在生活史中占优势；孢子体终身寄生在配子体上，不能独立生活。

配子体为小型多细胞的绿色植物，体内无维管组织分化，属非维管植物，没有真根而只有假根，为叶状体或有类似茎、叶的化分，称为茎叶体或拟茎叶体，但是基本没有保护组织，各部分都可以吸取环境中的水分，也没有形成输导组织和机械组织。

有性生殖时，配子体上产生多细胞的雌、雄性生殖器官分别称颈卵器(archegonium)和精子器(antheridium)，其内部分别产生卵细胞和精子(图6-24)。精子有鞭毛能游动，借助于水与颈卵器内的卵细胞结合。受精卵(合子)在颈卵器中发育成胚，由胚再发育成小型的孢子体。苔藓植物的配子体因为具有颈卵器，所以又称为颈卵器植物，除苔藓植物外，蕨类植物和部分裸子植物的(雌)配子体也产生颈卵器，也都属于颈卵器植物。

颈卵器形状如花瓶，其外围有一层不孕的细胞层包围，称为颈卵器壁。颈卵器的上部为颈部(neck)，下部为腹部(venter)，腹部内含一个大细胞，在颈卵器成熟前该细胞分裂为2个细胞，下面的是卵细胞，上面的是腹沟细胞(ventral canal cell)，颈部的中央有一串颈沟细胞(neck canal cell)。颈卵器成熟时，颈沟细胞和腹沟细胞均消失，这时颈卵器的口部张开，内部产生诱导物质，使精子借水游入颈卵器中，与卵细胞结合。

孢子体包括孢蒴(孢子囊)、蒴柄和基足三部分。孢子体生活的时间短，而且终身依赖于配子体而生活，即通过基足从配子体的组织即颈卵器中吸收养料。孢蒴内的孢子母细胞通过减数分裂形成孢子，孢子成熟后释放出来，在适宜的环境条件下，首先萌发成分枝的丝状体阶段，称为原丝体(protonema)，每个原丝体通过形成芽体再发育为多个新的配子体。

苔藓植物是高等植物中最原始的陆生类群，没有维管束，没有真正的根，没有保护组织和机械组织的形成，受精过程离不开水，它们虽脱离水生环境进入陆地生活，但多数仍需生长在潮湿地区，而且不可能长得高大，它们是从水生到陆生的过渡类群。

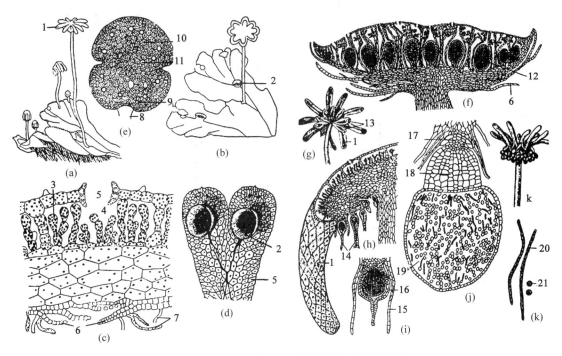

图 6-24　地钱(引自张景钺等《植物系统学》)

(a)雌配子体及颈卵器托　(b)雄配子体及精子器托　(c)配子体切面　(d)配子体的背面观,示二孢芽杯
(e)孢芽的放大　(f)精子器托纵切面　(g)颈卵器托腹面观　(h)颈卵器托纵面观　(i)颈卵器内幼孢子体
(j)将近成熟的孢子体,纵切面　(k)成熟的孢子体,悬在颈卵器托上　(l)成熟孢子及弹丝
1. 芒线　2. 孢芽杯　3. 同化组织　4. 气室　5. 通气孔　6. 鳞片　7. 两种假根　8. 孢芽的柄
9. 贮藏脂肪的细胞　10. 含叶绿体的细胞　11. 孢芽萌发时生出假根的细胞,不含叶绿体
12. 精子器　13、19. 孢蒴　14. 颈卵器　15. 假被　16. 受精后颈卵器腹部的壁分裂成多层细胞
17. 基足　18. 蒴柄　20. 弹丝　21. 孢子

6.6.2　苔藓植物门的分类和代表植物

　　苔藓植物分类上自成一个门,全世界约有 40 000 种,我国约有 2 100 种。传统观点将苔藓植物分为苔纲(Hepaticae)和藓纲(Musci);现在倾向分为 3 个纲:苔纲(Hepaticae)、角苔纲(Anthocerotae)和藓纲(Musci)3 纲。

6.6.2.1　苔纲

　　苔纲(Hepaticae)的配子体为叶状体,或有类似茎、叶的分化,称为拟茎叶体,有背腹之分,常为两侧对称,假根为单细胞构造。孢子体的孢蒴内无蒴齿,有弹丝,没有蒴轴。孢子萌发后,原丝体(protonema)阶段不发达,常产生芽体再发育为配子体。

　　苔类植物对环境温度的要求较高,主要生长于热带和亚热带的阴湿生境中。

　　苔纲包括 2 个目,即地钱目和叶苔目。

　　①地钱目(Marchantiales)　腹面有鳞片,雌雄异株,孢蒴壁由单层细胞构成,常不规则开裂(图 6-24)。

　　②叶苔目(Jungermanniales)　多数无鳞片,雌雄异株,孢蒴壁由多层细胞构成,常 4 瓣开裂(图 6-25)。

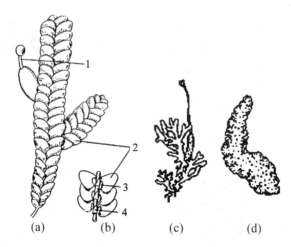

图 6-25　叶苔目(引自叶创兴等《植物学》)
（a）、（b）光萼苔属[（a）背面观　（b）腹面观]　（c）片叶苔属　（d）塔叶苔属
1. 孢子体　2. 侧叶的背瓣　3. 侧叶的腹瓣　4. 侧叶

以下主要介绍地钱。

地钱(*Marchantia polymorpha*)是地钱目的常见种类,生于阴湿环境地表。其配子体为绿色扁平二叉分枝的叶状体,腹面生假根。地线主要以胞芽进行营养繁殖,胞芽生于叶状体背面的胞芽杯中,呈绿色圆片形,下部有柄。成熟后自柄处脱落,通常随环境中的水流散布到湿润的生境中萌发成新的配子体。

地钱的配子体雌雄异株,在雄配子体上产生精子器托,在雌配子体上产生颈卵器托。前者托盘边缘浅裂,上面生有多数精子器。后者托盘边缘指状深裂,颈卵器倒生于指状裂片间。成熟精子借助于水进入颈卵器与卵结合形成合子(受精卵)。

合子在颈卵器内发育成胚,胚再进一步形成孢子体。孢子体分为基足(foot)、蒴柄(seta)和孢蒴(capsule)三个部分。基足伸入配子体中吸取养分;孢蒴位于孢子体最上部,为囊状体。孢蒴与基足之间是蒴柄。孢蒴中的孢子母细胞经过减数分裂形成孢子。孢蒴中有长形、细胞壁螺旋状增厚的弹丝(elater),可协助孢子的散出。孢子同型异性,即孢子的形态和大小相同,但是具有不同性别。孢子成熟时,孢蒴开裂,孢子在弹丝作用下自孢蒴中弹出,在湿润的环境中,分别萌发成不同性别的原丝体。此后,雄性原丝体和雌性原丝体再分别发育成雄配子体和雌配子体(图 6-24)。

6.6.2.2　角苔纲(Anthocerotae)

配子体为叶状体,结构较简单,每个细胞仅具 1～8 个大的叶绿体,叶绿体内有淀粉核。孢子体无蒴柄,仅具长角状的孢蒴和基足,孢蒴壁由多层细胞构成,常 2 瓣开裂,孢蒴内常具有蒴轴。孢子体的细胞具有叶绿体,在配子体死亡后能独立生活一段时间,这在苔藓植物中极为特殊。

本纲仅角苔目(Anthocerotales)1 目约 300 余种,广泛分布于全球,但以北半球为多,常见的有中华角苔[*Anthoceros chinensis*(Steph.)Chen],特产我国(图 6-26)。

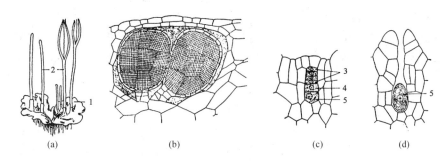

图 6-26 角苔目(引自张景钺等《植物系统学》)
(a)植物体外形 (b)精子器的纵切面 (c)、(d)不同时期的颈卵器
1. 配子体 2. 孢子体 3. 颈沟细胞 4. 腹沟细胞 5. 卵

6.6.2.3 藓纲

藓纲(Musci)的植物体(配子体)多为辐射对称,有类似茎、叶的分化,可称为拟茎和拟叶,叶常具中肋(nerve midrib),但是其内没有维管束构造,植物体基部有假根。假根是由单列细胞构成的丝状体。孢子萌发后先形成较为发达的原丝体,每个原丝体能够形成多个植物体。孢子体的结构较苔类复杂,孢蒴有蒴轴,无弹丝。孢子同型,即只产生一种类型的孢子,因而也只产生一种类型的配子体,即两性配子体,它同时产生颈卵器和精子器。

藓纲分为 3 个目,即泥炭藓目、黑藓目和真藓目。

(1)泥炭藓目(Sphagnales)

主要生于沼泽或易于积水的生境中,侧枝发达,丛生成束,叶具有无色大型的死细胞,假蒴柄延长,孢蒴盖裂,植株多呈黄白色和灰绿色,雌雄同株异枝。只有 1 科 1 属约 300 多种(图 6-27)。

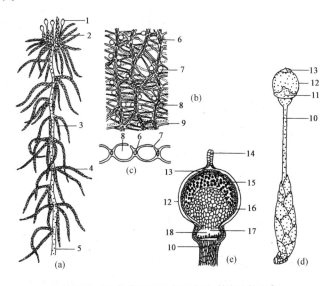

图 6-27 泥炭藓目(引自叶创兴等《植物学》)
(a)植株外形 (b)叶片一部分的表面观 (c)叶片一部分的横切面 (d)着生于雌枝上的孢子体 (e)孢子体的纵切面
1. 孢子体 2. 顶生短枝 3. 弱枝 4. 强枝 5. 茎 6. 绿色细胞 7. 水孔 8. 大形无色细胞 9. 螺纹加厚 10. 假蒴柄 11. 颈卵器壁的残余 12. 孢蒴 13. 蒴盖 14. 颈卵器的颈部 15. 孢子 16. 蒴轴 17. 未延伸的假蒴柄 18. 基足

（2）黑藓目（Andreaeales）

常生于高山，假蒴柄延长，孢蒴 4 瓣裂，植株多呈紫黑色至红紫色，雌雄同株或异株。只有 1 科 2 属约 120 多种（图 6-28）。

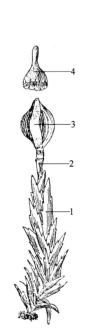

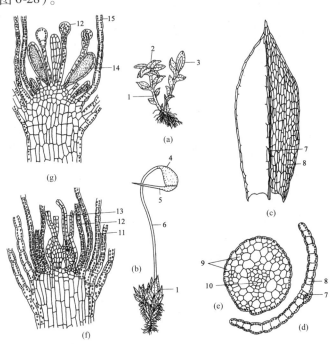

图 6-28　黑藓目
（引自张景钺等《植物系统学》）
1. 配子枝的叶　2. 假蒴柄
3. 纵裂的孢蒴　4. 蒴帽

图 6-29　葫芦藓（引自叶创兴等《植物学》）
（a）配子体（雌雄同株、异株）　（b）孢子体（寄生在配子体上）　（c）叶片
（d）叶片横切面　（e）茎横切面　（f）雌器苞纵切　（g）雄器苞纵切
1. 配子体　2. 雄器苞　3. 雌器苞　4. 孢蒴　5. 蒴帽　6. 蒴柄
7. 中肋细胞　8. 叶片细胞　9. 皮部　10. 中轴　11. 雌苞叶
12. 配丝　13. 颈卵器　14. 精子器　15. 雄苞叶

（3）真藓目（Bryales）

分布广泛，生境多样，孢蒴盖裂，植株颜色多种，雌雄同株或异株枝。只有 1 科 1 属约 300 多种。是藓类植物中种类最多的类群。

葫芦藓（*Funaria hygrometrica*）为真藓目的常见种类。配子体直立，高度约 1cm，常密集成片生长而呈绿色地毯状，具茎、叶分化和假根；叶长舌形，有中肋，生于茎的中上部（图 6-29）。雌雄同株异枝。雌枝端的叶集生呈芽状，其中有几个具柄的颈卵器，但通常只有一个颈卵器能够产生出孢子体。雄枝端的叶较大，顶端集生多个精子器。当生殖器官成熟时，精子顶端裂开，精子溢出，借助于水游入颈卵器中与卵结合，卵受精后形成合子，合子不经休眠，在颈卵器中发育成胚，胚逐渐分化，发育成孢子体。孢子体由孢蒴、蒴柄和基足三部分组成。由于蒴柄迅速增长达 2～3cm，使颈卵器断裂为上下两部分，上部成为蒴帽（calyptra）。孢子体的主要部分是孢蒴，其形状梨形、不对称，下垂，其中的造孢组织发育为孢子母细胞，孢子母细胞经减数分裂形成孢子。孢子成熟后从孢蒴中散出，在适宜的环境中萌发成原丝体。原丝体细胞含叶绿体，能独立生活，它向上生成芽

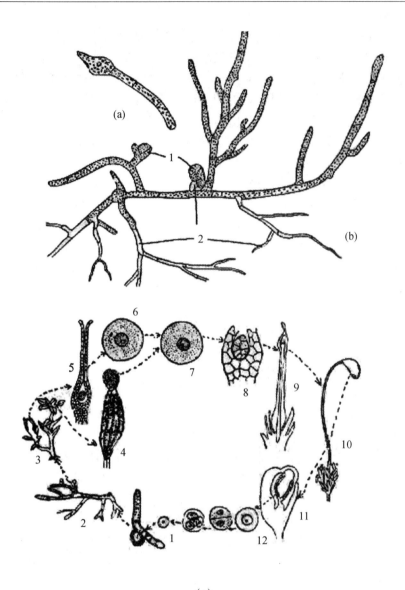

(c)

图 6-30　葫芦藓原丝体和葫芦藓生活史(引自张景钺等《植物系统学》)

(a)孢子萌发(b)原丝体　1. 芽　2. 假根

(c)葫芦藓生活史　1. 孢子　2. 原丝体　3. 配子体　4. 精子器　5. 颈卵器　6. 卵　7. 受精卵

8. 胚　9. 幼孢子体在颈卵器内迅速伸出　10. 成熟孢子体在配子体的顶端

11. 孢蒴纵切，示造孢组织　12. 孢子母细胞

体，再形成配子体(图 6-30)。

6.6.3　苔藓植物小结

6.6.3.1　苔藓植物的起源

对苔藓植物起源的认识，迄今尚未统一，主要有两种观点。

一种观点认为苔藓植物起源于古代绿藻类。其理由是：①它们所含的色素相同；贮藏的淀粉相同；②它们的游动细胞都具有 2 条顶生、等长的鞭毛；③它们的孢子萌发时先形成原丝体，原丝体在形态上很像分枝的丝状绿藻。

另一种观点认为苔藓植物是由裸蕨类植物退化而来。理由是裸蕨类中有的个体很像苔藓植物，没有真正的叶与根，孢子囊内亦有中轴构造，输导组织也有退化消失的情况等。因而认为配子体占优势的苔藓植物，是由孢子体占优势的裸蕨植物演变而来的，是由于孢子体逐步退化，配子体逐步复杂化的结果。此外，从地质年代看，裸蕨类出现在志留纪，而苔藓植物发现于泥盆纪中期，晚出现数千万年。

6.6.3.2 苔藓植物是原始的高等植物

苔藓植物的配子体虽然有茎、叶的分化，但是构造简单。它们没有真正的根，从土壤中吸收水分的能力不强；它们没有输导组织，不能高效地运输体内的水分；它们没有机械组织，不能有效地支撑自身的质量；它们没有完善的保护组织，不能有效地保持体内的水分。有性生殖时，苔藓植物必须借助于水才能完成受精作用。所有这些，都说明苔藓植物是由水生到陆生的过渡类型，尚不能像其他孢子体发达的高等植物一样，充分适应陆生生活，是原始的高等植物。这是苔藓植物只能生活在阴湿的环境中，而且通常比较矮小的原因。

苔藓植物的孢子体不能独立生活，必须寄生在配子体上，在植物界的系统演化中是一个盲枝。

6.6.3.3 苔藓植物在自然界中的作用

苔藓植物能生活于沙碛、荒漠、冻原地带及裸露的石面上，能不断分泌酸性物质，溶解岩面，本身死亡的残体不断堆积，能为其他高等植物创造生存条件。与蓝藻、地衣类似，它是植物界的拓荒者之一。

苔藓植物微小、密集丛生，植株之间空隙很多，犹如毛细管一样，具有很强的吸水能力，吸水量高时可达植物体自身质量的 15 ~ 20 倍，而其蒸发量却只有净水面的 1/5。因此，苔藓植物对林地的水土保持有重要作用。当然，在湿度过大的地区，地面的藓类长期、充分吸收空气和土壤中的水分后，也能使地面沼泽化，严重时可造成林木死亡。

另一方面，苔藓植物与湖泊和森林的变迁有密切关系。多数水生或湿生的藓类，常在湖泊、沼泽形成大面积的群落，它们的上部逐年产生新枝，下部老的植物体逐渐死亡、腐朽，经过长时间的积累，腐朽部分愈堆愈厚（称为泥炭），可使湖泊、沼泽干枯，逐渐陆地化，为陆生的草本植物、灌木和乔木的定居和发展创造条件，使湖泊、沼泽演替为森林。由此形成的泥炭，可作燃料及肥料，不过，过度开采泥炭，会导致这类生态系统的破坏，是必须限制的。

在不同环境中，常出现不同种类的苔藓植物，如泥炭藓类多生于我国北方的落叶松和冷杉林中，金发藓多生于红松和云杉林中。因此，苔藓植物可作为某些环境的指示植物。

苔藓植物对空气中二氧化硫和氟化氢等有毒气体很敏感，常常因为这些有害气体的作用而生长不良甚至死亡，所以可作为监测大气污染的指示植物。

有的苔藓植物可作药用，如大金发藓（*Poltrichum commune*），全草能乌发、利便、活血和止血。大叶藓（*Rhodobryum roseum*），民间用以治疗心慌、心悸等心脏病。

另外，生产上利用苔藓植物的吸水和保水能力，作为包装新鲜苗木或播种后的覆盖物。

6.7　蕨类植物门

6.7.1　蕨类植物门的主要特征

　　蕨类植物门(Pteriophyta)又称羊齿植物(Fern)，多数陆生和附生，少数水生。生活史中孢子体占优势，配子体小，能独立生活，这与苔藓植物和种子植物都不相同。除松叶蕨外，孢子体有根、茎、叶的分化，内有维管组织。根为不定根。茎多数为根状茎，少数具有匍匐茎或直立茎。茎的中柱类型多样，主要有原生中柱、管状中柱、网状中柱和多环管状中柱等类型(图6-31)。原始种类的叶为小型叶，进化种类的叶为大型叶。木质部主要由管胞和木薄壁细胞组成，极少数的种类如某些石松类和真蕨类具有导管，韧皮部主要由筛胞和韧皮薄壁细胞组成。现代蕨类植物中，除极少数种类如水韭属(*Isoetes*)和部分瓶尔小草属(*Ophioglossum*)的种类外，都没有形成层。通常在某些叶的特定部位的表皮细胞分化出孢子囊，孢子囊内的孢子母细胞经过减数分裂形成孢子。多数种类的孢子为同型孢子，少数种类的孢子为异型孢子。

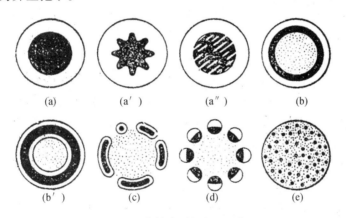

图 6-31　中柱类型解剖面图解
(a)-(a″)原生中柱：(a)单中柱　(a′)星状中柱　(a″)编织中柱　(b)外韧管状中柱
(b″)双韧管状中柱　(c)网状中柱　(d)真中柱　(e)散生中柱
(黑色为木质部；白色为韧皮部；黑点为髓部)

　　孢子萌发为配子体，蕨类植物配子体特称为原叶体，其中同型孢子发育成两性配子体，异型孢子发育成单性配子体。配子体的形态和结构简单，没有维管束构造，没有保护组织、机械组织、输导组织等分化，也没有根茎叶分化，只有假根，不依赖于孢子体而独立生活，且生活期短。原始类型的配子体辐射对称，为块状或圆柱体状，埋在土中，通过菌根取得营养。绝大多数蕨类植物的配子体是具有背腹分化的叶状体，绿色，自养。少数蕨类植物如卷柏和水生种类，其配子体在孢子壁内发育，趋向于失去独立生活的能力。在配子体上产生有性生殖器官——精子器和颈卵器，所以蕨类植物也是颈卵器植物。精子有鞭毛，受精过程必须以水为媒介才能进行。

少数蕨类植物的生活史中配子体占优势，孢子体退化，目前发现有3科4属蕨类植物属于这种情况。广泛分布于北美洲的书带蕨(*Vittaria lineata*)的配子体为较大型的叶状体，如同绿色的苔类植物或叶状地衣，能长时间地、繁盛地生活于岩石洞中。瓶蕨(*Trichomanes bashianum*)的配子体是分枝的丝状体，它们基本上不产生孢子体，生活史中以配子体占主导地位。即便如此，这一类型的配子体，也只是体形显著和生活时间长，就其结构来说，仍然是简单的——同样没有根、茎、叶分化和内部的组织分化。

蕨类植物的叶：根据叶的形态、结构和来源分为小型叶(microphyll)和大型叶(macrophyll)。小型叶又称为拟叶，其叶片很小，没有叶隙和叶柄，没有维管束，只有一个单一不分枝的叶脉，延伸起源或顶枝起源，是较原始的类型。大型叶的叶较大，有叶柄和叶片分化，有维管束，叶脉多分枝，为顶枝起源，是较进化的类型。

根据是否产生孢子，蕨类植物的叶分为营养叶(foliage leaf)和孢子叶(sporophyll)：营养叶是只进行光合作用，不产生孢子的叶。孢子叶是能够产生孢子的叶。有的蕨类植物营养叶和孢子叶形态相同，称为同型叶(homomophic leaf)。有的种类的营养叶和孢子叶形态明显不同，称为异型叶(heteromophic leaf)。从演化的角度看，同型叶类型较原始，异型叶类型较进化。

6.7.2 蕨类植物门的分类和代表植物

现代的蕨类植物约有12 000种，我国约有2 600种。

蕨类植物作为一个门，过去通常将其分为5个纲，即松叶蕨纲(Psilotinae)、石松纲(Lycopodinae)、水韭纲(Isoetinae)、木贼纲(Eguisetinae)和真蕨纲(Filicinae)。

我国著名蕨类植物学家秦仁昌先生在1978年修订的蕨类植物分类系统中，将蕨类植物传统的5个纲提升为5个亚门，即松叶蕨亚门(Psilophytina)、石松亚门(Lycophytina)、水韭亚门(Isoephytina)、楔叶亚门(Sphenophytina)和真蕨亚门(Filicophytina)。该分类系统目前为世界各国所认同和采用。前4个亚门的叶为小型叶，没有叶隙和叶柄，只有一个单一不分枝的叶脉，称为拟蕨类(Fern allies)，较原始而古老，其许多种类已经灭绝，现存的种类很少。拟蕨类的孢子叶也为小型，通常聚生成孢子叶球。真蕨亚门植物的叶较大型，有叶柄，有维管束，叶脉多分枝，它们的孢子叶主要是单生，只有瓶尔小草等少数种类形成孢子叶球。真蕨类是蕨类植物中进化水平最高的类群，也是现代最为繁茂的蕨类植物。

6.7.2.1 松叶蕨亚门

松叶蕨亚门(Psilophytina)通常也称裸蕨亚门，其孢子体具有匍匐的根状茎和直立的气生枝，体内虽然已经出现了维管束，但是尚未产生真根，仅在根状茎上生毛状假根，这和其他维管植物不同，是最原始的陆生维管植物之一。气生枝二叉分枝，具原生中柱。很多古代的种类无叶，现在生存的种类具小型叶，但无叶脉或仅有单一叶脉。孢子囊大都生在枝端，孢子同型。配子体较其他蕨类植物的发达，精子具有多数鞭毛(图6-32)。这些都是比较原始的性状表现。

松叶蕨亚门的种类绝大多数已经绝迹。已知的化石类群主要有莱尼蕨属(*Rhynia*)、裸蕨属(*Psilophyton*)和星木属(*Asteroxylon*)。其中出现最早的是莱尼蕨属，其化石发现于迄今

4 亿~3.5 亿年的志留纪。

现代的松叶蕨类仅有松叶蕨属(*Psilotum*)和梅溪蕨属(*Tmesipteris*)2 属，共 3 种。其中，松叶蕨属有 2 种，我国有 1 种，即松叶蕨(*P. nudum*)，分布于江苏、浙江、湖北、四川、贵州、云南、广东、广西、台湾等亚热带地区。梅溪蕨属仅 1 种，特产于澳大利亚、新西兰和太平洋岛屿。

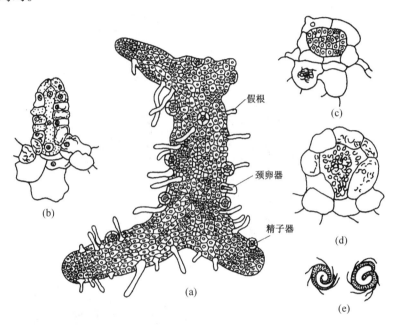

图 6-32　松叶蕨(引自叶创兴等《植物学》)

(a)配子体外形　(b)颈卵器　(c)、(d)精子器　(e)游动精子

6.7.2.2　石松亚门

石松亚门(Lycophytina)的孢子体多为二叉分枝(dichotomy)，有根、茎、叶的分化，叶为小型叶，常螺旋状排列，有时对生或轮生，有或无叶舌。孢子囊为厚壁性发育，单生于孢子叶(sporophyll)腋的基部。孢子叶聚生于枝端形成孢子叶球(strobile)，或称孢子叶穗(sporophyll spike)。孢子同型(homospory)，或异型(heterospory)，配子体两性或单性。精子具 2 根鞭毛。

所谓孢子囊的厚壁性发育指孢子囊原始细胞发生于表面的一群细胞，孢子囊形成后有数层囊壁。

石松亚门的种类在地质史上十分繁盛，现在大部分已经灭绝。已经发现的化石类群主要有阿丹木属、刺石松属、鳞木属和封印木属，其中刺石松的化石最早在澳大利亚志留纪地层中发现。广泛生活于泥盆纪和石炭纪的鳞木属(*Lepidodendron*)等化石类群，高达 30 ~ 50 m，直径达 2 m，是今天的煤的主要来源。

现存的石松类植物有 1 300 余种，分为 2 个目，即石松目和卷柏目。

(1)*石松目*(Lycopodiales)

孢子体具匍匐茎或直立茎，茎上生不定根。叶螺旋状排列，无叶舌。多数种类为异型叶，且孢子叶聚生枝顶形成孢子叶球，少数种类为同型叶。孢子同型。配子体为不规则的块状体，全部或部分埋于地下，与真菌共生。

石松目有2科，即石松科（Lycopodiaceae）和石杉科（Huperziaceae），500余种。

常见的种类有石松（*Lycopodium clavatum*），产我国大部分地区；地刷石松（*L. complanatum*），广泛分布于北半球温带和亚热带（图6-33）。

（2）卷柏目（Selaginellales）

孢子体通常匍匐生长，有背腹之分。匍匐茎的中轴上有向下生长的细长根托（rhizo-

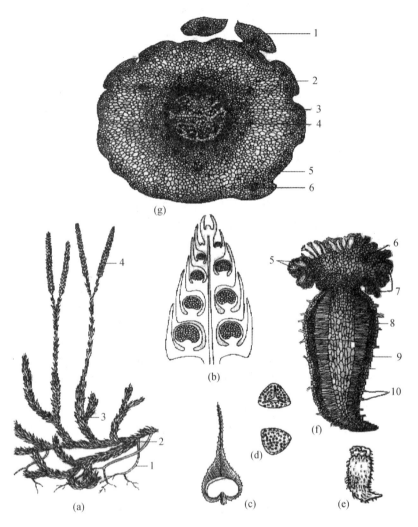

图6-33 石松茎的横剖面、石松孢子体（a）-（d）和配子体（e）、（f）

（引自叶创兴等《植物学》）

1. 叶 2. 皮层 3. 内皮层 4. 中柱 5. 表皮 6. 叶迹

（a）植株 （b）孢子体穗纵切 （c）孢子叶及孢子囊 （d）孢子 （e）配子体

（f）配子体纵切面（放大） （g）茎横切面 1. 不定根 2. 匍匐茎 3. 直立茎

4. 孢子叶穗 5. 精子器 6. 胚 7. 颈卵器 8. 皮层（具菌丝的组织） 9. 表皮 10. 假根

phore）。根托是无叶的枝，也没有光合色素，其先端着生许多不定根。叶为鳞片状，有叶舌，4 行排列、交互对生。孢子叶通常聚生枝顶形成孢子叶球。孢子囊和孢子异型，大孢子囊内产生 1~4 个大孢子，小孢子囊内产生多数小孢子（图 6-34）。

　　卷柏目仅 1 个属，即卷柏属（*Selaginella*），700 余种，我国有 50 余种，主要分布于热带和亚热带地区。

　　常见的种类有卷柏（*Selaginella tamariscina*），广布全国各地，以及朝鲜、日本、俄罗斯等远东地区。

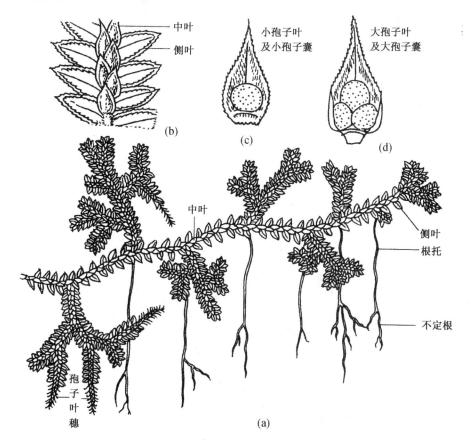

图 6-34　**卷柏属孢子体**（引自叶创兴等《植物学》）
（a）植物体　（b）叶排列　（c）小孢子叶及小孢子囊　（d）大孢子叶及大孢子囊

6.7.2.3　水韭亚门

　　水韭亚门（Isoephytina）的孢子体形似韭菜，因常生于水边或沼泽，故称为水韭，茎粗短，具原生中柱，有螺纹及网纹管胞。叶长条形，螺旋状着生于短茎上，具叶舌。其孢子叶的近轴面基部产生孢子囊，孢子异型，小孢子发育成雄配子体，大孢子发育成雌配子体，而且都是在孢子壁内发育。配子体结构简化，雄配子体仅由 6 个细胞构成，包括 1 个营养细胞、4 个壁细胞和 1 个精原细胞。精原细胞形成 4 个精细胞，再形成 4 个精子，精子具多数鞭毛。雌配子体在大孢子壁内形成，而且不脱离大孢子囊，雌配子体发育时，体积增大，撑破大孢子壁，并在裂口处生出假根和形成颈卵器。

水韭纲种类很少。目前已经发现的化石类群只有水韭木属（*Pleuromeia*）。现存的类群也只有水韭属（*Isoetes*）1 属，有 150 多种，我国约有 4 种，常见的为中华水韭（*I. sinensis*），和水韭（*I. japonica*）（图 6-35）。因为珍稀，我国已经将所有水韭属植物都列入 1999 年颁布的《国家重点保护野生植物名录(第一批)》中，作为Ⅰ级重点保护植物加以保护。

6.7.2.4 楔叶亚门

楔叶亚门（Sphenophytina），只有木贼纲（Eguisetinae），茎有根状茎和直立茎两种类型，都具有明显的节和节间，节间中空，其表皮细胞因含有硅质而十分粗糙。地上茎常在节上发生轮生分枝，绿色，是进行光合作用的主要部位。叶小型、无色，鳞片状，轮生于节部，通常不能进行光合作用。孢子叶集中生长在枝顶形成孢子叶穗(或称孢子囊穗或孢子叶球)。孢子叶具明显的柄，盾状着生，在下面产生多个孢子囊。孢子同型，具有 4 条弹丝（elater），可以帮助孢子散布。精子具有多数鞭毛（图 6-36）。

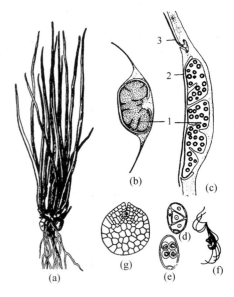

图 6-35 水韭属
（引自张景钺等《植物系统学》）
(a)孢子体外形 (b)小孢子囊横切面
(c)大孢子囊纵切面 (d)、(e)雄配子体
(f)游动精子 (g)雌配子体
1. 横隔片 2. 绿膜 3. 叶舌

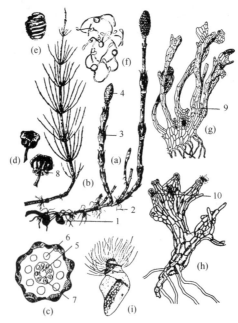

图 6-36 问 荆（引自张景钺等《植物系统学》）
(a)根茎及生殖枝 (b)营养枝 (c)茎横切面 (d)孢囊柄 (e)、(f)孢子，示弹丝卷曲及伸开的状态
(g)雌配子体 (h)雄配子体 (i)游动精子 1. 茎块 2. 不定根 3. 轮生的叶 4. 孢子叶球 5. 髓腔
6. 皮层中的气道 7. 维管束中的气道 8. 成熟的孢子囊 9. 颈卵器 10. 精子器

楔叶亚门植物在泥盆纪以来的地质史上十分繁盛，而且很多也都是具有次生构造的、极高大的乔木，大部分种类已经灭绝。主要的化石类群有海尼蕨属（*Hyenia*）、芦木属（*Calamites*）和古芦木属（*Calamophyton*）等。

楔叶亚门现在仅存木贼属（*Equisetum*）1 属 30 多种，我国约有 9 种，常见的有问荆（*E. arwense*），是一种田间杂草，也能入药，具有清热利尿的作用。此外，节节草（*E. ramosissimum*）和木贼（*E. hiemale*），可作药用和磨光材料。

6.7.2.5　真蕨亚门

真蕨亚门（Filicophytina）孢子体有比较完善的根、茎、叶构造。根为不定根。茎多数为根状茎，少数为直立茎。其中柱类型多种多样，有原生中柱、管状中柱、多环网状中柱等，除原生中柱外，均有叶隙。木质部有各式管胞，少数种类具有导管。叶为大型叶，幼叶拳卷，具叶柄和叶片，叶型各式各样，如单叶、羽状分裂至多回羽状复叶等。羽状复叶的小叶片特称为羽片（pina）或小羽片（pinnule）。叶脉多数二叉分枝，也有不分枝、羽状分枝或小脉联结成网状等类型。

叶多数同型，少数异型，孢子囊有多种着生方式，通常着生在孢子叶的背面、边缘和顶端等部位。多数种类孢子同型，少数种类孢子异型。

配子体形体小，常为扁平的心脏形，具有背腹面之分，没有组织的分化，腹面生有假根及多数精子器和多数颈卵器。精子螺旋状，具多数鞭毛。

真蕨类植物在泥盆纪已经出现，到石炭纪时最为繁盛，到二叠纪时大多数已经灭绝。在三叠纪和侏罗纪，又演化出一些新类群，并一直延续到现在。已经发现的真蕨类植物的化石不多，主要有在泥盆纪地层中发现的原始蕨属（*Protopteridium*）和古蕨属（*Archaeopteris*），它们具有二叉分枝的大型叶。

真蕨类是现今最繁茂的蕨类植物，约 10 000 种以上，我国有 40 科 2 500 种。

现代真蕨亚门通常被分为 3 个纲，即厚囊蕨纲、原始薄囊蕨纲和薄囊蕨纲。

（1）厚囊蕨纲（Eusporangiopsida）

孢子囊厚囊性发育：孢子囊壁厚，由几层细胞组成，具气孔和短柄，孢子囊由几个细胞发育形成，体积较大，产生的孢子数量多。孢子同型。精子器较大，埋在配子体之内，配子体发育过程需要与一些真菌共生。本纲包括瓶尔小草目和观音座莲目。

瓶尔小草目（Ophioglossales）：小型草本植物，茎短，深埋地下而不出露，通常只从地面生出一片具长柄的营养叶，无性生殖时再从地下长出一枚孢子叶，狭长特化的叶于叶柄基部伸长，基部具鞘状托叶。两型叶，孢子囊生在孢子叶的顶端形成孢子囊穗。

①瓶尔小草（*Ophioglossum vulgatum*）　肉质草本植物，无地上茎，根肉质，无根毛，与菌丝共生（图 6-37）。叶面高度约 10 cm，叶片卵形，孢子囊 2 列密集着生于孢子叶的顶端形成孢子叶穗。配子体块状，两性，多年生，与真菌共生，在土中生活 2~3 年后长出地面。精子器和颈卵器的大部分均埋藏在配子体的组织中，精子具多鞭毛。是我国保护植物红皮书中的珍稀濒危植物。

②观音座莲目（Angiopteriales）　茎为球形或块状，半埋于土中，着生多枚叶。叶为一回至多回大型羽状复叶，叶柄粗壮，叶高可达 2 m 以上。在每个叶柄基部有一对半圆形、

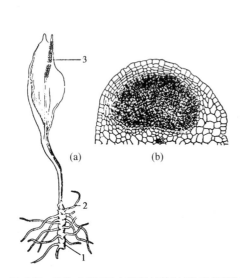

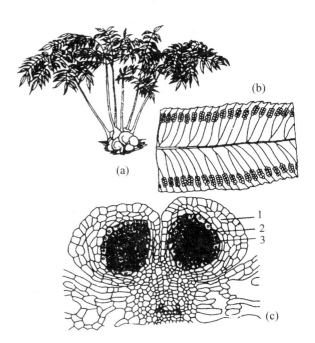

图 6-37　瓶尔小草(引自张景钺等《植物系统学》)
(a)孢子体　(b)孢子囊切面,示孢子囊壁由多层细胞组成
1. 茎　2. 不定根　3. 孢子囊穗

图 6-38　观音座莲(引自张景钺等《植物系统学》)
(a)孢子体　(b)小叶的背面观,示孢子囊着生情况
(c)孢子囊切面
1. 孢子囊壁　2. 绒毡层　3. 造孢组织

肥厚且多年生的托叶,叶柄脱落后其托叶仍然保留,连同球形的茎一道形成座莲状,故名观音座莲蕨(图 6-38)。叶同型,孢子囊群生于叶片背面的叶脉未端,精子具多数鞭毛。观音座莲蕨主要分布于南部湿润地区,其中产于我国华南地区的二回原始观音座莲(*Archangiopteris bipinanta*)和亨利原始观音座莲(*A. henryi*)具有许多原始性状,被列入 1999 年我国政府颁布的《国家重点保护野生植物名录(第一批)》中。

(2)原始薄囊蕨纲(Protoleptosporangiopsida)

孢子囊由一群细胞或一个细胞发育而来,孢子囊柄可由多数细胞发生。孢子囊壁由单层细胞构成。绒毡层由一个细胞发育而来,具 2 或 3 层。在孢子囊的一侧有数个细胞的壁加厚,形成横行盾形的环带。配子体为长心形的叶状体。

本纲仅有紫萁科(Osmundaceae),含 3 属。以紫萁属(*Osmunda*)比较常见,其孢子体具有粗短型根状茎,叶为一至二回羽状复叶,簇生于茎的顶端。营养叶和孢子叶同型或异型。生孢子的羽片无叶绿体,孢子囊群生于羽片边缘。我国常见的是紫萁(*O. japonica*)和华南紫萁(*O. vachellii*),前者为异型叶,后者为同型叶,幼叶均可食用(图 6-39)。

(3)薄囊蕨纲(Letosporangiopsida)

孢子囊薄囊性发育:孢子囊壁薄,由一层细胞组成,具有各式环带,以帮助孢子囊开裂。孢子囊由 1 个细胞发育而来,体积较小,所产生的孢子数量也较少。多数为同型叶,少数为异型叶。孢子囊群生于孢子叶的背面或边缘,有孢子囊群盖或无。大多数种类的孢

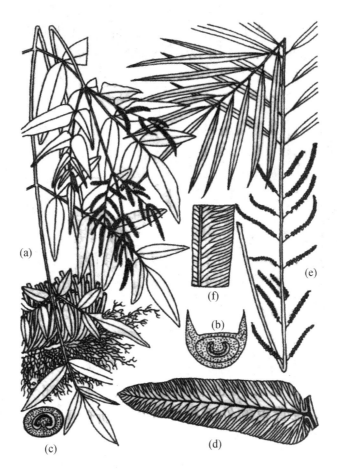

图6-39　紫萁属(引自叶创兴等《植物学》)

(a)~(d)紫萁　[(a)植株外形　(b)叶柄基部横切面　(c)叶柄上部横切面　(d)小羽片,示其外形和叶脉]

(e)、(f)华南紫萁　[(e)叶外形　(f)羽叶的一部分,示叶脉及边缘全缘]

子同型,只有水生种类为孢子异型。配子体形体小,常为扁平的心脏形叶状体,具有背腹面之分,腹面生有假根及多数精子器和多数颈卵器,精子器和颈卵器突出而与厚囊蕨类不同。精子螺旋状,具多数鞭毛。

薄囊蕨纲是蕨类植物中种类最多的类群,通常分为三个目即真蕨目、萍目和槐叶萍目。

①真蕨目(Filicales, Eufilicales)

又称水龙骨目 Polypodiales。绝大多数为陆生或附生,孢子囊聚生为各式孢子囊群,具孢子囊群盖或无,孢子同型。真蕨目是蕨类植物中种类最多的目,占现存真蕨纲植物种类的95%以上。

蕨(*Pteridium aquilinum*)是蕨类植物中最常见的种类,广布于世界各地,常成片生长于向阳空旷的山地和荒地,其嫩叶在我国各地多作为野生蔬菜食用,隶属于真蕨目蕨科(Pteridiaceae)。茎为典型的根状茎,在地下横走,多年生,二叉分枝。每年春季,叶从根状茎上直立长出,在地面散生,秋冬季都枯死(图6-40)。营养叶与孢子叶同型,为大型的三回至多回羽状复叶，具有粗而长的直立叶柄。孢子囊群沿孢子叶背面边缘连续分布，具有囊群盖。孢子囊具长柄，孢子囊壁上有一列纵行的细胞壁木质化加厚的细胞，称为环带。孢子囊成熟时，囊壁干燥失水，由于环带细胞壁的应力不均，环带翻转，使孢子囊开裂，并将孢子弹出。

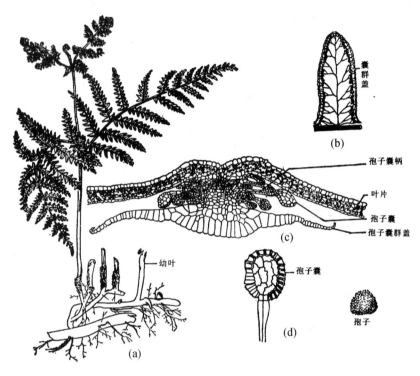

图 6-40 蕨（引自曹慧娟《植物学》）
(a)匍匐茎及羽状复叶 (b)小叶裂片的腹面观，示边缘的孢子囊群
(c)小叶裂片横切，示孢囊的结构 (d)孢子囊及孢子

孢子散出落在适宜的潮湿土壤上面，萌发形成雌雄同体的配子体，也称原叶体。配子体呈绿色心脏形，直径数毫米，中央细胞层数较多，边缘则只有一层细胞。细胞都是薄壁细胞，含叶绿体，能独立自养。在配子体（原叶体）腹面（下面），生有许多假根。雌雄生殖器官都生在原叶体下面。颈卵器多生于原叶体顶端凹陷处，其腹部埋于原叶体的组织中，颈部伸出表面。精子器产生数十个螺旋形具鞭毛的精子。精子在有水的情况下，从精子器散出，游向颈卵器与卵受精。

受精卵在颈卵器内分裂发育，形成具有根、茎、叶分化的幼小孢子体——胚。最初幼小孢子体依靠从配子体上获得养料逐渐生长，当孢子体长出自己的不定根之后不久，配子体便死亡，此后孢子体独立生长。

我国重要的真蕨目植物还有桫椤科（Cyatheaceae），这是唯一现存的树状蕨类，具有不分枝的高大直立茎，高度可达 10m 以上（图 6-41）。本科共 9 属 650 余种，主要分布于湿润的热带和亚热带地区；我国有 3 属 20 余种，产华南和西南，它们都被列入 1999 年我国政府颁布的《国家重点保护野生植物名录（第一批）》中。此外，水蕨科水蕨属所有种（Ceratopteris spp.)，鹿角蕨科的鹿角蕨(*Platycerium wallichii*)，中国蕨科的中国蕨(*Sinopteris grevilleoides*)，蹄盖蕨科的光叶蕨(*Cystoathyrium chinense*)，铁角蕨科的对开蕨(*Phyllitis japonica*)，鳞毛蕨科的单叶贯众(*Cyrtomium hemionitis*)和玉龙蕨(*Sorolepidium glaciale*)，七指蕨科的七指蕨(*Helminthostachys zeylanica*)，乌毛蕨科的苏铁蕨(*Brainea insignis*)，天星蕨科的天星蕨(*Christensenia assanica*)，水龙骨科的扇蕨(*Neocheiropteris palmatopedata*)，蚌壳蕨科的所有种，如金毛狗(*Cibotium barometz*)等，都因为具有重要的研究价值、利用价值或珍稀或濒危等原因，被列入我国的《国家重点保护野生植物名录(第一批)》中。

图 6-41　桫　椤(引自张景钺等《植物系统学》)

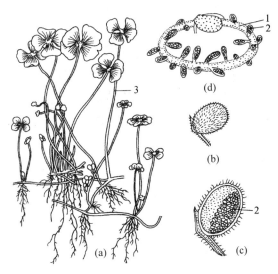

图 6-42　萍(引自叶创兴等《植物学》)
(a)植株　(b)孢子果　(c)孢子果纵切面
(d)孢子果开裂，伸出胶质环，其上着生孢子囊群
1. 胶质环　2. 孢子囊群　3. 叶轴

②萍目(Marsileales)　浅水或湿生性草本，根状茎生于泥中，细长、横生。孢子异型，孢子囊生长在特化的孢子果中，孢子果的壁由变态羽片形成。孢子果两性，内部同时产生许多大孢子囊群和小孢子囊群。仅萍科(Marsileaceae)1 科 3 属，我国只有萍属(*Marsilea*)的四叶萍(*M. quadrifolia*)(图 6-42)，广泛分布于全国各地水田和浅水湿地，可作饲料和食用。

③槐叶萍目(Salviniales)　漂浮蕨类，孢子异型，孢子囊生长在特化的孢子果中，孢子果的壁由变态的囊群盖形成。孢子果单性，即大、小孢子囊分别着生在不同的孢子果中。有 2 科，即槐叶萍科(Salviniaceae)和满江红科(Azollaceae)，各含 1 属，即槐叶萍属(*Salvinia*)和满江红属(*Azolla*)。

槐叶萍属(*Salvinia*)：其常见的种类是槐叶萍(*Salvini natans*)，小型浮水植物，分布于池塘、湖泊、水田和静水河流中。无根，茎横卧水面，长约 10cm。叶在茎节上三叶轮生，上侧 2 叶矩圆形，表面密布乳头状突起，下面密被毛，漂浮水面；下侧一叶分裂成细丝状，悬垂水中，形如根，称为沉水叶。孢子果多个生于沉水叶基部队短柄上(图 6-43)。

满江红属(*Azolla*)：在我国只有满江红(*A. imbricata*)1 种(图 6-44)，常常在池塘、湖

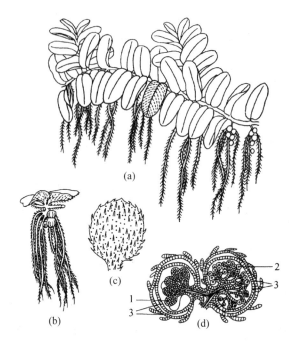

图 6-43 槐叶萍(引自叶创兴等《植物学》)
(a)、(b)植株的一部分　(c)孢子果　(d)孢子果纵切面(示大、小孢子囊)
1. 大孢子囊　2. 小孢子囊　3. 囊群盖(孢子果壁)

泊或水田中大片生长。体形小，不定根悬垂水中；茎横卧水面，其长度约 1cm 至数厘米，羽状分枝。叶覆瓦状密集生于茎上，无柄，分裂为上下两瓣，上瓣漂浮于水面，行光合作用，下瓣斜生于水中，无色素。孢子果成对生于侧枝的第一片沉水叶裂片上。满江红能与蓝藻中的鱼腥藻(*Anabaena azollae*)共生，具有固氮作用。叶内含有大量的红色花青素，幼时绿色，秋冬季变为红色，故名绿萍和红萍，可以作为绿肥、鱼饲料和猪饲料。

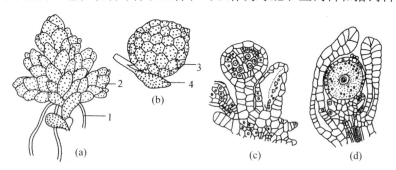

图 6-44 满江红(引自叶创兴等《植物学》)
(a)孢子体外形　(b)孢子果　(c)小孢子囊纵切　(d)大孢子囊纵切
1. 根　2. 叶　3. 小孢子(囊)果　4. 大孢子(囊)果

6.7.2.6 维管植物系统发育

在志留纪与泥盆纪之交，早期的维管植物石松植物和真叶植物分支已经形成。两者均为单系分支，真叶植物包含种子植物，隐含石松植物与其他蕨类植物为并系关系。植物学家通过叶绿体基因和核基因的序列比较，构建了维管植物主要谱系系统树，证明了维管植物、石松植物、真叶植物、单系蕨类植物和薄囊蕨类的单系性，进一步揭示了石松植物与单系蕨类植物之间的并系关系。

最近有学者全面阐述了维管植物系统发育研究成果，主要有以下几个观点：①维管植物分为 3 个单系群，即石松植物、单系蕨类植物和种子植物。②石松植物包括石松类、卷柏类和水韭类，对应于石松科、卷柏科和水韭科 3 个科。③单系蕨类植物包含两分支，一个分支由松叶蕨类和瓶儿小草类组成，另一个分支由薄囊蕨类、木贼类和莲座蕨类组成。瓶儿小草类和莲座蕨类构成的厚囊蕨类（Eusporangiate ferns）不是一个单系类群。④在"松叶蕨类 + 瓶儿小草类"分支中，松叶蕨类包含松叶蕨属（Psilotum）、梅溪蕨属（Tmesipteris）等。瓶儿小草类包含瓶儿小草属（Ophioglossum）、阴地蕨属（Botrychium）等。⑤在"木贼类 + 莲座蕨类 + 薄囊蕨类"分支中，木贼类包含问荆属（Equisetum）等。莲座蕨类包含莲座蕨属（Angiopteris）和多孔蕨属（Danaea）等，共 239 种。薄囊蕨类是该分支的主干。⑥在薄囊蕨类，第 1 分支是紫萁类，包含薄膜蕨属（Leptopteris）和紫萁属（Osmunda）等，共 24 种。第 2 分支衍生出膜蕨类和里白类两支。膜蕨类包含膜蕨属（Hymenophyllum）和瓶蕨属（Trichomanes）等，共 662 种。里白类包含芒萁属（Dicranopteris）和里白属（Diplopterygium）等，共 152 种。第 3 分支是"莎草蕨类 + 核心薄囊蕨类"，莎草蕨类代表属包括莎草蕨属（Schizaea）和海金沙属（Lygodium）等，共 195 种。这些分支是核心薄囊蕨类的基部类群。⑦核心薄囊蕨类的第 1 分支是异孢蕨类，代表属有满江红属（Azolla）和槐叶萍属（Salvinia）等，共 85 种。第 2 分支是树蕨类，代表属有蚌壳蕨属（Dicksonia）和桫椤属（Cyathea）等，共 711 种。核心薄囊蕨类的冠部分支是水龙骨类，代表属有铁线蕨属（Adiantum）、铁角蕨属（Asplenium）和乌蕨属（Sphenomeris）等，共 9 304 种。蕨类植物研究的最新成果已经应用于新分类系统的构建，单系蕨类植物分成 4 个纲 11 个目 37 个科。

6.7.3 蕨类植物门小结

6.7.3.1 蕨类植物对陆生生活的适应

蕨类植物的孢子体比较发达，具有真根并最终出现真正的叶，可以有效地吸取土壤中一定深度的水分和有效地进行光合作用；体内分化出维管束，具有输导组织和机械组织，可以比较有效地输导水分、无机盐和有机物，也能够支撑比较大型的茎和叶；体表出现了完善的保护组织——表皮，可以有效地防止体内水分的过度散失。这一切使蕨类植物比起同样是高等植物的苔藓植物来具有更强的适应陆生生活的能力，也是蕨类植物比苔藓植物更加进化的方面。

但是蕨类植物没有种子，其具有传播能力的繁殖结构是单细胞的孢子。孢子散布到环境中得不到母体的保护，萌发时也得不到母体的营养，所以它们的孢子能够萌发并最终成活的几率非常低。此外，那些有幸由孢子发育而成的配子体独立于孢子体而生活，它们只有假根，没有维管束，也没有完善的保护组织；而且由配子体产生的精子在受精过程中必须以水为媒介才能完成受精作用。这些特点或弱点，使得蕨类植物的配子体只能生活于阴湿的环境中，限制了它们在陆地上的发展。这也是蕨类植物比起种子植物来更不适应陆地生活的根本原因，反映了蕨类植物适应陆生生活的不彻底性。

6.7.3.2 蕨类植物的起源与演化

一般认为蕨类植物起源于距今 4 亿年前的古裸蕨植物。多数学者认为裸蕨起源于绿藻，因为裸蕨与绿藻具有相同的光合色素、光合产物——主要是淀粉、相近的细胞壁成分、游动细胞有等长的鞭毛等。也有人认为裸蕨类起源于褐藻，有的褐藻的生活史中孢子体发达，有的褐藻具有由多细胞组成的配子囊。有的认为裸蕨类起源于苔藓植物，因为裸蕨类的孢子体的某些性状与角苔类相似，不过这种观点难以解释两者孢子体和配子体优势关系的转变。还有的人认为，裸蕨植物和苔藓植物都起源于藻类，两者是平行发展的。

不论如何，裸蕨类是目前已经发现的最古老的蕨类植物，也是最古老的维管植物，是其他蕨类植物的祖先，化石发现于晚志留纪，此后裸蕨类植物大致沿着石松类、木贼类和真蕨类植物平行演化和发展。

石松是蕨类植物中的古老类群，其最早的化石类群——刺石松，发现于志留纪地层中。刺石松的特征与裸蕨类的星木属十分相近，只是其孢子囊着生在小型叶之间或小型叶基部，而不是像真正裸蕨那样着生在枝的顶端。这可能是由于着生孢子囊的枝逐渐缩短、消失，因而孢子囊的位置由顶生演变到侧生。刺石松是介于裸蕨类和典型石松类之间的过渡类群。

最早的木贼类植物——海尼属和古芦木属的化石发现于泥盆纪地层，其特征与裸蕨类和现代木贼类相似，它们是由裸蕨类向现代木贼类演化的过渡类型。

6.7.3.3 蕨类植物在自然界的作用和经济价值

蕨类植物分布于世界各地，是地球陆生植被的重要组成成分，对各种植被环境尤其是森林环境的形成具有重要作用。蕨类植物直接为许多昆虫和兽类等动物提供食物，提供它们生存所必需的隐蔽地和栖息地。蕨类植物还是许多菌根菌的专性寄主。由蕨类植物形成的荫蔽的小环境，是很多植物的种子和孢子萌发生长的必要条件，这对植被的演替、树种的更新起到重要作用。同时，蕨类植物的覆盖对水土保持和生态平衡也具有重要作用。

蕨类植物和人类关系十分密切。古代蕨类植物形成的煤炭，为人类提供了大量的能源。许多蕨类植物可以药用，如卷柏、海金沙（*Lygodium japonicum*）、贯众（*Cyrtomium fortunei*）、骨碎补（*Davallia mariesii*）等。有些蕨类植物可以食用和作饲料，如蕨、紫萁、莲座蕨、田字萍、槐叶萍、满江红等；根状茎发达的种类可以从中提取特殊的蕨类淀粉。在工业上，石松的孢子可作为冶金工业上的优良脱膜剂，还可在火箭、信号弹、照明等各种照明工业上用作突然起火的燃料。一些蕨类植物可作为气候、土壤、森林类型和环境特征及其质量的指示植物，如芒萁（*Dicranopteris dichotoma*）是我国南部地区强酸性红壤山地的特征植物，常与云南松、马尾松等酸性土壤上的松林伴生。农业上，满江红等蕨类植物和蓝藻共生，具有固氮作用，是农田的良好绿肥，也可做饲料。许多蕨类植物的生长需要荫蔽，或者能够忍耐荫蔽，已经被大量用作室内绿化、庭院绿化和阴生观赏植物，如瘤足蕨（*Plagiogyria* spp.）、巢蕨（*Neottopteris nidus*）、肾蕨（*Nephrolepis cordifolia*）、铁线蕨（*Adiantum capillus-veneris*）和凤尾蕨（*Pteris nervosa*）等。

复习思考题

1. 名词解释

孢子植物　颈卵器植物　维管植物　种子植物　被子植物　胚　同配生殖　异配生殖　卵式生殖　接合生殖　世代交替　孢子体　配子体　颈卵器　原丝体　原叶体　叶状体　茎叶体　根瘤细菌　固氮细菌　厚壁孢子　子囊孢子　担孢子　子实体　同层地衣　异层地衣　同型孢子　异型孢子　生殖托　胞芽杯　粉芽　大型叶　小型叶　孢子叶　营养叶　孢子同型　孢子异型　孢子叶球

2. 植物界分为哪些类群(门)? 说明孢子植物、种子植物、隐花植物、显花植物、高等植物、低等植物、维管植物、颈卵器植物的含义以及它们所包括的植物类群(门)。

3. 低等植物和高等植物各有何主要特征?

4. 什么是原核生物? 在所学习过的植物中, 哪些属于原核生物?

5. 藻类植物与菌类植物有何主要不同, 各包括哪些类群?

6. 念珠藻、衣藻、水绵、轮藻、海带、黑根霉、酵母菌、青霉、冬虫夏草、香菇、松茸各是哪个门(亚门)的代表植物, 各有何主要特征?

7. 地衣的主要特点是什么? 形态和结构上分为哪些类型? 各有何主要特点?

8. 为什么地衣能够在其他植物难以生长的岩石上首先生长, 成为生态上的"先锋植物", 它在土壤形成中有何意义?

9. 以地钱和葫芦藓为例说明苔藓植物的主要特征? 从结构和生殖等方面解释为什么它们个体矮小、而且只能生活在阴湿的环境中?

10. 说明苔藓植物与蕨类植物的主要区别, 并说明后者在哪些方面比前者进化。为什么说苔藓植物是最原始的高等植物, 蕨类植物是最原始的维管植物?

11. 蕨类植物的主要特征是什么? 其原始性表现在哪些方面? 包括哪些类群(纲)?

12. 说明真蕨类植物与其他蕨类植物(拟蕨类植物)的主要区别。

本章推荐阅读书目

1. 植物学(第 2 版). 曹慧娟. 中国林业出版社, 1992.

2. 植物学. 徐汉卿. 中国农业大学出版社, 1994.

3. 植物学(系统分类部分). 叶创兴, 等. 中山大学出版社, 2000.

4. 植物系统学. 张景钺, 梁家骥. 人民教育出版社, 1965.

5. 植物学. 张淑萍. 科学普及出版社, 2000.

6. 植物学, 郑湘如, 王丽. 中国农业大学出版社, 2001.

7. Bryophyte Biology. Shaw A J and Goffinet B. Cambridge University Press, 2000.

第7章

种子植物

【本章提要】本章比较了裸子植物、双子叶植物、单子叶植物的主要区别。植物的分类方法主要有：植物形态分类法、植物解剖学分类法、细胞分类法、孢粉学分类法、植物化学分类法、分子生物学分类法和数学分类方法。

介绍裸子植物 9 个科、双子叶植物 36 个科、单子叶植物 7 个科的主要特征及其代表植物。

7.1 种子植物分类

种子植物(Spermatophyte)是植物界中最高等的一类，从系统发育的角度讲是指能产生种子并以种子进行繁殖的一类植物的总称。

同藻类、菌类、苔藓、蕨类等隐花植物(Cryptogamae)相比，种子植物具有明显的花结构，故过去又统称为显花植物(Phanerogamae)或有花植物，在植物分类系统中也将其作为门级分类群对待，即种子植物门；其下又分成两个亚类：裸子植物亚门与被子植物亚门。

众多现代植物分类学家认为，裸子植物并无真正的花被，与被子植物相比有明显区别，统称为显花植物或有花植物不够确切；被子植物因具备真正的花结构，才是真正的显花或有花植物。因此，废弃了种子植物门，将裸子植物与被子植物各成独立的一门。

裸子植物的出现约在距今 34 500 万～39 500 万年之间的古生代泥盆纪，历经古生代的石炭纪、二叠纪，中生代的三叠纪、侏罗纪、白垩纪，新生代的第三纪、第四纪。在第四纪冰川以后，许多古老种类相继灭绝，现代裸子植物类群大多继第四纪后产生，从形态特征和解剖构造上明显有别于现存的其他植物类群。形态上多为乔木、灌木、极少为木质藤本；叶多为针形、鳞形、线形、椭圆形、披针形，少为扇形或阔叶形；解剖构造上茎中维管束排成环状，具形成层，次生木质部几乎全部由管胞组成，极少有导管等；花单性，风媒传粉；胚珠裸露；种子有胚乳，胚直生，子叶 2 至多数等；裸子植物的繁殖缓慢，传粉和受精需一年多的时间，种子成熟可能需要 3 年的时间。

被子植物起源相对较晚，过去按仅有的少数化石推断最早大约在中生代的侏罗纪。根据我国孙革教授在中国辽西晚侏罗纪地层中发现的迄今最早的、保存最完整的被子植物化石植物新种中华古果 (*Archaeofructus sinensis*) 推断可能更早些，至白垩纪伴随着原始裸子植物类群的衰亡逐渐兴盛起来。其形态类型上远较裸子植物复杂，有草本、木本，乔木、灌木、藤本；叶在阔叶的基础上出现了更复杂的形态变化和脉序类型；在解剖构造上也出现了更特化的结构——导管与纤维；花两性或单性，发育出亮丽的花被结构，心皮使花粉在柱头萌发成为可能；胚珠为子房包被，具虫媒、风媒、鸟媒等多种传粉方式，子叶定数等；被子植物的繁殖速度快，在一些一年生植物中从种子到开花结实可在几周内完成。

被子植物进一步分化，出现双子叶植物与单子叶植物两大类群。两类群差异之显著，以致曾有学者一度将单子叶植物置于较裸子植物更原始的分类地位。三者形态特征有一定的交叉，但主要形态与解剖特征差异相对稳定。

种子植物以其完善的结构、广泛的适应性，成为地球上现存植物中最主要的类群。现已知种子植物有 300 ~ 400 余科，1 万余属，约 23 万 ~ 25(30) 万余种。本书以裸子植物、双子叶植物、单子叶植物各为一节，分别论述。

表 7-1　裸子植物、双子叶植物、单子叶植物主要形态特征比较

分类群特征	裸子植物	被子植物	
		双子叶植物	单子叶植物
花被	无	有	有
花部组成基数	(球花孢子叶)不定数	4 或 5 数	3 数
胚珠	裸露	有子房包被	有子房包被
花粉萌发孔	无明显统一规律	多为 3 个	多为 1 个
传粉方式	风媒	虫媒、风媒或其他媒介	虫媒、风媒或其他媒介
游动精子	部分类群中有	无	无
双受精现象	无(少数有)	有	有
果实	无真正果实，种子裸露	形成果实	形成果实
子叶数目	2 至多数	2	1
脉序	多无复杂脉序	网状脉	平行或弧形脉
木质部构成	具管胞，多无导管	多有导管、纤维	多有导管、纤维
茎维管束分布	环状	环状	散生
茎内形成层	有	有	无
主根	发达	发达	常不发达，多为须根

7.2　裸子植物

现代裸子植物分属于 4 纲 9 目 12 科 71 属，近 800 种，我国 4 纲 8 目 11 科 41 属 236

种 47 变种，其中引种栽培 1 科 7 属 51 种 2 变种。

苏铁纲（Cycadopsida）

7.2.1　苏铁科（Cycadaceae）

常绿乔木，树干粗壮圆柱形、常不分枝，稀在顶端呈二叉状。髓心发达，木质部及韧皮部较窄。叶螺旋状排列，有鳞叶和营养叶之分；鳞叶小，密被褐色毡毛，营养叶大，深裂成羽状。雌雄异株，雄球花直立，单生于树干顶端，小孢子叶螺旋状排列，下面生有多数小孢子囊，小孢子萌发时产生二个有多数纤毛能游动的精子；大孢子叶扁平，上部羽状分裂或几不分裂，生于树干顶端羽状叶与鳞叶之间，胚珠 2~10 枚，生于大孢子叶柄的两侧。种子核果状，胚乳丰富。

本科共 10 属约 110 种，分布于南北两半球的热带及亚热带地区，以墨西哥、西印度群岛、澳大利亚和南美洲为其分布中心。生于森林和稀树草原中，由于顶端分生组织在地下可能受宿存叶基的保护，许多种类耐火烧。我国 1 属 8 种。这里仅重点介绍苏铁。

（1）苏铁（*Cycas revoluta* Thunb.）

树干高约 2m，稀达 8m 或更高，有明显螺旋状排列的菱形叶柄残痕。羽状叶生茎顶，整个羽状叶外缘轮廓呈倒卵状狭披针形，长 75~200cm，宽 9~18cm，裂片达 100 对以上，条形，厚革质，坚硬，边缘反卷。雄球花圆柱形，有短梗，小孢子叶窄楔形，顶端宽平，两角近圆形，有急尖头，下部渐窄，下面中肋及顶端密生黄褐色或灰黄色绒毛，花药通常 3 个聚生；大孢子叶密生淡黄色或淡灰黄色绒毛，边缘有 12~18 对羽状裂片，裂片条状钻形，胚珠 2~6 枚，生于大孢子叶柄两侧，有绒毛。种子红褐色或橘红色，倒卵圆形或圆形，长 2~4cm，密生灰黄色短绒毛，后渐脱落。花期 6~7 月，种子 10 月成熟。

产于福建、台湾、广东，各地常有栽培。喜暖热湿润环境，不耐寒冷，生长甚慢，寿命约 200 年。我国南方热带及亚热带南部 10 年以上树木几乎每年开花结实，而长江流域及北方各地栽培的苏铁终生不开花，或偶尔开花结实。为优美观赏树种，茎内含淀粉，可供食用；种子含油和丰富淀粉，微有毒，供药用，有治痢疾、止咳、止血之效。

银杏纲（Ginkgopsida）

7.2.2　银杏科（Ginkgoaceae）

本科仅 1 属 1 种，我国浙江天目山有野生状态的树木，其他各地广为栽培。

（1）银杏（*Ginkgo biloba* L.）（图 7-1）

乔木，高达 40m，胸径可达 4m，树皮灰褐色，粗糙；幼年及壮年树冠圆锥形，老年广卵形。枝分长枝与短枝。叶扇形，有长柄，于长枝上螺旋状散生，短枝上 3~8 叶簇生；

图 7-1　银杏（*Ginkgo biloba* L.）
叶、球花、球果

长枝上常 2 裂，短枝上叶常具波状缺刻。球花雌雄异株，生于短枝顶部鳞片状叶腋内，簇生状；雄球花柔荑花序状，下垂，花药 2 枚；雌球花具长梗，梗端常分二叉，每叉顶生一盘状珠座，胚珠着生其上，通常仅一个叉端的胚珠发育成种子，风媒传粉。种子具长梗，下垂，径约 2cm，外种皮肉质，熟时黄色或橙红色，外被白粉，有臭味，中种皮白色，骨质，内种皮膜质，淡红褐色，胚乳肉质、丰富，味甘略苦。花期 3～4 月，种子 9～10 月成熟。

银杏为中生代孑遗的、我国特有的活化石树种。喜光，深根性，对气候、土壤的适应性较宽。为速生珍贵用材树种，边材淡黄色，心材淡黄褐色，结构细，质轻软，富弹性，易加工，不易开裂，为优良木材。种子供食用及药用。叶可作药用及制杀虫剂。种子肉质外种皮有毒。树皮含单宁。银杏树形优美，春夏季叶色嫩绿，秋季变成黄色，颇为美观，可作庭园树及绿化树。

<h2 style="text-align:center">松柏纲（Coniferopsida）</h2>

7.2.3　松科（Pinaceae）

常绿或落叶乔木，稀为灌木状；枝仅有长枝，或兼有长枝与生长缓慢的短枝，叶于长枝上螺旋状散生，短枝上呈簇生状。叶条形或针形，条形叶扁平，稀呈四棱形；针形叶 2～5 针一束，着生于极度退化的短枝顶端，基部包有叶鞘。球花单性，雌雄同株，雄球花腋生或单生枝顶，或多数集生于短枝顶端，具多数螺旋状着生的雄蕊，每雄蕊具 2 花药，花粉有气囊或无气囊，或具退化气囊；雌球花由多数螺旋状着生的珠鳞与苞鳞组成，每珠鳞的腹面具两枚倒生胚珠，背面的苞鳞与珠鳞分离（仅基部合生），花后珠鳞增大发育成种鳞。球果当年或翌年稀第三年成熟，种鳞木质或革质，宿存或熟后脱落，种鳞腹面基部有 2 粒种子，种子通常上端具膜质翅，稀无翅。

分属检索表

1. 叶条形、稀针形，非束生
  2. 枝仅具长枝，叶于枝上螺旋状着生
    3. 球果成熟后种鳞自中轴脱落 ·· 冷杉属 *Abies*
    3. 球果成熟后种鳞宿存
      4. 球果顶生，小枝节间生长均匀
        5. 球果直立，种子连翅与种鳞近等长 ·························· 油杉属 *Keteleeria*
        5. 球果下垂，种子连翅短于种鳞
          6. 小枝有微隆起的叶枕或无，叶有短柄
            7. 球果较大，苞鳞外露，先端三裂 ··················· 黄杉属 *Pseudotsuga*
            7. 球果较小，苞鳞不外露或微露，先端二裂 ············· 铁杉属 *Tsuga*
          6. 小枝有显著隆起的叶枕，叶无柄 ······················· 云杉属 *Picea*
      4. 球果腋生，枝上端小枝节短，叶呈簇生状 ··············· 银杉属 *Cathaya*
  2. 枝分长短枝，叶于长枝上螺旋状着生、于短枝上簇生

8. 叶条形、扁平、柔软,落叶树种

　　9. 雄球花单生短枝顶,种鳞革质、宿存 ······················ 落叶松属 *Larix*

　　9. 雄球花簇生短枝顶,种鳞木质、成熟后脱落 ··············· 金钱松属 *Pseudolarix*

8. 叶针形、坚硬,常绿树种 ································· 雪松属 *Cedrus*

1. 叶针形,2、3 或 5 针一束 ···································· 松属 *Pinus*

　　本科约 10 属 230 种,多产于北半球。我国有 10 属 113 种 29 变种(其中引种栽培 24 种 2 变种),分布于全国。

　　(1)红松(*Pinus koraiensis* Sieb. et Zucc.)(图 7-2)

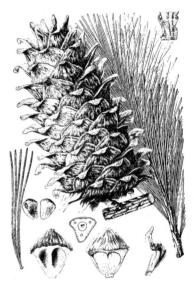

　　常绿乔木,高达 50m,胸径 1m;树皮灰褐色或灰色,纵裂成不规则长方形鳞状块片,裂片脱落后露出红褐色内皮;树干上部常分叉,枝近平展,树冠圆锥形;一年生枝密被黄褐色或红褐色柔毛;冬芽淡红褐色,微被树脂。针叶 5 针一束,边缘具细锯齿,树脂道 3,中生;叶鞘早落。雄球花穗状、密生于新枝下部;雌球花圆柱状卵圆形,直立,单生或数个集生于新枝近顶端。球果圆锥状卵圆形或卵状矩圆形,长 9~15cm,种鳞先端向外反曲,成熟后不张开;种子大,无翅,卵状三角形。花期 6 月,球果翌年 9~10 月成熟。

图 7-2　红松(*Pinus koraiensis* Sieb. et Zucc.)枝、叶、球果

　　产于我国东北长白山区、小兴安岭等地,俄罗斯、朝鲜、日本也有分布。为优良用材树种。木材及树根可提取松节油。树皮可提取栲胶。种子可食,含脂肪及蛋白质,可炸油供食用,工业用和药用。为东北地区的主要造林树种。

　　(2)马尾松(*Pinus massoniana* Lamb.)

　　常绿乔木,高达 45m,胸径 1.5m,树皮不规则鳞状开裂。针叶 2 针一束,长 12~20cm,微扭曲,树脂道约 4~8 个,叶鞘宿存。雄球花圆柱形,弯垂;雌球花单生或 2~4 个聚生于新枝近顶端。球果卵圆形或圆锥状卵圆形,中部种鳞近矩圆状倒卵形或近长方形,长约 3cm;鳞盾菱形,微隆起或平,鳞脐微凹,无刺;种子长卵圆形。花期 4~5 月,球果翌年 10~12 月成熟。

　　产于长江流域以南,是当地重要的荒山造林树种。

　　木材有弹性,富树脂,耐腐力弱,供建筑、枕木、矿家具及木纤维工业原料等用,树干可割取松脂,为医药化工原料,树干及根部可培养茯苓,药用及食用。

　　(3)油松(*Pinus tabulaeformis* Carr.)

　　常绿乔木,高达 25m,胸径可达 1m 以上;树皮灰褐色,裂成不规则较厚的鳞状块片;老树树冠平顶,小枝较粗,褐黄色。针叶两针一束,长 10~15cm,边缘有细锯齿。球果卵形或圆卵形,熟时淡黄色,常宿存数年;鳞盾肥厚、隆起,横脊显著;鳞脐凸起有尖刺;种子卵圆形或长卵圆形,淡褐色有斑纹。花期 4~5 月,球果翌年 10 月成熟。

　　我国特有树种,主要分布于东北、华北及西南等地,生于海拔 1 000~2 600m 的林带。

木材结构较细密，材质较硬，富树脂，耐久用。树干可割取树脂，提取松节油；树皮可提取栲胶。松节、松针、花粉均供药用。我国传统的重要的园林用树种，1862 年或更早以前就引入欧洲。

(4) 白皮松 (*Pinus bungeana* Zucc. ex Endl.)

常绿乔木；枝细长，斜展，形成宽塔形至伞形树冠；幼树树皮光滑，灰绿色，成树树皮呈不规则的鳞状块片脱落，脱落后近光滑，露出粉白色内皮，白褐相间成斑驳状。针叶 3 针一束，长 5~10cm，边缘有细锯齿。球果通常单生，初直立，后下垂，熟时淡黄褐色，卵圆形或圆锥状卵圆形；鳞盾近菱形，有横脊，鳞脐生于鳞盾的中央，三角状，顶端有刺，刺的尖头向下反曲；种子具短翅，有关节易脱落。花期 4~5 月，球果翌年 10~11 月成熟。

我国特有树种，产于山西、河南西部、陕西秦岭、甘肃南部及天水麦积山、四川北部江油观雾山及湖北西部等地，生于海拔 500~1 800m 地带。喜光树种，耐瘠薄土壤及较干冷的气候；在气候温凉、土层深厚、肥润的钙质土和黄土上生长良好。

心材黄褐色，边材黄白色或黄褐色，质脆弱，纹理直，花纹美丽；种子可食；树姿优美，树皮白色或褐白相间，极为美观，为优良的庭园树种。

(5) 巴山冷杉 (*Abies fargesii* Franch.)

常绿乔木，高达 40m；树皮粗糙，块状开裂；一年生枝红褐色或微带紫色，微有凹槽，槽内疏生短毛。叶在枝下面排成两列，条形，上部较下部宽，先端钝有凹缺，上面深绿色，有光泽，下面沿中脉两侧有两条粉白色气孔带。球果柱状矩圆形或圆柱形，成熟时红褐色；中部种鳞肾形或扇状肾形，边缘内曲；苞鳞倒卵状楔形，边缘有细锯齿，先端有急尖的短尖头；种子倒三角状卵圆形，种翅楔形，较种子为短或等长。

我国特有树种，产河南西部，湖北西部及西北部，四川东北部、陕西南部、甘肃南部及东南部海拔 1 500~3 700m 地带。

木材轻软，可作一般建筑、家具及木纤维工业用材。树皮可提取栲胶。也是森林的更新树种。

(6) 臭冷杉 [*Abies nephrolepis* (Trautv.) Maxim.]

常绿乔木，幼树树皮通常平滑，具多数树脂和横裂瘤状皮孔，老时块状或鳞片状开裂；一年生枝密被淡褐色短柔毛；冬芽圆球形，有树脂。叶条形，下面有两条白色气孔带；营养枝叶先端有凹缺或二裂。球果卵状圆柱形或圆柱形，熟时紫褐色或紫黑色；中部种鳞肾形，熟后自中轴脱落；苞鳞倒卵形；种子倒卵状三角形。花期 4~5 月，球果 9~10 月成熟。

产于我国东北及河北、山西等地。耐阴、浅根性树种，适应性强，喜冷湿的环境。用材树种，树干可提取松脂。

(7) 百山祖冷杉 (*Abies beshanzuensis* M. H. Wu)

常绿乔木；树皮灰白色，不规则龟裂。叶条形，先端有凹缺，下面有两条白色气孔带。球果通常每一枝节之间着生 1~3 个，圆柱形，熟时淡褐黄色或淡褐色；中部种鳞扇状四边形，先端近全缘或有极细的细齿，苞鳞稍短于种鳞或近等长；种子倒三角状，具与种子等长而宽大的膜质种翅。花期 5 月，球果 11 月成熟。

我国东南部新近发现的稀有珍贵树种，特产于浙江南部百山祖南坡海拔1 700m以上地带。

(8)红皮云杉((*Picea koraiensis* Nakai)

常绿乔木；树皮灰褐色或淡红褐色，不规则薄条状脱落；树冠尖塔形。叶四棱状条形，四面有气孔线。球果卵状圆柱形或长卵状圆柱形；中部种鳞倒卵形或三角状倒卵形；苞鳞条状；种子倒卵圆形，种翅倒卵状矩圆形。花期5~6月，球果9~10月成熟。

分布于我国东北，常作造林及庭园树种。

(9)紫果云杉(*Picea purpurea* Mast.)

常绿乔木；树皮深灰色，不规则薄片状开裂；树冠尖塔形。叶扁四棱状条形，两面中脉隆起，上面每边有4~6条白粉气孔线。球果圆柱状、卵圆形或椭圆形；中部种鳞斜方状卵形；苞鳞矩圆状卵形；种翅褐色，有紫色小斑点。花期4月，球果10月成熟。

我国特有树种，产于四川北部、甘肃榆中及洮河流域、青海西倾山北坡。木材淡红褐色，材质坚韧，纹理直，有弹性，耐久用，为云杉类木材中最优良的木材之一。

(10)花旗松[*Pseudotsuga menziesii* (Mirbel) Franco]

常绿乔木，原产地高达100m，胸径12m；幼树树皮平滑，老树皮厚，深裂成鳞状；一年生枝淡黄色，微被毛。叶条形，先端钝或微尖，上面深绿色，下面色较浅，有两条灰绿色气孔带。球果椭圆状卵圆形，长约8cm，褐色，有光泽；种鳞斜方形或近菱形，苞鳞长于种鳞。

原产北美太平洋南岸。我国庐山引种栽培，生长不旺盛。

(11)黄杉(*Pseudotsuga sinensis* Dode)

乔木，高达50m，胸径1m。叶条形，排成两列。球果卵圆形或椭圆状卵圆形，成熟前微被白粉；中部种鳞近扇形或扇状斜方形；苞鳞露出部分向后反伸；种子三角状卵圆形，上面密生褐色短毛，下面具不规则褐色斑纹，种翅较种子长。花期4月，球果10~11月成熟。

我国特有树种，产于有云南、四川、贵州、湖北、湖南。木材优良、在产区可用做风景绿化树种。

(12)铁杉[*Tsuga chinensis* (Franch.) Pritz.]

常绿乔木；树皮深纵裂。小枝细，常下垂，有隆起的叶枕。叶条形，扁平，排成假二列状，有短柄，叶内有树脂道1。雄球花单生叶腋，雌球花单生枝顶。球果下垂，种子上端有翅，子叶3~4。

分布于陕西秦岭、甘肃白龙江流域以及长江上游。铁杉干直冠大，枝叶茂密整齐，用于营造风景林或孤植树。

(13)华北落叶松(*Larix principis-rupprechtii* Mayr)

落叶乔木，高达30m，胸径1m；树皮暗灰色，不规则纵裂，成小块片脱落。叶窄条形，上面平，下面中脉隆起，两侧具气孔带。球果长卵圆形或卵圆形，熟时淡褐色或淡灰褐色，有光泽，种鳞26~45枚；苞鳞暗紫色，近带状矩圆形；种子斜倒卵状椭圆形，灰白色，具不规则褐色斑纹。花期4~5月，球果10月成熟。

我国特产，为华北地区高山针叶林带的主要森林树种。生长快，材质优良，用途广，对不良气候的抵抗能力较强，并有保土、防风的效能，可作分布区内以及黄河流域、辽河上游高山地区的森林更新和荒山造林树种。

（14）雪松［*Cedrus deodara*（Roxb.）G. Don］（图7-3）

常绿乔木，高达50m，胸径达3m；树皮深灰色，裂成不规则鳞状块片；小枝常下垂。叶在长枝上辐射伸展，短枝上成簇生状，针形，常成三棱形。雄球花长卵圆形或椭圆状卵圆形；雌球花卵圆形。球果成熟前淡绿色，微有白粉，熟时红褐色，卵圆形或宽椭圆形；种子近三角状。

分布于阿富汗至印度，海拔1 300～3 300m地带。北京、大连、青岛、徐州、上海、南京、杭州、庐山、武汉、长沙、昆明等地已广泛栽培作庭园树。

（15）金钱松［*Pseudolarix kaempferi*（Lindl.）Gord.］

落叶乔木，高达50m，胸径1.5m；树皮龟裂状；兼具长枝与短枝。叶条形扁平，在短枝上簇生，并呈盘状平展。雄球花簇生短枝顶，雌球花单生短枝顶；球果当年成熟，熟后种鳞脱落。花期4～5月，球果10月成熟。

我国特有树种，产于华东、华中各地。为著名观赏树种。

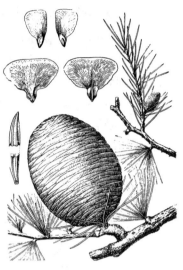

图7-3　雪松［Cedrus deodara（*Roxb.*）*G. Don*］枝、叶、球果

（16）云南油杉（*Keteleeria evelyniana* Mast.）

乔木，高达40m，胸径可达1m；树皮粗糙，呈块状脱落。叶条形，在侧枝上排成两列，先端通常有微凸起的钝尖头，上面光绿色，中脉两侧通常每边有2～10条气孔线，下面沿中脉两侧每边有14～19条气孔线。球果圆柱形。花期5月，种子10月成熟。

我国特有树种，产于云南、贵州西部及西南部、四川西南部安宁河流域至西部大渡河流域海拔700～2 600m的地带。

7.2.4　杉科（Taxodiaceae）

常绿或落叶乔木，树干端直，大枝轮生或近轮生。叶螺旋状散生，披针形、钻形、鳞状或条形，叶同型或二型。球花单性，雌雄同株，球花的雄蕊和珠鳞均螺旋状着生；雄球花单生或簇生枝顶，花粉无气囊；雌球花顶生或生于去年生枝近枝顶，珠鳞与苞鳞半合生或完全合生，珠鳞的腹面基部有2～9枚直立或侧生胚珠。球果当年成熟，熟时张开，种鳞木质或革质，宿存或熟后逐渐脱落；种子扁平或三棱形，周围或两侧有窄翅，或下部具长翅。

常见属检索表

1. 叶常绿性；无冬季脱落的小枝；种鳞木质或革质
　2. 叶着生于不发育的短枝顶端，呈倒伞状辐射开展，生于鳞状叶之腋部，由2叶合生，两面中央各有
　　1条纵槽；种鳞木质 …………………………………………………… 金松属 *Sciadopitys*
　2. 叶单生，在枝上螺旋状散生或小枝上的叶基扭成假2列状，稀对生

3. 种鳞扁平、革质，叶条状披针形，叶缘有锯齿 ························ 杉木属 *Cunninghamia*

3. 种鳞盾形，木质，叶钻形 ·························· 柳杉属 *Cryptomeria*

1. 叶脱落性或半常绿性；有冬季脱落的小枝；种鳞木质 ·················· 水杉属 *Metasequoia*

（1）杉木［*Cunninghamia lanceolata*（Lamb.）Hook.］

常绿乔木，高达30m，胸径2.5~3m。叶革质，在主枝上辐射伸展，在侧枝上排成2列，披针形或条状披针形，边缘有细缺齿，下面沿中脉两侧各有一条白色气孔带。雄球花圆锥状，通常40余个簇生枝顶；雌球花单生或2~3个簇生。球果卵圆形；成熟后苞鳞大于种鳞；苞鳞三角状卵形，先端有刺状尖头；种鳞先端三裂，腹面着生3粒种子；种子扁平。花期4月，球果10月下旬成熟。

杉木是我国长江流域、秦岭以南地区栽培最广、生长快、经济价值高的用材树种，为长江流域以南温暖地区最重要的速生用材树种。

（2）水杉（*Metasequoia glyptostroboides* Hu et Cheng）（图7-4）

落叶或半常绿乔木，高达35m，胸径达2.5m；树干基部常膨大；幼树树冠尖塔型，老树树冠广圆形。叶条形，在侧生小枝上排成羽状二列，冬季与枝一同脱落。球果下垂，近四棱状球形或矩圆状球形；种鳞木质，盾形，通常11~12对，交互对生；种子扁平，周围有翅。花期2月下旬，球果11月成熟。

水杉为我国特有的、中生代孑遗的、活化石树种，仅分布于四川石柱县及湖北利川县磨刀溪、水杉坝一带及湖南西北部龙山及桑植等地海拔750~1500m、气候温和、夏秋多雨、酸性黄壤土地区。喜光性强的速生树种，对环境条件的适应性较强。

（3）柳杉（*Cryptomeria fortunei* Hooibrenk ex Otto et Dietr.）

常绿乔木，高40m，胸径2m；树皮红棕色，纤维状，裂成长条片脱落。叶钻形略向内弯曲，四面有气孔线。雄球花单生叶腋，集生于小枝上部，成短穗状；雌球花生于短枝顶。球果圆球形或扁球形；能育的种鳞有种子2粒；种子近椭圆形，扁平，边缘有窄翅。花期4月，球果10月成熟。

图7-4 水杉（*Metasequoia glyptostroboides* Hu et Cheng）枝、叶、球花、球果

我国特有树种，产浙江西天目山、福建南屏三千八百坎及江西庐山等地海拔1100m以下地带，有数百年的老树。为用材与园林树种。

（4）金松［*Sciadopitys verticillata*（Thunb）Sieb. et Zucc.］

常绿乔木，枝近轮生，水平开展。叶二型：鳞片状叶形小，膜质，散生于嫩枝上；条形叶扁平、两面中央各有1条纵槽，聚簇枝梢，呈轮生状。雌雄同株；雄球花约30个聚生枝端，呈圆锥状；雌球花长椭圆形，单生枝顶。发育的种鳞有种子5~9粒，种子扁平，有狭翅，子叶 2 枚。

原产日本，为世界五大公园树之一，是名贵的观赏树种，又是著名的防火树，我国南方各大城市有栽培。

7.2.5　柏科(Cupressaceae)

常绿乔木或灌木。叶交互对生或 3~4 片轮生，稀螺旋状着生，鳞形或刺形，或同一树上兼有二型。球花单性，雌雄同株或异株，单生枝顶或叶腋；雄球花具 3~8 对交互对生的雄蕊，每雄蕊具 2~6 花药，花粉无气囊；雌球花具 3~16 枚交互对生或 3~4 片轮生的珠鳞，发育的珠鳞腹面基部有 1 至多数直生胚珠，苞鳞与珠鳞完全合生。球果圆球形、卵圆形或圆柱形；种鳞扁平或盾形，木质或近革质、熟时开裂，或合生成肉质浆果状、熟时不裂或仅顶端微开裂，发育种鳞有 1 至多粒种子；种子周围具窄翅或无翅，或上端有 1 长 1 短之翅。

常见属分属检索表

1. 叶鳞形，生叶小枝扁平、呈压扁状；球果的种鳞木质或革质，熟时开裂
　2. 种鳞扁平，背面顶部具一倒钩尖头；球果当年成熟，种子无翅 ·················· 侧柏属 *Platycladus*
　2. 种鳞盾状隆起，有或无尖头；球果次年成熟，种子有翅 ·················· 柏木属 *Cupressus*
1. 兼有鳞叶与刺叶或全为刺叶，生叶小枝非压扁状，球果的种鳞肉质，熟时不开裂或仅顶端开裂
　3. 叶二型，鳞叶交互对生，刺叶 3 枚轮生，刺叶基部下延、无关节；冬芽不显著；球花单生枝顶；果内有种子 1~6 粒 ·················· 圆柏属 *Sabina*
　3. 叶全为刺叶，3 枚轮生，叶基部不下延、有关节；冬芽显著；球花单生叶腋；果内通常有种子 3 粒 ·················· 刺柏属 *Juniperus*

(1)柏木(*Cupressus funebris* Endl.)

乔木，高 35m，胸径 2m，树冠狭圆锥形；树皮条状剥离；小枝圆柱形，下垂，生叶小枝扁平。鳞叶先端尖，叶背中部有纵腺点。球果形小，径 8~12mm，木质；种鳞 4 对，盾形，有尖头，每种鳞内含 5~6 粒种子。种子两侧有狭翅；子叶 2 枚。花期 3~5 月；球果翌年 5~6 月成熟。

分布很广，华东、西南和甘肃南部、陕西南部等地均有生长。心材大，材质优，具香气，耐湿抗腐，是良好的建筑、家具用材。生长快，为长江流域以南造林树种。寿命长，树冠整齐，耐侧荫。公园、陵墓、古迹和自然风景区绿化树种。

(2)侧柏[*Platycladus orientalis* (L.) Franco]

乔木；生鳞叶的小枝直展或斜展，排成一平面，两面同型。叶背有腺点。雌雄同株，球花单生于小枝顶端；雄球花具 6 对交互对生的雄蕊，花药 2~4；雌球花有 4 对交互对生的珠鳞，仅中部 2 对珠鳞各生 1~2 枚直立胚珠。球果当年成熟，熟时开裂；种鳞木质，近扁平，背部顶端的下方有倒钩状尖头，中部发育的种鳞各具 1~2 粒种子；种子无翅。子叶 2 枚，发芽时出土。

中国特产，遍布全国。木材坚硬致密，耐腐，易加工，不翘不裂，供建筑、桥梁等用。叶为线香原料，可提制侧柏精供药用。种子榨油可食，也可入药。为我国广泛应用的

园林树种。

（3）圆柏［*Sabina chinensis* （L.）Ant.］

乔木，树皮纵裂成条状开裂，树冠尖塔形或圆锥形，老树则开阔。冬芽不显著。叶二型，幼树叶多为刺叶，3叶轮生稀交互对生，老树多为鳞叶、交互对生，壮龄树兼有刺叶与鳞叶。雌雄异株、稀同株；球果球形，被白粉，种子卵圆形。花期4月下旬，果翌年或第3年成熟。

原产中国东北南部及华北等地，北至内蒙古及沈阳以南，南至两广北部，东至滨海省份，西至四川、云南。木材有香气，可做建筑、家具、文具及工艺品等用材，根、茎、叶可提取柏木脑和柏木油；枝叶入药。为普遍栽培的庭园树种。

（4）杜松（*Juniperus regida* Sieb. et Zucc.）

乔木或灌木。叶均为刺叶，3叶轮生，基部有关节；叶质厚，坚硬；上面凹下成深槽，槽内具较绿色边带窄的白粉带。球果圆球形，有白粉。

分布于东北、西北和华北等地。木材坚硬、用材树。可栽培作庭院树。果实入药，有利尿、发汗和驱风的效用。

7.2.6　南洋杉科（Araucariaceae）

常绿乔木，髓部较大。叶螺旋状着生或交互对生，基部下延。球花单性，雌雄异株或同株；雄球花圆柱形，雄蕊多数，螺旋状着生，具花丝，花粉无气囊；雌球花由多数螺旋状着生的苞鳞组成，珠鳞不发育，或于苞鳞腹面有1仅先端分离呈舌状的珠鳞，腹面基部具1倒生胚珠。球果2至3年成熟；苞鳞木质或厚革质，扁平，先端常有三角状或尾状尖头，有时苞鳞腹面中部具1仅先端分离呈舌状的种鳞，熟时苞鳞脱落，发育的苞鳞具1粒种子；种子与苞鳞离生或合生，扁平，无翅或有翅。

本科共2属约40种，分布于南半球的热带及亚热带地区。我国引入栽培2属4种。

（1）南洋杉（*Araucaria cunninghamii* Sweet）

大乔木，高60~70 m，主枝轮生，平展。叶二型：生于侧枝及幼枝上的多呈针状，质软，开展，排列疏松，生于老枝上的密聚，卵形或三角状钻形。雌雄异株。球果卵形，苞鳞刺状且尖头向后强烈弯曲；种子两侧有翅。

原产大洋洲东南沿海地区，中国的广州、厦门及云南、海南等地露地栽培；在其他城市常做盆栽观赏用。

7.2.7　红豆杉科（Taxaceae）

常绿乔木或灌木。叶条形或披针形，螺旋状排列或交互对生，下面沿中脉两侧各有1条气孔带。球花单性，雌雄异株，稀同株；雄球花单生叶腋或苞腋，或组成穗状花序集生于枝顶，雄蕊多数，各有3~9个辐射排列或向外一边排列有背腹面区别的花药，药室纵裂，花粉无气囊；雌球花单生或成对生于叶腋或苞片腋部，基部具多数覆瓦状排列或交互对生的苞片，胚珠1枚，直立，生于花轴顶端或侧生于短轴顶端的苞腋，基部具辐射对称的盘状或漏斗状珠托。种子核果状，具杯状肉质红色假种皮，胚乳丰富，子叶2枚。

本科5属约23种，绝大多数分布于北半球。我国4属12种1变种及1栽培种。

常见属分属检索表

1. 叶螺旋状互生，上面具明显中脉；雄蕊花药辐射状排列；种子假种子杯状 ············· 红豆杉属 *Taxus*
1. 叶交互对生，上面中脉不明显；雄蕊花药生于一侧；种子假种皮囊状全包种子 ····· 榧树属 *Torreya*

（1）东北红豆杉（*Taxus cuspidate* Sieb. et Zucc.）

乔木或呈灌木状；叶密生，在枝上排成不规则二列，长 1.0~2.5cm；种子有 3~4 棱脊，种脐三角形或四方形。

产于吉林老爷岭、张广才岭及长白山区。材质致密坚硬，美丽而芳香，用于精美家具；树形端庄，可作庭院观赏树；树皮含紫杉醇，治癌特效药。资源匮乏，已列为国家保护植物。

（2）红豆杉［*Taxus chinensis*（Pilger）Rehd.］（图7-5）

乔木；叶较稀疏，在枝上排成规则二列，长 1.3~3.2cm；种子微有 2 棱脊，种脐椭圆形或近圆形。

为我国特有树种，分布于甘肃南部、陕西南部、湖北西部、四川、云南等地。木材纹理直，结构细，坚实耐用，供建筑、家具、器具等用材；树皮含紫杉醇，抗癌特效药，因资源稀少，已列为国家保护植物。

（3）榧树（*Torreya grandis* Fort. et Lindl.）

乔木，树皮黄灰色纵裂，叶先端有凸起的刺状尖头，长 1.1~2.5cm；二、三年生枝暗绿黄色或灰褐色，稀微带紫色，种子的胚乳周围向内微皱。

为我国特有树种，产于江苏南部、福建北部、安徽南部、西至湖南西南部及贵州等地。优良用材树种，种子为著名的干果——香榧，也可榨油；假种皮可提炼芳香油。

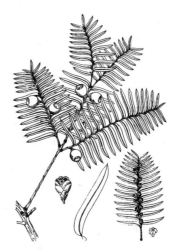

图 7- 5　红豆杉
［*Taxus chinensis*（Pilger）Rehd.］
枝、叶、球花、种子

买麻藤纲（Gnetopsida）

7.2.8　买麻藤科（Gnetaceae）

常绿木质大藤本，稀为直立灌木或乔木，茎节呈膨大关节状，下部顶端具有宿存环状总苞片，在幼枝上明显，老枝则仅有痕迹。单叶对生，有叶柄，无托叶；叶片革质或半革质，平展具羽状叶脉，小脉极细密呈纤维状，极似双子叶植物。球花单性，雌雄异株，稀同株，伸长成细长穗状，具多轮合生环状总苞；雄球花具杯状肉质假花被，雄蕊通常 2，稀 1，伸出假花被之外，花丝合生；雄球花穗单生或数穗组成顶生及腋生聚伞花序，每轮总苞有雄球花 20~80，紧密排列成 2~4 轮，穗上端常有一轮不育雌球花；雌球花具囊状假花被紧包于胚珠之外，胚珠具两层珠被，内珠被的顶端延长成珠被管，自假花被顶端开口伸出，外珠被分化为肉质外层与骨质内层，肉质外层与假花被合生并发育成假种皮，雌球花穗单生或数穗组成聚伞圆锥花序,通常侧生于老枝上,每轮总苞有雌花 4~12。种子核果状,包于红色或橘红色假种皮中,胚乳丰富。

本科 1 属,共 30 余种,分布于亚洲、非洲及南美洲等的热带及亚热带地区,以欧亚大陆南部,经马来群岛至菲律宾群岛为分布中心。我国有 1 科 1 属 7 种。

(1)买麻藤(倪藤)(*Gnetum montanum* Markgr.)(图 7-6)

大藤本,高达 10m 以上,小枝圆或扁圆,光滑,稀具细纵皱纹。叶形大小多变,通常呈矩圆形,先端具短钝尖头,基部圆或宽楔形,侧脉 8~13 对。雄球花序排列疏松,1~2 回三出分枝,雄球花穗圆柱形,具 13~17 轮环状总苞,每轮环状总苞内有雄花 25~45,排成两行,假花被稍肥厚成盾形筒,花丝约 1/3 从假花被顶端伸出;雌球花序单生或丛生,主轴有 3~4 对分枝,雌球花穗长 2~3cm,径约 4mm,每轮环状总苞内有雌花 5~8,胚珠椭圆状卵圆形,先端有短珠被管,管口深裂成条状裂片;种子矩圆状卵圆形或矩圆形,熟时黄褐色或红褐色,光滑,有时被亮银色鳞斑。花期 6~7 月,种子 8~9 月成熟。

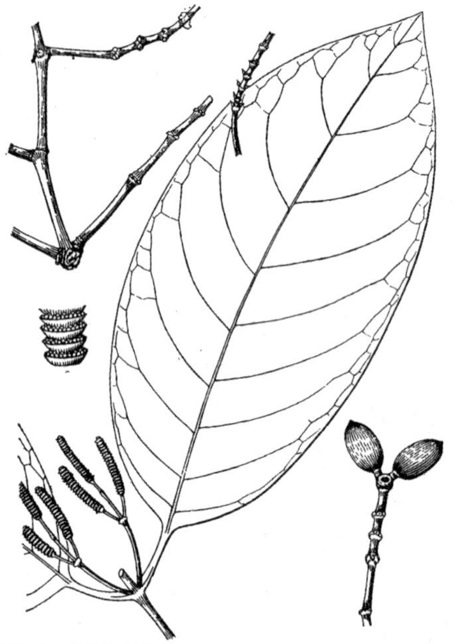

产于云南南部北纬 25 度以南及广西、广东海拔 1 600~2 000m 地带森林中,缠绕于树上。印度、锡金、缅甸、泰国、老挝及越南也有分布。

茎皮含韧性纤维,可织麻袋、渔网、绳索等,又可供制人造棉原料。种子可炒食或炸油,亦可酿酒,树液为清凉饮料。

图 7-6　买麻藤(*Gnetum montanum* Markgr.)
叶、球花、种子

7.2.9　麻黄科(Ephedraceae)

灌木、亚灌木或草本状,稀为缠绕灌木,茎直立或匍匐;分枝多,小枝对生或轮生,绿色,圆筒形,具节,节间有多条细纵槽纹,横断面常有棕红色髓心。叶退化成膜质,在节上交互对生或轮生,2~3 片合生成鞘状,先端具三角状裂齿,有两条平行脉。雌雄异株,稀同株,球花卵圆形或椭圆形,生枝顶或叶腋;雄球花单生或数个丛生,或 3~5 个成一复穗花序,具 2~8 对交互对生或 2~8 轮(每轮 3 片)苞片,苞片厚膜质或膜质,每片生一雄花,具膜质假花被,假花被圆形或倒卵形,大部分合生,仅顶端分离,雄蕊 2~8,花丝连合成 1~2 束,有时先端分离使花药具短梗,交互对生或 2~8 轮(每轮 3 片)苞片,仅顶端 1~3 片苞片生有雌球花,雌球花具顶端具开裂的囊状革质假花被,包于胚珠外,胚珠具一层膜质珠被,珠被上部延长成珠被管,自假花被管口伸出,珠被管直或弯曲;雌球花的苞片随胚珠生长发育而增厚成肉质、红色或橘红色,稀为干膜质、淡褐色,假花被发育成革质假种皮。种子 1~3 粒,胚乳丰富,肉质或粉质;子叶 2 枚,发芽时出土。

本科仅 1 属约 40 种,我国有 12 种 4 变种,分布区较广,除长江中下游及珠江流域各地区外,其他各地都有分布,以西北各地区及云南、四川等地种类较多;常生于干旱山地或荒漠中。

（1）中麻黄（*Ephedra intermedia* Schrenk ex Mey）

高 20 ~ 100 cm。小枝具白粉。叶 2 裂或 3 裂，长 1.5 ~ 2 mm，下部 2/3 合生。雄球花宽卵形，长 5 mm，雌球花具苞片 3 ~ 4 对，珠被管螺旋状弯曲；种子 2。花期 6 月，种子成熟期 8 月。

产东北南部、华北、西北，是本属中分布最广的一种。

（2）草麻黄（*Ephedra sinica* Stapf）

草本状灌木，高 20 ~ 40 cm，木质茎很短。小枝径约 2 mm。叶 2 裂，下部 1/2 合生。珠被管直伸，种子 2。花期 5 ~ 6 月，成熟期 7 ~ 8 月。

产东北、华北及陕西北部常组成大面积群落。提取麻黄碱的主要植物。

7.3 双子叶植物

木兰亚纲（Magnoliidae）

木本或草本。常具含挥发性物质的油细胞。花被片分离，花萼常花瓣状，稀异被或无被；雄蕊通常多数，花丝、花药区分不明显，或有一延长的药隔；雌蕊通常具离生心皮，在合生心皮中为侧膜胎座或中轴胎座，胚常较小，子叶 2，稀 3 或 4 枚。

主要代表科有木兰科（Magnoliaceae）、樟科（Lauraceae）、睡莲科（Nymphaeaceae）、毛茛科（Ranunculaceae）、罂粟科（Papaveraceae）等。

7.3.1 木兰科（Magnoliaceae）

木本。植物体多具香气。单叶互生，托叶大型，早落，在节上留有环状托叶痕。花大型，单生，两性，稀单性，整齐；花托伸长或突出；花被多少可区分为花萼及花冠；雄蕊多数，分离，螺旋状排列在伸长的花托下半部；花丝短，花药长，药 2 室，纵裂；雌蕊多数，分离，螺旋状排列在伸长的花托的上半部，每心皮含胚珠 1 ~ 2（或多数）。蓇葖果，或带翅的坚果聚合成球果状。种子胚小，胚乳丰富，成熟时常悬挂在由珠柄部分的螺纹导管展开而形成的细丝上。染色体：X = 19。

本科 15 属 250 种，分布于亚洲的热带和亚热带，少数在北美南部和中美洲，我国 12 属 136 种，集中分布在我国西南部、南部及中南半岛。

（1）荷花玉兰（*Magnolia grandiflora* L.）

叶常绿革质，花大，花径达 15cm 以上。原产北美大西洋沿岸，我国栽培观赏。

（2）玉兰（*Magnolia denudata* Desr.）

花白色，芳香，3 轮，共 9 片，黄山有野生，供观赏，花蕾药用。

（3）紫玉兰（*Magnolia liliflora* Desr.）

叶倒卵形。外轮花被 3，披针形，花瓣外面紫色，原产中国中部，各地栽培。

(4)厚朴(*Magnolia officinalis* Rehd. et Wils.)(图 7-7)

落叶乔木,叶大,顶端圆,我国特产,分布于长江流域及华南。树皮、花、果药用。

(5)鹅掌楸[*Liriodendron chinense* (Hemsl.)Sarg.]

叶两侧通常各有1裂,向中部凹入较深,形似马褂,分布于长江流域和西南地区,可做行道树。

(6)北美鹅掌楸(*Liriodendron tulipifera* L.)

叶两侧各有1~2(3)裂,不向中部凹入,原产北美,世界各地多引种栽培。

(7)白兰花(*Michelia alba* DC.)

叶披针形,花腋生,花白色,花瓣狭长,极香。原产印度尼西亚。我国华南各省有栽培,供观赏。

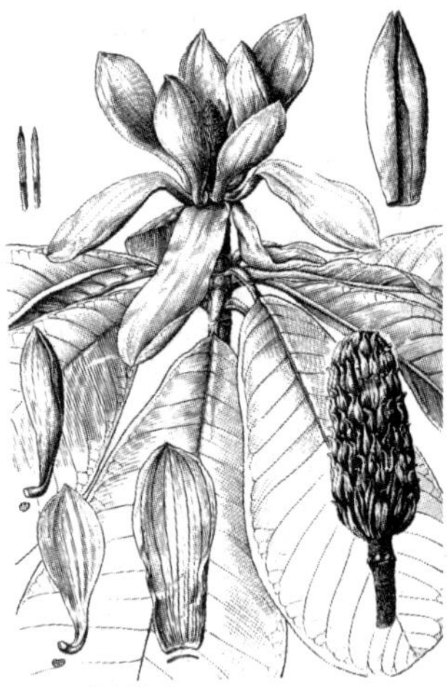

图 7-7　厚朴(*Magnolia officinalis* Rehd. et Wils.)叶、花、果

7.3.2　樟科(Lauraceae)

木本,常绿或落叶,仅无根藤属(*Cassytha*)为无叶寄生小藤本。单叶互生,革质,全缘,无托叶。花常两性,辐射对称,组成圆锥、总状或头状花序,花各部轮生,3基数;花被 6~4,同形,排成 2 轮,花被管短,结实时增大;雄蕊 9(12~3),3~4 轮,每轮 3 枚,常有第 4 轮退化雄蕊;花药 4 或 2 室,瓣裂,第 3 轮雄蕊花药外向,花丝基部有腺体;子房上位,1 室,有 1 悬挂的倒生胚珠,花柱 1,柱头 2~3裂。核果,种子无胚乳。染色体:X = 7、12。

本科约 45 属 2 000~2 500 种,主产热带及亚热带,我国 20 属约 423 种 43 变种和 5 变型,多产于长江流域及以南各地,为我国南部常绿林的主要森林树种,其中许多为优良木材、油料及药材。

(1)樟树[*Cinnamomum camphora*(L.)Pres.]

常绿乔木,叶互生,离基三出脉,脉腋有腺体。产长江流域以南。木材及根可提取樟脑,枝、叶、果可提樟油。

(2)肉桂(*Cinnamomum cassia* Pres.)

常绿小乔木,小枝四棱形,叶大,近对生,基出三主脉。产华南各地。桂皮为著名调味香料,桂油供药用。

(3)山胡椒[*Lindera glauca*(Sieb. et Zucc.)Bl.]

落叶灌木,叶倒卵形至椭圆形,叶背灰白绿色花序无总梗。产长江流域以南。叶、果、根入药,清热解毒,消肿止痛。

7.3.3　睡莲科(Nymphaeaceae)

水生草本。有根茎。叶心形、戟形或盾状,浮水。花大,单生;花萼 4~6(~14),有时花瓣状;花瓣 8 至多数,常过渡成雄蕊,稀缺花瓣(*Ondinia* 属);雄蕊多数;雌蕊心皮结合成多室子房,子房上位到下位,胚珠多数。果实浆果状,不裂或不规则开裂。染色体:X = 12~29。

本科 5 属约 50 种。我国 3 属 9 种。产北部至东部。

（1）芡实（*Euryale ferox* Salisb.）（图 7-8）

叶脉上多刺。子房下位。果浆果状，海绵质，包于多刺之萼内，状如鸡头。内含种子 8～20 粒，称为鸡头米或芡实。胚乳淀粉质，胚小，种子供食用、药用。

（2）萍蓬草［*Nuphar pumilum*（Timm.）DC.］

叶长卵形，基部箭形，子房上位，萼片 5，花瓣状，黄色，花瓣小而长方形，分布于我国北部至东部。日本、欧洲也有分布。

（3）睡莲（*Nymphaea tetragona* Georgi）

叶近圆形，基部心形弯缺。子房半下位，花有白、黄、红紫色。分布于我国北部，北美洲也有，水生花卉。

7.3.4　毛茛科（Ranunculaceae）

多年生或一年生草本，稀为灌木或木质藤本。叶基生或互生（铁线莲属 *Clematis* 为对生），掌状分裂或羽状分裂，或 1 至多回 3 小叶复叶。花两性、整齐，花部分离；萼片 3 至多数；雄蕊、心皮多数。各部常螺旋状排列，稀轮状排列；萼片时呈

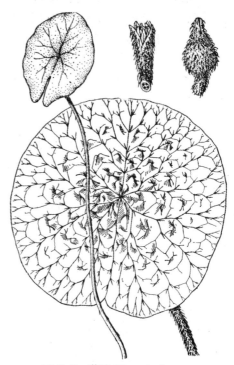

图 7-8　芡实（*Euryale ferox* Salisb.）叶、花、果

花瓣状或萼片与花瓣成距而具特殊蜜腺；心皮结合或两侧对称。瘦果或蓇葖果，稀浆果；种子有胚乳。染色体：X＝6～10、13。

本科约 50 属 2 000 种，广布全世界，多见于北温带和寒带。我国 39 属约 750 种。

（1）驴蹄草（*Caltha palustris* L.）

湿生草本，叶缘全部密生正三角形小齿牙；花单被，黄色。分布于全国大部分省份。药用，可除风散寒。

（2）黄花乌头（关白附）［*Aconitum coreanum*（Levl.）Raip.］

块根，叶掌状 3～5 裂，裂片羽状分裂，终裂片线形，花淡黄色，盔瓣船形；心皮 3，密被短毛，蓇葖果。产于河北及东北，块根有毒，经泡制后入药。

（3）翠雀（*Delphinium grandiflorum* L.）

草本，叶掌状分裂，裂片线形，花的上萼有 1 距；2 个上方花瓣也有距而且伸入萼距之中，退化雄蕊与萼片均为蓝色。分布于东北、华北及西南，供观赏及入药。

本科尚有白头翁［*Pulsatilla chinensis*（Bunge）Regel］，升麻（*Cimicifuga foetida* L.），黄连（*Coptis chinensis* Franch.）等供药用。

7.3.5　罂粟科（Papaveraceae）

草本或灌木，有黄、白色乳汁。叶互生或对生，常分裂，无托叶。花多单生；萼片

2~3，早落，呈苞叶状。花瓣 4~6 或 8~12，2 轮；雄蕊多数，分离，花药 2 室，纵裂；子房上位，由数个心皮合成 1 室，侧膜胎座，稀为离生心皮。蒴果，瓣裂或孔裂。胚乳油质。染色体：X = 5~11、16、19。

本科 25 属 300 种，主产北温带，少数产于中南美洲。我国 13 属 63 种。

(1) 罂粟（*Papaver somniferum* L.）（图 7-9）

一年生草本，茎、叶及花萼有白粉。花大，绯红色。未成熟果汁含吗啡、可卡因等生物碱。花、果入药，镇咳、镇痛、麻醉止泻。

(2) 虞美人（丽春花）（*Papaver rhoeas* L.）

花瓣 4，大型，红色，有黑斑。原产欧洲，栽培供观赏。

(3) 白屈菜（*Chelidonium majus* L.）

多年生草本，有黄色汁液，叶羽状分裂，花黄色。产于华北、东北及四川、新疆等地。全草含有毒生物碱，入药。

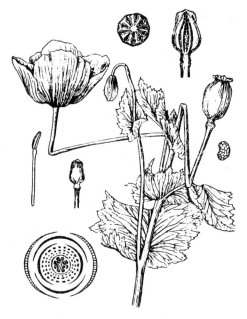

图 7-9 罂粟（*Papaver somniferum* L.）叶、花、果

金缕梅亚纲（Hamamelididae）

木本或草本。植物体通常含单宁。单叶或羽状复叶。多为柔荑花序；风媒花，花小，通常无花被，雄蕊常有延长的药隔；胚小，胚乳丰富或无胚乳。

本亚纲与蔷薇亚纲由木兰亚纲平行演化而来。其进化特征是风媒花，花部简化。主要代表科：金缕梅科（Hamamelidaceae）、杜仲科（Eucommiaceae）、榆科（Ulmaceae）、胡桃科（Juglandaceae）、壳斗科（Fagaceae）、桦木科（Betulaceae）等。

7.3.6 金缕梅科（Hamamelidaceae）

木本。具星状毛。单叶互生，稀对生，常有托叶。花两性或单性同株，头状花序或总状花序。萼筒多少与子房结合，缘部截形，4~5 裂；花瓣与萼片同数或缺；雄蕊 4~13，花药 2~4 室，纵裂或瓣裂，退化雄蕊与雌蕊同数或缺；子房下位，稀上位，2 室，上半部分离，各室有 1 至数个下垂的胚珠，花柱 2，宿存。蒴果，木质化，有 2 尖喙。种子具翅，有胚乳。染色体：X = 8、12、15、16。

本科 27 属 130 余种，主产亚洲的亚热带地区，少数产北美、大洋洲及马达加斯加岛。我国 17 属约 80 种，集中分布于南部地区。

(1) 枫香（*Liquidambar formosana* Hance）

落叶乔木。树液芳香，叶互生，掌状 3~5 裂，头状花序。产长江流域及其以南地区。供观赏，树脂、根、叶、果入药。

（2）蚊母树（*Distylium racemosum* Sieb. et Zucc.）

常绿小乔木，顶芽及幼枝有鳞垢，叶背面有细纹。栽培，供观赏。

（3）蜡瓣花（*Corylopsis sinensis* Hemsl.）

花瓣5，黄色狭匙形，萼筒及子房均有星状毛。药用，观赏。

（4）金缕梅（*Hamamelis mollis* Oliv.）（图7-10）

花瓣4，黄色条形，蒴果长1.2 cm。供观赏。

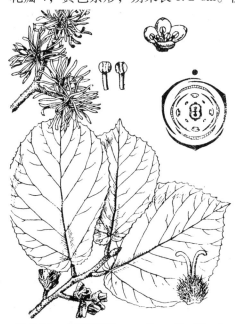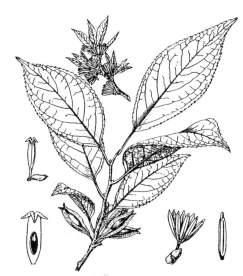

图7-10　金缕梅（*Hamamelis mollis* Oliv.）
枝、叶、花、果

图7-11　杜仲（*Eucommia ulmoides* Oliv.）
枝、叶、花、果

7.3.7　杜仲科（Eucommiaceae）

落叶乔木。单叶互生，无托叶。花雌雄异株；无花被；雄花簇生，有柄，由10个线形的雄蕊组成，花药4室；雌花具短梗，子房2心皮，仅1个心皮发育，扁平，顶端有2叉状花柱，1室，胚珠2，倒生，下垂。翅果；种子有胚乳。染色体：X=17。

本科仅1属1种，特产我国西部、西北部至东部。

（1）杜仲（*Eucommia ulmoides* Oliv.）（图7-11）

形态特征同科。树皮含硬质橡胶，为海底电缆的重要原料。树皮入药，能补肝肾，强筋骨，降血压。

7.3.8　榆科（Ulmaceae）

乔木或灌木。单叶互生；羽状脉或三出脉，有托叶，早落。花小，两性或单性同株；花被一轮，通常4~5深裂；雄蕊与花被同数对生，稀为其2倍；子房上位，1~2室，胚珠1个，悬垂；花柱2。翅果、坚果或核果。种子无胚乳或有极少的胚乳；子叶肥大。染色体：X=7。

本科约 16 属 230 种，分布于热带和温带地区，我国 8 属 58 种，南北均产。

（1）榆（白榆、家榆）（*Ulmus pumila* L.）

落叶乔木。叶椭圆形或长卵形，叶缘单锯齿，侧脉 9~14，雄蕊、花被各 4 枚。翅果近圆形，长 12~18mm。种子位于翅果中部。分布于东北、西北和华北，长江流域有栽培。适应性强，重要的城乡绿化树种。

（2）榉树（大叶榉）（*Zelkova schneideriana* Hand.-Mazz.）

落叶乔木，小枝及叶柄有毛，叶缘有圆齿状锯齿，齿端向前向内弯，有短锐的小尖头。坚果小，直径 2.5~4mm，歪斜有皱纹。产淮河及秦岭以南，长江中下游至华南、西南各省区，供观赏。

（3）朴树（*Celtis tetrandra* ssp. *sinensis* Y. C. Tang）

落叶乔木，核果熟时橙红色，果柄与叶柄近等长。产淮河流域、秦岭以南至华南各地。茎皮纤维可造纸及人造棉，树皮及叶入药。

（4）青檀（*Pteroceltis tatarinowii* Maxim.）

落叶乔木。叶缘基部以上有单锯齿，三出脉。花簇生于叶腋。花萼 5 裂，雄蕊 5，雌花单生于叶腋。坚果周围具翅，果柄细长。中国特有树种，产华北、华东及西南地区，茎皮纤维为造"宣纸"和人造棉原料。

7.3.9 胡桃科（Juglandaceae）

落叶乔木，有树脂。羽状复叶，互生，无托叶。花单性，雌雄同株；雄花排成下垂的柔荑花序，花被与苞片合生，不规则 3~6 裂；雄蕊多数或 3 个；雌花单生、簇生或穗状花序，无柄；花被与子房合生，浅裂；子房下位，1 室至不完全的 2~4 室，花柱 2，羽毛状，胚珠 1 个，基生。坚果核果状或具翅；种子无胚乳，子叶常皱褶，含油脂。染色体：X = 16。

本科共 8 属 60 余种，分布于北半球。我国 7 属 25 种，南北均产。

（1）核桃（*Juglans regia* L.）

小叶 5~9 枚，全缘或呈波状，无毛。雌花 1~3 朵。果大型。子叶肉质、多油。原产我国西北部及中亚。栽培历史达 2 000 多年，重要的木本油料植物。

（2）核桃楸（*Juglans mandshurica* Maxim.）

小叶 9~17 枚，叶有锯齿，雌花 5~10 朵。产东北、河北、朝鲜。珍贵用材，油料树种。

（3）山核桃（*Carya cathayensis* Sarg.）

小叶背面有黄色腺体。坚果核果状，"外果皮"木质 4 裂，核平滑，有纵棱。产华东地区。油料作物和著名干果。

（4）枫杨（*Pterocarya stenoptera* C. DC.）

复叶轴有窄翅，小叶 9~23，总状果序下垂，坚果有翅。南北各地均产，速生，绿化造林树种。

7.3.10 壳斗科（Fagaceae）

常绿或落叶乔木，稀灌木。单叶互生，革质，羽状脉，有托叶。花单性，雌雄同株，无花瓣，雄花排成柔荑花序；每苞片有1花；萼4~7裂；雄蕊和萼裂片同数或为其倍数，花丝细长，花药2室，纵裂；雌花单生或3朵雌花二歧聚伞式生于1总苞内，总苞鳞片多数，花萼4~7，与子房合生；子房下位，3~7室，每室胚珠2个，整个子房仅有1个胚珠发育成种子；花柱与子房室同数，宿存。坚果单生或2~3个生于总苞中，总苞杯状或囊状，称为壳斗（cupule）。壳斗半包或全包坚果，外有鳞片或刺状小苞片。种子无胚乳，子叶肥厚。染色体：X=12。

本科8属900种，主要分布于热带及北半球的亚热带，南半球只有1属（*Nothofagus*）。我国6属约300种。

（1）水青冈（*Fagus longipetiolata* Seem. ）

叶卵形，雄花下垂，头状，坚果三角形，壳斗被褐色绒毛和卷曲软刺。分布于长江流域以南地区。

（2）板栗（*Castanea mollissima* Bl. ）（图7-12）

叶长椭圆形，背有密毛，每总苞内含2~3个坚果。原产我国，各地栽培，为著名木本粮食作物。

（3）栓皮栎（*Quercus variabilis* Bl. ）

叶背密生白色星细绒毛，树皮黑褐色，木栓层发达，主产于我国东部、北部地区。

图7-12 板栗（*Castanea mollissima* Bl. ）
枝、叶、花、果

7.3.11 桦木科（Betulaceae）

落叶乔木或灌木。单叶互生，羽状脉，边缘有锯齿，托叶早落。花单性，雌雄同株；雄花为下垂的柔荑花序，每1苞片内有雄花3朵，花被膜质，4裂或缺（榛亚科），雄蕊2~10；雌花为1圆柱形或头状的穗状花序，每苞片内有雌花2~3朵，无花被或花萼与子房合生，或花萼顶部不规则分裂，子房下位，子房2室，由2个心皮组成，每室胚珠1~2个。坚果有翅或无翅。种子无胚乳。染色体：X=8、14。

本科6属200种以上，产于北温带，少数在南美洲。我国6属约70种。

（1）白桦（*Betula platyphylla* Suk. ）

树皮白色，叶卵状三角形，背面淡绿色，有腺点。产华北、东北及陕西、甘肃、四川、云南等地。

（2）千金榆（*Carpinus cordata* Bl. ）

叶缘不规则重锯齿，侧脉15~20对，平行，果苞宽卵状锯圆形，中脉位于果苞中央。产我国北方。供观赏，木材可用于生产木耳。

（3）榛（*Corylus heterophylla* Fisch. ex Trautv. ）

叶背有短柔毛，总苞钟状，裂片几全缘。产东北、华北、西南及陕西、甘肃等地。果供食用。

石竹亚纲（Caryophyllidae）

其木本植物部分，常有异常的次生生长，植物体常含甜菜拉因（betalain）。通常为特立中央胎座或基底胎座。典型的淀粉种子。

主要代表科：藜科（Chenopodiaceae）、石竹科（Caryophyllaceae）、蓼科（Polygonaceae）等。

7.3.12　藜科（Chenopodiaceae）

草本或灌木。多为盐碱土植物或旱生植物，常被粉状或皮屑状物（由泡状毛破裂后干萎而成）。单叶，互生，肉质，无托叶。花小，单被，两性或单性；花萼5～3裂，花后常增大宿存；无花瓣；雄蕊与萼片同数对生；子房2～3，心皮1室，有1弯生胚珠着生于子房基底。胞果（果皮薄，囊状，不开裂，内含1种子）常包裹于扩大的花萼或花苞中；种子常扁平。染色体：X＝6、9。

本科1 000属1 500种。主要分布于温带、寒带的滨海或多盐分地区。我国39属186种，全国分布，尤以西北荒漠地区为多。

（1）藜（灰菜）（*Chenopodium album* L. ）

茎直立，叶卵状三角形，花轴花被均被白粉，广布杂草，叶可作饲料。

（2）甜菜（*Beta vulgaris* L）

根肥厚，纺锤形，含糖10%～18%，盛产欧洲，各国栽培，根为制糖原料，又称糖萝卜。

（3）牛皮菜（厚皮菜）（*Beta vulgaris* var. *cicla* L. ）

根不肥大，叶大而绿，为南方及西南地区常见蔬菜和青饲料之一。

（4）菠菜（*Spinacia oleracea* L. ）

原产伊朗，世界各地栽培，供蔬食，富含维生素及磷、铁，并为缓下药。

（5）地肤 [*Kochia scoparia* （L. ）Schrad.]

1年生草本，叶线形或披针形。种子含油15%，供食用和工业用。果实为中药"地肤子"，能利尿，清湿热；嫩茎叶可食，老熟茎枝可做扫帚。

（6）碱蓬（*Suaeda glauca* Bunge）

灰绿色直立草本，叶线形，肉质，花期花被裂片略相等，果期花被裂片的背部发育成隆脊或凸起物。生于碱湖边、碱斑地。

7.3.13　石竹科（Caryophyllaceae）

草本，节部常膨大。单叶对生。花两性，整齐，二歧聚伞花序或单生；萼片4～5，分离或结合成筒状，具膜质边缘，宿存；花瓣4～5，常有爪；雄蕊2轮8～10枚或1轮3～5枚；子房上位，1室，稀不完全2～5室，花柱2～5，胚珠1至多数。蒴果，顶端齿裂或瓣裂，很少为浆果。胚弯曲包围外胚乳。染色体：X = 6、9～15、17、19。

本科约 70 属 2 000 种，广布全世界，尤以温带和寒带为多，我国 32 属近 400 种，全国各地均有分布。

（1）石竹（*Dianthus chinensis* L.）（图 7-13）

多年生草本，叶条形或宽披针形。萼下有 4 苞片，叶状开展；花瓣外缘齿状浅裂，花红色或白色。栽培，观赏和药用。

（2）美国石竹（*Dianthus barbatus* L.）

花成头状花序或紧密簇生，花有多种颜色。原产欧洲，我国栽培，供观赏。

（3）太子参［*Pseudostellaria heterophylla*（Miq.）Pax.］

多年生草本，块根长纺锤形，肥厚。产华东、华中以北，块根入药，健脾、补气、生津。

（4）王不留行（*Cerastium caspitosum* Gilib.）

全株无毛，花粉红色。种子入药，称"留行子"，能活血通经，消肿止痛，催生下乳。除华南外，广布全国。

（5）繁缕［*Stellaria media*（L.）Cyr.］

草本，叶卵形，花小，白色，花瓣 5，每片 2 深裂，雄蕊 10。田间杂草，广布全国。

图 7-13　石竹（*Dianthus chinensis* L.）
茎、叶、花、果

7.3.14　蓼科（Polygonaceae）

草本，茎节常膨大。单叶互生，全缘；托叶膜质，鞘状包茎，称托叶鞘。花两性，有时单性，辐射对称；花被片 3～6，花瓣状；雌蕊由 3（2～4）心皮合成，子房上位，1 室，内含 1 直生胚珠。坚果，三棱形或凸镜形，部分或全包于宿存的花被内。种子具丰富的胚乳；胚弯曲。染色体：X = 6～11、17。

本科 32 属 1 200 余种，全球分布，主产北温带；我国 12 属 200 余种，分布于各省。

（1）何首乌（*Polygonum multiflorum* Thunb.）

藤本，圆锥花序大而开展，坚果三棱形，包于翅状花被内。块根和藤入药。

（2）虎杖（*Polygonum cuspidatum* Sieb. et Zucc.）

草本，茎中空，散生红色或紫红色斑点。叶卵圆形，雌雄异株。根入药，称"九龙根"。

（3）扁蓄蓼（*Polygonum aviculare* L.）

平卧草本，花数朵，腋生，坚果卵形，有 3 棱。广布北半球，全草入药。

（4）药用大黄（*Rheum officinale* Baill.）

根状茎粗壮，黄色。叶基生，阔而大，掌状浅裂。它和本属其他具有掌状叶的植物，如：掌叶大黄（*R. palmatum* L.）、鸡爪大黄（*R. tanguticum* Maxim. ex Regel）等的根茎做泻下药，有健胃作用。

（5）酸模（*Rumex acetosa* L.）

草本，叶基箭形。嫩叶和嫩茎供蔬食。

五桠果亚纲(Dilleniidae)

木本或草本。通常含单宁物质。单叶,稀复叶。常为离瓣花,稀合瓣花;雄蕊多数时为离心排列;子房上位,多为侧膜胎座,少为中轴或其他胎座,胚珠多数。种子常无胚乳。

主要代表科:山茶科(Theaceae)、锦葵科(Malvaceae)、堇菜科(Violaceae)、杨柳科(Salicaceae)、十字花科(Brassicaceae)、杜鹃花科(Ericaceae)、报春花科(Primulaceae)等。

7.3.15 山茶科(Theaceae)

乔木或灌木。单叶互生,革质,无托叶。花两性,稀单性,辐射对称,单生于叶腋;萼片4至多数,覆瓦状排列;花瓣5(多数~4)分离或略联合;雄蕊多数,多轮,分离或稍结合为5体;子房上位,稀下位,中轴胎座。蒴果、核果或浆果;种子略具胚乳,常含油质。染色体:X = 15,21。

本科28属700种,主要分布于东亚。我国15属400余种,广泛分布于长江流域及南部各地的常绿林中。

(1)茶[Camellia sinensis(L.)O. Ktze.]

常绿灌木,叶革质,花白色,芳香,子房3室,萼宿存,花有梗。原产中国,栽培历史悠久,叶含咖啡碱、茶鞣酸,有提神、止渴、利尿之效,为世界性饮料。

(2)山茶(Camelia japonica L.)

花红色,无梗,产华东、西南,栽培品种多,为我国传统的观赏花卉之一。

(3)油茶(Camellia oleifera Abel.)

花白色,无梗。产长江流域以南,种子含油量37%~52%,供食用和工业用;为蜜源植物;果壳可提制栲胶和糠醛等。

7.3.16 锦葵科(Malvaceae)

木本或草本,皮部富含纤维,具黏液。单叶,互生,常为掌状脉,托叶早落。花两性,稀单性,辐射对称;萼5~3,基部合生;镊合状排列,其下常有由苞片变成的副萼;花瓣5,旋转状排列,近基部与雄蕊管连生;雄蕊多数,花丝联合成管,为单体雄蕊,花药1室,肾形,花粉具刺;球形,直径可达242μm(洋麻)是种子植物中最大的一类花粉;由3至多数心皮组成3至多室,中轴胎座。蒴果或分果。种子有胚乳。染色体:X = 5~22、33、39。

本科约75属1 000~1 500种,分布于温带及热带,我国16属81种36变种或变型。

重要属如:棉属(Gossypium)1年生灌木状草本。叶掌状分裂。蒴果3~5瓣,种子倒卵形或有棱角,种子表皮细胞延伸成纤维,即:棉织品的原料。我国栽培有中棉(Gossypium arboreum L.)、草棉(Gossypium herbaceum L.)、陆地棉(Gossypium hirsutum L.)、海岛棉(Gossypium barbadense L.)等。

(1)木芙蓉(Hibiscus mutabilis L.)

木本,有星状毛,叶掌状5~7裂,花大,粉红色,副萼10,线形。蒴果球形。原产我国，除东北、西北外，广布各地。花、叶及根皮入药，为著名消肿、解毒药。优良观花树种，成都遍植，有"蓉城"之称。

（2）木槿（*Hibiscus syriacus* L.）

叶 3 裂，无毛，基出 3 主脉，具不规则锐齿。花粉红色。栽培作绿篱。

（3）扶桑（*Hibiscus rosa-sinensis* J.）

花下垂，花瓣 5，红色。原产我国，供观赏。

7.3.17　堇菜科（Violaceae）

草本。单叶互生，有托叶。花两性，两侧对称；萼片 5，宿存；花瓣 5，下面 1 片常较大而有距；雄蕊 5，花药多少靠合，围绕子房成 1 圈，内向，纵裂；子房上位，1 室，侧膜胎座，花柱单生，胚珠多数，倒生胚珠。蒴果或浆果，蒴果 3 瓣裂。种子具肉质胚乳。染色体：X = 6、10 ~ 13、17。

本科 16 属 800 余种，广布于温带和热带。我国 4 属约 130 种，广布全国。

（1）三色堇（*Viola tricolor* L.）

花由蓝、黄、白三种颜色组成，原产欧洲，是久经栽培的庭园草花。

（2）紫花地丁（*Viola yedoensis* Makino）

根白色至淡黄色，无地上茎。叶披针形至长圆形，托叶与叶柄大部分愈合，花蓝紫色或紫色，根入药，清热解毒。

7.3.18　杨柳科（Salicaceae）

木本。单叶互生，有托叶。花单性，雌雄异株，稀同株，柔荑花序，常先叶开放，每花托有 1 膜质苞片；无花被，具有由花被退化而来的花盘或蜜腺；雄蕊 2 至多数；子房由 2 心皮结合而成，有 2 ~ 4 个侧膜胎座，具多数直立的倒生胚珠。蒴果，2 ~ 4 瓣裂。种子细小，由珠柄长出多数柔毛，无胚乳，胚直生。染色体：X = 19、22。

本科 3 属约 620 种，主产北温带，我国 3 属 320 余种，全国分布。

（1）毛白杨（*Populus tomentosa* Carr.）

冬芽具数枚鳞片，有顶芽。叶三角状卵形，背面有密毡毛。我国北部防护林和绿化的主要树种。

（2）小叶杨（*Populus simonii* Carr.）（图7-14）

冬芽具数枚鳞片，有顶芽。叶菱状椭圆形，背面苍白色。广布全国，为北方平原地区主要防护林树种之一。

（3）垂柳（*Salix babylonica* L.）

枝细弱下垂，冬芽有 1 枚芽鳞，顶芽退化。叶狭披针，苞片线状披针形；雌花有 1 腺体。根系发达，保土力强，作河堤造林树种。

图7-14　小叶杨（*Populus simonii* Carr.）枝、叶、果

7.3.19　十字花科(Brassicaceae)

草本。单叶互生，无托叶。花两性，辐射对称，总状花序；花萼4，每轮2片；花瓣4，每轮2片，十字形排列，基部常成爪；花托上有蜜腺，常与萼片对生；雄蕊6，4强，外轮2个短，内轮4个长；子房上位，由2心皮结合而成，常有一个次生的假隔膜，把子房分为假2室，也有隔成数室的，侧膜胎座。柱头2，胚珠多数。长角果或短角果，2瓣开裂，少数不裂。种子无胚乳，胚弯曲。染色体：X = 4~15，多6~9。

本科350属约3 200种，全球分布，主产北温带。我国102属410~424种，引入7属20余种。

(1)荠菜[*Capsella bursa-pastoris*(L.)Medic.]

花白色，短角果倒三角形，全国广布的野菜。

本科许多种是日常蔬菜，如卷心菜(*Brassica oleracea* var. *capitata* L.)，顶生叶球供食用。花椰菜(*B. oleracea* var. *botrytis* L.)，顶生球形花序供食用。芥蓝(*Brassica alboglabra* Bail)，叶蓝绿色，长椭圆性，花白色，原产地中海北岸。大白菜(*Brassica pekinensis* Rupr.)，原产我国北部，为东北、华北冬春两季的重要蔬菜。青菜(*Brassica chinensis* L.)，叶不结球，倒卵状匙形，叶柄有狭边。原产我国，品种很多，为常见蔬菜。甘蓝(*Brassica caulo-rapa* Pasq.)，地上近地面处有块茎，肉质，供食用。芜菁(*Brassica rapa* L.)地下有肉质大型块根。原产欧亚，现各地栽培。芥菜[*Brassica juncea*(L.)Czern. et Coss.]、白芥(*Brassica hirta* Moench.)及黑芥[*Brassica nigra*(L.)K. Koch]的种子，称为"芥子"，均可制芥末，作香辛料。油菜(*Brassica campestris* L.)种子含油量达40%，是南方和西北地区的重要食用油。萝卜(*Raphanus sativus* L.)肉质直根供食用，种子入药称"莱菔子"。药用植物如菘蓝(*Isatis tinctoria* L.)、靛青(*Isatis indigotica* Fort.)的根，作"板蓝根"入药，叶制蓝靛，作"青黛散"入药。观赏植物如羽衣甘蓝(*Brassica oleracea* var. *acephala* DC. f. *tricolor* Hout.)、紫罗兰[*Matthiola incana*(L.)R. Br.]等。

7.3.20　杜鹃花科(Ericaceae)

灌木，稀乔木。单叶互生，稀对生，常集生枝顶；无托叶。花两性，整齐或稍不整齐，花萼宿存，花冠4~5，合瓣，雄蕊为花冠裂片的2倍，子房上位或下位，2~5室，花柱不分枝。蒴果，稀浆果。种子有胚乳。染色体：X = 8、11~13。

本科50属，1 300种，分布广，以我国西部和南非最多。我国14属718种，各地均产。

(1)细叶杜香(*Ledum palustre* var. *angustum* N. Busch)

叶狭线形，叶缘外卷，叶表面深绿，背面密生褐色绒毛，蒴果长4mm。分布于我国北方，叶含杜香油，有镇咳祛痰作用。

(2)蓝荆子(*Rhododendron mucronulatum* Turcz.)

落叶灌木，叶纸质、矩圆状披针形，花单生，较大，玫瑰紫色，华北各山区常见。

(3)杜鹃花(*Rhododendron simsii* Planch.)

品种多，观赏花卉，长江流域以南酸性土壤指示植物。

（4）越橘（*Vaccinium vitis-idaea* L.）

半灌木，匍匐状。叶较小，革质，椭圆形至倒卵形，下面有腺点。短总状花序生于去年生枝顶端。浆果红色，球形。产东北、华北。浆果可食或酿酒。

7.3.21 报春花科（Primulaceae）

1年生或多年生草本，稀半灌木，常有腺点或被白粉。叶对生、轮生或互生，有时全部基生，单叶，稀为羽状分裂。花两性，辐射对称；萼5（稀3~9）裂，宿存；花冠合瓣，5（稀3~9）裂，裂片覆瓦状排列，稀无瓣或离瓣，常辐射形至高脚碟状；雄蕊与花冠裂片同数对生；子房上位，稀半下位，心皮5，1室，特立中央胎座；胚珠少数或多数，多为半倒生，胚珠2。蒴果；种子小形，多数或少数，胚乳丰富。染色体：X = 5、8~15、17、19、22。

本科约30属1 000余种，广布全球，尤以北半球为多，我国11属700余种，全国均有分布，主产西南和西北地区。

（1）报春花（*Primula malacoides* Franch.）

植株被腺体节毛，叶卵形或长椭圆形，基部心形，花葶上部伞形花序，花冠红色或黄色。原产我国，是较早引种栽培的花卉。

（2）藏报春（*Primula sinensis* Lindl.）

多年生草本，全株被腺体毛。叶椭圆形或卵状心形，花冠粉红色，筒部与花冠近等长。原产我国，栽培多年。

（3）珍珠菜（*Lysimachia clethroides* Duby）

茎直立，叶互生，具黑色腺体，总状花序顶生，粗壮，花密生，花冠白色。全国广布。根含皂甙，药用，活血调经，解毒消肿。

（4）点地梅[*Androsace umbellate*（Lour.）Merr.]（图7-15）

图 7-15 点地梅[*Androsace umbellata*（Lour.）Merr.]植株

1或2年生铺地草本，全株被多细胞细柔毛，叶圆形至心状圆形。广布全国，入药。治急慢性咽喉肿痛，有"喉咙草"之称。

蔷薇亚纲（Rosidae）

木本或草本，植物体含单宁和各种驱虫物质，没有甜菜拉因；筛管有"S"形质体，在蝶形花目有"P"形质体。单叶、羽状复叶，稀为掌状复叶，稀退化成无叶。花瓣分离，稀基部连合；有时花瓣减退至无瓣，有各种蜜腺，通常有3退化雄蕊起源；当雌蕊多数时，每室1~2胚珠，稀多数。

主要代表科：蔷薇科（Rosaceae）、豆科（Leguminosae）、卫矛科（Celastraceae）、鼠李科（Rhamnaceae）、葡萄科（Vitaceae）、槭树科（Aceraceae）、五加科（Araliaceae）、伞形科

（Apiaceae）等。

7.3.22　蔷薇科（Rosaceae）

草本、灌木或乔木，常有刺及明显的皮孔。叶互生，稀对生，单叶或复叶。花两性，辐射对称，花被与雄蕊常愈合成碟状、钟状、杯状、坛状或圆筒状的花筒（floral tube 或 hypanthium），称为萼筒或花托筒；萼裂片5；花瓣5，分离，稀缺如，覆瓦状排列；雄蕊多数，花丝分离；子房上位或下位，心皮多数至1个，分离或联合，每心皮有1至数个倒生胚珠。核果、梨果、瘦果、蓇葖果等。种子无胚乳。染色体：X = 7、8、9、17。

本科124属3 300余种，主产北半球温带，我国51属1 000余种，全国各地均产。本科根据心皮数、子房位置和果实的特征分为4个亚科。

亚科Ⅰ　绣线菊亚科（Spiraeoideae）

木本。无托叶，心皮通常5个（稀12～1）分离或基部联合。蓇葖果，少数蒴果。

（1）光叶绣线菊［Spiraea japonica var. fortunei（Planch.）Rehd.］

叶披针形，渐尖，基部圆形，背面灰白色，花红色。产长江流域，庭院栽培。

（2）珍珠梅［Sorbaria kirilowii（Regel）Maxim.］

圆锥花序，雄蕊20，花柱稍侧生。分布在我国北部至东部，栽培供观赏。

亚科Ⅱ　蔷薇亚科（Rosoideae）

木本或草本。叶互生，托叶发达。周位花；心皮多数，分离，着生于凹陷或突出的花托上，子房上位，每心皮含胚珠2～1个。聚合瘦果。

（1）玫瑰（Rosa rugosa Thunb.）

有刺落叶灌木，叶皱缩，叶背有腺点及绒毛，花紫红色。原产华北，各地栽培。花作香料，花及根入药。

（2）月季（Rosa chinensis Jac.）（图7-16）

灌木，刺少，弯曲，有时无刺，小叶3～5，托叶边缘有腺毛，萼片边缘常羽状分裂，果卵形或梨形。原产我国，栽培品种很多，供观赏，花及根入药。

（3）金樱子（Rosa laevigata Michx.）

三出复叶，光亮，花单生，白色。果梨形，密布刺。广布于华东、华中、华南，果可制糖、酿酒，根及果入药。

（4）覆盆子（Rubus coreanus Miq.）

5小叶复叶，产山东至甘肃。果入药，补肾明目。

（5）草莓（Fragaria ananassa Duch.）

原产南美，栽培，聚合果供食用。

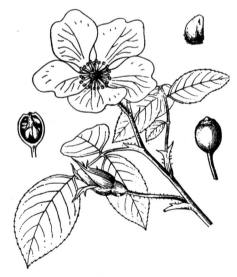

图7-16　月季（Rosa chinensis Jac.）
枝、叶、花、果

亚科Ⅲ 苹果亚科(Maloideae)

木本。单叶，有托叶。心皮 2~5，多数与杯状花筒之内壁结合成子房下位，或仅部分结合为子房半下位，每室有胚珠 2~1 个。梨果。

(1)沙梨[*Pyrus pyrifolia*（Burm. f.）Nakai]

产长江流域和珠江流域。果食用、药用。

(2)苹果(*Malus pumila* Mill.)

萼与花梗有毛，果扁圆形，两端凹，原产欧洲、西亚，我国北部至西南有栽培，果可食或加工酿酒。

(3)山楂(*Crataegus pinnatifida* Bunge)

果红色，近球形，直径 1~1.5 cm。产我国北部，果实富含维生素 C，鲜食或制果酱、糕点。

亚科Ⅳ 梅亚科(Prunoideae)

木本。单叶，有托叶，叶基常有腺体。花筒凹陷呈杯状，心皮 1，子房上位，胚珠 2 个，斜挂。核果。内含 1 种子。

(1)李(*Prunus salicina* Lindley)

叶倒卵状披针形。花 3 朵并生，白色。果皮有光泽，并有蜡粉，核有皱纹。我国广布，果食用。

(2)桃(*Prunus persica* Batsch.)

叶披针形，花单生，红色，果皮被密毡毛，核有凹纹，主产长江流域。果食用。变种多。

(3)杏(*Prunus armeniaca* L.)

叶卵形至近圆形，先端短尖头或渐尖。花单生，微红。果杏黄色，微生短柔毛或无毛。核平滑，广布全国，果食用，杏仁入药。

(4)梅[*Prunus mume*(Sieb.)Sieb. et Zucc.]

叶卵形，长尾尖。花 1~2 朵，白色或淡红色。果黄色，有短柔毛，核有蜂窝状孔穴。分布全国，我国传统的著名观赏树种，果食用，并入药。

(5)樱桃(*Prunus pseudocerasus* Lindl.)(图 7-17)

花梗多毛。栽培，果食用。

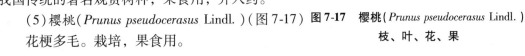

图 7-17 樱桃(*Prunus pseudocerasus* Lindl.)**枝、叶、花、果**

7.3.23 豆科(Fabaceae)

木本或草本。常有根瘤。单叶或复叶，互生，有托叶，叶枕发达。花两性，5 基数；花萼 5，结合；花瓣 5，辐射对称至两侧对称；雄蕊多数至定数，常 10 个成两体；雌蕊 1 心皮，1 室，含多数胚珠。荚果。种子无胚乳。染色体：X = 5~14。

本科约 690 属 17 600 种，广布全球，用途广。我国 157 属 1 250 余种。

亚科Ⅰ 含羞草亚科(Mimosoideae)

木本，稀草本。叶1~2回羽状复叶。花辐射对称，穗状或头状花序；花瓣幼时为镊合状排列；雄蕊多数，稀与花瓣同数；有的荚果有次生隔膜。染色体：X = 8、11~14。

(1)合欢(*Albizzia julibrissin* Durazz.)

乔木，2回羽状复叶，小叶线形，矩圆形，中脉偏斜，头状花序，萼片、花瓣小，不显著；花丝细长，淡红色。产华东、华南、西南等地。栽培作行道树。树皮、花药入药。

(2)含羞草(*Mimosa pudica* L.)

2回羽状复叶，羽片2~4个，掌状排列，受到触动即闭合而下垂，萼钟状，有8个小齿；花瓣4；雄蕊4。原产美洲，现已广布于热带各地，是我国广东常见的杂草，全草药用。

亚科Ⅱ 苏木亚科(Caesalpinioideae)

木本。花两侧对称；花瓣常成上升覆瓦状排列，即最上方的1花瓣最小，位于最内方；雄蕊10，分离，或联合。荚果，有的有横隔。染色体：X = 6~14.

(1)云实(*Caesalpinia sepiaria* Roxb.)

有刺灌木，常蔓生，2回羽状复叶，花黄色。产长江以南各地，根、果药用。

(2)皂荚(*Gleditsia sinensis* Lam.)

落叶乔木，枝刺圆锥状，分枝，1回羽状复叶，荚果近直伸。我国大部分地区均产，枝刺、豆荚和种子入药。

(3)决明(*Cassia obtusifolia* L.)

羽状复叶，小叶6枚。种子近菱形，有光泽。药用。

亚科Ⅲ 蝶形花亚科(Papilionoideae)

木本或草本。叶为单叶、3出复叶或1至多回羽状复叶，有托叶和小托叶，叶枕发达。花两侧对称；花萼5裂，具萼管，花瓣为下降覆瓦状排列，即最上方1片为旗瓣，位于最外方；雄蕊10，常为二体雄蕊，成9+1或5+5的两组，或全部联合成单体雄蕊或分离。荚果。染色体：X = 5~13。

(1)槐树(*Sophora japonica* L.)

乔木，花黄白色，果圆柱形，肉质，种子间缢缩成念珠状。栽培，北方习见树种，四旁绿化。

本亚科有许多经济植物，豆类作物如：大豆[*Glycine max* (L.)Merr.]、落花生(*Arachis hypogaea* L.)、蚕豆(*Vicia faba* L.)、豌豆(*Pisum sativum* L.)、豇豆[*Vigna sinensis* (L.)Savi]、绿豆(*Phaseolus vulgaris* L.)、扁豆(*Dolichos lablab* L.)、刀豆[*Canavalia gladiata* (Jacq.) DC.]等；药材如：甘草(*Glycyrrhiza uralensis* Fisch.)、膜荚黄芪[*Astragalus membranaceus*(Fisch.) Bunge]、苦参(*Sophora flavescens* Ait.)等；作牧草和绿肥用的如：苜蓿属(*Medicago*)、草木犀属(*Melilotus*)、车轴草属(*Trifolium*)等。

7. 3. 24 卫矛科(Celastraceae)

灌木或乔木，有时蔓生。单叶。花两性或单性，形小，整齐，常带绿色，成腋生或顶生聚伞花序，有时单生；花部4~5基数，稀更多；花盘显著；子房上位，与花盘分离或联合，1~5 室，每室常有 2 胚珠；花柱短，柱头 2~5 裂。果为蒴果、浆果、翅果或核果；种子常有鲜艳的假种皮，具胚乳。染色体：X = 8、16、23、40。

本科约 40 属 400 种，分布于热带和温带。我国 12 属 200 余种，全国均有分布。

(1) 卫矛 [*Euonymus alatus* (Thunb.) Sieb.]

枝常有 2~4 条木栓翅。叶对生。花淡绿色；聚伞花序有 3~9 花。蒴果 4 深裂。假种皮橙红色。自长江中、下游各省至东北广布。木栓翅为活血破瘀药。

(2) 丝棉木 (*Euonymus bungeanus* Maxim.)

叶对生，宽卵形至椭圆状卵形。聚伞花序有 3~7 花；花药紫色。蒴果粉红色，上部 4 裂。假种皮橙红色。产我国南北各地。树皮与根入药。

(3) 南蛇藤 (*Celastrus orbiculatus* Thunb.)

藤状灌木，叶互生，蒴果黄色。根、茎、叶、果入药。

7.3.25　鼠李科 (Rhamnaceae)

乔木或灌木，直立或蔓生，常具刺。单叶，互生，叶脉显著，有托叶。花小，两性，稀单性，辐射对称，多排成聚伞花序；萼 5~4 裂；花瓣 5~4 或缺；雄蕊 5~4，与花瓣对生，花盘肉质；子房上位或一部分埋藏于花盘内，2~4 室，每室有 1 胚珠，花柱 2~4 裂。果实为核果、蒴果或翅果状。染色体：X = 10、11、12、13。

本科约 55 属 900 余种，分布于温带及热带。我国 14 属 133 种 32 变种，南北均有分布，主产长江流域以南地区。

(1) 枣 (*Ziziphus jujuba* Mill.)

乔木，小枝有细长刺，刺直立或钩状，单叶，具基生三脉，聚伞花序腋生；花小，黄绿色，核果大，熟时深红色，核两端锐尖。我国特产，主产区是华北、中原一带，食用。

(2) 酸枣 (*Ziziphus jujuba* var. *spinosus* Hu)

多刺灌木，核果味酸，核先端圆钝。产华北，中南各地。

(3) 冻绿 (*Rhamnus utilis* Decne)

小枝顶端针刺状，花单性，4 基数，核果球形，2 核。果实和叶可提取绿色染料。

7.3.26　葡萄科 (Vitaceae)

藤本或草本，常借卷须或吸盘攀缘。单叶或复叶。花两性或单性异株，或为杂性，整齐，聚伞花序或圆锥花序，常与叶对生，花萼 4~5 齿裂，细小；花瓣 4~5，镊合状排列，分离或顶部黏合成帽状；雄蕊 4~5，着生在下位花盘基部，与花瓣对生；花盘环形；子房上位，通常 2 心皮，2 室，每室胚珠 1~2。浆果，种子有胚乳。染色体：X = 11~14、16、19、20。

(1) 葡萄 (*Vitis vinifera* L.)

落叶木质藤本，茎皮成片状剥落；髓褐色。叶近圆形或卵形，3~5 裂，基部心形。花瓣黏合成帽状脱落；圆锥花序。果除生食外，还可制葡萄干或酿酒；栽培品种多。

(2) 五叶地锦 (*Parthenocissus quinquefolia* Planch.)

落叶木质藤本，卷须具 5~12 分枝，顶端吸盘大，掌状复叶，小叶 5，卵状长椭圆形。

原产美国东部，我国栽培。常用于垂直绿化，秋季叶色红艳，美观。

7.3.27　槭树科（Aceraceae）

乔木或灌木。叶对生，单叶，掌状裂叶或羽状复叶。花两性或单性，整齐，排成总状、伞房或圆锥花序；萼片与花瓣4～5，稀无花瓣；雄蕊4～10，通常8；子房上位，2室，2裂，与隔膜直角之方向压扁；每室胚珠2个。果为扁平的具翅分果——双翅果。种子无胚乳。染色体：X=13。

本科3属约300种，分布于北温带及热带山地。我国有槭属（Acer）和金钱槭属（Dipteronia）2属约140多种，南北各省均有分布。

（1）鸡爪槭（Acer palmatum Thunb.）

单叶5～7裂，边缘具紧贴的锐锯齿，花紫色。分布于长江流域各地，常栽培，供观赏。

（2）复叶槭（羽叶槭）（Acer negundo L.）

落叶乔木。奇数羽状复叶，小叶3～7，花单性，雌雄异株，无花瓣及花盘，果翅斜展。原产北美洲，我国广泛栽培，作行道树或观赏树。

（3）金钱槭（Dipteronia sinensis Oliv.）

奇数羽状复叶，果实周围具翅；种子位于中央。特产我国，分布于河南、陕西、甘肃、湖北、四川及贵州。

7.3.28　五加科（Araliaceae）

乔木、灌木或木质藤本，稀为草本。茎髓较发达。叶互生，单叶、掌状复叶或羽状复叶；托叶与叶柄基部合生成鞘状，稀无托叶。花小、整齐，两性或杂性，稀单性异株，排成伞形、头状、总状或穗状等基本花序，常再组成圆锥状花序；萼筒与子房合生；花瓣5，稀10，分离，稀集合成帽状脱落；雄蕊与花瓣同数互生或为花瓣的2倍或无定数；雌蕊由2～5（或更多）心皮结合而成，子房下位，子房室和心皮同数，每室有1倒生胚珠。浆果或核果；种子有丰富的胚乳。染色体：X=11、12。

本科约80属900余种，分布于两半球热带至温带地区。我国23属170多种，除新疆未发现外，分布于全国各地，以西南地区较多。

（1）人参（Panax ginseng C. A. Mey）（图7-18）

多年生草本；根状茎（每年只增生一节，药材上称"芦头"）短，下端为纺锤状肉质根，有分叉。掌状复叶，3～6枚在茎顶似轮生。伞形花序单生茎顶；花淡黄绿色。果实扁圆形，熟时红色。根含人参皂苷及少量挥发油。为著名的补气强健药。

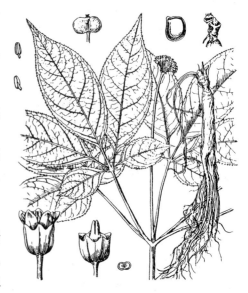

图7-18　人参（Panax ginseng C. A. Mey）
叶、花、果、根茎

（2）刺五加［*Acanthopanax senticosus*（Rupr. et Maxim.）Harms］

茎直立，皮刺下弯，小花有梗，子房 5 室，花柱合生。分布于东北、华北，根皮入药，具有类似人参的强壮作用。

（3）常春藤［*Hedera nepalensis* var. *sinensis*（Tobl.）Rehd.］

常绿攀缘藤本，茎枝有气根。庭园栽培，藤和叶入药。

7.3.29　伞形科（Apiaceae）

1 年至多年生草本。茎中空或有髓。叶互生，叶片分裂；叶柄基部膨大，或鞘状。伞形花序；花两性，整齐；花萼和子房结合，萼齿 5 或不明显；花瓣 5；雄蕊和花瓣同数，互生；子房下位，2 室，每室有 1 胚珠；花柱 2，基部常膨大成花柱基（stylopodium），即上位花盘。果实由 2 个有棱或有翅的心皮构成，成熟时沿 2 心皮合生面（commissure）分离成 2 分果爿（mericarp），顶部悬挂于细长丝状的心皮柄（carpophore）上，称双悬果，每个分果有 5 条主棱（2 条侧棱，1 条背棱），有些在主棱间还有 4 条次棱，棱与棱之间有沟槽，沟槽下面及合生面通常有纵走的油管（vitta）1 至多条；分果背腹压扁或两侧压扁；种子胚乳丰富，胚小。染色体：X = 4 ～ 12。

本科约 300 属 3 000 种，分布于北温带、亚热带或热带的高山上。我国约有 90 属 500 多种，全国均有分布。

胡萝卜（*Daucus carota* var. *sativa* DC.）

草本，具肥大肉质的圆锥根。叶 2 ～ 3 回羽状深裂，叶柄基部鞘状。复伞形花序。双悬果多少背腹压扁，主棱不明显，4 条次棱翅状，全部棱或副棱上有刺毛，每一次棱下有一条油管，合生面 2 条。原产欧亚大陆，全球广泛栽培。根作蔬菜，含胡萝卜素，营养丰富。

本科经济植物较多，供药用的有当归［*Angelica sinensis*（Oliv.）Diels］、北柴胡（*Bupleurum chinense* DC.）、前胡（*Peucedanum praeruptorum* Dunn.）、防风［*Saposhnikovia divaricata*（Turcz.）Schischk.］、川芎（*Ligusticum chuanxiong* Hort.）。蔬菜植物如芫荽（*Coriandrum sativum* L.）、芹菜（*Apium graveolens* var. *dulce* DC.）、茴香（*Foeniculum vulgare* Mill.）等。

菊 亚 纲

木本或草本。常含有各种驱虫物质；导管具单穿孔，稀梯形穿孔或网状穿孔；筛管具"S 形"质体。单叶或复叶。花冠常合瓣花，稀离瓣或无瓣；雄蕊常着生在花冠管上，与花冠裂片同数且互生，花粉粒双核或 3 核，3 萌发孔衍生型；花常具蜜腺花盘；各式胎座，薄珠心，单层珠被，稀双层珠被厚珠心。核型胚乳或细胞型胚乳。

主要代表科：紫草科（Boraginaceae）、唇形科（Lamiaceae）、木犀科（Oleaceae）、玄参科（Scrophulariaceae）、桔梗科（Campanulaceae）、茜草科（Rubiaceae）、菊科（Asteraceae）等。

7.3.30　紫草科（Boraginaceae）

草本、灌木或乔木，常具粗毛。单叶互生，有时对生或轮生，常全缘，无托叶。花两性，辐射对称；聚伞花序构成蝎尾状、穗状或圆锥状花序；花萼 5，分离或结合，宿存；花冠合瓣，辐状、漏斗形或高脚碟形，5 裂，覆瓦状排列，有时喉部有附属物；雄蕊 5；常具花盘；子房上位，心皮 2，合生，各含 2 胚珠；常 4 深裂，每室含 1 枚胚珠；花柱顶生，或生于子房 4 裂片的中央基部，柱头头状或 2 裂，果为 4 个小坚果，种子无胚乳或有少量至丰富的胚乳。染色体：X = 4 ~ 12。

本科约 100 属 2 000 种，广布全球。我国约 49 属 208 种，分布全国各地。

（1）斑种草（*Bothriospermum chinense* Bge.）

草本，叶披针形、倒披针形或长圆形，叶缘皱波状，小坚果肾形，腹面有横的凹穴。分布华北等地，全草入药。

（2）紫草（*Lithospermum erythrorhizon* Sieb. et Zucc.）

多年生草本，主根粗大，圆锥形，干时紫色，花冠白色，喉部具顶端微凹的鳞片，小坚果卵形，灰白色，光滑。广布各地，根入药，含乙酰紫草素，紫草素等多种成分，有凉血、活血、解毒之功效。也可作紫色染料。

（3）勿忘草（*Myosotis sylvatica* Hoffm.）

草本，花冠浅蓝色，喉部蓝色，有附属物，小坚果卵形，成熟时黑色，稍扁，有光泽。原产欧洲，现华东各地广泛栽培，为庭园观赏植物。

7.3.31　唇形科（Lamiaceae）

草本，稀木本，含挥发性芳香油。茎常 4 棱形。单叶，稀复叶，对生或轮生；无托叶。花两性，两侧对称，稀近辐射对称，腋生聚伞花序构成轮伞花序，常再组成穗状或总状花序；花萼 5 裂，或 2 唇形，上唇 3，下唇 2，宿存；花冠合瓣，二唇形，上唇 2，稀 3 ~ 4，下唇 3，稀单唇形，假单唇形，或花冠裂片近相等；雄蕊 4，2 强，稀 2 枚，分离或药室贴近两两成对，着生于花冠筒部；花盘下位，肉质、全缘或 2 ~ 4 裂；子房上位，2 心皮，浅裂或常深裂成 4 室，每室有 1 个直立的倒生胚珠；花柱常生于子房裂隙的基部，柱头多为 2 尖裂。果为 4 个小坚果。种子有少量胚乳或无。染色体：X = 5 ~ 11、13、17 ~ 30。

本科约 220 属 3 500 种，是世界性的大科，近代分布中心为地中海和小亚细亚，是当地干旱地区植被的主要成分。我国约 99 属 800 余种，全国分布。

（1）白毛夏枯草（*Ajuda nipponensis* Makino）

一年生或二年生草本，茎通常直立，常从基部分枝，全体被疏柔毛。花冠单唇形。全国广布，全草入药，清热解毒，凉血降压。

（2）黄芩（*Scutellaria baicalensis* Georgi）

叶披针形，全缘，叶背有腺点，总状花序，花蓝色。分布于北方各地区。根肥厚，断面黄色，入药。

（3）藿香［*Agastache rugosa*（Fisch. et Mey.）O. Ktze.］

茎直立光滑，叶卵形，基部心形，边缘有粗齿，两面有腺点。轮伞花序密集成圆筒形穗状花序，顶生，花淡紫红色，萼筒有 15 条脉；雄蕊 4，超出花冠，后雄蕊比前雄蕊长，小坚果倒卵形，褐色。各地广泛栽培。茎、叶含挥发油，全草入药，健胃、化湿、止呕，清暑热。

（4）益母草（*Leonurus heterophyllus* Sweet）

分布于全国各地，全草活血调经，为妇科常用药。

（5）一串红（*Salvia splendens* Ker. -Gawl. ）

单叶，基生，苞片、花萼常红色。原产美洲，我国各地庭园常栽培，供观赏。

（6）薄荷（*Mentha haplocalyx* Briq. ）

多年生草本，具根茎，叶卵形或长圆形，两面有毛，轮伞花序腋生。全国各地均有野生或栽培，我国量居世界第一，全草含薄荷油，药用，为高级香料。

（7）罗勒（*Ocimum basilicum* L. ）

一年生草本，两面近无毛。我国各地栽培，南方逸为野生，为芳香油和药用植物。

本科植物几乎都含芳香油，可提取香精，如薄荷（*Mentha haplocalyx* Briq. ）、留兰香（*Mentha spicata* L. ）、罗勒（*Ocimum basilicum* L. ），以及百里香属（*Thymus*）、熏衣草属（*Lavandula*）、迷迭香属（*Rosmarinus*）等多种植物。作为药用的种类达 160 余种，除上述外，还有荆芥［*Schizonepeta tenuifolia*（Benth. ）Briq. ］、紫苏［*Perilla frutescens*（L. ）Britt. ］、活血丹［*Glechoma longituba*（Nakai）Kupr. ］等供药用。

7. 3. 32　木犀科（Oleaceae）

木本，直立或藤状。叶对生，少互生，单叶或复叶；无托叶。花两性或单性，辐射对称，圆锥或聚伞花序，稀单生；花萼常 4 裂，有时 3 ~ 10 裂或截头；花冠合瓣，稀离瓣，裂片 4 ~ 9，有时缺；雄蕊 2，稀 3 ~ 5；子房上位，2 室，每室胚珠 2（1 ~ 3）；花柱单一，柱头 2 尖裂。浆果、核果、蒴果或翅果。种子有胚乳或无胚乳。染色体：X = 10、11、13、14、23、24。

本科约 30 属 600 余种，广布于温带和热带地区。我国 12 属 200 种，南北各地均有分布。

（1）小叶白蜡树（*Fraxinus bungeana* DC. ）（图 7-19）

奇数羽状复叶，小叶 5 ~ 7，卵形或卵圆形，花瓣 4，完全分离。翅果。分布于东北、华北等地，树皮入药，即中药的"秦皮"。

（2）女贞（*Ligustrum lucidum* Ait. ）

小枝无毛，单叶，革质，无毛。产长江以南各地和甘肃南部。果称"女贞子"，补肾养肝，明目；枝叶可放养白蜡虫。

（3）连翘（*Forsythia suspensa*（Thunb. ）Vahl. ）

枝中空，单叶或三出复叶，花单生。原产我国北部和中部，栽培，果含连翘酚、甾醇化合物等，入药，清热解毒。

图 7-19　小叶白蜡树（*Fraxinus bungeana* DC. ）
枝、叶、花、果

（4）茉莉［*Jasminum sambac*（L.）Ait］

常绿灌木，单叶，背面脉腋有黄色簇毛，花白色，芳香。原产阿拉伯地区和印度之间，我国各地栽培，花提取香精和熏茶，花、叶、根入药。

本科植物芳香，多数栽培供观赏，尚有丁香属（*Syringa*）、木犀属（*Osmanthus*）等多种。

7.3.33　玄参科（Scrophulariaceae）

草本，稀木本。叶对生，稀互生或轮生；无托叶。花两性，常两侧对称，稀辐射对称，排成各种花序；萼片4～5，宿存；花冠合瓣，常2唇形，裂片4～5（稀3），有些属花冠筒极短，裂片呈辐状；雄蕊4，着生于花冠筒上，有些属有退化雄蕊1～2；花盘环状或一侧退化；子房上位，2心皮，2室，中轴胎座，胚珠多数，稀少数。蒴果，稀浆果，花柱宿存。种子多数，有胚乳，胚直或稍弯曲。染色体：X＝6～16、18、20～26、30。

本科200余属约3 000种，广布世界各地。我国60属约630种，分布于南、北各地，主产西南。

（1）泡桐（白花泡桐）（*Paulownia fortunei* Hemsl.）

落叶乔木，叶卵形，叶背有星状毛，萼浅裂，花冠白色，蒴果长6～10 cm，主产长江以南；山东、河南、山西有栽培。

（2）毛泡桐［*Paulownia tomentosa*（Thunb.）Steud.］

叶3～5裂，叶背有腺毛，萼深裂，花冠紫色。主产黄河流域，北方普遍栽培。

（3）怀庆地黄［*Rehmannia glutinosa* Libosch. F. *hueichingensis*（Chao et Schin）Hsiao］

根肥厚，黄色，含地黄素、甘露醇等，为中药地黄的上品。主产河南，根干后称生地，加酒蒸煮后称熟地。

（4）玄参（*Scrophularia ningpoensis* Hemsl.）

多年生高大草本，花冠紫色，上唇明显长于下唇，退化雄蕊近圆形。主产浙江，块根入药。

本科除上述种类外，尚有毛地黄（*Digitalis purpurea* L.）为强心要药；水苦荬（*Veronica anagallis-apuatica* L.）、阴行草（*Siphonostegia chinensis* Benth.）入药。金鱼草（*Antirrhium majus* L.）、蒲包花（*Calceolaria crenatiflora* Cav.）、炮仗竹（*Russelia equisetiformis* Schlecht. et Cham.）等供庭园栽培，美丽桐［*Wightia speciosissima*（D. don）Merr.］作行道树。

7.3.34　桔梗科（Campanulaceae）

一年生或多年生草本、亚灌木，稀乔木，常含乳汁和汁液。单叶互生，稀对生或轮生；无托叶。花两性，单生，或由二歧或单歧聚伞花序组成的外形呈穗状、总状或圆锥状花序；花萼裂片5（稀3～10），宿存；花冠钟状或筒状，裂片常5，镊合状或覆瓦状排列；雄蕊与花冠裂片同数，着生于花冠基部或花盘上；子房下位或半下位，稀上位，3室，稀2～5室。蒴果或有时为肉质浆果。种子小，胚乳丰富。染色体：X＝6～17。

本科约60属1 500种，全球分布，多集中于温带和亚热带。我国17属约150种，南、北均产，以西南较多。

（1）党参［*Codonopsis pilosula* (Franch.) Nannf. ］

根圆柱形，下端分枝或不分枝，外皮灰黄至灰棕色，茎缠绕，花冠淡黄绿色。主产东北、华北等地，根药用，有强壮、补气血作用。

（2）羊乳［*Codonopsis lanceolata* Benth. et Hook. f. ］

根倒卵状纺锤形，略似海螺，故又名山海螺。全国分布，根作野菜、入药。

（3）桔梗［*Platycodon grandiflorum* (Jacq.) A. DC.］（图7-20）

多年生草本，根肥大肉质，淡黄褐色。花单生或数朵生于枝端，花钟形，雄蕊5，花丝基部膨大而彼此相连，子房下位，5室，蒴果圆卵形，顶端5瓣裂，果瓣和萼裂片对生。全国广布。根含皂苷，入药。

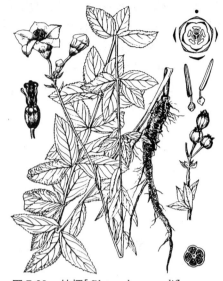

图7-20　桔梗［*Platycodon grandiflorum* (Jacq.) A. DC.］茎、叶、花、果、根茎

（4）轮叶沙参［*Adenopora tetraphylla* (Thunb.) Fisch.］

根圆锥形，黄褐色，有横纹。茎生叶4片轮生。根含沙参皂甙，药用，清肺化痰。

（5）半边莲（*Lobelia chinensis* Lour.）

多年生蔓生小草本，有乳汁，花单生，偏冠，故名"半边莲"。分布于长江流域及华南各地，全草含山梗菜碱等多种生物碱，清热解毒，利尿消肿。

7.3.35　茜草科（Rubiaceae）

乔木、灌木或草本。单叶，对生或轮生，常全缘；托叶2，常宿存。花两性，辐射对称，常4或5（稀6）基数，单生或排成各种花序；花萼与子房合生，萼裂片覆瓦状排列，有时其中1片扩大成叶状；花冠合瓣，筒状、漏斗状、高脚碟状或辐状，裂片4~5，镊合状或旋转状排列。雄蕊与花冠片同数互生，着生于花冠筒上；子房下位，常2室，胚珠1至多数；花柱丝状；柱头头状或分歧。蒴果、核果或浆果；种子有胚乳。染色体：X = 6~17。

本科约450属5 000种以上，广布于全球热带和亚热带，少数产温带。我国70余属450余种，多数产于西南和东南。

（1）栀子（*Gardenia jasminoides* Ellis）

灌木，叶对生或3叶轮生，果黄色，有5~9条翅状直棱。分布于南部和中部，庭园栽培，果含栀子甙，药用，清热泻火、凉血、消肿，另含番红花色素，可提取黄色染料。

（2）钩藤［*Uncaria rhynchophylla* (Miq.) Jacks.］

光滑藤本，嫩茎4棱，叶卵形，对生，节上有4枚针状"叶间托叶"。不发育的总花梗变为曲钩，籍此攀缘，"钩藤"由此得名。分布于我国东部及南部。钩及小枝入药，具清热平肝、息风止痉的作用。

（3）香果树（*Emmenopterys henryi* Oliv.）

落叶大乔木，顶生伞房状大型圆锥花序；花萼裂片顶端截平，脱落，但一些花的萼裂片中有 1 枚扩大成叶状，白色而宿存于果上；花冠钟状，裂片覆瓦状排列。蒴果大，成熟时红色。分布于西南和长江流域。材用和庭园观赏植物。

（4）茜草（*Rubia cordifolia* L.）

多年生蔓生草本，茎方形，有倒刺。叶常 4 枚轮生，卵状心形，果实肉质，黑色，球形。全国大部分地区有分布。根含茜草素，药用。

（5）咖啡（*Coffea arabica* L.）

灌木，叶薄革质，矩圆形或披针形，聚伞花序簇生叶腋，无总梗，浆果椭圆形。种子含生物碱，为世界三大软饮料原料之一。

（6）金鸡纳树（*Cinchona ledgeriana* Moens）

常绿乔木，幼枝四棱形，被褐色短柔毛。原产秘鲁，树皮含奎宁（quinine），为治疟疾特效药。

7.3.36　菊科（Asteraceae）

草本，半灌木或灌木，稀乔木，有乳汁管和树脂道。叶互生，稀对生或轮生；无托叶。花两性或单性，极少为单性异株，常 5 基数；少数或多数花聚集成头状花序，或缩短的穗状花序，下面有 1 至多层苞片组成的总苞，头状花序单生或数个至多数再排列成复花序；在头状花序中有同形的小花，即全为筒状花或舌状花，或有异形小花，即外围为假舌状花，中央为筒状花；萼片不发育，常变态为冠毛状、刺毛状或鳞片状；花冠合瓣，辐射对称或两侧对称；雄蕊 5（稀 4）个，着生于花冠筒上；花药合生成筒状，基部钝或有尾；子房下位，1 室，1 胚珠；花柱顶端 2 裂。果为连萼瘦果。种子无胚乳。染色体：X = 8 ~ 29。

本科约 1 000 属 25 000 ~ 30 000 种，广布全世界，热带较少。我国约 200 余属 2 000 多种，全国都有分布。

菊科的花冠通常可分为 5 种不同的类型：筒状花，是辐射对称的两性花，花冠 5 裂，裂片等大；舌状花，是两侧对称的两性花，5 个花冠裂片结成 1 个舌片，如蒲公英；唇形花，是两侧对称的两性花，上唇 2 裂，下唇 3 裂；假舌状花，是两侧对称的雌花或中性花，舌片仅具 3 齿，如向日葵的边缘花；漏斗状花，无性，花冠呈漏斗状，5 ~ 7 裂，裂片大小不等，如矢车菊的边缘花。

本科根据头状花序花冠类型的不同、乳状汁的有无，可分成两个亚科。

亚科 1　筒状花亚科（Tubuliflorae）

头状花序全为筒状花，或边缘花假舌状、漏斗状，而盘花为筒状花，植物体不含乳汁。筒状花亚科包括菊科的绝大部分种、属，通常分为 12 个族，除主产非洲的 Arctoinalis 族我国不产外，其余 11 个族均有分布。

（1）红花（*Carthamus tinctorius* L.）

一二年生草本，全株光滑无毛。叶质硬，边缘不规则浅裂，裂片先端成锐齿，头状花序单生，或伞房状排列，总苞多层，外方 2 ~ 3 层叶状，边缘有针刺。花全为两性筒状花。原产埃及，我国长江流域有栽培。花含红花苷、红花醌苷及新红花苷等，有活血、通经的功效。

（2）矢车菊（*Centaurea cyanus* L.）

一年生草本，幼时被白色绵毛，头状花序单生枝顶，总苞钟状，总苞片多层，外层短，边缘篦齿状，缘花漏斗状，常 7 裂。原产欧洲，我国各地栽培，供观赏。

（3）菊花［*Dendranthema morifolium*（L.）Des Moul.］

品种多，花、叶变化大，是著名的观赏植物，花可药用。

此外，尚有蒿属（*Artemisia*）的艾蒿（*Artemisia argyi* Levl. et Vant.）、茵陈蒿（*Artemisia capillaris* Thunb.）、牡蒿（*Artemisia japonica* Thunb.）、刘寄奴（*Artemisia anomala* S. Moore）等药用。向日葵属（*Helianthus*）的向日葵（*Helianthus. annuus* L.）（图 7-21），种子含油量达 22% ~ 37%，是重要的油料作物。

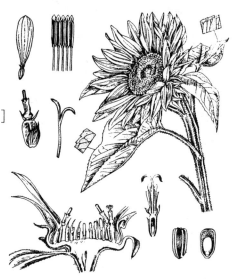

图 7-21　向日葵（*Helianthus annuus* L.）
茎、叶、花、果

亚科 2　舌状花亚科（Liguliforae）

花序全为舌状花，植物体含乳汁。本亚科仅含菊苣族 1 族。

莴苣（*Lactuca sativa* L.）头状花序顶生，排成伞房状圆锥花序，花黄色。原产欧洲和亚洲，各地栽培，为主要的蔬菜之一，品种多。

菊科经济用途极广，供药用的种类约有 300 余种。除上述外，尚有佩兰（*Eupatorium fortunei* Turcz.）、艾纳香［*Blumea balsamifera*（L.）DC.］、大蓟（*Cirsium japonicum* DC.、旋覆花（*Inula japonica* Thunb.）、一枝黄花（*Solidago decurrens* Lour.），以及除虫菊（*Pyrethrum cinerariifolium* Trev.）等。此外，供观赏的种类繁多，如大丽菊（*Dahlia pinnata* Cav.）、百日菊（*Zinnia elegans* Jacq.）、秋英（*Cosmos bipinnatus* Cav.）、金光菊（*Rudbeckia laciniata* L.）、万寿菊（*Tagetes erecta* L.）、瓜叶菊（*Cineraria cruenta* Mass.）、雏菊（*Bellis perennis* L.）、扶郎花（*Gerbera jamesonii* Bolus）、翠菊［*Callistephus chinensis*（L.）Nees.］等。

7.4　单子叶植物

泽泻亚纲（Alismatidae）

水生或湿生草本，某些成员具菌根营养及缺叶绿素。维管系统退化，导管限于根部或缺如。单叶互生，稀对生或轮生，通常基部具鞘。花或大而美丽，或小而不显著。雌蕊群具 1 至多枚几离生或完全分离的心皮，或合生，每心皮或每室 1 至多数胚珠；种子大多无胚乳。

泽泻亚纲常被认为是单子叶植物纲中最古老的类群，主要代表科有泽泻科（Alismataceae)、水鳖科(Hydrocharitaceae)、花蔺科(Butomaceae)、水麦冬科(Juncaginaceae)、眼子菜科(Potamogetonaceae)等。

7.4.1 泽泻科(Alismataceae)

水生或沼生，一年生或多年生草本。有根状茎。叶常基生，基部有开裂的鞘，叶形变化较大。花两性或单性，辐射对称；总状花序或圆锥花序；花被2轮，外轮3片绿色，萼片状，宿存，内轮3片花瓣状，脱落；雄蕊6至多数，稀为3枚；心皮6至多数，稀为3枚，分离，螺旋状排列于突起的花托上或轮状排列于扁平的花托上；子房上位，1室，胚珠1或数个。瘦果，稀为基部开裂的蓇葖果；种子无胚乳，胚马蹄形。染色体：X = 5～13。

本科约12属75种，广布于全球。我国5属约13种，南北均产。

(1)慈姑(*Sagittaria sagittifolia* L.)

多年生草本，枝端膨大，成球茎(即通称的慈姑)。叶箭形，具长柄，沉水叶狭带形。花单性，总状花序下部为雌花，上部为雄花，雄蕊和心皮均多数。南方各地多栽培，球茎供食用，或制淀粉；药用有清热解毒的功用。

(2)泽泻[*Alisma orientalis* (Sam.)Juzepcz.]

叶卵形或椭圆形，顶端尖，基部楔形或心形。花两性；雄蕊常6枚。我国各地都有分布。球茎供药用，有清热、利尿之效。

棕榈亚纲(Arecidae)

草本、灌木、藤本或乔木，木本的种类有时具一些有限的次生生长，但不会形成新的维管组织。叶互生，有时全为基生或全部集中于茎顶。花序为具1至数枚佛焰苞的肉穗花序；花两性或单性；花被多少发育，有时退化；雄蕊1至多枚；心皮3枚，常合生为1复子房，每1子房室或每1胎座上有胚珠1至多枚；胚乳油状。

棕榈亚纲植物类群形态上、生态上多种多样。主要代表科有棕榈科(Arecaceae)、露兜树科(Pandanaceae)、天南星科(Arecaceae)、浮萍科(Lemnaceae)等。

7.4.2 棕榈科(Arecaecae)

乔木或灌木，茎直立，单生，很少分枝，稀为藤本。叶常绿，大形，互生，掌状分裂或羽状复叶，多集生于树干顶部，形成"棕榈型"树冠，或在攀缘的种类中散生。叶柄基部常扩大成纤维状的鞘。花小，通常淡黄绿色，两性或单性，同株或异株，常3基数，整齐或稍不整齐，肉穗花序，外被1至数枚大型的佛焰状总苞，生于叶丛中或叶鞘束下；花被片6、排成2轮，分离或不同程度连合；子房上位，1～3室，稀为4～7室，每室1胚珠；花柱短，柱头3。核果或浆果，外果皮肉质或纤维质。种子与内果皮分离或黏合，胚乳丰富，均匀或嚼烂状。染色体：X = 13～18。

本科约215属2 500余种，分布于热带和亚热带，以热带美洲和热带亚洲为分布中心。我国22属(包括栽培)约60余种，主要分布于南部至东南部各地。

（1）棕榈[*Trachycarpus fortunei*(Hook. f.)H. Wendl.]

常绿乔木，叶掌状分裂，裂片多数顶端浅 2 裂。花单性异株，多分枝的肉穗花序或圆锥状花序；佛焰苞显著。果实肾形或球形。分布于长江以南各地，广泛栽培，除供观赏外，叶鞘纤维可制绳索、地毯、蓑衣等。

（2）椰子（*Cocos nucifera* L.）（图 7-22）

常绿乔木，叶羽状全裂或羽状复叶，雌雄异株，肉穗花序分枝，果大，直径 15～20 cm，中果皮为厚而松软的纤维质；内果皮骨质、坚硬、近基部有萌发孔 3 个。广布于全热带海岸，用途很多，木材坚硬，供建筑用，幼果可食，花序汁液可作饮料和酿酒。

（3）槟榔（*Areca cathecu* L.）

乔木，叶羽状全裂，原产马来西亚。我国广东和云南南部、台湾栽培。种子含单宁和多种生物碱，供药用，能助消化和驱虫。

（4）王棕[*Roystonea regia*(H. B. K.)O. f. Cook.]

乔木，茎幼时基部明显膨大，老时中部膨大，叶聚生于茎顶，羽状全裂。原产巴西，我国广东、广西、云南、福建和台湾有栽培，作行道树。

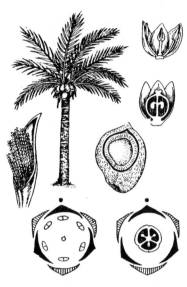

图 7-22　椰子（*Cocos nucifera* L.）

植株、叶、花、果

7.4.3　天南星科（Araceae）

草本，稀为木质藤本。汁液乳状、水状或有辛辣味，常具草酸钙结晶。具根状茎或块茎。叶基生或茎生，单叶或复叶，叶形和叶脉不一，基部常具膜质鞘。花小，两性或单性，排列成肉穗花序，其苞片特称佛焰苞；花被缺或为 4～6 个鳞片状体；单性同株时雄花通常生于肉穗花序上部，雌花生于下部，中部为不育部分或中性花；雄蕊 1 至多数，分离或合生；雌蕊由 1 至数心皮组成，子房上位，1 至多室。浆果。染色体：X＝7～17。

本科约 115 属 1 800 种，主要分布于热带和亚热带。我国 35 属（包括栽培植物）206 种，主要分布于南方。

（1）菖蒲（*Acorus calamus* L.）

根状茎粗大，横卧。叶剑状条形，有明显中肋，生于浅水池塘，水沟及溪涧湿地。全草芳香，可作香料、驱蚊；根状茎入药，能开窍化痰，辟秽杀虫。

（2）半夏[*Pinellia ternate*(Thunb)Brert.]（图 7-23）

块茎小球形。叶从块茎顶端生出，一年生的叶

图 7-23　半夏[*Pinellia ternate*(Thunb)Brert.]

根茎、茎、叶、花、果

为单叶，卵状心形，二三年生的叶为 3 小叶复叶。佛焰苞绿色，上部紫红色；花序轴顶端有细长附属物，浆果小，熟时红色。分布于我国南北各地，块茎有毒，炮制后入药，能燥湿化痰，治慢性气管炎、咳嗽、痰多。因仲夏可采其块茎，故名"半夏"。

（3）天南星（*Arisaema consanguineum* Schott）

小叶 7~23，辐射状排列，肉穗花序顶端附属物近棍棒状。广布于黄河流域以南，块茎供药用，祛痰、解痉、消肿散结。

（4）魔芋（*Amorphophallus rivieri* Durieu）

肉穗花序附属体无毛；花柱明显，柱头浅裂。块茎入药，也是重要的减肥保健食品资源。

鸭跖草亚纲（Commelinidae）

草本稀木本植物。叶互生，常具开放或闭合的基部叶鞘。花两性或单性，无蜜腺或花蜜；花被在较古老的科中为 3 基数，且分化为萼片和花瓣，在较进化的科中则常退化为膜片状或刚毛状。雄蕊大多数 3 枚或 6 枚，稀 1 枚、2 枚或多数；心皮 2 枚或 3 枚，有时 4 枚，合生而形成 1 复合子房，每子房室胚珠 1 至多枚；胚乳淀粉丰富。

主要代表科有鸭跖草科（Commelinaceae）、谷精草科（Eriocaulaceae）、灯心草科（Juncaceae）、莎草科（Cyperaceae）、禾本科（Poaceae）、黑三棱科（Sparganiaceae）、香蒲科（Typhaceae）等。

7.4.4 莎草科（Cyperaceae）

草本，常有根状茎。茎特称为秆，常三棱柱形，实心，无节。叶基生或秆生，通常 3 列，叶片条形，基部常有闭合的叶鞘，或叶片退化而仅具叶鞘。花小，单生于鳞片（颖片）的腋内，两性或单性，2 至多数带鳞片的花组成小穗；小穗单一或若干枚再排成穗状、总状、圆锥状、头状或聚伞花序；花序下面通常有 1 至多枚叶状、刚毛状或鳞片状苞片，苞片基部具鞘或无；鳞片在小穗轴上左右二列或螺旋状排列；花被缺或退化为下位刚毛或下位鳞片；雄蕊 3，稀为 2~1；子房 1 室，1 胚珠，花柱 1，柱头 2~3。果为小坚果或者有时为苞片所形成的囊包裹，三棱形、双凸状、平凸状或球形。染色体：$X = 5~60$。

本科约 80 余属 4 000 余种，广布于全世界，以寒带、温带地区最多；我国 28 属 500 余种，分布于全国各地。

（1）藨草（*Scirpus spp*）

秆三棱形，稀为圆柱形，聚伞花序，或缩短成头状，花序下苞片似秆延长或叶状；小穗有少数至多数花，鳞片螺旋状排列，每鳞片内包 1 两性花或下面 1 至数个鳞片内无花；下位刚毛 2~9 或缺如；花柱基部不膨大。

（2）荆三棱（*Scirpus yagra* Ohwi）

秆高大粗壮，叶秆生，条形，叶状苞片 3~5，长于花序，下位刚毛 6，与小坚果近等长。分布于我国东北、华东和西南各地。茎叶可造纸，作饲料；块茎药用。

（3）莎草（*Cyperus spp*）

秆散生或丛生，通常三棱形。叶基生。聚伞花序简单或复出，有时短缩成头状，基部具叶状苞片数枚。小穗 2 至多数，稍压扁，小穗宿存；鳞片 2 列；无下位刚毛。柱头 3，少为 2。小坚果三棱形。

（4）香附子（*Cyperus rotundus* L.）

根状茎匍匐，细长，生有多数长圆形、黑褐色块茎，叶片狭条形；鞘棕色；常裂成纤维状。秆顶有 2 ~ 3 枚叶状苞片，和长短不同的数个伞梗相杂，伞梗末梢各生 5 ~ 9 个线形小穗。干燥的块茎，名香附，可作香料，入药，有理气解郁，调经止痛作用。

（5）乌拉草（*Carex meyeriana* Kunth）

秆丛生，粗糙。小穗 2 ~ 3，雄小穗顶生，圆筒形；雌小穗生于雄小穗下方，近球形。分布于东北，号称"东北三宝"之一，过去常用于冬季做保温填充物，全草还供编织和造纸用。

（6）荸荠［*Eleocharia tuberose*（Roxb.）Roem. et Schult.］

匍匐根状茎细长，顶端膨大成球茎，为食用荸荠，秆丛生，圆柱状，有多数横膈膜。各地栽培。球茎供食用外，也供药用，清热、止咳、名目、化痰、消积。

7.4.5　禾本科（Poaceae）

草本或木本，有或无地下茎，地上茎特称为秆。秆有显著的节和节间，节间多中空，很少实心（如玉米、高粱、甘蔗等）。单叶互生，2 列，每个叶分叶鞘、叶片和叶舌三部分；叶鞘包着秆，包着竹秆的称箨鞘，叶鞘常在一边开裂；叶片（箨鞘顶端的叶片称箨叶）带形或线形至披针形，具平行脉；叶舌生于叶片与叶鞘交接处的内方，成膜质或一圈毛或撕裂或完全退化；箨鞘和箨叶连接处的内侧舌状物称箨舌；叶鞘顶端的两侧常各具 1 耳状突起，称叶耳，箨鞘顶端两侧的耳状物称箨耳。花序以小穗为基本单位，在穗轴上再排成穗状、总状或圆锥状；小穗有 1 个小穗轴，通常很短，基部有 1 对颖片，生在下面或外面的 1 片颖片称第一颖片，生在上方或里面的 1 片称第二颖片，小穗轴上生有 1 至多数小花，每一小花外有苞片 2，称外稃和内稃，有的外稃顶端背部具芒，一般较厚而硬，基部有时加厚变硬称基盘；内稃常具 2 隆起如脊的脉，并常为外稃所包裹，在子房基部，内、外稃间有 2 或 3 枚特化为透明而肉质的小鳞片（相当于花被片），称为鳞被或浆片（鳞被的作用在于将外稃和内稃撑开，使柱头和雄蕊容易伸出花外，进行传粉）由外稃及内稃包裹鳞被、雄蕊和雌蕊组成小花；小花两性或稀单性；雄蕊通常 3，很少 2、4 或 6 枚，花丝细长，花药丁字形着生，可摇动，有利于风力传粉；雌蕊 1，由 2 ~ 3 心皮构成，子房上位，1 室，1 胚珠，花柱 2，很少 1 或 3；柱头常为羽毛状或刷帚状。果实的果皮常与种皮密接，称颖果。种子含丰富的淀粉质胚乳，基部有 1 细小的胚。染色体：X = 2 ~ 23。

禾本科是种子植物的大科，约 620 属 10 000 余种。我国约 190 余属 1 200 多种。通常分为两个亚科，即竹亚科（Bambusoideae）和禾亚科（Agrostidoideae）。禾本科遍布全球，能适应多种生境，凡能生长种子植物处，均有其踪迹。多以根茎蔓延繁殖，覆盖地面，有绿化环境、保护堤岸、保持水土及海滩淤积等作用。陆地的大部分为禾本科植物所覆盖，构成各种类型草原的重要成分，温带地区尤为繁茂。

竹亚科（Bambusoideae）秆一般为木质，多为灌木或乔木状，秆的节间常中空；主秆叶（秆箨即竹笋叶）与普通叶明显不同；秆箨的叶片（箨片）通常缩小而无明显的中脉；普通叶片具短柄,且与叶鞘相连成一关节,叶易自叶鞘脱落。

本亚科约66属1 000余种,主要分布在东南亚热带地区。我国26属200多种,多分布于长江流域以南各地。

(1)毛竹(*Phyllostachys pubescens* Mazel ex H. de Lehaie)(图7-24)

高大乔木状竹类,秆圆筒形,新秆有毛茸与白粉,老秆无毛,秆环平,箨环突起而使竹秆各节有1环。箨鞘厚革质,背部密生棕紫色小刺毛及棕黑色晕斑;箨耳小,耳缘有毛。小枝具叶2~8。分布于长江流域及其以南各地以及河南、陕西等地。适宜生长于海拔400~1 000 m的山地,竹笋供食用,纤维造纸,主秆作编织和建筑材料。

禾亚科(Agrostidoideae)一年生或多年生草本,秆通常草质。秆生叶即是普通叶,具中脉,通常无叶柄,叶片与叶鞘之间无明显的关节,不易从叶鞘脱落。

本亚科约575属9 500多种,遍布于全世界各地。我国约170多属670余种。

图7-24 毛竹(*Phyllostachys pubescens* Mazel ex H. de Lehaie)秆、枝、叶、花、果

本亚科有许多重要经济植物,农作物有:水稻(*Oryza sativa* L.)、小麦(*Triticum aestivum* L.)、大麦(*Hordeum vulgaris* L.)、燕麦(*Avena sativa* L.)、甘蔗(*Saccharum sinense* Roxb.)、高粱(*Sorghum vulgare* Pers.)、玉米(*Zea mays* L.),牧草有:羊茅(*Festuca ovina* L.)、草地早熟禾(*Poa pratensis* L.)、雀麦(*Bormus japonicus* Thunb.)、苏丹草[*Sorghum sudanense*(Piper)Stapf]、披碱草(*Elymus dahuricus* Turcz.)、冰草[*Agropyron cristatum*(L.)Gaertn]等。另外,芦苇[*Phragmites australis*(Cav.)Trin.]分布于全国各地,为优良固堤植物。薏苡(*Coix lacryma-jobi* L.)分布于全国,薏苡种子含脂肪油、薏苡内酯入药。

百合亚纲(Liliidae)

陆生或附生草本,稀水生。叶互生、稀对生或轮生,有时全为基生。两性花或部分为单性,花被2轮;雄蕊1、3或6;雌蕊3心皮连合成复子房,每室胚珠1至数枚,胚充分发育,有胚乳。

百合亚纲常有艳丽的花,花被全为花瓣状,强烈表现为虫媒传粉。主要代表科有百合科(Liliaceae)、鸢尾科(Iridaceae)、雨久花科(Pontederiaceae)、龙舌兰科(Agavaceae)、薯蓣科(Dioscoreaceae)、兰科(Orchidaceae)等。

7.4.6 百合科(Liliaceae)

多为草本,具根状茎、鳞茎、球茎。茎直立或攀缘状。单叶互生,少数对生或轮生,

或基生，有时退化成鳞片状。总状、穗状、圆锥或伞形花序，少数为聚伞花序；花两性，辐射对称，3 基数；花被花瓣状，裂片 6，排成 2 轮；雄蕊 6，花丝分离或连合；子房上位，稀半下位，通常 3 室，中轴胎座，每室有少至多数胚珠。蒴果或浆果。染色体：X = 3 ~ 27。

本科约 240 属 4 000 种，广布全球，主产于温带和亚热带地区，我国 60 属约 600 种，各省均有分布，以西南最盛。

(1) 百合(*Lilium brownii* F. E. Brown var. *viridulum* Baker)

鳞茎直径约 5cm，叶倒披针形至倒卵形，3 ~ 5 脉，叶腋无珠芽。花被片乳白色，微黄，外面常带淡紫色。分布于东南、西南及河南、河北、陕西和甘肃。栽培，供观赏，鳞茎供食用，能润肺止咳、清热、安神和利尿。

(2) 卷丹(*Lilium lancifolium* Thunb.)

与百合区别在于叶腋常有珠芽，花橘红色，有紫黑色斑点。几广布全国。用途同百合。

(3) 川贝母(*Fritillaria cirrhosa* Don.)

鳞茎径约 1 ~ 1.5 cm，由 3 ~ 4 枚肥厚鳞片组成，茎常中部以上具叶，花单生茎顶，绿黄色至黄色，具脉纹和紫色方格斑纹，花被片长 3 ~ 4.5 cm。分布于四川、云南、西藏等地，鳞茎入药，能清热润肺，止咳化痰。

(4) 浙贝母(*Fritillaria thunbergii* Miq.)

鳞茎直径约 1.5 ~ 4 cm，由 2 ~ 3 枚肥厚的鳞片组成，茎基部以上具叶，花单生于茎顶或上部叶腋，花 3 ~ 9 朵，淡黄绿色，外面有绿色脉纹，内面有紫色斑纹，相互交织成网状，花被片长 2 ~ 3.5 cm。分布于浙江、江苏，用途同川贝母。

(5) 平贝母(*Fritillaria ussuriensis* Maxim)

花外面褐紫色，内面紫色，具黄色方格斑纹。分布于东北，鳞茎供药用。

(6) 葱(*Allium fistulosum* L.)

鳞茎呈棒状，仅比地上部分略粗，内轮花丝无齿。原产亚洲，各地栽培供食用，鳞茎及种子可入药，前者能解表散寒，消肿止痛，后者补肾明目。

(7) 蒜(*Allium sativum* L.)

鳞茎由数个或单个肉质、瓣状的小鳞茎组成，外被共同的膜质鳞被，基生叶带状，扁平，宽一般在 2.5 cm 以内，背有隆脊。原产亚洲西部或欧洲，我国各地普遍栽培，鳞茎含挥发性的大蒜素，有健胃、止痢、止咳、杀菌、驱虫等作用。

(8) 韭(*Allium tuberosum* Rottl. ex Spreng.)

植株有根茎，鳞茎狭圆锥形，鳞被纤维状，基生叶线形，扁平，宽 3 ~ 7 mm。种子供药用。

(9) 天门冬[*Asparagus cochinchinensis* (Lour.)Merr.]

肉质根纺锤状或长椭圆形，茎蔓生，叶退化成干膜质，鳞片状，最后的枝呈针形叶状。分布于全国各地，块根入药。

(10) 黄花菜(金针菜)(*Hemerocallis citrina* Baroni)

花较大，长 8 ~ 16 cm，花被管长 3 ~ 5 cm，黄色，芳香，午后开放，翌日午前凋萎。

花食用，根入药。

(11) 小黄花菜(*Hemerocalli minor* Mill.)

花较小，长 7 ~ 10 cm，花被管长 1 ~ 3 cm。分布于我国北部各地。根供药用。

(12) 萱草(*Hemerocallis fulva* L.)

花橘红色，无香味。我国广泛栽培，根药用。

(13) 知母(*Anemarrhena asphodeloides* Bunge)

根状茎横生，粗壮，叶基生，条形，花葶细长，总状花序，花小，淡紫红色，花被片 6，雄蕊 3，蒴果具 6 纵棱。分布于东北、华北及陕西、甘肃等地，根状茎为著名中药。

(14) 麦冬[*Ophiopogon japonicus*(L. f)Ker-Gawl.]

须根顶端或中部膨大成纺锤状块根，花小，稍下垂；花药锐尖；子房半下位，种子蓝黑色。分布于华东、中南、西南等地。块根药用，能滋阴生津，润肺止咳。

此外，郁金香(*Tulipa gesneriana* L.)、风信子(*Hyacinthus orientalis* L.)、万年青(*Rohdea japonica* (Thunb.)Roth.)、玉簪(*Hosta plantaginea* (Lam.)Aschers.)等均为习见的观赏植物，全国各地栽培普遍。

7. 4. 7 兰科(**Orchidaceae**)

多年生草本，陆生、附生或腐生，稀为攀缘藤本。陆生及腐生的常具根状茎或块茎，有须根。附生的具有肥厚根被的气生根。茎直立，悬垂或攀缘，往往在基部或全部膨大为具 1 节或多节、呈各种形状的假鳞茎。单叶互生，排成 2 列，稀对生或轮生，基部具抱茎的叶鞘，有时退化成鳞片状。花葶顶生或侧生，单花或排列成总状、穗状或圆锥花序；花两性，稀为单性，两侧对称，常因子房呈 180°角扭转、弯曲而使唇瓣位于下方；花被片 6，排列为 2 轮，外轮 3 片为萼片，通常花瓣状，离生或部分合生，中央的 1 片称中萼片，有时凹陷，并与花瓣靠合成盔，两侧的 2 片称侧萼片，略歪斜，离生或靠合，稀合生为 1 合萼片，有时侧萼片贴生于蕊柱脚上而形成萼囊；内轮两侧的 2 片称花瓣，中央的 1 片特化而称唇瓣；唇瓣常有极复杂的结构，分裂或不分裂，有时由于中部缢缩而分成上唇与下唇(前部与后部)，其上通常有脊、褶片、胼胝体或其他附属物，基部有时具囊或距，内含蜜腺。最突出的特征是雄蕊和雌蕊合生成合蕊柱，通常半圆柱形，正面向唇瓣，基部有时延伸为蕊柱脚，顶端通常有药床；雄蕊 1 或 2 枚(极少为 3 枚)，前者为外轮中央雄蕊，生于蕊柱顶端背面，后者为内轮侧生雄蕊，生于蕊柱两侧；退化雄蕊有时存在，为很小的突起，稀为较大而具彩色；花药通常 2 室，花粉常结成花粉块；花粉块 2 ~ 8 个，具花粉块柄、蕊喙柄和黏盘或缺；雌蕊有 3 个连合心皮，子房下位，1 室，侧膜胎座。蒴果三棱状圆柱形或纺锤形，成熟时开裂为顶部仍相连的 3 ~ 6 果爿。种子极多，微小，无胚乳，通常具膜质或呈翅状扩张的种皮，易于随风飘扬，传至远方，胚小而未分化。染色体：X = 6 ~ 29。

兰科为种子植物第二大科，约有 700 属 20 000 余种，广布于热带、亚热带与温带地区，尤以南美洲与亚洲的热带地区为多。我国约有 150 属 1 000 余种，主要分布于长江流域及其以南各地，西南部和台湾尤盛。代表属如兰属(*Cymbidium*)为陆生、腐生或附生草本。茎极短或变态为假鳞茎。叶革质，带状。总状花须直立或俯垂；花大而美丽，有香味；花被张开；蕊柱长；花粉块 2 个。蒴果长椭圆形。约 60 种，分布于亚洲热带和亚热带。我国 40 种，分布于长江以南各地。

（1）建兰［*Cymbidium ensifolium*（L.）Sw.］

叶带形，较柔软，宽 1 ~ 1.7 cm，花葶直立，通常短于叶；总状花序有花 3 ~ 7 朵；苞片比子房短；花浅黄绿色，有清香。夏秋开花，各地庭园常栽培，供观赏，有许多栽培品种，根和叶入药。

（2）春兰［*Cymbidium goeringii*（Reichb. f.）Reichb. f.］

叶狭带形，宽 6 ~ 10 mm，花单生，淡黄绿色；唇瓣乳白色，有紫红色斑点。春季开花，有芳香。分布于华东、中南、西南及甘肃、陕西南部等地，各地栽培，供观赏，根入药，清热利湿，消肿。

（3）天麻（*Gastrodia elata* Bl.）

多年生腐生草本，块茎横生，肥厚肉质，长椭圆形，表面有均匀的环节，茎直立，黄褐色，节上具鞘状鳞片，总状花序顶生，花黄褐色，萼片与花瓣合生成斜歪筒，口偏斜，顶端 5 裂，蒴果倒卵状长圆形，6 ~ 7 月开花。分布于我国东北、西南、华东等地。块茎入药，称"天麻"。

（4）白芨［*Bletilla striata*（Thunb.）Reichb. f.］

球茎常为连接的扁平三角状厚块，上面具荸荠似的环纹，叶披针形至长椭圆形，花紫红色。分布于长江流域及其南部和西南各地。球茎含白芨胶质黏液、淀粉、挥发油等；药用，花美丽，栽培供观赏。

复习思考题

1. 结合本地区实际情况，试编制本地区松科、豆科、蔷薇科和百合科植物的分属检索表。

2. 结合本地区的植物分布情况，识别校园及周边地区分布的主要科属代表植物，并编制一分种检索表。

3. 通过野外识别和查阅资料，试编制本地区观赏植物名录。

4. 通过野外识别和查阅资料，试编制本地区药用植物名录。

5. 通过期刊和网络，采集有关植物资源利用方面的信息，试写一份课程论文。

本章推荐阅读书目

1. 种子植物分类学(第 2 版). 汪劲武. 高等教育出版社, 2009.

2. 植物学(下册)(第 2 版). 吴国芳, 冯志坚, 马炜梁, 等. 高等教育出版社. 1991.

3. 植物分类学. 罗丽娟. 中国农业大学出版社. 2007.

4. 中国植物志(电子版). http：//frps. eflora. cn/

第**8**章

植物的进化和系统发育

【**本章提要**】生命的起源经历了从无机分子到多分子体系的一系列演变过程，生命出现后首先演化为原核细胞。原核藻类的出现大约在距今35亿~33亿年前，真核藻类距今15亿~14亿年前，裸蕨类距今4亿年前，蕨类植物和原裸子植物在泥盆纪出现，被子植物在白垩纪以前出现。植物的进化历史可分成5个主要时代，即藻(菌)类时代、裸蕨植物时代、蕨类植物时代、裸子植物时代和被子植物时代。

关于被子植物的起源时间、地点和可能祖先有多种学说。有关被子植物的早期演化，存在真花学说和假花学说两种主要观点。

植物分子系统学是在分子水平上探讨系统发育和演化的科学。目前分子系统学研究的热点在叶绿体基因组和核基因组。分支系统学是20世纪60年代发展起来用于重建系统发育的重要方法。

地球上的生命史约有30多亿年。当今地球生物圈的各种生境中生活的50多万种植物，都是在这个漫长的历史长河中，由生命的低级形式逐渐演化而来的。在适应环境变化的过程中，不能适应的被淘汰，不断地绝灭；能适应的被保存，并与其生存环境相互作用，导致遗传系统和表型发生一系列不可逆转的改变过程，从而产生新的种类。新的能适应的种类向前发展，形成了一条永不中断的新陈代谢的历史长河。生物的这种发展变化过程就是进化或演化(evolution)。

8.1 地质年代与植物进化简史

植物的漫长进化史，可以从地质史上不同"代"、"纪"地层中保存的植物化石资料得到证实。植物化石(fossils)是古代植物留下的遗迹,是过去曾经在地球上生存植物的直接证据,也是地球上植物发展进化的真实记录。生活在地球上的古代植物,由于火山爆发、暴风雨袭击、野火焚烧、洪水破坏等原因大量死亡。这些植物的残体在腐烂之前,有可能被水中的泥沙或火山灰掩埋,这些泥沙经过漫长的地质作用变成岩石,其中的植物残体就变成了化石。植物化石通常分为印痕化石(impressions)和矿化化石(petrifactions)两类。印痕化石是植物残体在形成化石的过程中被分解掉,最后仅留下植物的印模。矿化化石是植物残体尚未腐烂分解时被水中的硅质、钙质或铁质渗入,形成了硅化、钙化或铁化矿石。矿化化石可以较完好地保存植物的形态和结构。此外,有时植物腐烂的降解产物,还可以保留成为"化学化石",如叶绿素的降解物卟啉是很稳定的物质,如果沉积物中存在卟啉则指示,在这一沉积以前,这里肯定有绿色植物生存。由此可见,化石在研究植物的起源、发展和进化中具有极其重要的作用,它是植物进化过程的直接证据。

　　地质学家根据化石的类别和沉积岩的程序来确定地球的年龄和地质史,并根据放射性核素的蜕变规律来测定地球的年龄和划分地质年代。经测定,地球的年龄约为 46 亿年。通常把地质史分为 5 个代:太古代、元古代、古生代、中生代和新生代。每个代又分为若干个纪(表8-1)。在太古代和元古代期间发现的化石很少,自古生代以后动植物化石发现得较多,因此古生代和各纪的划分也较明确,看法比较统一。而对太古代和元古代的界限则不太明确。所以有人将古生代的寒武纪之前的元古代和太古代总称为前寒武纪(precambrian)。也有人提出太古代和元古代的界限可能是在距今 25 亿年前。人们常根据各大类植物(含原核藻类和菌类)在不同地质时期的繁盛期,把植物进化(演化)发展的历史划分为菌藻时代、裸蕨植物时代、蕨类植物时代、裸子植物时代和被子植物时代共 5 个时代。

8.2　植物系统发育和进化研究的历史与进展

　　植物系统发育(phylogeny)是指某个种、某个类群或整个植物界的形成、发展、进化的全过程。因此,无论是种还是其他各级分类单位的大、小类群都有它们各自的系统发育问题。在植物界系统发育的漫长过程中,有些种类趋于繁盛,有些种类已经绝灭,新的种类产生并发展起来。人们逐步了解这一过程,是通过古代地质的变迁所保留下来的古植物化石资料和地球上现存的植物种类的个体发育以及不同类型植物的形态结构、生理、生化、分子生物学和地理分布等方面的证据,来系统分析、比较它们之间的相互关系,并从中找出植物界过去发展所经历的道路。到目前为止,虽然已有一些比较一致的看法,但在有些具体的演化问题上,由于缺乏足够的资料,仍未解决。因此,真正反映自然进化的植物界系统发育,尚需进行新的大量的古植物化石的挖掘和研究,同时对现存植物做进一步研究。以下简要介绍植物演化的轮廓。

8.2.1　生命的起源与原核藻类的产生

　　地球形成初期并无生命,经过近 10 亿年的漫长化学演化阶段,由无机分子生成小分子有机物(如氨基酸、核苷酸等),再由小分子有机物生成原始的蛋白质和核酸等生物大分

表 8-1　植物的主要发展阶段和地质年代

地质年代		距今时间 (百万年)		气候	植物进化状况	优势植物
新生代 Cenozoic	第四纪 Quatenary	全新世	0.01	经历了暖温带、温带、冷温带气候。冰川广布，黄土生成，气温渐下降	被子植物占绝对优势，草本植物进一步发展	被子植物
		更新世	2.5			
	第三纪 Tertiary	晚期	25	中期气温下降，逐渐向形成现代气候带方向发展	经过几次冰期之后，森林衰退，由于气候原因，造成地方植物隔离。草本植物发生，植物界面貌与现代相似	
		早期	65		被子植物进一步发展且占优势。世界各地均出现大面积的森林	
中生代 Mesozoic	白垩纪 Cretaceous	晚期	90	前期温暖湿润、均一，后期有造山运动，气温变冷，从北纬72°到南纬60°为亚热带	被子植物得到发展	裸子植物
		早期	136		裸子植物衰退，被子植物逐渐代替了裸子植物	
	侏罗纪 Jurassic	190		均一，温暖湿润，可能似亚热带	裸子植物的松柏类占优势，原始的裸子植物逐渐消失；被子植物出现	
	三叠纪 Triassic	225		气候温和，地壳较平静。北美的硅化木看不出年轮	木本乔木状蕨类继续衰退，真蕨类繁茂，裸子植物继续发展、繁盛	
古生代 Paleozoic	二叠纪 Permian	晚期	260	北半球温暖湿润，南半球出现冰川和季节变化。晚期造山运动频繁，大陆性气候，干燥炎热	裸子植物的苏铁类、银杏类、针叶类生长繁茂	蕨类植物
		早期	280		木本乔木状蕨类开始衰退	
	石炭纪 Carboniferous	345		气候温暖湿润，可能相当于亚热带。有造山运动	巨大的乔木状蕨类植物如鳞木类、芦木类、木贼类、石松类等，遍布各地且形成森林（形成今日的煤炭）。同时出现许多矮小的真蕨植物。种子蕨进一步发展	
	泥盆纪 Devonian	晚期	360	均一，温暖。海陆变迁，陆地广大，气候干燥炎热	裸蕨类植物逐渐消失	
		中期	370		裸蕨类植物繁盛，种子蕨开始出现；苔藓植物出现	
		早期	390			
	志留纪 Silurian	435		初期是平静海侵时期。末期有造山运动，局部气候干燥，海面缩小	为植物由水生向陆生演化的时期，在陆地上已出现了裸蕨类植物；此时，有可能出现了原始维管束植物；藻类植物仍占优势	藻菌植物
	奥陶纪 Ordovician	500		温暖，浅海广布	海产藻类占优势，其他类型植物继续发展	
	寒武纪 Cambrian	570		温暖，地壳静止，浅海广布	初期出现了真核细胞藻类，后期出现了与现代藻类相似的类群	
元古代 Proterozoic		570～1 500		含震旦纪 Sinian。岩层古老，地壳变动剧烈		
太古代 Archaeozoic		1 500～5 000			早期为化学进化时期，然后为原始生命起源时期，到后期出现蓝藻和细菌	

子，再进一步形成多分子体系。当多分子体系出现生物膜和建立转录翻译体系实现遗传功能时，即表明原始生命的出现。生命出现后将首先演化为原核细胞，产生原核生物。

从太古代到元古代早期仅具有细菌和蓝藻。首先产生的是异养细菌，然后出现自养细菌。自养细菌包括化能自养细菌和光合自养细菌两类，由于细菌的光合作用过程不能分解水分子和放出氧气，较蓝藻简单，因此光合细菌的出现应该早于蓝藻。

对于光合自养的原核蓝藻类是如何产生这一问题，有人认为是由含叶绿素 a，具光系统Ⅰ，不放氧的原核原藻类演化来的，也有人认为是从能进行初步光化学反应的含有卟啉类化合物的多分子体系的原始生物演化而来。从最早的蓝藻化石的发现来看，原核藻类大约出现在 35 亿 ~ 33 亿年前，至前寒武纪已很繁盛，在距今 15 亿年前，地球上的光合放氧生物仅有蓝藻。所以也有人称这段地质时期为蓝藻时代。现代生存的蓝藻约 2 000 种，分布广泛。这是经过 30 多亿年长期演化发展的结果，但在外部形态上似乎变化不很大。

蓝藻的出现具有重大意义，因其光合过程中放出氧气，不仅使水中的溶解氧增加，也使大气中的氧气不断积累，而且逐渐在高空形成臭氧层。臭氧层的出现一方面为好氧的真核生物的产生创造了条件，另一方面也为生物生活在水的表层和地球表面创造了条件，因为它可以阻挡一部分紫外线的强烈辐射。

8.2.2　真核藻类的起源与演化

真核藻类出现在 15 亿 ~ 14 亿年前，据推测那时大气中的氧含量可达现在大气中氧含量的 1%。一般认为真核细胞不会在此之前产生。至于真核细胞怎样产生的？大多认为是由原核细胞进化来的。但原核细胞怎样进化为真核细胞的问题则有多个学说，至今尚不能确定。

到距今 9 亿 ~ 7 亿年前开始出现多细胞丝状体或叶状体藻类，分属绿藻门、红藻门、褐藻门。但根据多数植物学家的意见认为绿藻门是高等植物的祖先，处于藻类植物系统发育的主干地位。

距今约 9 亿年前出现了有性生殖，这不仅提高了真核生物的生活力，而且可发生遗传重组，产生更多的变异，大大加快了真核生物的进化和发展速度。自真核生物出现至 4 亿年前近 10 亿年的时间是藻类急剧分化、发展和繁盛的时期。化石记录表明，现代藻类中的主要门类几乎均已产生。这个时期藻类植物（包括蓝藻在内）是当时地球上（水中）生命的主角，也常称这一时期为藻类时代。

真核藻类有 10 个门类，它们又是怎样起源和发展的呢？藻类之间各门的进化关系又是怎样的？现在仍是个谜。

8.2.3　裸蕨植物的产生和蕨类植物的起源与演化

裸蕨植物是最早的陆生维管植物，出现在 4 亿年前的志留纪末期，其共同特征是无叶、无真根，仅具假根；地上部分为主轴，多为二叉状分枝；原生中柱；孢子囊单生枝顶，孢子同型等。最早的裸蕨植物化石发现于志留纪晚期，定名为顶囊蕨或光蕨（*Cooksonia*）[图 8-1（a）]。其株高约 10cm，直径 0.2cm，顶端具孢子囊，孢子具有蜡状角质。后来在泥盆纪的早、中期又先后发现了莱尼蕨（*Rhynia*）[图 8-1（b）~（d）]，高仅 18 ~ 50cm，裸蕨（*Psilophyton*）［图 8-1（e）］以及霍尼蕨（*Horneophyton*）、工蕨（*Zosterophyllum*）等。它们分布于各大洲，生活于陆地上或沼泽地，繁盛于泥盆纪的早、中期，这段地质时期称为裸蕨植物时代。

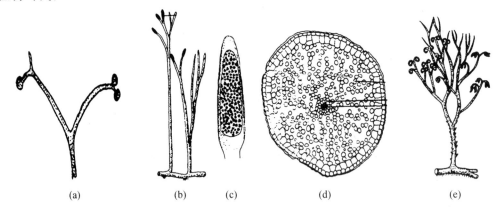

图 8-1　裸蕨类代表植物

（a）顶囊蕨　（b）～（d）莱尼蕨　［（b）孢子体　（c）孢子囊纵切　（d）茎横切面］　（e）裸蕨属

　　裸蕨植物气生茎为单生或二歧分枝，表面有角质层或稀疏的气孔可以调节水分的蒸腾。茎内中柱很细，中央没有髓部，是环纹管胞组成的木质部，外围是一层薄壁细胞组成的韧皮部，这是最原始的中柱类型，称为原生中柱，有了中柱就有利于水分和养料的吸收和运输，同时也加强了植物体的支持作用。孢子囊大都生在枝顶，孢子囊壁由几层细胞构成，没有自行扩散孢子的结构，孢子具有坚韧的外壁，有利于孢子在干燥的空气中散播并得到保护，所有这些特征都说明裸蕨类植物尽管与其他陆生植物相比显出了许多原始的性状，但它毕竟离开了水，初步具有了适应多变的陆生环境的条件。维管组织首次出现在裸蕨类，形成原生中柱。随着陆生植物不断地进化，其维管组织也进一步复杂化，中柱的进化类型主要有两种：一种是真中柱（eustele），其木质部和韧皮部并列成束，双子叶植物的中柱即为此类，另一种是维管组织分散在皮层中称为散生中柱（atactostele），单子叶植物多属此类。

　　多数人认为裸蕨植物是由古代的绿藻类演化而来的。主要依据是：它们均含叶绿素 a、b，贮藏的光合产物都为淀粉，游动细胞都具等长鞭毛，细胞壁的主要成分都为纤维素等特征。但是尚不能确定是由哪一类绿藻演化来的。也有人认为裸蕨植物起源于褐藻，其理由是：褐藻植物中不但有孢子体、配子体同样发达的种类，也有孢子体比配子体发达的种类，而且褐藻植物体结构复杂，并有多细胞组成的配子囊。少数人认为裸蕨植物起源于苔藓植物，其理由主要是裸蕨植物孢子体的某些性状与苔藓植物相似，但缺乏足够证据，且也难以解释两者生活史上孢子体和配子体优势上的转变。裸蕨植物均于泥盆纪晚期绝灭，仅生存了 3 000 万年。

　　早期陆生植物是怎样适应陆生生活并进一步演化的？距今 4 亿年前的志留纪末期，地面的自然环境发生了重大变化。那些生活于海滨或浅海潮汐带的某种藻类的后裔，在陆地上升、水面下降的条件下，生存受到威胁。原来漂浮于水体中的植物体由于失去水环境而相互叠压在一起，其中一些植物体由于顶部上翘比平塌在地上的部位受到充分的阳光照射和通畅的气体交换，由此得到了茂盛的生长；然而这些上翘的部位又受到干旱的威胁，养料的摄取也不如在水体中容易。具有上翘部位的植物体要解决水分和养料的供应，必须有一个适应和变异的过程。裸蕨植物是最早的一批登陆植物，它的出现具有重要意义，从此开辟了植物由水生发展到陆生的新时代，陆地从此披上了绿装。植物界的演化进入了一个与以前完全不同的新阶段，这是一个巨大的飞跃，在植物的发展史上标志着一个重要的里程碑，裸蕨植物在植物进化中的意义还在于它们又演化出其他蕨类植物和原裸子植物。

根据化石推测，蕨类植物来自古生代志留纪末期和下泥盆纪时出现的裸蕨类植物。一般认为，一批生于水中的裸蕨类植物逐渐登陆后，由于陆地生存条件是多种多样的，这些植物为适应多变的生活环境而不断向前分化和发展。在漫长的历史过程中，裸蕨类植物大致是沿着三条路线演化和发展的；一支为石松类，一支为木贼类（即楔叶类），另一支为真蕨类。它们在泥盆纪早、中期出现，从泥盆纪晚期至石炭纪和二叠纪的 16 000 万年的时期内种类多，分布广，生长繁茂，成为当时地球植被的主角，被称为蕨类植物时代。但在二叠纪时因气候急剧地变化，生长在湿润环境中的许多种类，不能抵抗二叠纪时出现的季节性的干旱和大规模的地壳运动的变化而遭淘汰。后来在三叠纪和侏罗纪时又进化出一些新的种类，其中大多数种类进化发展到现在。真蕨类最早出现于泥盆纪的早、中期，著名化石为小原始蕨属（*Protopteridium*）。泥盆纪至石炭纪时的真蕨多大型，树蕨状。但在二叠纪逐渐消失，仅留下一些小型者延续下来。现代真蕨类中有些种类是在三叠纪和侏罗纪产生的。

8.2.4　苔藓植物的产生

苔藓植物可能出现于泥盆纪早期。可靠的苔藓植物化石带叶苔（*Pallavicinites devonicus*）发现于 3 亿多年前的泥盆纪。石炭纪时已分化出苔类和藓类。在高等植物的各大类群中，苔藓植物的生活史是很特殊的。其配子体高度发达，支配着生长和繁殖；孢子体寄生在配子体上，居次要地位。目前对于苔藓植物的起源问题，主要有两种观点：

一种观点认为苔藓植物是从早期原始的裸蕨类植物退化演变而来的。主要依据是：裸蕨类中有的个体很似苔藓植物，如：没有真正的根和叶，只在横生的茎上生有假根；孢子囊内也有中轴构造；输导组织也有退化消失的情况。此外，根据地质年代记载裸蕨类出现在志留纪，而苔藓植物发现于泥盆纪中期，苔藓植物比裸蕨类晚出现数千万年，从年代上也可以说明其进化顺序等等。因而认为配子体占优势的苔藓植物，是由孢子体占优势的裸蕨植物演变来的，是孢子体逐步退化，配子体逐步复杂化的结果。

另一种观点主张苔藓植物是从古绿藻类演化来的，其主要依据是：①苔藓植物的孢子萌发时先发育形成原丝体，原丝体在形态上类似丝状绿藻；②它们所含的光合色素相同，贮藏的光合产物均是淀粉；③它们的精子都具 2 条等长、尾鞭型、近顶生的鞭毛；④绿藻中存在有明显的世代交替类型，如石莼、刚毛藻等，苔藓植物的世代交替明显。

特别是在印度、非洲和日本发现了藻类与苔藓植物之间特殊的过渡类型结节佛氏藻（*Fritschiella tuberosa* Iyengar）（图 8-2）（属绿藻门的胶毛藻科）。它具有直立和匍匐枝的分化，匍匐枝生于地下，直立枝穿过很薄的土层，在地表形成丛状枝，外表有角质层，有世代交替现象，能适应陆地生活。Bower 认为高等陆生植物可能是从古代这种类型的绿藻发展而来。配子体发达的绿藻进化为苔藓植物并走向进化的盲支，而孢子体发达的绿藻演化为蕨类植物的原始类群——裸蕨，如莱尼蕨属（*Rhynia*）。另外，自1985年以来先后在日本、加拿大、中国等地发现的一种外形类似藻类，但具颈卵器被定名为藻苔（*Takakia lepidozioides*）（图8-3）的苔类植物，植物体的结构非常简单。配子体无假根，只有合轴分枝的主茎，2~4瓣深裂为线形的小叶螺旋状着生在主茎上。佛氏藻、藻苔的发现为苔藓植物来源于绿藻的推论提供了较重要的例证。目前赞成苔藓植物来源于绿藻的人较多，并认为苔藓植物和裸蕨并无直接关系，二者可能是由水生绿藻平行演化而来。

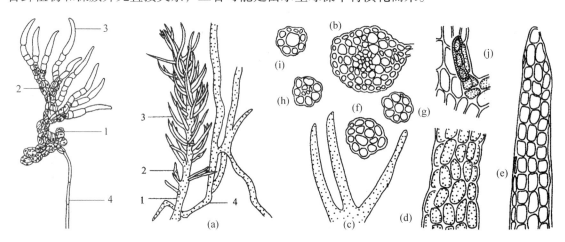

图8-2　佛氏藻
1. 块状细胞群　2. 匍匐枝
3. 直立气生枝系　4. 丝状假根

图8-3　藻　苔（引自叶创兴等《植物学》）
（a）植物体　（b）茎的横切面　（c）叶（示3深裂）　（d）叶的中部
（e）叶的尖部　（f）~（i）叶的横切面　（j）叶基和茎的一部分（示黏液细胞）
1. 茎　2. 颈卵器　3. 叶　4. 鞭状枝

苔藓植物无维管系统的分化，无真根；有性生殖时，必须借助水等，这都说明苔藓植物对陆生环境的适应能力尚不如维管植物。所以它们虽分布较广，但仍然多生于阴湿环境。至今尚未发现它们进化出高一级的新植物类群。此外，苔藓植物的孢子体不能独立生活，需寄生在配子体上，因此，有学者认为苔藓植物在植物系统演化中只能是一个盲支。

8.2.5　原裸子植物和裸子植物的起源与演化

裸子植物既是种子植物，又是颈卵器植物，是介于蕨类植物与被子植物之间的一群高等植物，它们无疑是由蕨类植物演化来的。现代的苏铁植物和银杏等裸子植物的原始类型具有多数鞭毛的游动精子，加强了裸子植物起源于蕨类植物的论点。据推测裸子植物不太可能起源于石松植物和现代异型孢子的薄囊蕨类，而很可能起源于同型或异型孢子囊类的古代原始类群，即原裸子植物。

8.2.5.1　原裸子植物

原裸子植物（Progymnospermae）也称前裸子植物或半裸子植物。它们是从裸蕨植物演化而来的，在某些方面比蕨类植物进化，但尚未具备裸子植物全部的基本特征，兼有蕨类和裸子植物的特征。其特点是外形似蕨类，尚未形成种子，仍以孢子进行繁殖；但其次生木质部由具缘纹孔的管胞组成，这又是裸子植物的解剖特征。1974年Burn将这类植物称作原裸子植物。对其分类地位尚有争议,有人主张列为一个门,有人主张列为裸子植物的一个亚门,还有人主张列入蕨类等。

最早的原裸子植物的化石是发现于泥盆纪中期的无脉树(*Aneurophyton*)[图 8-4(a)],乔木,树高 13 m、茎粗,茎顶端有 1 个由许多分枝组成的树冠,它的"叶"是一种复杂的分枝系统、扁化的枝,其中无叶脉。孢子囊小而呈卵形,孢子同型,生于末级"细枝"之上。茎干内部具次生木质组织,这种组织由具缘纹孔的管胞组成。它没有发达主根,只有许多细弱侧根。

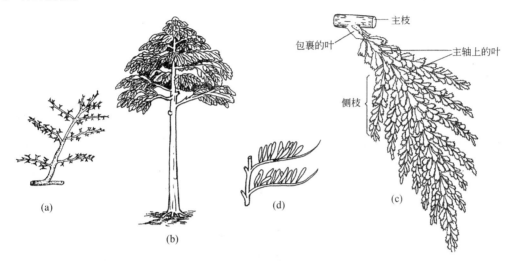

图 8-4 原裸子植物[(a)引自周云龙;(b)引自 Beck, Amer. Jour. Bot. 1962;
(c)引自 Beck, Amer. Jour. Bot. 1971 (d)引自叶创兴]
(a)无脉树(枝的一部分) (b)~(d)古蕨属 [(b)外形 (c)枝叶一部分 (d)生殖枝,孢子囊内有大小孢子之分]

另一著名的原裸子植物是泥盆纪晚期特有的一群较为进化的原裸子植物古蕨属(*Archaeopteris*)[图 8-4(b)~(d)],它们根系较无脉蕨发达;乔木,高达 25~35 m,树干基部直径达 1.6 m,茎为真中柱,茎干具有次生生长的组织,具缘纹孔的管胞,茎干的顶端具1 个由枝叶组成的树冠;侧枝上的末级分枝交互对生并扁化成营养叶;孢子囊大小一致,在能育的羽状叶的近轴面上排成两排,孢子同型或异型。

原裸子植物在泥盆纪晚期均已绝灭。但是原裸子植物在演化上亦具有重要意义,一些原始的裸子植物即是由它们演化而来的。

8.2.5.2 裸子植物

一般认为石炭纪、二叠纪由原裸子植物演化为具胚珠和种子的原始裸子植物,如种子蕨类(Pteridospermae),种子蕨作为最原始的种子植物有以下几方面的特征:①产生种子,但没有花;②种子中没有发现发育完善的胚;③在胚珠的贮粉室里,只发现花粉,没发现花粉管。种子蕨是既具有蕨类的叶和习性,又能产生种子的一群植物,由此认为,种子蕨是介于蕨类植物和裸子植物之间的一个极其重要的类型,并成为许多现代裸子植物的起点。

种子蕨的种类非常庞杂,其中最著名的代表是凤尾松蕨(*Lyginopteris oldhamia*)(图 8-5)。小型的种子外有 1 杯状包被,包被表面有具柄腺体。珠心外有 1 层多瓣的珠被,维管束有较为发达的次生结构(由次生木质部和次生韧皮部组成)。种子蕨最早发现于泥盆纪,繁盛于石炭纪,少数植物延续到三叠纪晚期。著名的类群有 *Lagenostoma*,髓木(*Medullosa*)和 *Neuropteris*。茎具形成层,木质部发达,管胞上有具缘纹孔,射线较宽。叶大,孢子叶和营养叶异型。我国地质史上也有许多种子蕨生长,其中最著名的是大羽羊齿(*Gigantonoclea rosulata*),它的叶具有"复杂的网状脉序",是迄今所知具有这种脉序的先驱者。由于我国和东南亚地区在二叠纪时,繁荣着以大羽羊齿为代表的独特植物群,故称之为华夏植物群。

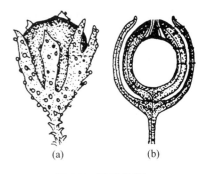

图 8-5 凤尾松蕨
(引自福斯特《维管植物比较形态学》)
(a)胚珠外形 (b)胚珠纵切面

有人推测由种子蕨进化出两支,其中一支雌、雄孢子叶分别集中形成孢子叶球的类群,进化为拟苏铁植物(Cycadeoideinae)和苛得狄植物(Cordaitinae)(图 8-6),拟苏铁植物后来进化为裸子植物的苏铁类和买麻藤纲,由苛得狄植物演化为银杏纲、红豆杉纲和松柏纲。另一支雌、雄孢子叶共同集中形成孢子叶球的类群发展形成本内苏铁(Bennettitaceae)[图 8-6(A)、(B)]和半被子植物(Hemiangiospermae)。

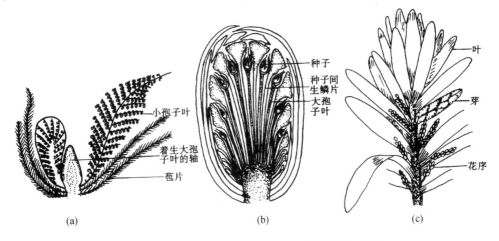

图 8-6 本内苏铁和苛得狄(引吴国芳等《植物学》)
(a)本内苏铁孢子叶球纵切面 (b)本内苏铁大孢子叶球纵切面 (c)苛得狄小孢子叶球纵切面

也有人认为虽然在体态上拟苏铁与现存苏铁有相似之处,但从孢子叶球结构等方面的差异表明,它们之间并无直接的联系,拟苏铁和苏铁纲可能共同起源于种子蕨;科达树(Cordaites)可能起源于原裸子植物的古蕨,并与松柏纲近缘;银杏起源于种子蕨或者原裸子植物。

还有人认为由种子蕨演化出苏铁类、本内苏铁类和苛得狄[图 8-6(c)],或者认为苛得狄起源于原裸子植物,再由苛得狄演化出银杏类和松杉类,或者银杏类起源于原裸子植物。

苏铁类延续至今,尚存 100 余种。银杏最早出现在二叠纪早期,三叠纪至侏罗纪时繁盛。自白垩纪和新生代以来仅存 1 种，在我国被保存下来，成为活化石植物。松杉类植物出现于晚石炭纪，在中生代后期最繁盛。现代种类仍然最多，分布最广，数量最大。

本内苏铁(*Bennettitinae*)出现于二叠纪，侏罗纪和早白垩纪繁盛，白垩纪晚期绝灭。本内苏铁叶外形似苏铁，但表皮构造不同；具有两性孢子叶球，虫媒传粉，具花被状结构，类似被子植物的花。本内苏铁类在白垩纪时已绝灭。

苛得狄植物发现于石炭纪晚期和二叠纪早期，三叠纪完全绝灭。科达树(*Cordaites*)为高大乔木并形成森林，高 15~30m，具发达的根系和树冠，单叶，密木型木材，真中柱，具有较大的片状髓和发达的皮层，孢子叶球单性同株或异株，具有胚珠，有贮粉室。

松柏纲植物是现代裸子植物中种、属最多的类群。植物体的形态、结构比铁树和银杏类植物更适于干旱的陆生环境；受精方式进化，花粉萌发成花粉管，精子不具鞭毛。

自半被子植物发展为现今的被子植物，但半被子植物尚未有准确化石。设想其有两性花，形状近似本内苏铁，与现今的木兰科和毛茛科相似，它繁盛于中生代，后已灭绝。

总之，由原裸子植物首先演化出原始裸子植物种子蕨和苛得狄类，再由它们演化出其他的裸子植物。种子蕨、苛得狄、本内苏铁等已全部绝灭，银杏类也仅存 1 种。中生代时期为裸子植物最繁盛期，称为裸子植物时代。侏罗纪和早白垩纪有大片松柏树堆集，炭化成煤，为当时的主要造煤植物。至于买麻藤类(盖子植物)植物是现代裸子植物中较特化的类型，具有导管、颈卵器趋于消失、受精作用在雌配子体的自由核状态下进行等等被子植物的某些性状，又分别与木贼类和拟苏铁植物的关系密切。也有人根据它们中有些种类有退化的两性花的痕迹，推测它们或许和本内苏铁有关。

在裸子植物中，买麻藤目在种子植物内的系统位置比较模糊，目前主要有：①基于表型分析的生花植物说(anthophyte hypothesis)，与被子植物成姐妹群关系；②以及基于分子系统学的买麻藤—松柏类单系说(gnetifer hypothesis)，同所有的松柏类植物形成姐妹群；③买麻藤—松科单系说(gnepine hypothesis)，同松柏类植物亲缘关系密切并同松科形成姐妹群；④买麻藤—松柏类单系说("gnecup" hypothesis)，同松柏类植物亲缘关系密切，但是同非松科的松柏类成姐妹群。

8.2.6　被子植物的起源与演化

被子植物是当今覆盖陆地表面的主要植物，它的多样性促使人们提出这样一些问题：被子植物起源于何时？何地？由什么祖先演化而来？演化的途径是什么？下面仅就为多数学者承认的观点作一简介。

8.2.6.1　被子植物的起源时间

被子植物是现今植物界中进化水平最高、种类最多的大类群。有关被子植物起源的时间问题，由于尚未发现白垩纪以前可靠的化石记录，目前还存在许多不同的看法，大多数的结论也仍然是推论性的，粗略归纳起来，有两种不同的观点：

(1)古生代起源说

这是一个较老而占统治地位的观点。坎普(Camp)、Axelrod、托马斯(Thomas)、埃姆斯(Eames)等学者主张被子植物起源于古生代。

Camp 推测，被子植物可能在古生代末出现，并在侏罗纪前形成基本的类群。Seward

认为被子植物应该在白垩纪中期以前数百万年便已存在了。Axelrod 指出，如果考虑地质历程中已经发现的主要植物化石的演化速度，要达到被子植物的多样性状态，需要6 000 万~7 000 万年的时间，据此被子植物的祖先至少应当在二叠纪出现。他还认为，由于被子植物起源于二叠纪至三叠纪时远离沉积场所的高地，因此在白垩纪之前没有留下较多的化石。Simpson 和 Stebbins 认为高地环境比低地更为复杂多样，而且二叠纪至三叠纪时的气候是地史上最恶劣的，可能比现代热带气候还要多样且干旱，这一多样的气候环境推动了早期被子植物的演化。

值得进一步指出的是，拉姆肖（Ramshaw）等人通过对被子植物细胞色素 c 中氨基酸顺序的研究，发现凡是系统上亲缘关系近的，氨基酸排列顺序相似；关系远的，排列顺序相差很大，并提出被子植物起源于 4 亿~5 亿年前，支持被子植物起源于古生代的奥陶纪到志留纪。他们还认为，像胡麻、苘麻和花椰菜这些较特化的植物群，在白垩纪之前（2 亿年）就存在了。由于这些结论和大量的形态学和古植物学的证据相矛盾，因此，很少有人支持这样的假说。但这方法为我们进一步研究被子植物的发生和发展，提供了新的研究途径。

图 8-7　辽宁古果化石复原图

最近在辽宁发现晚侏罗纪的被子植物化石辽宁古果（*Archaefructus liaoningensis*，Sun et al.）为被子植物出现在白垩纪之前的推论提供了一个例证（图 8-7）。

（2）白垩纪（或晚侏罗纪）起源说

当前多数学者认为被子植物的早期进化和初期的重要分化发生在距今约 1.2 亿年以前的中生代末的白垩纪，而到了距今 8 000 万~9 000 万年前的白垩纪末期，被子植物已在地球上的大部分地区占了统治地位。

陶君容等（1992）报道发现了早白垩世的喙柱始木兰（*Archimagnolia rostrato-stylosa*）花的化石（图 8-8），它兼具现代木兰科几个属的特征，又与各属有所区别，证明它是尚未分化的原始木兰科植物，被认为是目前世界上最早的花的化石。

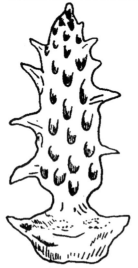

图 8-8　喙柱始木兰花部的化石

（引自马炜梁，1998）

白垩纪中期保存的植物化石至少有 40 个科，它们和现代属种相似（表 8-2），但没有发现过被认为是高度进化的科的遗迹，而且缺乏草本类群。由此可见，被子植物最进化的草本种类是在白垩纪以后演化的。白垩纪中期被子植物的大量分化，标志着由中生代以蕨类、松柏类、苏铁类和本内苏铁目占优势的生态系统向晚白垩纪至第三纪以被子植物占优势的生态系统转变。化石资料显示，在白垩纪的最末期被子植物在整个植物区系组成中占 50%~80%。由表 8-2 可见，白垩纪中期已有相当的植物多样性。这些植物中有复杂的虫媒传粉植物，如豆科，也有较多的风媒传粉植物，如壳斗科、杨柳科等，而另一些科具有很特殊的花结构，如大戟科。大戟属的植物具有杯状总苞，苞外具蜜腺，中间的雌花被 5 枚雄花序所包围，每个雄花序由 5~10 朵雄花组成。雄花和雌花均没有花被，每朵雄花只有一个雄蕊。

表 8-2　白垩纪中期发现的植物化石（引自 Axelord，1952）

科　名	科　名	科　名
槭树科 Aceraceae *	桑科 Moraceae *	壳斗科 Fagaceae *
漆树科 Anacardiaceae *	桃金娘科 Myrtaceae	胡桃科 Juglandaceae *
天南星科 Araceae	睡莲科 Nymphaeaceae *	樟科 Lauraceae *
五加科 Araliaceae *	棕榈科 Palmae	鼠李科 Rhamnaceae *
小檗科 Berberidaceae *	悬铃木科 Platanaceae *	蔷薇科 Rosaaceae *
桦木科 Betulaceae *	山龙眼科 Proteaceae *	杨柳科 Salicaceae *
忍冬科 Caprifoliaceae	山茱萸科 Cornaceae *	无患子科 Sapindaceae *
连香树科 Cercidiphyllaceae *	莎草科 Cyperaceae *	梧桐科 Sterculiaceae
使君子科 Combretaceae	五桠果科 Dilleniaceae	椴树科 Tiliaceae *
豆科 Leguminosae	龙脑香科 Dipterocarpaceae	香蒲科 Typhaceae
木兰科 Magnoliaceae *	柿树科 Ebenaceae *	昆栏树科 Trochodendraceae
防己科 Menispermaceae	大戟科 Euphorbiaceae *	葡萄科 Vitaceae *

注：表中凡有 * 者为研究较清楚的科。

尽管如此，白垩纪中期被子植物以"爆发式"的速度和惊人的演化速率在地球上出现并散布，也是难以令人置信的。纵观植物发展史，出现如此大的间断也是罕见的。早在 100 余年前，达尔文在《物种起源》一书中也曾认为白垩纪后被子植物的突然出现是一个可疑的秘密，当时他归结为"地质纪录不完全"的结果。

从种子蕨的结构（包括输导组织、保护组织、繁殖器官）演化来看，发展到现代被子植物的相应结构，都是逐步的、渐进的，不可能有什么突变的结构改造与适应。以输导组织为例，它是陆生植物首先需解决的结构，它依然经历着从无管胞到有管胞，然后出现导管，最后发展出现较完善而复杂的管胞和导管系统，这种结构的完善，在种子蕨中由晚泥盆世到极盛的二叠纪至三叠纪，历时 1 亿年。蕨类植物从志留纪、泥盆纪到全盛的晚石炭世，历时不少于 0.8 亿~1 亿年。裸子植物从晚泥盆世到全盛的中生代，历时 1.5 亿年。至于被子植物从前被子植物经过原始被子植物到全盛的白垩纪，不应少于裸子植物发展所需要的 1.5 亿年。因此，被子植物起源的时代应不迟于三叠纪，被子植物原始科的形成应不会迟于 1 亿年前。

综上所述，被子植物最古老的原始类型到底是什么样子，依然是个未解之"谜"。但是，被子植物起源的时间似乎可以肯定，是在白垩纪以前的某个时期。

8.2.6.2　被子植物的发源地

对于被子植物发源地的问题主要有两种观点即：高纬度——北极起源说和中、低纬度——热带或亚热带起源说。

（1）高纬度起源说

希尔（Heer）根据对北极化石植物区系的分析认为，植物首先起源于北半球高纬度，然后向南迁移，并由此向3个方向扩大其分布区：①由欧洲向非洲南进；②从欧亚大陆向南发展到中国和日本，再向南延伸到马来西亚和澳大利亚；③由加拿大经美国进入拉丁美洲，最后扩散到全球。他的观点，曾得到不少古植物学家和植物地理学家的支持，这一观点的支持者，常常引证北极的"早"白垩世植物区系的证据。通过对北极被子植物化石植物区系的研究，认为早白垩世的北极化石植物区系并无被子植物的踪迹，而早白垩世的被子植物化石在远离北极地区的中、低纬度地区（亚热带、热带）却有发现。因此，当今高纬度起源说被多数学者反对。

（2）中低纬度起源说

目前，大多数学者支持被子植物起源于中低纬度热带和亚热带地区。因为现存的和化石的木兰类在亚洲东南部和太平洋西南部占优势，在低纬度热带地区白垩纪地层中发现有最古老的被子植物单沟花粉，另外现今存活的300多科被子植物多分布于热带和亚热带地区，特别是一些原始的科多在低纬度地区分布。近数十年来的资料表明，大量被子植物化石在中、低纬度出现的时间实际上早于高纬度。如美国加利福尼亚早白垩世发

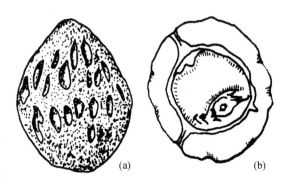

图8-9　加州洞核（引自马炜梁，1998）
(a)表面观　(b)切面观

现的被子植物果实化石——加州洞核（图8-9）。同一时期，在加拿大的地层中却还无被子植物出现，直到白垩纪晚期加拿大等地才出现极少数被子植物，其数量仅占植物总数的2%～3%；而同一时期在美国分布的被子植物已占植物化石总数的20%左右。在亚洲北部和欧洲被子植物出现的时代都晚于南部。以上事实表明，被子植物是在中、低纬度首先出现，然后逐渐向高纬度地区扩展。

最近，来自北半球的孢粉学资料显示被子植物在低古纬度（palaeolatitude）地区开始出现大量分化。Axelrod和Raven根据板块学说和古植物学证据，主张被子植物起源于二叠纪至三叠纪西冈瓦纳古陆的热带高地（非洲），因为现代300科被子植物的一半以上主要生活于热带到亚热带地区，而且原始科的类群适应于气候稳定的温暖热带山地，但次生科的类群则分别适应更为干旱、寒冷或炎热的不稳定气候。该观点能够解释许多有关被子植物起源的问题。通过对现代及化石植物生态的研究证明，能保存成为化石的植物生活于沉积场所或接近沉积场所的地区，其大部分保存于低地的河谷、湖泊、河口、海湾沉积物中，高山化石多沉积于高山湖泊中，高山沉积物在第三纪很少，而第三纪以前几乎不见，说明高山沉积物是不可能长期保存，因此与三叠纪和侏罗纪同期的高地植物群大部分消失了。由古生代、中生代和新生代植物群的演替可见，特化植物或较晚出现于低地的植物远在它们代替更古老的植物进入低地之前，就已出现于附近的高地上。高地环境多样比低地更有发展新类群的可能，因为变化的环境是进化的必要条件。

　　有关被子植物起源的具体地点还存在许多不同的观点，如塔赫他间（Takhtajan）根据在西太平洋的斐济发现了单室木兰属（*Degeneria*）（其心皮在受精前处于开放状态的原始特征），以及从印度阿萨姆至斐济的广大地区含有丰富的种类，认为那里是被子植物的发源地。史密斯（Smith A. C.）则认为被子植物起源中心位于日本到新西兰之间，也是着眼于这一地区存在单室木兰属。凡斯坦尼斯（Vansteenis）提出了"云南至澳大利亚昆士兰"为起源中心地区。坎普（Camp）提出南美亚马孙河流域四周山区是被子植物起源中心。

　　我国学者吴征镒从中国植物区系研究的角度出发，提出"整个被子植物区系早在第三纪以前，即在古生代统一的大陆上的热带地区发生"，并认为"我国南部、西南部和中南半岛，在北纬20°～40°间的广大地区，最富于特有的古老科、属。这些第三纪古热带起源的植物区系即为近代东亚温带、亚热带植物区系的开端，这一地区就是它们的发源地，也是北美、欧洲等北温带植物区系的开端和发源地"；现代被子植物中多数较原始的科都集中分布在低纬度的热带。坎普提出南美亚马逊河流域的平原地区热带雨林中的植物非常丰富，并有许多接近于被子植物的原始类型，而且可能被子植物起源于这一区域热带平原四周的山区；由此可见，中、低纬度的热带和亚热带地区，确实像是被子植物的起源中心，并从这里，它们迅速地分化和辐射，向中、高纬度发展而遍及各大陆。

　　总之，目前支持被子植物起源于低纬度学说的人较多，证据也多一些。但这个问题还不能说已经定论，还有许多问题需要进一步探讨。

8.2.6.3　被子植物可能的祖先

　　由于化石资料不足，对于被子植物是由哪类植物演化来的目前还不清楚，但不少学者提出了多种假说。有多元说、二元说和单元说。

　　（1）多元说（polyphyletic theory）

　　多元说认为被子植物是来源于许多不相亲近的类群，彼此是平行发展的。威兰（G. R. Wieland）、胡先骕、米塞（Meeuse）等人是多元说的代表。

　　威兰于1929年提出了被子植物多元起源的观点，认为被子植物分别与本内苏铁、苛得狄类、银杏类、松柏类以及苏铁类皆有渊源。

　　胡先骕在1950年《中国科学》上发表了一个被子植物多元起源的新系统，他认为双子叶植物从多元的半被子植物起源；单子叶植物不可能出自毛莨科，需上溯至半被子植物，而其中肉穗花区直接出自种子蕨部髓木类，与其他单子叶植物不同源。

　　米塞认为被子植物至少是从4个不同的祖先演化而来的。例如，他提出单子叶植物通过露兜树属（*Pandanus*）由五柱木目（*Pentexyloles*）起源；他把双子叶植物分为3个亚纲，各自从不同的本内铁树类起源。

　　（2）二元说（二源说）（diphyletic theory）

　　二元说认为被子植物来自两个不同的祖先类群，二者不存在直接的关系，而是平行发展的。拉姆（Lam）和恩格勒（A. Engler）均为二元说的著名代表。

　　拉姆从被子植物形态的多样性出发，认为被子植物至少是二元起源的，在他的分类系统中，把被子植物分为轴生孢子类（Stachyosporae）和叶生孢子类（Phyllosporae）二大类。前者的心皮是假心皮，并非来源于叶性器官，大孢子囊直接起源于轴性器官，包括单花被类（大戟科）、部分合瓣类（蓝雪科、报春花科）以及部分单子叶植物（露兜树科），这一类起源于盖子植物(买麻藤目)的祖先。后者的心皮是叶起源，具有真正的孢子叶，孢子囊着生于孢子叶上，雄蕊经常有转变为花瓣的趋势，这一类包括多心皮类及其后裔，以及大部分单子叶植物，起源于苏铁类。

恩格勒认为，柔荑花序类的木麻黄目及荨麻目等无花被类，和多心皮类的木兰目缺乏直接的关系，二者是平行发展的，这种看法是片面的。最近，埃伦多弗(F. Ehrendofer, 1976)通过对木兰亚纲和金缕梅亚纲(包括柔荑花序类植物)的染色体研究，认为二者显著相似，支持了二者之间有密切的亲缘关系，也冲击了对这些古老的被子植物提出多元发生的观点。

(3)单元说(单源说)(monophyletic theory)

现代多数植物学家主张被子植物起源于一个共同的祖先，主要依据是被子植物具有许多高度特化的共同特征：①具有筛管和伴胞；②雌、雄蕊在花轴上排列的位置固定不变；③花药有4个花粉囊和特有的药室内层(绒毡层)；④雌蕊分化为子房、花柱和柱头；⑤都有双受精现象和3倍体的胚乳；⑥花粉管通过退化的助细胞进入胚囊后完成双受精作用；⑦花粉外均有花粉鞘(Pollenkitt)。另外，从统计学上也证实，所有这些特征共同发生的几率不可能多于一次。因此，被子植物不可能是不同时期由不同的祖先类群分别繁衍下来的。

哈钦松(Hutchinson)、塔赫他间(Takhtajan)和克朗奎斯特(Cronquist)等单元论者认为现代被子植物来自于原被子植物(proangiospermae)，而多心皮类，特别是其中的木兰目比较接近原被子植物，有可能是原被子植物的直接后裔，并主张木兰目为现代被子植物的原始类型。

被子植物如确系单元起源，那么，它究竟发生于哪一类植物，推测很多，至今并无定论。目前比较流行的是本内苏铁和种子蕨这两种假说。

以莱米斯尔(Lemesle)为代表的学者主张被子植物起源于本内苏铁。因为本内苏铁具两性孢子叶球，与木兰及鹅掌楸的花类似。甚至有人把本内苏铁称为原被子植物。近来支持这一观点的人渐趋减少。

塔赫他间主张被子植物和本内苏铁有共同祖先，可能起源于原始的种子蕨类。并认为是通过原始种子蕨的幼态成熟过程演化出原始被子植物。如种子蕨的具孢子叶的幼年短枝，生长受到强抑制和极度缩短变成孢子叶球，再进而突变成原始被子植物的花。这种花再经过不断地幼态成熟的突变，最后形成进化的被子植物的花。他认为本内苏铁的两性孢子叶球和木兰的花只是表面上有些类似，二者有明显的差异。谷安根(1992)则提出种子蕨的幼态成熟应是其种子内幼胚时期发生的。

至于是由哪种种子蕨通过幼态成熟演化出原被子植物的问题，同样没有一致的意见。

8.2.6.4 关于被子植物系统演化的主要学说

研究被子植物的系统演化，首先需要确定被子植物花的原始类型和进步类型。对此主要存在两大学派的两种学说：一为毛茛学派的真花学说，另一种为恩格勒学派的假花学说。

(1)真花学说

毛茛学派认为原始的被子植物具两性花，是由早已灭绝的裸子植物——本内苏铁目

（Bennettitales）中具两性孢子叶球的植物进化而来。由孢子叶球主轴缩短成花轴，上部大孢子叶发展成雌蕊（心皮），下部小孢子叶发展成雄蕊，最下部具覆瓦状排列的苞片演变成被子植物的花被。该理论称为真花学说（Euanthium Theory）[图 8-10（a）、（b）]。

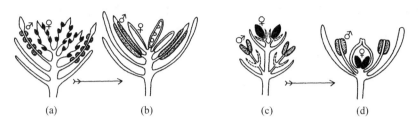

图 8-10　真花学说和假花学说示意
（a）、（b）真花学说　　（c）、（d）假花学说

　　相对与被子植物而言，本内苏铁目具有许多相似的特征如：孢子叶球中轴很长，是两性的虫媒花，孢子叶的数目很多，胚具 2 片子叶，小孢子单沟舟状。因此，认为现代被子植物中的具有伸长的花轴，心皮多数而离生的两性整齐花的多心皮类，尤其是木兰目植物应是现代被子植物中较原始的类群。即两性花、双被花和虫媒花为原始特征。该学派以美国的柏施和英国的哈钦松为代表。

　　被子植物的分类系统中，哈钦松系统、克朗奎期特系统和塔赫他间系统都是以真花学说为基础建立的。

　　（2）假花学说

　　恩格勒学派认为被子植物来源于裸子植物的进化类群——麻黄类中具有雌雄异花序的弯柄麻黄（*Ephedra camphlopoda*）。即被子植物的花是由裸子植物的单性孢子叶球演化而来，每一个雄蕊和心皮分别相当于一个极端退化的雄花和雌花，雄花的苞片变为花被，雌花的苞片变为心皮。每个雄花的小苞片消失后只剩下一个雄蕊，雌花的小苞片退化后只剩下胚珠着生于子房基部，心皮来源于苞片，而不是来源于大孢子叶。由于裸子植物，尤其是麻黄和买麻藤都是单性花，这种理论称为假花学说（Pseudanthium Theory）[图 8-10（c）、（d）]。

　　该学说主要是以德国的恩格勒 Engler（1887，1909）和奥地利的韦特斯坦 Wettstein（1901，1935）为代表。是由韦特斯坦建立的。依据该学说，单性花、单被花和风媒花为原始特征。被子植物中具单性花的柔荑花序类植物是原始类型，甚至有人认为木麻黄科就是直接从裸子植物的麻黄科演化来的。

　　现代多数系统学家认为该学说的依据不足，认为柔荑花序类花被的简化是高度适应风媒传粉而产生的次生现象，单层珠被是由双层珠被退化而来的，合点受精虽和裸子植物一样，但在被子植物进化水平较高的茄科和单子叶植物中的兰科中也有这种现象。因此，柔荑花序类的单性花、单被花、风媒传粉、合点受精和单层珠被等特点，都可以看成是进化过程中的退化现象。相反，从解剖构造和花粉粒类型上看，柔荑花序类次生木质部具导管，花粉粒 3 沟等都是进化的特征。所以，该学说受到多数学者反对。

　　这两种理论均缺乏充足的依据，到目前，被子植物的花是来源于一个两性的孢子叶球还是来源于一个单性的孢子叶球，这一长期争论的问题亦尚未解决。

8.2.6.5 被子植物的原始与进化性状

被子植物分类是以反映亲缘关系和进化顺序为前提的，植物的亲缘关系要从多方面研究，但到目前为止，主要的依据仍然是形态特征，因此，必须判断哪些性状是原始的，哪些性状是进化的。判断性状的原始与进化最客观的标准是：早出的原始，晚出的进化，若有化石证据更为可靠。然而有时却很复杂。如原始类群在进化过程中，每分化一次便产生1至多个新的类群。但在历史过程中，早出的类群其原始特征并不完全消失，在演化过程中该类群也未绝灭，与进化类群并存，因此它将保持很复杂的性状特征。另一方面，进化性状（advanced character）发生于较晚的类群中，它保持较少的原始性状（primitive character），这也被认为是进步的类群。所以性状的早期或晚期出现和分类群的古老性和进化性并不完全相关。现代普遍认为的被子植物原始与进化性状见表8-3。

表8-3 原始及进化性状

初生或原始性状	次生或进化性状	初生或原始性状	次生或进化性状
热带	温带	虫媒花	风媒花
多年生	1年生或2年生	花各部螺旋排列	轮状排列
直根系	须根系	雌雄同株	雌雄异株
木本	草本	重瓣花	单被花或无被花
直立	攀缘或缠绕	花部离生，无定数	花部合生，定数
陆生	水生、腐生、附生或寄生	花辐射对称	花两侧对称
木质部无导管	具导管	子房上位	子房下位
原生中柱	星散中柱	花粉粒单沟	花粉粒3沟或多沟
单叶	复叶	边缘胎座	基底胎座，侧膜胎座或特立中央胎座
具叶绿素	无叶绿素	单果或聚合果	聚花果
常绿	落叶	真果	假果
互生	对生或轮生	蓇葖果、蒴果	核果、浆果、梨果
网状脉	平行脉	双子叶	单子叶
花单生	具花序	种子大、胚小	种子小、胚大
无限花序	有限花序	直生胚珠	倒生胚珠
两性花	单性花	染色体数目低	染色体数目高

8.2.7 植物类群演化的趋势

前面章节已经扼要介绍了植物界各主要类群的分类、系统与进化。要全面、系统地了解植物界的演化过程，有必要比较各主要类群，比较、分析它们之间的异同，找出植物界演化的基本规律。

8.2.7.1 植物类群演化的总趋势

从第6、7章所介绍的植物大类群的基本概述中，可以看出植物类群演化的总趋势如下：

①植物从水生生活过渡到陆生生活，从而摆脱了水的环境是植物界进化的主导因素，

最原始的植物一般生活在水中如低等的各种藻类，以后逐渐移居于阴湿地区如一些苔藓植物，最后变成能在干燥地面生长的陆地植物，如绝大多数的种子植物。

②植物形态结构和功能的演化，是由简单、不分化到复杂、分化和完善，即由单细胞个体到群体再到细胞分工、组织分化的多细胞个体。随着植物从水生到陆生，对环境巨大变化的适应是：如何减少水分的损失，增加水分和养料的吸收，加强光合作用的效率，抵御风暴的袭击等。因而植物体产生了各种器官和组织的分化，如根、茎、叶等器官的产生，保护、机械等组织的分化，维管系统的发生，生殖器官和胚的发育等都对多变与复杂的陆地环境有了更强的适应性。

③个体生活史的演化表现在，世代交替过程中越来越强化孢子体，由配子体世代占优势到孢子体世代占优势，它体现了植物从水生到陆生的重大发展。原始的植物生活在水中，生殖器官产生在配子体上，游动精子必须在有水的条件下才能游至卵细胞，与卵融合。生活周期中是配子体占优势，随着植物由水生向陆生过渡，更为适应陆地生活的孢子体世代逐渐发达，因为孢子体是由合子萌发形成的，继承了父母的双重遗传性，具有较强的生活力，能更好地适应多变的陆地环境，而配子体逐渐缩小，并在较短的有利时期内完成受精作用。例如，由苔藓植物的配子体发达，孢子体寄生；到蕨类植物的配子体退化，孢子体逐渐发达，但两者均独立生活；再到种子植物的孢子体更为发达，配子体缩小、退化并寄生于孢子体上。种子植物的孢子体具完全的组织分化和器官分化。根、茎、叶器官的形成和完善，保证了水分和营养物质的吸收、运输，以及扩大光合面积以适应陆地生活条件。在它们的世代交替中孢子体占绝对优势，配子体缩小退化，不形成游动精子而以花粉管传送精子，使有性生殖完全摆脱了水的限制，而且配子体完全寄生在孢子体上，并从孢子体中获得生活所需的水分和养料。使植物的有性过程不受某些不利条件的影响而得到充分的保证。以上几类植物世代交替过程的演变，反映了植物由水生向陆生进化的适应。

④生殖方式的演变是由细胞裂殖（蓝藻和细菌），到通过产生各种孢子的无性繁殖，进化到通过配子结合的有性生殖。如从最原始的蓝藻、细菌未发现过有性过程，只是靠细胞的直接分裂，丝状体的断裂或产生内生孢子等营养繁殖或无性繁殖后代，因而只能产生有限的变异而缓慢的进化。从衣藻出现有性过程，但在适宜的环境中它主要还是进行无性生殖。从第 6 章介绍的低等植物到高等植物有性生殖进化的过程来看，是从同配生殖进化到异配生殖，再进化到卵式生殖。同配生殖和异配生殖只在藻类与菌类中出现，到苔藓植物以后则全是卵式生殖。有性生殖是最进化的生殖方式，它的出现才能使两个亲本染色体的遗传基因重新组合，使后代获得更丰富的变异，从而使进化速度加快，这就促进了发育和增殖方式更加多样化，其结果使植物系统发育过程出现了飞跃式的进化。另外，被子植物的双受精作用，也具有特殊的进化意义，由于胚及胚乳都具有丰富的遗传特性，增强了植物的生命力和适应性，是被子植物繁荣发展的内因。

⑤植物的生殖器官在进化过程中日益完善。低等植物的生殖器官多数是单细胞的，精子与卵细胞结合形成合子后即脱离母体进行发育，不形成胚而直接形成新的植物体。高等植物的生殖器官则是由多细胞组成，合子在母体内发育，且形成胚，由胚再形成新植物体。藻类、苔藓、蕨类产生游动精子，受精过程必须在有水的条件下才能进行，而种子植物产生花粉管，使受精不再受水的限制。尤其是种子的出现使胚包被在种皮内，免受外界

不良条件影响，对植物适应陆地生活极其有利。

8.2.7.2 简化及专化

植物在适应新的环境条件时，有些器官和组织的结构反而从复杂走向简单，称为简化（simplification）或退化（reduction）。这些晚出的结构决不意味着是原始特征，而是适应某种环境而形成的。例如，睡莲科和金鱼藻科等水生植物重返水中生活，因而输导组织以及根茎叶都发生退化现象。又如，苔藓植物由孢子体发达的裸蕨退化而成。

此外，植物在与环境长期相互作用过程中还存在另外一种适应形式，即专化（specification）。专化是指植物的进化水平并没有变化的特化。当某些植物类群在特殊的环境下，如干旱缺水、养分缺乏或适应特殊形式的传粉和繁殖体散布等，植物体常常具有相应的适应性结构或形态特征，如产生刺和表皮毛，叶变态为捕虫叶，花呈两侧对称并特化以适应某类动物传粉等。由于专化是在特殊环境下产生的，因此其进化水平并没有提高。但正是因为专化，才使得现存植物中既有进化水平较高的类群，又有较原始的植物类群。原始类群之所以存活至今，是由于它们曾经始终沿着局部性适应的途径（专化）发展；而进化类群则是沿着总的前进途径（植物不是个别器官的完善化，而是整个有机体的完善化）发展。另外，由于有些植物的专化适应走向极端，以致于依赖某种特殊环境而生存或两者相互依存，即缺少一方，则另一方便随之消失。从这种意义上来看，专化是演化道路上的盲枝。

8.2.8 植物系统学研究动态与分子系统学

系统与演化植物学是以形态学为基础，研究物种、物种形成和种系发展的一门学科。随着科学和技术手段的发展，系统与演化植物学接纳了不少新概念和新方法，特别是分子生物学的研究手段应用到植物系统与演化的研究中，使种系发育和被子植物起源与演化的问题取得了激动人心的进展。

染色体和次生代谢物的资料仍是系统与演化植物学研究的一种手段。染色体数目和核型的资料，目前仍以惊人的速度增加，但染色体的数目和科属的系统发育并没有十分紧密的联系。它在一些科中表现得非常一致，而另一些科中又很不相同。在同一科内的亚科之间及亚科内的染色体数既有相同的又有不同的类群。在某些类群里，每一个种的染色体数目和形态皆有其独立性，可以根据染色体的数目和形态鉴别种。但是染色体数目相同，其分类位置可能属于不同的科和目。染色体形态研究也包括多倍体的研究，特别是多倍体地理分布的研究，把染色体分类向前推进了一步。但多倍体和种之间仍然缺乏系统进化的重大联系。这并不是说染色体的研究在植物系统与进化上毫无作为，染色体作为携带基因的载体，决定了物种的遗传与变异，分子生物学介入到染色体研究，将会发现更多的奥秘。

利用次生物质代谢来研究系统演化，其历史已有200年。生物碱、苷类、萜类、有机酸、糖类、鞣质等次生性代谢物并不是生命活动不可缺少的基本物质，只是系统发育某一阶段中个体发育的次生物被传递下来，所以难以反映整个系统发育本质的东西。即使在个体发育过程中，它的含量也因时间和部位不同而起变化。但另一方面，在某些类群中，次生代谢物的出现表现了一定的亲缘关系；同时，不同类群具有相同的次生代谢物也并不表明它们之间一定有亲缘关系。

利用电镜技术研究植物超微结构和微形态学特征，已经积累了许多资料；由于计算机的普遍使用，数值分类逐步地渗透到植物系统演化的研究中，特别在大分子研究中，利用 Hennig 的分支分析方法，为大规模分子数据的系统发育处理提供了一条有效的途径，被大多数系统学家所采用。近十几年来植物系统学的最新动态主要有以下两方面。

将选定的分类群的性状、性状状态和外分类群的数据矩阵输入计算机，用分支系统学程序进行计算，得出分支图（cladogram），即系统发育树的方法，称为分支（Hennig）分析方法。

分支系统学：分支系统学（cladistics）是 60 年代（M. D. Hennig, 1966）发展起来用于重建系统发育的方法学。随着分支系统学理论的不断充实、完善，相应计算机程序的编制以及新的证据，特别是大分子生物学性状资料的积累，使准确地重建系统发育，开始真正变得现实可行。由于分支系统学方法具有取样的客观性，计算过程尽量减少人为干扰等特点，其结果的可信度也随之提高，因而越来越受到人们的重视。

30 年前，形态性状在植物系统发育的研究中仍占统治地位。但是形态性状易受环境影响，普遍存在趋同和平行进化现象，使得许多分类群的进化地位难以确定。DNA 序列（即核酸碱基顺序）则不同，它直接反映物种的基因型，并记录了进化过程中发生的每一事件，含有极为丰富的进化信息，为系统发育研究提供了更为可靠的证据。随着 PCR（Polymerase Chain Reaction）和 DNA 自动测序技术的发展和完善及人类和各种模式生物基因组项目研究的快速进展，DNA 序列数据库数据的序列以指数形式增长，为从分子水平研究系统发育提供了有利条件，高性能计算机平台性能和网络技术的研发使植物分子系统发育研究在短短二三十年内取得了惊人的成果。

利用现代生物技术，在分子水平上研究植物大分子结构和变异，探讨植物系统发育和演化的科学称为植物分子系统学。即利用分子生物学数据研究植物系统学。植物大分子的研究，主要集中在植物遗传系统叶绿体基因组（cpDNAs）、线粒体基因组（mtDNAs）和核基因组；蛋白质，如酶、种子蛋白也用于研究植物类群间的亲缘关系。但目前分子系统学研究的热点在叶绿体基因组和核基因组。

8.2.8.1　叶绿体基因的分子系统学研究

在研究中，人们首先要根据不同的系统发育问题选择不同的研究对象。例如，研究科以上类群的系统发育问题，就要选择相对保守的核酸分子。在植物中研究较多的一类是叶绿体 DNA（cpDNA），这不单是因为其在植物中的重要性，还与其相对保守性有关；另一类是核基因组中的核糖体 DNA（nrDNA），也是研究科以上类群很好的材料。

高等植物叶绿体 DNA 分子一般为双链共价闭合环状，其长度随种类的不同而有差异，一般为 120～217kb 之间。每一个叶绿体中一般含有多份拷贝的 DNA，但各叶绿体拷贝数不等，据报道在 20～900 之间。DNA 分子存在于叶绿体基质中。常以 10～20 个分子聚成一簇，与叶绿体的内膜或类囊体膜结合。叶绿体中的 DNA 含量约为叶片中全部 DNA 的 10%～20%。叶绿体基因组不仅比核基因组小得多，就连大肠杆菌染色体的基因组也要比它大出 10 余倍甚至 20 多倍。叶绿体 DNA 在加热或碱变性以后容易复性，说明其序列同源性程度高。用温和裂解细胞的条件可以分离到完整的叶绿体 DNA，这种叶绿体 DNA 可以说是裸露的，不与碱性蛋白结合。这无疑给叶绿体基因的克隆与遗传操作带来许多方便。

正是由于叶绿体 DNA 易于获得，序列保守、分析简便，而且遗传机制与核基因不同，使它成为从分子角度分析植物系统发育的主要研究对象。下面具体介绍 *rbcL* 基因在研究系统发生中的应用。

***rbcL* 基因**

rbcL 基因编码 1, 5-二磷酸核酮糖羧化酶/氧化酶（缩写为 RuBisco 或 RuBPCase）大亚基，该酶催化光合作用中 CO_2 的固定。

尽管 DNA 序列分析有潜力解决所有分类单位的系统发育问题，但目前的大多数研究还是利用叶绿体基因组中的 *rbcL* 基因，并用于远缘属间及科级以上分类群的研究。Chase M. 等 42 位学者（1993）应用 *rbcL* 基因序列，研究 499 种（约 265 科）种子植物，构建了种子植物系统发育分支图。这一研究结果被认为是系统学研究新里程碑。研究的一些结论有：水生金鱼藻属是其他所有被子植物的姐妹群；被子植物的最基部分支是木兰亚纲（Cronquist 系统，以下同）的一些目，木兰亚纲是多元发生的；分支图的分支结构显示，传统上把被子植物分成单子叶和双子叶两大类群植物的做法与研究所显示的结果并不吻合，但与花粉类型相关，即可把被子植物划分成具单萌发孔和具三萌发孔两大类；金缕梅亚纲和五桠果亚纲均是多系的；广义的蔷薇亚纲是菊亚纲和五桠果亚纲的并系；石竹亚纲是单系的，来自于蔷薇亚纲。最让人留下深刻印象的是，买麻藤纲 3 个属结合在一起成为被子植物的姐妹群。

Bousque 等（1992）对涉及苔藓植物、松柏类植物、双子叶植物和单子叶植物 *rbcL* 基因的进化速率进行了研究，结果发现其进化速率存在颇大的差异，非同义替代率差异在类群间高出 138%，同义替代率差异在类群间高出 85%，即非同义替代率差异明显大于同义替代率的差异。在被子植物中，*rbcL* 基因的进化速率，一年生植物显著快于多年生植物。

Nickrent&Soltis（1995）分别用 *rbcL* 序列和 18S rDNA 序列构建了被子植物的系统树，并比较了这两个基因的变异速率及在系统学研究中的分辨率。结果发现，*rbcL* 基因不仅分辨率高，且变异较均一地分布于整个基因上。由于 *rbcL* 基因的上述优点，有时被用于分子钟的构建。例如，Sovard 等（1994）运用 *rbcL* 基因序列及 18S rDNA 序列构建了分子钟，并由此推断出现存种子植物的最晚共同祖先在 2.75 亿 ~ 2.90 亿年前，这时大约处于二叠纪；现存种子植物最早可能分化为两支：一支为松柏-苏铁类，一支为被子植物。

8.2.8.2 核基因组分子系统学研究

cpDNA 中的一些序列很保守，很少发生序列重排，人们估计 cpDNA 比核单拷贝基因进化要慢得多，例如，由 cpDNA 基因组编码的磷酸核酮糖羧化/氧化酶大亚基（*rbcL*）的基因就比核基因组编码的此酶的小亚基（*rbcS*）基因进化速率要慢，是研究科以上类群的很好的材料。但叶绿体基因组和核基因组的起源不同，二者可能有着不同的进化机制，于是核基因组中的核糖体 DNA（nrDNA）的研究也引起人们广泛的重视。

nrDNA 是广泛分布于生物体内、首尾相连排列的中度重复序列，其中编码 26S，18S，5.8S rRNA 的基因保守性很强，如 18S rDNA 的进化速率比 rbcL 还要慢 3 倍，而转录片段的非编码区 ITS（Internal Transcribed Space,）的保守性相对编码区要弱些，它在物种间的差异很大，但相对转录片段以外的非编码区来说，它的保守性则要强得多。因此，它常被用来进行近缘物种内及种间的亲缘关系或系统发育研究。而基于 PCR 原理的 RAPD（Random

Amplified Polymorphic DNA）、AFLP（Amplified Fragment Length Polymorphism）等技术所检测的位点为随机分布在基因组中的 DNA 片段，检测的灵敏度很高。它们已被越来越多地应用于种间、种内及居群间的亲缘关系研究中。其中数据最多的是 18S rDNA 和 ITS 片段。

（1）18S rRNA 基因

18S rDNA 系列分析对被子植物中高等级分类群间的系统发育关系的研究具有重要意义。Bulchhelm 等（1996）用 18S rRNA 基因序列对藻类植物进行了系统学研究，发现两种衣藻属植物 *Chlamydomonas moewusii* 和 *Chlamydomonas reinhardtii* 18S nrDNA 序列的分化程度很高，其差异相当于大豆属和美洲苏铁（*Zamia*）间的差异，由此对衣藻属是否为一单系群提出质疑。依目前衣藻属概念，它至少有 3 个支系，并包括球形藻（cocoid）、鞭毛藻（flagellate）类，如绿球藻属（*Chlorococcum*）、红球藻属（*Haematococcum*）和团藻属（*Volvoax*）等。由于用 18S nrDNA 序列构建的系统树与用叶绿体基因组中 23S rRNA 基因序列构建的系统树相吻合，Buchhelm 等认为衣藻属、绿球藻目（Chlorococcales）、衣藻目（Chlamydomonadales）和团藻目的范畴需重新探讨。

Hedderson 和 Chapman（1996）利用 18S rRNA 基因序列研究了藓类植物的系统发育，材料涉及藓类中的绝大多数的目，以苔类植物和藻类植物为外类群，构建了一个最简约树，分子系统树的分枝结构与基于蒴齿（peristome）结构进行的分类结果极为一致。靴带（bootstrap）和衰减（decay）分析支持节齿藓（arthrodontous mosses）（不包括烟杆藓属（*Burbaumia*））和单齿藓（haplolepideous mosses）分别为单系群，且泥炭藓属（*Sphagnum*）在早期就分化为一支。大帽藓属（*Encalyta*）是真简鳞藓的姐妹群。无轴藓属（*Archidium*）属于单齿藓这一谱支。

Kranz&Huss（1996）利用 18S rRNA 基因序列探讨了蕨类植物的分子进化问题及蕨类植物与种子植物间的关系。材料涉及所有现存蕨类植物的谱支及所有现存陆生植物中大的支系，结果表明：石松类植物（lycopslds）是单系的，且是陆生维管植物的最早分支；相对于其他蕨类植物，松叶蕨属（*Ailotum*）与种子植物具有更近的亲缘关系；用最大似然法、简约法和距离法构建的系统树与利用化石证据推测的陆生植物的系统树极为一致。Chaw 等（1997）运用 18S rRNA 基因序列探讨了裸子植物的分子系统发育及种子植物的进化问题，结果说明种子植物为单系群，种子是单元发生的，裸子植物与被子植物均为单系群。

Hoot&Crane（1996）利用 18S rRNA 基因序列对低等金缕梅类和毛茛类进行了系统学研究，结果如下：罂粟科、防己科、星叶草科（Circaesteraceae）、木通科、小檗科、黄杨科均为单系类群；金缕梅科作为一支，也包括了连香树科。

Soltis 等（1997）利用 18S rDNA 序列探讨了被子植物的系统发育关系，是通过 233 种来代表所有亚纲（Cronquist 系统）作出的。表明 18S rRNA 基因树与 *rbcL* 基因树的结构是高度一致的，系统树一级分枝均为木本的木兰类：无油樟科、木兰藤科、八角茴香科、五味子科；紧接这些科后分出的是古草本——睡莲科；除菖蒲属（*Acorus*）外，全部单子叶植物是单系的，金鱼藻属是单子叶植物的姐妹群等结论。

（2）ITS（internal transcribed spacer）内部转录间隔区

ITS 区位于 18S 和 26S rRNA 基因之间，被 5.8S rRNA 基因分为两段，即 ITS-1 和 ITS-2。已有研究表明 ITS 区在裸子植物中的变异十分复杂，故 ITS 序列分析不适于裸子植物的分子系统学研究。相反，ITS 在被子植物中的长度变异很小，ITS-1 和 ITS-2 的长度均不足 300 bP，PCR(聚合酶链式反应)扩增及测序简单易行，特别是 PCR 直接测序法的诞生，极大地推动了 ITS 在被子植物科内，尤其是近缘属间及种间关系研究中的应用。

Wen&Zimmer(1996)对人参属(Panax)12 种的系统发育及生物地理学研究，使用 ITS 区及 5.8S rRNA 基因区进行了系统分析，并构建了系统树，表明在美洲东北部的 2 种中，西洋参(P. quinquefolius)与东亚种具有更近的亲缘关系，P. trifolius 在系统位置上较孤立；人参(P. ginseng)、P. notogmseng 和西洋参是药用价值最大的 3 种，以前的研究认为它们是一个单系群，ITS 序列分析不支持这一结论；人参属的两个分化事件导致该属呈东亚、北美间断分布，且人参属不存在大陆间的种对；人参属与楤木属(Aralia)具有很近的亲缘关系；喜马拉雅地区及中国的中、西部是人参属的现代分布中心，因为该地区的种在 ITS 序列上变异很少，物种间又具有很近的亲缘关系，说明人参属在这一地区曾发生快速的辐射分化。

8.2.8.3 多基因及形态学数据联合分析的系统研究

随着测序成本的下降，越来越多的基因片段被应用于植物系统研究，基于 7 个基因片段(叶绿体、线粒体和和核基因)的系统发育分析，单子叶植物亚纲中菖蒲目(Acorales)作为最原始的类群与单子叶的其他类群形成姐妹群，而泽泻目(Alismatales)包括天南星科(Araceae)和岩菖蒲科(Tofieldiaceae)，无叶莲目(Petrosaviales)，薯蓣目(Dioscoreales)/露兜树目(Pandanales)，百合目(Liliales)，天门冬目(Asparagales)和槟榔目形成一个多岐或多分叉(polytomy)；鸭跖草目(Commelinales)/姜目(Zingiberales)，多须草科(Dasypogonaceae)，禾本目(Poales)形成一个分支——鸭跖草类(Commelinids)。按照分子钟的计算，单子叶植物出现在距今 1.4 亿年前，它的很多类群可以追溯到白垩纪末。

真双子叶植物(eudicots)是由道利(Doyle)和霍顿(Hotton)在 1991 年提出来的，主要为具有三孔花粉的植物类群，包括了绝大部分双子叶植物纲中的种类。真双子叶植物分支的分类被 APG 分类法和 APG Ⅱ 分类法采纳，作为一个依照基因亲缘关系分类的类群，包括了传统分类法中双子叶植物纲的绝大部分种类。其分支的核心是蔷薇分支(rosids)和菊分支(asterids)两大部分，分别为真蔷薇分支和真菊分支。真蔷薇分支主要包括 I 类真蔷薇分支或豆类植物(eurosids I)和Ⅱ类真蔷薇分支锦葵类植物(eurosids Ⅱ)两类植物；菊分支包括 I 类真菊分支或唇形类植物(euasterids I)和Ⅱ类真菊分支或桔梗类植物(euasterids Ⅱ)。

人们现在也在化石 DNA 的研究取得进展，它的成果有助于评价系统发育假说的可信度，并通过对间断分布类群及其近缘的化石类群的基因序列比较，阐明系统发育关系，揭示生物地理分化过程。在一定时间范围内，古 DNA 序列上的变异可以用于分子钟构建。但化石 DNA 分析由于化石形成过程中 DNA 的极度降解等，严重影响 PCR 扩增效率，同时，其他物质的混入，微生物污染，外源 DNA 被扩增可能性大大增加。

无论 DNA 序列的研究存在这样或那样的问题，但 DNA 序列直接反映了物种的基因型，并记录了进化过程中发生的每一事件，含有极为丰富的进化信息，因此 DNA 序列为系统发育研究提供了最为有力的证据。当然我们不能期待 DNA 序列能解决所有系统学问题，也不排斥其他性状资料或证据来源。应用传统、经典方法获得的证据远未结束，经典分类系统的许多信息尚未加入系统发育分析中，形态学新手段的应用，如关于花的发育和功能的研究、利用花发育基因调控方面的新发现对于阐明结构的同源性及系统发育是至关重要的。

8.2.8.4　基因组学研究

随着人类基因组的测序工作的完成，PCR 和 DNA 自动测序技术的发展和完善，以及分析软件包的不断升级、计算机运算能力的增强，使分子进化和系统发育在近二三十年来取得了惊人成果。自第一代测序平台以后，出现了第二、三代测序平台。第二代测序平台主要包括 Solexa 测序、Solid 平台、454 测序平台等，其原理主要通过捕捉新合成的末端标记来确定 DNA 的序列。这三个技术平台各有优点，相对而言 454 FLX 的测序片段比较长，高质量的读长能达到400bp；Solexa 测序性价比最高，不仅机器的售价比其他两种低，而且运行成本也低，在数据量相同的情况下，成本只有 454 测序的 1/10；SOLID 测序的准确度高，原始碱基数据的准确度大于 99.94%，在 15 倍覆盖率时的准确度可以达到99.999%，是目前第二代测序技术中准确度最高的。第三代测序平台，直接测序技术，即通过现代光学、高分子、纳米技术等手段来区分碱基信号差异的原理，以达到直接读取序列信息的目的。第二代及第三代测序技术的出现，大大降低了基因组测序的成本，而加快了测序的速度。一大批动植物及微生物的基因组序列得以完成。除人类基因组以外，许多模式生物如原鸡(*Gallus gallus*)、热带爪蟾(*Xenopus tropicalis*)、文昌鱼(*Branchiostoma floridae*)、小家鼠(*Mus musculus*)、家蚕(*Bombyx mori*)、拟南芥(*Arabidopsis thaliana*)、大豆(*Glycine max*)、籼稻(*Oryza sativa* ssp. *indica*)、粳稻(*Oryza sativa* ssp. *Japonica*)、美国黑杨(*Populus balsamifera* ssp. *trichocarpa*)和高粱(*Sorghum bicolor*)等基因组序列陆续完成，从而大大推进了动植物基因组、微生物基因组、转录组、宏基因组及外显子组和目标区域深度测序等方面的研究，同时如何利用基因组数据进行物种系统关系分析将成为新的挑战。

复习思考题

1. 试述蕨类植物起源演化中的主要问题。
2. 简述裸子植物的起源与演化。
3. 什么叫作多元说、单元说和二元说？各自的理论依据是什么？
4. 运用所学的知识，综合分析被子植物各主要类群的系统关系。试述假花学说、真花学说的要点及其主要的分类系统。
5. 试述哈钦松、塔赫他间、克朗奎斯特被子植物分类系统的异同。
6. 试述植物类群演化的总趋势。
7. 植物界演化过程中，有些植物特征被不断强化，而有些则被简化，为什么？
8. 简述植物分子系统学研究动态。

本章推荐阅读书目

1. 被子植物的起源. 浅间一男. 谷祖纲，珊林，译. 海洋出版社，1998.

2. 高等植物多样性. 马炜梁. 高等教育出版社, 施普林格出版社, 1999.

3. 生命的起源与演化. 郝守刚, 等. 高等教育出版社, 2000.

4. 生命的起源与演化－地球历史中的生命. 高等教育出版社, 施普林格出版社, 2000.

5. 植物分类学简编. 胡先骕. 科学技术出版社, 1958.

6. 植物分类学与生物系统学. 斯特斯. 韦仲新, 等译. 科学出版社, 1986.

7. 植物界的发展和演化. 李星学, 等. 科学出版社, 1981.

8. 植物区系地理. 王荷生. 科学出版社, 1992.

9. 植物生物学. 杨继, 等. 高等教育出版社, 1999.

10. 植物生物学. 杨士杰, 等, 科学出版社, 2000.

11. 植物生物学. 周云龙, 等. 高等教育出版社, 1999.

12. 植物系统学. 张景钺, 梁家骥. 人民教育出版社, 1965.

13. 植物系统学进展. 陈之端, 等. 科学出版社, 1998.

14. 植物学(系统分类部分). 中山大学生物系, 南京大学生物系. 人民教育出版社, 1978.

15. 植物学(系统分类部分). 叶创兴, 等. 中山大学出版社, 2000.

16. 植物学(下册). 吴国芳, 等. 高等教育出版社, 1992.

17. 中国自然地理——植物地理(上册). 吴征镒, 王荷生. 科学出版社, 1983.

18. 种子植物分类学. 汪劲武. 高等教育出版社, 1985.

参考文献

沈同，王镜岩，2002. 生物化学(上册)[M].3 版. 北京：高等教育出版社.

刘凌云，薛绍白，柳惠图，2002. 细胞生物学[M]. 北京：高等教育出版社.

翟中和，1995. 细胞生物学[M]. 北京：高等教育出版社.

E G 卡特，1986. 植物解剖学(上册)[M].2 版. 李正理，等译. 北京：科学出版社.

Fahn，1990. 植物解剖学[M]. 吴树明，等译. 天津：南开大学出版社.

陈机，1992. 植物发育解剖学(上册)[M]. 济南：山东大学出版社.

傅承新，丁炳扬，2002. 植物学[M]. 杭州：浙江大学出版社.

陆时万，徐祥生，沈敏健，1991 植物学(上册)[M].2 版. 北京：高等教育出版社.

曹慧娟，1989. 植物学[M]. 北京：中国林业出版社.

曹惠娟，1992. 植物学[M]. 2 版. 北京：中国林业出版社.

梁建萍，2014. 植物学[M]. 北京：中国农业出版社.

赵建成，李敏，梁建萍，等，2012. 植物学[M]. 北京：科学出版社.

金银根，2009. 植物学[M].2 版. 北京：科学出版社.

刘穆，2001. 种子植物形态解剖学导论[M]. 北京：科学出版社.

贺学礼，2008. 植物学[M]. 北京：科学出版社.

陆时万，等，1991. 植物学[M].2 版. 北京：高等教育出版社.

马炜梁，1998. 高等植物及其多样性(光盘)[M]. 海得堡：施普林格出版社.

马炜梁，1999. 高等植物多样性[M]. 北京：高等教育出版社. 海得堡：施普林格出版社.

李扬汉，1985. 植物学[M]. 2 版. 北京：高等教育出版社.

胡适宜，1982. 被子植物胚胎学[M]. 北京：高等教育出版社.

华东师范大学，上海师范大学，南京师范大学编，1982. 植物学[M]. 北京：高等教育出版社.

[英]M. A. 霍尔，1987. 植物结构、功能和适应[M]. 姚璧君，等译，王伏雄，等校. 北京：科学出版社.

[美]A C 利奥疲德，[澳大利亚]P E 克里德曼，1985. 植物的生长和发育[M]. 北京：科学出版社.

裴新树，1998. 生物进化控制论[M]. 北京：科学出版社.

张昀，1998. 生物进化[M]. 北京：北京大学出版社.

胡玉佳，1999. 现代生物学[M]. 北京：高等教育出版社，海得堡：施普林格出版社.

刘广发，2001. 现代生命科学概论[M]. 北京：科学出版社.

韩碧文，2003. 植物生长与分化. 北京：中国农业大学出版社.

李名扬，2004. 植物学[M]. 北京：中国林业出版社.

[英]达尔文，2001. 物种起源[M]. 舒德干，等译. 西安：陕西人民出版社.

胡玉佳，1999. 现代生物学[M]. 北京：高等教育出版社，海得堡：施普林格出版社.

姚敦义，2002. 植物学导论[M]. 北京：高等教育出版社.

钟杨，李伟，黄德世，1994. 分支分类的理论与方法[M]. 北京：科学出版社.

周荣汉，段金廒，2005. 植物化学分类学[M]. 上海：上海科学技术出版社.

徐汉卿，1994. 植物学[M]. 北京：中国农业大学出版社.

叶创兴，等，2000. 植物学（系统分类部分）[M]. 广州：中山大学出版社.

张景钺，梁家骥，1965. 植物系统学[M]. 北京：人民教育出版社.

张淑萍，2000. 植物学[M]. 北京：科学普及出版社.

郑湘如，王丽，2001. 植物学[M]. 北京：中国农业大学出版社.

汪劲武，2009. 种子植物分类学[M]. 2 版. 北京：高等教育出版社.

吴国芳，冯志坚，马炜梁，等，1991. 植物学（下册）[M]. 2 版. 北京：高等教育出版社.

罗丽娟，2007. 植物分类学[M]. 北京：中国农业大学出版社.

郝守刚，等，2000. 生命的起源与演化[M]. 北京：高等教育出版社.

胡先骕，1958. 植物分类学简编[M]. 北京：科学技术出版社.

斯特斯，1986. 植物分类学与生物系统学[M]. 韦仲新，等译. 北京：科学出版社.

李星学，等，1981. 植物界的发展和演化[M]. 北京：科学出版社.

王荷生，1992. 植物区系地理[M]. 北京：科学出版社.

杨继，等，1999. 植物生物学[M]. 北京：高等教育出版社.

杨士杰，等，2000. 植物生物学[M]. 北京：科学出版社.

周云龙，等，1999. 植物生物学[M]. 北京：高等教育出版社.

张景钺，梁家骥，1965. 植物系统学[M]. 北京：人民教育出版社.

陈之端，等，1998. 植物系统学进展[M]. 北京：科学出版社.

中山大学生物系，南京大学生物系，1978. 植物学（系统分类部分）[M]. 北京：人民教育出版社.

浅间一男，1998. 被子植物的起源[M]. 谷祖纲，珊林，译. 北京：海洋出版社.

Strickberger M W，2002. Evolution[M]. 北京：科学出版社，Jones and Bartlett Publishers.

樊汝汶，周坚，方炎明，等，1995. 雄性生殖单位的研究进展[J]. 南京林业大学学报，19(2)：73-78.

桑涛，徐炳生，1996. 分支系统学当前的理论和方法概述及华东地区山胡椒属十二种的分支系统学研究[J]. 植物分类学报，34(1)：12-28.

胡适宜，1990. 雄性生殖单位和精子异型性研究的现状[J]. 植物学报，32(3)：230-240.

黄玉源，缪汝槐，张宏达，1999. 南瓜两性花的形态与结构研究[J]. 广西植物，19(2)：136-142.

藏润国，蒋有绪，1998. 热带树木构筑学研究概述[J]. 林业科学，(34) 5：112-119

王文采，1990. 当代被子植物分类系统简介（二）[J]. 植物学通报，7(3)：1-18.

王文采，1990. 当代被子植物分类系统简介（一）[J]. 植物学通报，7(2)：1-17.

路安明. 诺. 达格瑞(R Dahlgren)，1984. 被子植物分类系统介绍和评注[J]. 植物分类学报，22(6)：497-508.

汪小全，洪德元，1997. 植物分子系统学近五年的研究进展概况[J]. 植物分类学报，35(5)465-480.

方炎明，2012. 森林植被的显花、传粉与繁育系统[J]. 南京林业大学学报（自然科学版），36(6)：1-7.

方炎明，2009. 陆地植物新系统树之诠释与简评[J]. 南京林业大学学报：自然科学版，33(4)：1-7.

汤彦承，路安民，2003. 被子植物非国产科汉名的初步拟订[J]. 植物分类学报，41（3）：285-304.

中国植物志（电子版）：http://frps. eflora. cn/

N. A. Campbell，1996. Biology[M]. 4th Edition. The Benjamin/Cummings Publishing Company，Inc. California，USA，Halle F，Oldeman R A A，Tomlinson P B. 1978. Tropical trees and forests- ——an architectural analysis[M]. Springer Verlag，Berlin，Heidelberg.

Fagri K，van der Pijl L，1979. The principles of pollination ecology[M]. London：Pergamon Press.

Buck W R and Goffinet B，2000. Morphology and classification of mosses[M] in Shaw A J and Goffinet B. Bryophyte Biology. Loondon: Cambridge University Press, 71-123.

Barthelemy D, Caraglio Y, 2007. Plant architecture: a dynamic, multilevel and comprehensive approach to plant form, structure and ontogeny[J]. Annals of Botany, 99: 375-407.

Singh M B, Bhalla P L. Plant stem cells carve their own niche[J]. Trends in Plant Science, 2006, 11: 241-246.

Weigel D, Jürgens G, 2002. Stem cells that make stems[J]. Nature, 415: 751-754.

Vary L B, Gillen D L, Randrianjanahary M, et al, 2011. Dioecy, monoecy, and their ecological correlates in the Littoral Forest of Madagascar[J]. Biotropica, 43(5): 582-590.

Senarath W T P S K, 2008. Dioecy and monoecy in the flora of srilanka and their evolutionary correlations to endemism, growth form, fruit type, seed number and flower size[J]. Bangladesh Journal of Plant Taxon. 15(1): 13-19.

Richard T Corlett, 2004. Flower visitors and pollination in the oriental (Indomalayan) Region[J]. Biological Reviews. 79: 497-532.

Spencer C H Barrett, Linley K. Jesson, and Angela M, 2000. Baker. The evolution and function of stylar polymorphisms in flowering plants[J]. Annals of Botany, 85(Supplement A): 253-265.

Beheregaray L, 2008. Twenty years of phylogeography: the state of the field and the challenges for the Southern Hemisphere[J]. Molecular Ecology, 17: 3754-3774.

Kron P, Suda J, Husband B C, 2007. Applications of flow cytometry to evolutionary and population biology[J]. Annual Review of Ecology and Systematics, 38: 847-876.

The Angiosperm Phylogeny Group, 2003. An update of the angiosperm phylogeny group classification for the orders and families of flowering plants: APG II[J]. Botanical Journal of the Linnean Society, 141: 399-436.

The Angiosperm Phylogeny Group, 2009. An update of the angiosperm phylogeny group classification for the orders and families of flowering plants: APG III[J]. Botanical Journal of the Linnean Society, 161: 105-121.

Palmer J D, Soltis D E and Chase M W, 2004. The plant tree of life: an overview and some points of view[J]. American Journal of Botany, 91(10): 1437-1445.

Pryer K M, Schuettpelz E, Wolf P G, et al, 2004. Phylogeny and evolution of ferns (Monilophytes) with a focus on the early leptosporangiate divergences[J]. American Journal of Botany, 91(10): 1582-1598.

Shaw A J & Renzaglia K, 2004. Phylogeny and diversification of bryophytes[J]. American Journal of Botany, 91(10): 1557-1581.

Smith A R, Pryer K M, Schuettpelz E, et al, 2006. A classification for extant ferns[J]. Taxon, 55(3): 705-731.

附录 1　名词解释

A

"APG Ⅲ"系统　2009 年 10 月由被子植物种系发生学小组(APG)发布，它是基于当前分子系统学研究最新成果而建立的被子植物分类系统，将被子植物重新划分为 59 目 415 科。

ABCDE 模型(ABCDE model)　是在花发育 ABC 模型基础上的补充模型，除了上述的 ABC 三类基因调控花的发育外，D 类基因包括 *SEEDSTICK*(*STK*)、*SHATTERPROOF*1(*SHP*1)和 *SHATTERPROOF*2(*SHP*2)，该类基因共同参与控制了胚珠的发育；E 类基因包括 *SEPALLATA*1(*SEP*1)，*SEPALLATA*2(*SEP*2)，*SEPALLATA*3(*SEP*3)和 *SEPALLATA*4(*SEP*4)，在拟南芥中 ABC 类基因和 E 类基因联合作用控制叶片转变为完整的花器官。

ABC 模型(ABC model)　由 E. Coen 和 E. Meyerowitz 在 1991 年提出的关于被子植物花的发育模型，是以对花器官发育有缺陷的突变体的观察为基础的。该模型提出在双子叶植物花器官发育过程中，假定可以有 A、B、C 3 类功能基因，A 组基因单独作用于萼片；A 和 B 组基因决定花瓣的形成；B 和 C 组基因共同决定雄蕊的发育；C 组基因单独决定心皮的形成。

B

孢蒴(capsule)　苔藓植物孢子体顶端的孢子囊，其结构因种类而异。

孢子(spore)　是孢子植物特殊的繁殖细胞，它不经过受精，脱离亲本后能直接发育成新个体。

孢子体(sporophyte)　植物世代交替过程中具有二倍核相的植物体。

孢子叶(sporophyll)　能产生孢子囊和孢子的叶，又称为能育叶。

孢子叶球(strobilus)　多数孢子叶及苞片聚生而成的一种生殖结构，多指裸子植物。

孢子植物(spore plant)　指在生活史中未曾形成种子，而是通过产生孢子繁殖后代的植物，包括藻类植物、菌类植物、地衣植物、苔藓植物和蕨类植物。

胞间连丝(plasmodesmata)　能够通过纹孔穿过细胞壁，沟通相邻细胞的原生质细丝。

胞质分裂(cytokinesis)　在细胞分裂的末期，2 个新的子核之间形成新细胞壁，把 1 个母细胞分隔成 2 个子细胞的过程。

薄壁组织(parenchyma tissue)　由薄壁细胞组成、进行各种代谢活动的主要组织，主要执行合成、分解、贮水及通气等生理功能。

保护组织(protective tissue)　覆盖于植物体表起保护作用的组织，作用是减少体内水分的蒸腾，控制植物与环境的气体交换，防止病虫侵袭和机械损伤等，主要包括表皮和周皮。

闭花受精(cleistogamy)　自花传粉的极端形式，指在花被还未开放前，同一朵花的雄蕊、雄蕊就已经完成了受精作用。

边材(sapwood)　位于植物茎干次生木质部的外围，颜色较浅的活细胞组织，具有输导水分和无机盐的功能。

边缘分生组织(marginal meristem)　在叶原基形成幼叶过程中，继顶端生长后不久出现的初生分生组织，位于叶原基两侧边缘，其向两侧进行初生生长而形成扁平的叶。

变态(metamorphosis)　植物为了适应恶化的环境，由其部分器官(主要为营养器官)产生形态或结构上的变异。

表皮(epidermis)　又称表皮层，是幼嫩器官表面起保护作用的细胞层，是植物体与外界环境的直接接触层，主要包括表皮细胞、气孔和表皮毛。

表征分类系统(phenetic system)　指依照特征相似程度或定量特征建立的分类系统。

C

侧根(lateral root)　由主根上发出的各级分枝的根。

成熟区(maturation zone)　存在于根尖、茎尖中，具有初生的成熟结构的部分，由伸长区细胞生长、分化而来。

成熟组织(mature tissue)　分生组织衍生的大部分细胞，逐渐丧失分裂的能力，进一步生长和分化，形成其他各种组织，称为成熟组织，有时也称为永久组织(permanent tissue)。

初生结构(primary structure)　由植物细胞初生生长形成的结构。

初生木质部(primary xylem)　存在于根、茎、叶等初生维管组织中的木质部，由原形成层产生，又可分为原生木质部和后生木质部两部分。

初生韧皮部(primary phloem)　存在于根、茎、叶等初生维管组织中的韧皮部，由原形成层产生，又可分为原生韧皮部和后生韧皮部两部分。

初生生长(primary growth)　顶端分生组织及其衍生细胞的增生和成熟所引起的生长过程。

初生维管组织(primary vascular tissue)　由原形成层发育而来的维管组织，包括初生木质部和初生韧皮部。

初生增厚分生组织(primary thickening meristem)　存在于某些单子叶植物中，由顶端分生组织衍生的一种分生组织，它的活动使茎增粗。

传递细胞(transfer cell)　一类与物质迅速地传递密切相关的薄壁细胞，也称转输细胞或转移细胞。

雌全同株(gynomonoecious)　指雌花和两性花共同发生在同一个植株上的性表达形式。

雌全异株(gynodioecious)　在一个群体中，雌花和两性花分别长在不同植株上的性表达形式。

雌雄异位(herkogamy)　花中雌雄蕊在空间上的分离，可以分为同型(柱头探出式雌雄异位、柱头缩入式雌雄异位和动态式雌雄异位)和异型(异长花柱、镜像花柱和柱高二态)两大类被广泛认为是限制自体受精，促进杂交的一种机制。

次生壁(secondary wall)　植物细胞停止生长后在初生壁内侧继续积累的细胞壁层，有时会木质化或木栓化。

次生结构(secondary structure)　由次生生长形成的结构，包括次生维管组织和周皮。

次生生长(secondary growth)　由次生分生组织形成成熟结构的过程。

次生维管组织(secondary vascular tissue)　由维管形成层发育形成的维管组织，包括次生木质部和次生韧皮部。

D

大型叶(macrophyll)　典型的真叶植物叶类型，是顶枝起源，为较进化的类型，常有叶柄、叶片两部分，有叶隙、叶迹，叶脉多具分枝，存在于真蕨类和木贼类中。

单系(monophyly)　指一个类群起源于同一个祖先。

单性同株(monoecious)　单性雌花和单性雄花生长在同一个植株上的现象。

单性异株(dioecious)　雌花和雄花生长在不同的植株上。

等面叶(isobilateral leaf)　叶肉组织没有明显的栅栏组织和海绵组织分化的叶。

低等植物(lower plant)　植物界中起源较早、结构简单的一类植物，通常无根、茎、叶的分化，在有性生殖过程中无胚的形成，包括藻类和菌类植物。

顶端优势(apical dominance)　处于植物顶端的顶芽优先生长而侧芽受抑制的现象。

多系(polyphyly)　指一个类群起源于多个祖先。

F

分泌细胞(secretory cells)　具有分泌功能或含有分泌物的细胞，如蜜腺。

分泌组织(secretory tissue)　具有分泌作用，能分泌挥发油、树脂、蜜汁、乳汁等的细胞所组成。根据分泌组织分布在植物的体表或植物的体内，可分为外部分泌组织和内部分泌组织两大类。

分生区(meristematic zone)　存在于根尖的根冠内方或茎尖最顶端的区域，由原分生组织和初生分生组织组成。因其形如圆锥状，所以又称生长锥。

分生组织(meristematic tissue)　由未分化的、具分裂能力的胚性细胞组成的组织。

分支趋异(cladistics divergence)　同一物种在进化过程中，由于适应不同的环境而呈现出表型差异的现象。

分支系统学(cladistics)　是一种分类的方法或理论模型，依照共有不同于祖先特征的相似衍生特征来划分类群。

复合组织(complex tissue)　由多种不同来源细胞构成，而完成一种或多种生理功能的组织。

复叶(compound leaf)　一个叶柄上着生多个叶片的结构，包括羽状复叶、掌状复叶、单身复叶和三出复叶。

G

干细胞(stem cells)　一类具有分化能力，可以自我复制和分化出不同功能的细胞。

高等植物(higher plant)　在生活史中有胚的形成，多数种类有根、茎、叶分化的高级植物类群，包括苔藓、蕨类和种子植物。

H

核分裂(karyokinesis)　从细胞核内出现染色体开始，经一系列的变化最后分裂成 2 个子核的连续的分裂过程。

后生木质部(metaxylem)　由原形成层形成的初生木质部中较晚成熟的一部分木质部。

后生韧皮部(metaphloem)　由原形成层形成的初生韧皮部中较晚成熟的一部分韧皮部。

厚壁组织(sclerenchymatous tissue)　细胞具有均匀增厚的次生壁，并且常常木质化的组织，包括石细胞和纤维。

厚角组织(collenchymatous tissue)　细胞壁具有不均匀初生壁性质增厚的组织，通常分布在叶柄等结构的外部组织，起到支持作用。

花程式(flower formula)　用一些字母、符号和数字，按一定顺序表达花的各部分组成，排列位置和相互关系的图式。

花粉败育(pollen abortion)　是指由于种种内在和外界因素的影响，使花药中产生的花粉不能正常发育的现象。

花环结构(garland)　C_4 植物叶片的维管束鞘细胞和紧贴内层的一圈叶肉细胞共同构成的双层环状结构。

花图式(floral diagram)　花的各部分垂直于花轴平面所作的投影图，是花的各部分横切面所得的简图。

花柱二型性(distyly)　异性花柱的类型之一，一种特殊的花多态现象和雌雄异位形式，二型花柱植物包括长花柱(long-morph)，常具较长的花柱和较短的雄蕊，显著的柱头突起和较小的花粉粒；短花柱(short-morph)通常具有较短的花柱，较长的雄蕊，短小的柱头突起和较大的花粉粒。

花柱镜像性(enantiostyly)　镜像花柱是指花柱在花水平面上向左(左花柱型)或向右(右花柱型)偏离花中轴线，是一种花柱多态现象，可根据左、右花柱花在植株上的排列式样划分为单型镜像花柱和二型镜像花柱两类，或根据镜像花柱和雄蕊的排列方式划分为雌雄互补镜像花柱和非雌雄互补镜像花柱两类。

花柱三型性(tristyly)　异性花柱的类型之一，一种特殊的花多态现象和雌雄异位形式，三型花柱植物包括长花柱(long-morph)、短花柱(short-morph)和中花柱(mid-morph)3 种花型。

J

机械组织(mechanical tissue)　对植物起支持作用的组织，包括厚角组织和厚壁组织。

基本分生组织(ground meristem)　由顶端分生组织衍生的一种初生分生组织,由它进一步分化形成初生结构中的其他组织。

假果(pseudocarp)　除子房以外的其他部分如花托、花萼、花冠,甚至是整个花序参与到植物的果实发育过程中,如苹果、黄瓜等。

假花学说(Pseudanthium Theory)　恩格勒学派认为被子植物来源于裸子植物的进化类群麻黄中具有雌雄异花序的弯柄麻黄。即被子植物的花是由裸子植物的单性孢子叶球演化而来,每一个雄蕊和心皮分别相当于一个极端退化的雄花和雌花,雄花的苞片变为花被,雌花的苞片变为心皮。每个雄花的小苞片消失后只剩下一个雄蕊,雌花的小苞片退化后只剩下胚珠着生于子房基部,心皮来源于苞片,而不是来源于大孢子叶。

假种皮(arillus)　覆盖于某些植物种子外面的一层特殊结构,常由珠柄或珠托发育而成,多为肉质,色彩鲜艳,能吸引动物取食,以便于传播,如荔枝。

减数分裂(meiosis)　细胞连续分裂2次,但染色体只复制1次,同一母细胞分裂形成4个染色体数只有母细胞一半的子细胞的分裂过程,是与有性生殖密切相关的分裂方式。

简单组织(simple tissue)　由一种类型细胞构成的组织。

简化(simplification)　有些植物为了适应变化的环境,其部分结构会变得比较简单,也属于进化的一种方式。

接合生殖(conjugation)　指某些真菌、细菌、绿藻和原生动物进行有性生殖时,两个细胞互相靠拢形成接合部位,并发生原生质融合而生成接合子并发育成新个体的生殖方式。

精子器(antheridium)　苔藓和蕨类植物中产生精子的多细胞结构,是雄性生殖器官。

颈卵器(archegonium)　苔藓、蕨类和裸子植物中产生卵细胞的多细胞结构,是雌性生殖器官。

颈卵器植物(archegoniatae)　具有精卵器的植物,主要包括了苔藓植物、蕨类植物和裸子植物三大类植物。

聚合果(aggregate fruit)　指果实由多枚离生的雌蕊(心皮)组成,每一枚雌蕊形成一个小单果,许多小单果聚生在同一花托上,如草莓、毛茛等的果实。

聚花果(collective fruit)　果实是由一个花序上所有的花,包括花序轴共同发育而成的。典型的作物有菠萝和桑葚。

K

凯氏带(casparian band)　一般指环绕在根内皮层细胞的径向壁和横向壁上的木栓质带状加厚部分。它的形成使根吸收的溶质只能通过内皮层的原生质体进入维管组织,保证了根的选择性吸收。

矿化化石(petrifections)　是植物残体尚未腐烂分解时被水中的硅质、钙质或铁质渗入,形成了硅化、钙化或铁化矿石。

L

两性花(hermaphroditic)　花的繁育系统类型之一,一朵花同时具有雌蕊和雄蕊,为多数被子植物具有的特征。

流式细胞术(Flow cytometry,FCM)　是对悬液中的单细胞或其他生物粒子,通过检测标记的荧光信号,实现高速、逐一的细胞定量分析和分选的技术,可进行多参数和活体细胞分析。

落叶(fallen leaves)　落叶植物在生长季节末或一短时间内的叶片从小枝上分离,是植物适应寒冷气候而采取的自我保护机制。

M

买麻藤目—姐妹关系说(gnetales-sister hypothesis)　被子植物起源观点之一,为了区别于裸子植物,将买麻藤目作为其他种子植物的姐妹群的生花植物的植物起源学说。

买麻藤—松柏类单系说(gnetifer hypothesis)　被子植物起源观点之一,为了区别于其他裸子植物,将买麻藤目与所有松柏类构成单系群的生花植物的植物起源学说。

买麻藤—松科单系说(gnepine hypothesis) 被子植物起源观点之一，为了区别于其他裸子植物，将买麻藤类与松科构成单系群的生花植物的植物起源学说。

蜜腺(nectary) 存在于许多虫媒花植物的花基部的一种分泌黏液的外分泌结构。

木栓形成层(cork cambium) 植物的茎和根等进行次生增粗生长，在皮层内形成的侧生分生组织，其形成产物为周皮。

木质部(xylem) 由几种不同类型的细胞构成的一种复合组织，包含管胞、导管分子、纤维、薄壁细胞等，其主要功能是疏导水分和无机盐。

N

内起源(endogenous origin) 由植物体的内部组织发育形成新器官的方式，如侧根的发生。

内始式(endarch) 由内向外渐次成熟的发育方式，如茎内初生木质部的发育方式。

P

泡状细胞(bulliform cell) 存在于禾本科植物叶片上表皮的大型薄壁细胞，排列常似展开的折扇形，中间的细胞最大，两旁的较小。它们的细胞中都有大液泡，不含或少含叶绿体。这种细胞被认为与叶内卷和折叠有关。

胚(embryo) 由受精卵发育而成的雏形植物体。包括胚根、胚芽、胚轴和子叶。

配子(magete) 有性生殖的生殖细胞。

配子体(gametophyte) 植物世代交替过程中具有单倍核相、产生配子进行有性生殖的植物体。

皮孔(lenticel) 树木枝干表面、肉眼可见的一些裂缝状的突起，为茎与外界交换气体的孔隙。

胼胝质(callose) 一种无定形的多糖，经常存在于种子植物筛分子的筛板上。

品种(variety) 指人们根据不同的目的和需要将动植物驯化成具有特异性状，稳定遗传性，且有较高经济价值的类群，如犬类。

平行演化(parallel evolution) 两个或多个相关但不同祖先来源的生物，因生活在相似环境而发育了相似的形状。

Q

亲缘地理学(phylogeography) 研究控制亲缘谱系地理分布的原理和过程的一门科学，通过分子标记揭示物种现有种群遗传结构，运用系统发生学思想研究亲缘关系密切的种间和种内基因谱系的现有分布格局的形成过程和形成机制。

侵填体(tylosis) 薄壁细胞经与其相邻的导管或管胞的纹孔，向细胞腔内生长而形成的囊状突出物，内部常有单宁、树脂等物质积累，最后可将导管或管胞堵塞，使其失去输送水分的能力。由于侵填体的形成，可使木材坚硬耐腐。

趋同进化(convergent evolution) 不同的生物，甚至在进化上相距甚远的生物，如果生活在条件相同的环境中，在同样选择压的作用下，有可能产生功能相同或十分相似的形态结构，以适应相同的条件。

R

染色体(chromosome) 细胞在有丝分裂或减数分裂过程中由染色质聚缩而成的棒状结构。

染色质(chromatin) 间期细胞内由 DNA、组蛋白、非组蛋白及少量 RNA 组成的线性复合结构，是间期细胞遗传物质存在的形式。

韧皮部(phloem) 包含筛管分子或筛胞、伴胞、薄壁细胞、纤维等不同类型细胞的一种复合组织。

溶酶体(lysosome) 由单层膜包围的、含有各种不同水解酶类的细胞器。

乳汁管(laticiferous vessel) 薄壁组织的一种类型，分泌乳汁的管状细胞。

S

筛管(sieve tube) 高等植物韧皮部中的管状结构。由筛状分子组成，负责光合产物和多种有机物在植物体内的长距离运输。

射线(ray) 在植物体内呈辐射状分布的薄壁组织，是植物体内横向运输系统，包括髓射线、木射线和韧皮射线。

生长轮(growth ring) 是多年生木本植物的木材中质地坚硬、疏松及颜色深浅交替的同心圆结构，它是形成层周期性活动的结果。若只受季节影响，则每年形成一环，环数可代表树木的生长年龄，故又称年轮。

生花植物说(anthophyte hypothesis) 被子植物起源观点之一，为了区别于裸子植物，将买麻藤类与被子植物构成单系的生花植物的植物起源学说。

生活史(life history) 动物、植物、微生物在一生中所经历的生长、发育和繁殖等的全部过程。

生物学物种(biological species) 指来自共同的祖先，在自然界中占据一定的生境，能够自由交配、并产生可育后代，并与其他种存在有生殖隔离的群体。

生殖叶(gonophyll) 蕨类植物中进行生殖作用的叶。

石细胞(sclereid) 是厚壁细胞的一种，多为等径或略为伸长的细胞，有些具不规则的分枝成星芒状，也有的较细长。

世代交替(alternation of generations) 在植物的生活史中，二倍的孢子体世代与单倍的配子体时代互相更替的现象。

输导组织(conducting tissue) 植物体中担负水分、无机盐和同化产物等物质长途运输的主要组织，包括木质部和韧皮部。

束间形成层(interfascicular cambium) 位于植物茎初生结构的髓射线与束中形成层相当部位的细胞，其恢复分裂能力形成的维管形成层的一部分，束中形成层与束间形成层衔接后，便构成了完整的圆筒状的维管形成层。

束中形成层(fascicular cambium) 茎初生结构中，位于初生木质部和初生韧皮部之间的具有分裂能力的一层细胞，在茎的次生生长中具有重要作用。

树皮(bark) 通常指茎(老树干)的维管形成层以外的所有组织，是树干外围的次生保护结构，即木材采伐或加工生产时能从树干上剥下来的树皮。由内到外主要包括次生韧皮部、(皮层)和多次形成累积的周皮，以及木栓层以外的一切死组织。

双名法(binomial nomenclature) 依照生物学上对生物种类的命名规则，所给定的学名之形式。每个物种学名的由两个部分构成：属名和种加词(种小名)，并于其后附上命名人。

双受精(double fertilization) 指被子植物的雄配子体形成的两个精子，一个与卵融合形成二倍体的合子，另一个与中央细胞的两个极核融合形成初生胚乳核的现象。双受精后由合子发育成胚，初生胚乳核发育成胚乳。

髓(pith) 茎或根维管柱中央的薄壁组织区。

髓射线(pith ray) 植物茎中由髓部向外延伸而到达皮层的束间薄壁组织。

T

通道细胞(passage cell) 夹杂在厚壁的内皮层细胞中的薄壁细胞，往往与原生木质部相对。

同功器官(analogous organs) 起源和构造不同而形态功能相同或相似的器官。

同化组织(assimilating tissue) 指细胞内含有许多叶绿体，并专进行光合作用的一种薄壁组织。

同型叶(homotype leaves) 同一植物体上的叶在形态、结构和功能上相同，既可进行光合作用又可产生孢子囊。

同源器官(homologous organs) 形态与功能不同而构造相似、起源一致的器官。

W

外胚乳(perisperm) 部分植物种子中由珠心发育来的与胚乳相似的营养组织。如苋科、藜科 和蓼科的一些植物，在成熟的种子中仍保留有一部分由珠心细胞发育成的贮藏营养物质的外胚乳。

外起源(extrinsic origin)　叶原基和芽原基在顶端分生组织的表面发生，这种起源方式成为外起源。

外始式(exarch)　由外向内渐次成熟的发育方式，如根中的初生木质部和初生韧皮部。

维管射线(vascular ray)　由一些径向排列的细胞组成，贯穿于次生木质部和次生韧皮部之间，是横向运输的结构，它们起源于射线原始细胞。

维管束(vascular bundle)　植物体内由初生木质部、形成层、初生韧皮部及其周围的机械组织共同组成的、具有输导和支持功能的束状结构。

维管束鞘(bundle sheath)　包围在维管束外围的一层或多层薄壁或厚壁细胞组成的结构。

维管植物(vascular plant)　指具有维管系统结构的植物类群，包括蕨类植物、裸子植物和被子植物。

维管柱(vascular cylinder)　根和茎内呈轴状结构的维管组织，一般包括木质部和韧皮部。

纹孔(pit)　当植物细胞的次生壁形成时，存在于细胞壁上的一些不被次生壁覆盖的孔状区域。

无胚乳种子(exalbuminous seed)　这类种子由种皮和胚两部分组成，缺乏胚乳。如蚕豆种子，它在种子发育时，胚乳已被子叶吸收，所以没有胚乳。

无融合生殖(apomixis)　一种代替有性生殖的不发生核的融合的生殖方式。在减数的胚囊中的无融合生殖包括3种形式：单倍体孤雌生殖、单倍体单雄生殖和无配子生殖；未减数的胚囊中的无融合生殖包括两种形式：二倍体孢子生殖，二倍体的胚囊中的卵细胞不经受精发育成胚。

无丝分裂(amitosis)　又称为直接分裂或非有丝分裂，分裂过程较简单，分裂时，核内不出现染色体，不发生像有丝分裂过程中出现的一系列复杂的变化。

无性繁殖(asexual propagation)　通过一个个体或个体的一部分繁殖后代的方式，一般有裂殖、芽殖和营养繁殖。

无性生殖(asexual reproduction)　又称为孢子生殖，是由孢子来繁殖后代的方式。

X

系统发育(phylogeny)　指某种、某个类群或整个植物界的形成、发展、进化的全过程。

系统发育分类系统(phylogenetic system)　指依照系统发育关系或分支关系建立的分类系统。

细胞(cell)　是一切有机体结构的基本单位，是有机体维持生理代谢和功能的基本单位，是有机体生长发育的基础，是有机体遗传和变异的基本单位。

细胞分化(cell differentiation)　在个体发育过程中，细胞在结构和功能上的特化过程。

细胞全能性(cell totipotency)　指动植物每个细胞包含有该物种的生长发育、遗传代谢的全部遗传信息。在适宜的条件下，能复制出与母体遗传性状相同的个体。

细胞周期(cell cycle)　指细胞从一次分裂完成开始到下一次分裂结束所经历的全过程，分为间期与分裂期两个阶段。

小型叶(microphyll)　叶片起源的一种方式，没有叶隙和叶柄，没有维管束，只有一个单一不分枝的叶脉。

心材(heartwood)　位于植物茎干次生木质部的不含生活细胞的中心部分，相比较边材颜色较深，其贮藏物质(如淀粉)已不存在或转化为心材物质，无输导树液与贮藏营养物质的功能；其主要对整株植物起到支持作用。

心皮(carpel)　具有生殖功能的变态叶，其边缘的纵向折叠或联合构成了闭合的子房，是雌蕊的结构单位。

雄全同株(andromonoecious)　在某些植物群体中，雄性花和两性花共存于一棵植株上的现象。

雄全异株(androdioecious)　在某些植物群体中，雄性花和两性花存在于不同的植株上，如桂花。

雄性不育(male sterile)　在正常的外界环境中，植物的花药不能正常的发育的现象。

Y

芽(bud)　维管植物中尚未充分发育和伸长的枝条或花,由茎的顶端分生组织及基叶原基、腋芽原基、芽轴和幼叶等外围附属物所组成。

亚种(subspecies)　指具有地理分化特征的种群,在分类上与本种中其他亚种有可供区别的形态和生物学特征。

异花传粉(cross-pollination)　一朵花的花粉落到了另一朵花的柱头上的过程。

异面叶(dorsi-ventral leaf)　叶片在外形上背、腹面区分明显,内部叶肉组织也有明显的栅栏组织和海绵组织的分化。

异形叶性(heterophylly)　一棵植株上长着不同形状的叶片,可能是由于生理年龄或者外界环境的影响。

异型胞(heterotype cell)　某些丝状蓝藻所特有的变态营养细胞,是一种缺乏光合结构、通常比普通营养细胞大的厚壁特化细胞。异形胞中含有丰富的固氮酶,为蓝藻固氮的场所。进行营养繁殖时,蓝藻丝状体往往在有异形胞处断裂,形成若干藻殖段。

异型叶(heterotype leaves)　指同一株植物中营养叶和生殖叶在形态、结构及功能上有分化的叶片。

印痕化石(impressions)　是植物残体在形成化石的过程中被分解掉,最后仅留下植物的印模。

营养叶(trophophyll)　蕨类植物中进行光合作用的叶。

有丝分裂(mitosis)　是真核细胞分裂的最普遍的形式,包括核分裂和胞质分裂两个步骤。

有性生殖(sexual reproduction)　通过雌雄两性的两个细胞(配子)结合成合子产生后代的方式。

幼态成熟(neoteny)　一般指较原始和先发生的阶段变成终结阶段或成年阶段,个体发育的末期阶段为早期阶段所代替,导致个体发育的过早完成。具体来讲,幼态成熟就是某一器官或组织的发育早期便停止进一步分化而滞留在这一阶段,并成熟形成类似早期特点的新器官和新组织,最终导致新类群的产生。

原核细胞(prokaryotic cell)　一类结构上缺少分化的简单细胞,没有细胞核,细胞的遗传物质分散于细胞中央的区域,如蓝藻。

原生质体(protoplast)　由生命物质原生质所构成,它是细胞各类代谢活动进行的主要场所,是细胞最重要的部分。

原丝体(protonema)　苔藓植物的孢子成熟后在适宜的环境条件下萌发成分枝的丝状体,进一步发育成配子体。

原体原套学说(tunica-corpus theory)　是解释被子植物茎尖生长锥结构的理论。它将茎尖分生区顶端原分生组织分为原套、原体两个部分。表面 1 至数层排列整齐、较小的细胞为原套,通常只进行垂周分裂,结果可使茎尖的表面积增大;其内原体,细胞较大,可进行各个方向的分裂,结果可使茎尖的体积增大。

原叶体(prothallus)　蕨类植物孢子在适宜条件下萌发形成的配子体。

Z

真核细胞(eucaryotic cell)　细胞具有由核膜包被的细胞核,以及各类被膜包被的细胞器。大多数生物是由真核细胞组成的。

真花学说(euanthium theory)　毛茛学派认为原始的被子植物具两性花,是由早已灭绝的裸子植物本内苏铁目中具两性孢子叶球的植物进化而来。由孢子叶球主轴缩短成花轴,上部大孢子叶发展成雌蕊(心皮),下部小孢子叶发展成雄蕊,最下部具覆瓦状排列的苞片演变成被子植物的花被。

质体(plastid)　一类与碳水化合物的合成与贮藏密切相关的细胞器,它是植物细胞特有的结构,包括叶绿体、白色体和有色体。

中柱鞘(pericycle)　一般指根的初生结构中位于维管柱最外方的 1 或数层薄壁细胞,具有脱分化的能力，在特定时间可恢复分裂能力。

周皮（periderm） 取代表皮的次生保护组织，存在于有加粗生长的根和茎的表面，由侧生分生组织木栓形成层形成。

子实体（sporocarp） 为真菌类产生孢子的生殖体。高等种类的真菌，常形成各种形态的子实体。

自花传粉（self-pollination） 两性花的花粉，落到同一朵花雌蕊的柱头上的过程。

组织（tissue） 个体发育中，具有相同来源的（即由同一个或同一群分生细胞生长分化而来的）同一类型或不同类型的细胞群组成的结构和功能单位。

附录 2 部分形态术语

一、茎的形态术语

(一)根据茎的性质、寿命分为下列类型

1. 木本植物(woody plant) 茎内木质部发达，木质化组织较多，质地坚硬，均为多年生植物。因茎干的形态又可分为：

(1)乔木(tree) 植株高大，有明显的主干，分枝位置距地面较高，具有庞大的树冠，如玉兰、泡桐、杨树、松树、侧柏等。

(2)灌木(shrub) 植株比较矮小，无明显主干，分枝靠近地面呈丛生状，如丁香、连翘、茶、柑橘等。

(3)半灌木(half-shrub) 外形似灌木，茎基部近地面处木质化，多年生；茎顶端部分为草质，一年生，越冬时枯萎死亡，如金丝桃、黄芪和某些蒿属的植物。

2. 草本植物(herb) 茎内木质部不发达，木质化组织少，茎干柔软，植株矮小的植物。根据植株生存年限的长短，又可分为：

(1)一年生草本植物(annual herb) 在一个生长季内完成全部生活史的植物，如烟草、向日葵、玉米、棉花、大豆等。

(2)二年生草本植物(biennial herb) 在两个生长季内完成全部生活史的植物。第一年种子萌发后进行营养生长，第二年才开始开花结实直至枯萎死亡，如冬小麦、白菜、洋葱、甜菜等。

(3)多年生草本植物(perennial herb) 生存期超过两年以上的草本植物。植株的地下部分生活多年，每年进行发芽生长，而地上部分每年生长季节末死亡，如甘蔗、芍药、鸢尾、百合等。

不论木本植物或草本植物，凡茎干细长、不能直立、匍匐地面或攀缘生长的，统称藤本植物(liana)，如牵牛、爬山虎为草质藤本，紫藤、葡萄为木质藤本。

(二)根据茎的生长习性分为下列几种(附图 1)：

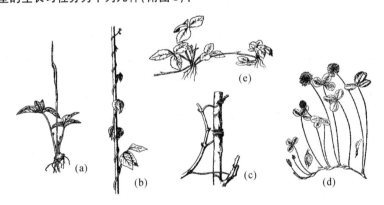

附图 1 茎的生长习性
(a)直立茎 (b)缠绕 (c)攀缘茎 (d)平卧茎 (e)匍匐茎

1. 直立茎(erect stem) 茎垂直地面直立而生，如杨树、梓树、水稻、菊花等。
2. 缠绕茎(voluble stem) 茎柔软，不能直立，以茎本身缠绕于他物上，如菟丝子、葎草、忍冬等。
3. 攀缘茎(scandent stem) 茎柔软，不能直立，借助攀缘器官攀附他物上升，如南瓜、常春藤、旱金莲等。

4. 平卧茎(prostrate stem) 茎细长柔软，平卧地面生长，如蒺藜、地锦等。

5. 匍匐茎(repent stem) 茎平卧地面生长，节间极长，节上生有不定根，如草莓、甘薯、虎耳草等。

二、叶的形态术语

（一）叶序(phyllotaxy)

叶在茎上的排列方式，常见的有下列5种(附图2)：

1. 互生(alternate) 每节上只着生1片叶子，如杨树、榆树、悬铃木。

2. 对生(opposite) 每节上着生2叶，相对而生，如丁香、水曲柳。

3. 轮生(whorled) 每节上着生3叶或3叶以上，呈辐射状排列，如夹竹桃、茜草。

4. 簇生(fascicled) 叶着生在节间极度缩短的短枝上，呈丛生状，如银杏、落叶松。

5. 基生(basilar) 叶着生在茎基部近地面处，如车前，蒲公英、荠菜。

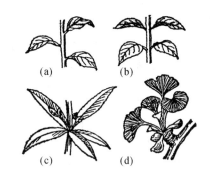

附图2 叶序
(a)互生 (b)对生 (c)轮生 (d)簇生

（二）叶片的形状

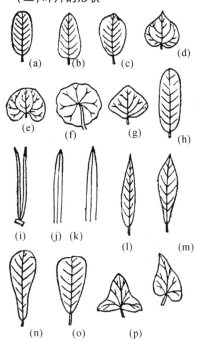

附图3 叶片的类型
(a)椭圆形 (b)卵形 (c)倒卵形 (d)心形
(e)肾形 (f)圆形 (g)菱形 (h)长椭圆形
(i)针形 (j)线形 (k)剑形 (l)披针形
(m)倒披针形 (n)匙形 (o)楔形
(p)三角形 (q)斜形

按照叶片长度和宽度的比例及最宽处的位置来划分，常见的有以下几种(附图3)：

1. 针形叶(acicular) 叶细长，先端尖锐，如油松、落叶松的叶。

2. 线形(linear) 叶片狭长，叶缘近平行，叶片的长度约为宽度的10倍，如冷杉、小麦、水仙的叶。

3. 披针形(lanceolate) 叶片较线形宽，由下部至先端渐次狭尖，如柳树、桃树的叶。

4. 椭圆形(elliptical) 叶片中部较宽，两端较窄且为等圆，长度约为宽度的2倍或更少，如国槐、胡枝子的叶。

5. 卵形(ovate) 叶片下部圆阔，上部稍狭，长度约为宽度的2倍或更少，如女贞、樟树的叶。

6. 菱形(rhomboidal) 叶片呈等边斜方形，如菱、乌桕的叶。

7. 心形(cordate) 与卵形相似，但叶片下部更为广阔，基部凹入似心形，如紫荆的叶。

8. 肾形(reniform) 叶片基部凹入呈钝形，先端钝圆，横向较宽，似肾形，如积雪草、冬葵的叶。

此外，还有鳞形、刺形、剑形、楔形等，这些都是比较特殊的形状。

（三）叶尖(leaf apex)

指叶片尖端的形状，常见的有以下一些主要类型(附图4)：

1. 急尖(acute) 先端成一锐角，两边直或向外微凸，如女贞、竹。

2. 渐尖(acuminate) 先端逐渐狭窄而尖两边向内微凹，如垂柳、紫荆。

3. 钝尖(obtuse)　先端钝，如大叶黄杨。

4. 微凹(emarginate)　叶尖中央微微凹入，如锦鸡儿，刺槐。

5. 微缺(emarginate)　先端有一小的缺刻，如黄杨、苜蓿。

6. 尾尖(caudate)　先端渐狭呈长尾状，如梅、菩提树。

7. 突尖(mucronate)　先端平圆，中央突出一短而钝的渐尖头，如玉兰。

8. 具短尖(mucronate)　先端圆，中脉伸出叶端成一细小的短尖，如胡枝子、紫穗槐。

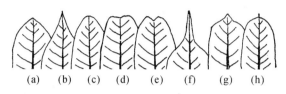

附图4　叶尖的形态

(a)急尖　(b)渐尖　(c)钝尖　(d)微凹　(e)微缺　(f)尾尖　(g)突尖　(h)具短尖

(四)叶基(leaf base)

指叶片的基部，常见的有下列几种(附图5)：

1. 心形(cordate)　叶片基部如心形，如紫荆。

2. 耳垂形(auriculate)　叶基两侧呈耳垂状，如苦荬菜。

3. 箭形(sagittate)　叶基两侧小裂片尖锐下指，形似箭头，如慈姑。

4. 楔形(cuneate)　叶中部以下渐狭，状如楔子，如野山楂。

5. 戟形(hastate)　叶基两侧小裂片向外，呈戟形，如菠菜。

6. 下延(decurrent)　叶片延至叶柄基部，如烟草、山莴苣。

7. 偏斜(oblique)　叶基两侧不对称，如朴树、大果榆。

8. 截形(truncate)　叶基部平截，略成一直线，如加拿大杨、平基槭。

9. 匙形(spatulate)　叶基向下逐渐狭长，如金盏菊。

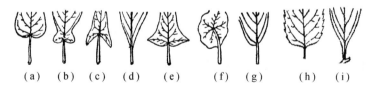

附图5　叶基的形态

(a)心形　(b)耳垂形　(c)箭形　(d)楔形　(e)戟形　(f)盾形　(g)偏斜　(h)截形　(i)匙形

(五)叶缘(leaf margin)

指叶的边缘，常见的类型有(附图6)：

1. 全缘(entire)　叶缘平整无齿，如玉兰、女贞、丁香。

2. 波状(undulate)　叶缘起伏呈波浪状，如槲栎、胡颓子。

3. 皱缩状(curling)　叶缘波状曲折较波状更大，如羽衣甘蓝、皱叶酸模。

4. 钝齿(crenate)　齿尖钝圆，如大叶黄杨、山毛榉。

5. 圆缺(emarginate)　齿基呈圆钝形。

6. 牙齿(dentate)　叶缘具尖锐的齿，齿尖向外，如苎麻、茨藻。

7. 锯齿(serrate)　叶缘具尖锐的齿，齿尖向前，如月季、桃、梅。

8. 重锯齿(double serrate)　在锯齿上又出现小锯齿，如大果榆、樱桃。

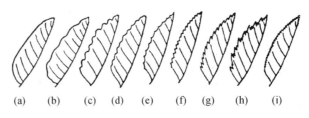

附图6　叶缘的类型

（a）全缘　（b）波状　（c）皱缩状　（d）钝齿　（e）圆缺　（f）牙齿　（g）锯齿　（h）重锯齿　（i）细锯齿

9. 细锯齿（serrulate）　叶缘出现的锯齿较小、较密，如蔷薇科的木瓜、石楠。

（六）叶裂（leaf divided）

叶边缘凸凹不齐，凸出或凹入的程度较齿状叶缘大而深。按叶裂的形式，分两种（附图7）：

1. 羽状分裂（pinnately divided）　裂片呈羽状排列，依分裂的深浅程度又分为：

（1）羽状浅裂（pinnatilobate）　叶裂深度不超过叶片宽度的1/4，如一品红、辽东栎。

（2）羽状深裂（pinnatipartite）　叶裂深度超过叶片宽度的1/4，如山楂、荠菜。

（3）羽状全裂（pinnatisect）　叶裂深度达到中脉，如铁树、裂叶丁香。

2. 掌状分裂（palmately divided）　叶片近圆形，裂片呈掌状排列，依分裂的深度又可分为：

（1）掌状浅裂（palmatilobate）　叶裂深度不超过叶片宽度的1/4，如梧桐、槭树。

（2）掌状深裂（palmatipartite）　叶裂深度超过叶片宽度的1/4，如葎草、蓖麻。

（3）掌状全裂（palmatisect）　叶裂深度达到叶片中心叶柄处，如大麻。

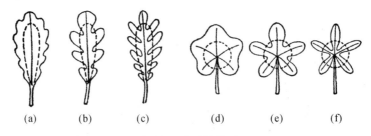

附图7　叶裂的类型

（a）羽状浅裂　（b）羽状深裂　（c）羽状全裂　（d）掌状浅裂　（e）掌状深裂　（f）掌状全裂

（七）脉序（nervation）

叶脉在叶片上分布的规律，主要有3种类型（附图8）：

1. 平行脉（parallel venation）　叶脉平行排列，多见于单子叶植物，其中各脉由基部平行直达叶尖，称直出脉，如水稻、小麦；中央中脉显著，侧脉垂直于主脉，彼此平行，直达叶缘，称侧出脉，如香蕉、芭蕉；各叶脉自基部以辐射状态分出，称射出脉，如蒲葵、棕榈；各脉的基部平行发出，作弧形排列，最后在叶尖汇合，称弧形脉，如车前。

2. 网状脉（netted venation）　具有明显的主脉，并向两侧发出各级分枝，组成网状，是双子叶植物的脉序类型。其中，具一条明显的主脉，自主脉分出许多侧脉，排列成羽毛状的，称羽状网脉，如柳树、桃树；由叶基分出多条主脉，主脉又一再分枝形成细脉，称为掌状网脉，如蓖麻、木槿。

3. 叉状脉（dichotomous venation）　每一条叶脉都进行2~3级的分叉，如银杏。这是一种比较原始的脉序，在蕨类植物中较为普遍。

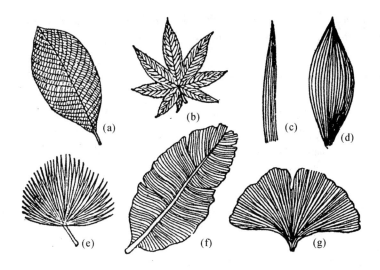

附图8 脉序的类型

(a)羽状网脉   (b)掌状网脉   (c)直出脉

(d)弧形脉   (e)射出脉   (f)侧出脉   (g)叉状脉

(八)单叶和复叶

一个叶柄上只生有一个叶片叫单叶(simple leaf);一个叶柄上生2至多数叶片的,称复叶(compound leaf)。复叶的叶柄,称叶轴(rachis)或总叶柄(common petiole);叶轴上所生的叶称小叶(leaflet),小叶的叶柄,称小叶柄(petiolule)。复叶依小叶的排列情况不同,可分为下列不同类型(附图9):

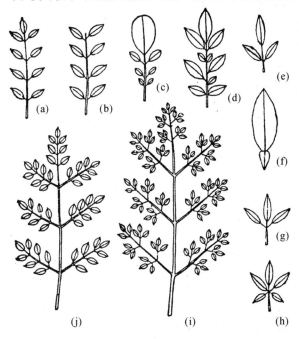

附图9 复叶的类型

(a)奇数羽状复叶   (b)偶数羽状复叶   (c)大头羽状复叶   (d)参差羽状复叶   (e)三出羽状复叶

(f)单身复叶   (g)三出掌状复叶   (h)掌状复叶   (i)三回羽状复叶   (j)二回羽状复叶

1. 羽状复叶(pinnately compound leaf) 小叶排列在叶轴的两侧呈羽毛状。依小叶数目的不同，又分为：

(1)奇数羽状复叶(odd-pinnately compound leaf) 顶端生有一片小叶，小叶的数目为单数，如刺槐、核桃。

(2)偶数羽状复叶(even-pinnately compound leaf) 顶端生有两片小叶，小叶的数目为双数，如花生、锦鸡儿。

羽状复叶根据叶轴是否分枝，又可分为一回、二回、三回和多回羽状复叶。叶轴不分枝，小叶直接生在叶轴两侧，叫一回羽状复叶(simple pinnate leaf)，如核桃、刺槐；叶轴分枝一次，各分枝两侧生小叶片，叫二回羽状复叶(bipinnate leaf)，如合欢、云实；叶轴分枝两次，各分枝两侧生小叶片，叫三回羽状复叶(tripinnate leaf)，如楝树、南天竹。

2. 掌状复叶(palmately compound leaf) 小叶都生在叶轴的顶端，排列如掌状，如荆条、七叶树等。

3. 三出复叶(ternately compound leaf) 每个叶轴上生三个小叶，如果三个小叶柄等长，称三出掌状复叶(ternate palmate leaf)，如橡胶树；如果顶端小叶柄较长，两侧较短，称为三出羽状复叶(ternate pinnate leaf)，如苜蓿、胡枝子。

4. 单身复叶(unifoliate compound leaf) 一个叶轴上只具一个叶片，叶轴具叶节。这种复叶由三出复叶退化而来，两侧小叶退化消失，只留顶端的一片。

三、花的形态

(一)花程式和花图式

1. 花程式(flower formula) 是由 A. H. R. Grisebach 在 1854 年引入植物学的，用字母、符号、数字表示花各部分的组成、排列、位置以及相互关系的公式。

(1)花各组成部分所用符号一般用花各部分拉丁名词的第一个字母来表示。

P：花被(perianth)，K：花萼(Kelch)，C：花冠(corolla)；A：雄蕊(androecium)；G：雌蕊(gynoecium)；$\underline{G}$：子房上位；$\overline{G}$：子房下位；$\overline{\underline{G}}$：子房半下位；

(2)花各组成部分形态结构特征所用符号。

♂：雄花，♀：雌花，♂，♀或不写：雌雄同株，♂/♀：雌雄异株，*：辐射对称花，↑：左右对称花；( )：结合；⌒：上部结合；⌣：下部结合；0：缺失；∝：多数(大于10的不定数)；

(3)数字通常写在花部各轮每一字母的右下角或右上角，表示其实际数目。在 P、K、C、A、G 右下角的数字分别表示花被片、花萼、花瓣、雄蕊和雌蕊心皮的数目；G 后数字用"："分开，第一个数字表示心皮数目，第二个数字表示子房的室数，第三个数字表示每一室的胚珠数目。

例如：岷江百合的花程式：♀♂ * P_{3+3} A_{3+3} $\underline{G}_{(3:3:\infty)}$

两性花，辐射对称，花被两轮，外轮3瓣，内轮3瓣，雄蕊两轮，外轮3瓣，内轮3瓣，子房上位，3心皮合生，形成3室，每室胚珠多数。

苹果花：* $K_{(5)}$ C_5 $A\infty$ $\overline{G}_{(5:5:2)}$

表示两性花，辐射对称；萼片5枚，合生；花瓣5枚，分离；雄蕊多数，分离；单雌蕊，子房下位，由5枚心皮联合形成5室子房，每室2个胚珠。

桑花：♂ * P4 A4；♀ * P4 $\underline{G}$(2:1:1)

表示为单性花。雄花：花被片4枚，分离；雄蕊4枚，也是分离的；雌花：花被片4枚，子房上位，2心皮，1室，1个胚珠。

2. 花图式(floral diagram) 是用花的横剖面简图来表示花各部分的数目、离合情况，以及在花托上的排列位置，也就是花的各部分在垂直于花轴平面所作的投影图。如水稻(附图10)，蚕豆(附图11)和唇形科植物(附图12)的花图式。

绘制花图式的规则如下：

(1)用"o"表示花轴，绘在花图式的上方；在花轴的对方或侧方绘中央有一突起的新月形空心弧线，表示苞片和两侧的小苞片。

（2）花的各部分应绘在花轴和苞片之间。

（3）花被部分：花萼以突起的和具短线的新月形弧线表示，花冠以黑色的实心弧线表示。如果花萼、花瓣都是离生的，各弧线彼此分离；如为合生的，则以虚线连接各弧线。同时，应特别注意花萼片、花瓣各轮的排列方式（如镊合状、覆瓦状、旋转状）以及它们之间的相互关系（如对生、互生）。如萼片、花瓣有距，则以弧线延长来表示。

（4）雄蕊以花药的横切面来表示，绘制时应表示出排列方式和轮数、分离或联合以及雄蕊与花瓣之间的相互关系（对生、互生）。如雄蕊退化，则以虚线圈表示。

（5）雌蕊以子房的横切面来表示，绘制时应注意心皮的数目、结合情况（离生或合生）、子房室数、胎座类型以及胚珠着生的情况等。

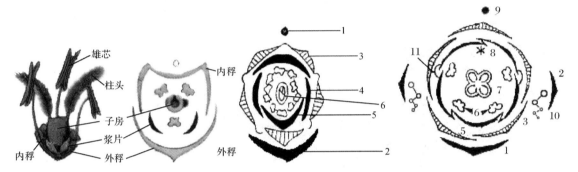

附图10 水稻的花图式

附图11 蚕豆的花图式

1. 轴 2. 苞片 3. 花萼 4. 花瓣
5. 雄蕊群 6. 雌蕊群

附图12 唇形科轮伞花序花图式

1. 苞片 2. 小苞片 3. 萼片
4. 花瓣（上唇） 5. 花瓣（下唇）
6. 雄蕊群 7. 雌蕊群 8. 退化的雄蕊
9. 花轴 10. 腋生的镰状聚伞花序
11. 花瓣上下唇联合

（二）花序（inflorescence）

花在总花柄上有规律的排列方式。可以分为两大类：

1. 无限花序（indefinite inflorescence） 在开花期间，花序轴可以继续向前生长伸长，不断产生苞片和花芽。开花顺序是花序轴基部的花最先开放，然后向前依次开放；如果花序轴缩短，各花密集排列成一平面或球面时，开花顺序则是由边缘向中央依次开放，又称为总状类花序。无限花序又分为多种类型（附图13）：

（1）总状花序（raceme） 花序轴单一，较长，由下而上生有近等长花柄的两性花，如紫藤、油菜、芥菜、花生等。

（2）伞房花序（corymb） 花序轴较短，花簇生在花轴上，花柄长短不一，边缘的花柄较长，越近中央的花柄越短，各花分布近于同一平面上，如梨、樱花、苹果、山楂等。

（3）伞形花序（umbel） 花序轴短缩，各花自轴顶生出，花柄等长，花序如伞状，如五加、人参、韭菜、常春藤等。

（4）穗状花序（spike） 花序轴直立，较长，其上着生许多无柄的两性花，如车前、马鞭草等。

（5）柔荑花序（catkin） 花序轴上着生许多无柄或具短柄的单性花，通常雌花序轴直立，雄花序轴柔软下垂。开花后，一般整个花序一起脱落，如杨、柳、枫杨、栎等。

（6）肉穗花序（spadix） 基本结构与穗状花序相似，但花序轴膨大、肉质化，其上着生许多无柄的单性花，如玉米、香蒲的雌花序等。有的肉穗花序外包有大型苞片，称为佛焰苞（spathe），因而这类花序又称佛焰花序，如天南星、半夏、芋等。

（7）头状花序（capitulum） 花序轴膨大、缩短而呈球形或盘形，上面密生许多近无柄或无柄的花，苞片常聚成总苞，生于花序基部，如菊、三叶草、向日葵、蒲公英等。

（8）隐头花序（hypanthodium） 花序轴肉质，特别肥大而呈凹陷状，许多无柄单性花隐生于囊体的内壁上，雄花位于上部，雌花位于下部。整个花序仅囊体前端留一小孔，是昆虫传粉的通道，如无花果、薛荔等。

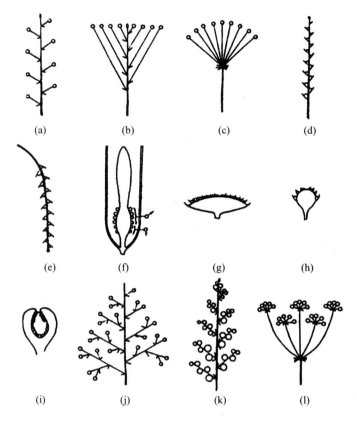

附图 13 无限花序的类型

（a）总状花序 （b）伞房花序 （c）伞形花序 （d）穗状花序 （e）柔荑花序 （f）肉穗花序
（g）、（h）头状花序 （i）隐头花序 （j）圆锥花序 （k）复穗状花序 （l）复伞形花序

上述花序的花序轴不分枝，是简单花序。另一些无限花序的花序轴分枝，每一分枝上又呈现上述的一种花序，称为复合花序（附图 13-J，K，L）。常见的有以下几种：

（9）复总状花序（panicle） 又称圆锥花序。长花轴上分生许多小枝，每小枝自成一总状花序，如南天竹、稻、女贞、丝兰等。

（10）复穗状花序（compound spike） 花序轴上有一或二次分枝，每小枝自成一个穗状花序，也即小穗，如小麦、马唐等。

（11）复伞房花序（compound corymb） 花序轴上的分枝呈伞房状排列，每一分枝又自成一个伞房花序。如花楸、石楠等。

（12）复伞形花序（compound umbel） 花序轴顶端丛生若干长短相等的分枝，各分枝又成为一个伞形花序，如胡萝卜、芹菜、小茴香等。

（13）复头状花序（compound capitulum） 单头状花序上具分枝，各分枝又自成为一个头状花序，如和头菊。

2. 有限花序(definite inflorescence)　花序中最顶点或最中心的花先开，由于顶花的开放，限制了花序轴顶端继续生长。各花的开放顺序是由上而下，由内而外。有限花序又称为聚伞类花序。可以分为以下3种类型(附图14)：

(1)单歧聚伞花序(monochasium)　主轴顶端先生一花，然后在顶花下的一侧形成分枝，继而分枝又顶生一花，其下方再生二次分枝，如此依次开花，形成合轴分枝式的花序。如果各次分枝都从同一方向的一侧长出，最后整个花序成为卷曲状，称为螺旋状聚伞花序(bostrix)，如附地菜、勿忘我；如果各次分枝是左右相间长出，整个花序左右对称，称为蝎尾状聚伞花序(scorpioid cyme)，如唐菖蒲、委陵菜等。

(2)二歧聚伞花序(dichasium)　顶生花形成，然后在其下方两侧同时发育出一对分枝，以后分枝再按上法继续生出顶花和分枝，如繁缕、石竹、大叶黄杨等。

(3)多歧聚伞花序(pleiochasium)　顶花下同时发育出3个以上分枝，各分枝再以同样方式进行分枝，各分枝又自成一小聚伞花序，如大戟、益母草等。

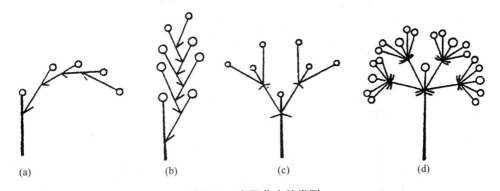

附图14　有限花序的类型

(a)、(b)单歧聚伞花序　(a)螺旋状聚伞花序　(b)蝎尾状聚伞花序　(c)二歧聚伞花序　(d)多歧聚伞花序

四、果实的形态术语

果实的类型，根据果实的心皮数目、果皮的含水情况(革质或肉质等等)、果皮是否开裂等可将果实划分为很多类型：

(一)单果(simple fruit)

一朵花中只有一枚雌蕊，以后只形成一个果实。又分为肉果和干果两类。

1. 肉果(fleshy pericarp)　特征是果皮肉质化，往往肥厚多汁，有按果皮来源和性质不同而分为以下几类(附图15)。

(1)浆果(berry)　是肉果中最常见的一类，由一个或几个心皮组成的果实，果实柔嫩，肉质而多汁，内含多数种子，如葡萄、番茄、柿等。

(2)核果(drupe)　核果由一心皮一心室的单雌蕊发展而成的果实，通常有一枚种子。外果皮极薄，中果皮是发达的肉质食用部分，内果皮的细胞经木质化后，成为坚硬的核，包在种子外面。如桃、杏、梅、李等。

(3)梨果(pome)　这类果实多为子房下位花的植物所有。果实由花筒和心皮部分愈合后共同形成，是一类假果。外面很厚的肉质部分是原来的花筒，肉质部分以内是果皮部分。外果皮和花筒，以及外果皮和中果皮之间，均无明显的界限可分。内果皮由木质化的厚壁细胞组成，比较明显。如梨、苹果等。

(4)瓠果(pepo)　是浆果的另一种，果实肉质部分是子房和花托共同发育而成的，食用部分主要是它们的果皮，如南瓜、冬瓜等葫芦科植物。

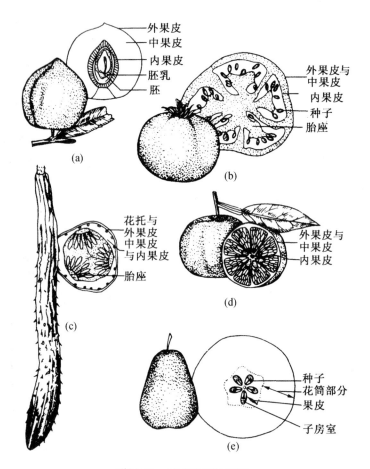

附图15 附肉质果的类型

（a）核果（桃）　（b）浆果（番茄）　（c）瓠果（黄瓜）　（d）柑果（柑橘）　（e）梨果（梨）

（5）柑果（hesperidium）　也是一种浆果，由多心皮具中轴胎座的子房发育而成。外果皮坚韧革质，有很多油囊分布。中果皮疏松髓质，有维管束分布其间，干燥果皮的"橘络"就是维管束。内果皮膜质，室内充满含汁的长形丝状细胞，是原来子房内壁的毛茸发育而成，是这类果实的食用部分。常见的有柑橘、柠檬等。

2. 干果　果实成熟后，果皮干燥，有的果皮能自行开裂，也有果实即使成熟，果皮仍闭合不开裂的，前者为裂果（dehiscent fruit），后者为闭果（indehiscent fruit）。根据心皮结构不同，又可分为以下几种类型。

（1）裂果类果实成熟后自行裂开，又可分为以下几种类型（附图16）：

①荚果（legume）　由单心皮发育而成的果实，成熟后，果皮沿背缝线和腹缝线二面开裂，如豌豆、蚕豆等。有的虽是荚果形式，但并不开裂，如落花生、合欢、皂荚等。也有的荚果分节状，成熟后也不开裂，而是节节脱落，每节含一粒种子，如含羞草、山蚂蝗等。

②蓇葖果（follicle）　果实由单心皮或离生复心皮发育而成，成熟后只由一面开裂，有沿心皮腹缝线开裂的，如梧桐、牡丹、芍药等。也有沿背缝线开裂的，如木兰、白玉兰等

③蒴果（capsule）　果实由合心皮的复雌蕊发育而成，子房有一室的，也有多室的，每室含种子多粒，成熟时有3种开裂方式：a. 纵裂，裂缝沿心皮纵轴方向分开。又可分为：室间开裂，即沿心皮腹缝

线相接处裂开，如秋水仙、马兜铃等；室背开裂，沿心皮背缝处开裂，如草棉、紫花地丁等；室轴开裂，沿胞间或胞背开裂，如牵牛、曼陀罗等。b. 孔裂，果实成熟后，各心皮并不分离，而在子房各室上方裂成小孔，种子由孔口散出，如金鱼草、桔梗等。c. 周裂，合心皮一室的复雌蕊组成，心皮成熟后沿上部或中部作横裂，果实成盖状开裂，如樱草、马齿苋、车前等，也称盖果。

　　④角果(silique)　由二心皮组成的雌蕊发育而成的果实。子房一室，后来由心皮边缘合生处向中央生出隔膜，将子房隔成二室，这一隔膜称假隔膜。果实成熟后，果皮从二腹线裂开，成二片脱落，只留假隔膜，种子附于假隔膜上。如十字花科植物。角果有细长的，超过宽的好几倍，称长角果，如芸薹、萝卜、甘蓝等；另有一些短形的，长宽之比几乎相等，称为短角果，如荠菜、遏蓝菜等。

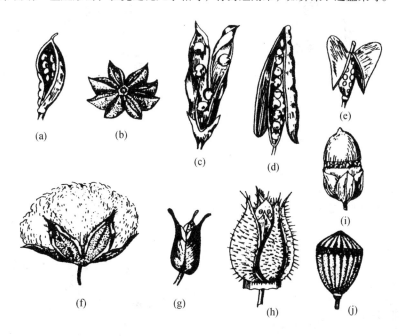

附图 16　裂果的主要类型(引自杨世杰《植物生物学》)
(a)蓇葖果(飞燕草)　(b)蓇葖果(八角茴香)　(c)荚果(豌豆)　(d)长角果
(e)短角果(荠菜)　(f)背裂蒴果(棉花)　(g)间裂蒴果(黑点叶金丝桃)
(h)轴裂蒴果(曼陀罗)　(i)盖裂蒴果(马齿苋)　(j)孔裂蒴果(虞美人)

　　(2)闭果类　果实成熟后，果皮不开裂，又可分为以下几类(附图 17)：

　　①瘦果(achene)　瘦果只含一粒种子，果皮与种皮分离，由一心皮发育而成的果实，如荨麻、威灵菜等。

　　②颖果(caryopsis)　果皮薄，革质，只含一粒种子，果皮与种皮紧密愈合不易分离，果实小，一般易误认为种子，是水稻、小麦、玉米等禾本科植物的特有的果实类型。

　　③翅果(samara)　果实本身属瘦果性质，但果皮延展成翅状，有利于随风飘飞，如榆、槭、臭椿等。

　　④坚果(nut)　外果皮坚硬木质，含一粒种子。成熟果实多附有原花序的总苞，称为壳斗，如栎、板栗等。通常一个花序中仅有一个果实成熟，也有同时有二三个果实成熟的，如板栗。板栗外褐色坚硬的皮是它的果皮，包在外面带刺的壳，是由花序总苞发育而成的。

　　⑤双悬果(cremocarp)　双悬果是由二心皮的子房发育而成的果实。伞形科植物的果实，多属这一类型。成熟后心皮分离成两瓣，并列悬挂在中央果柄上端，种子仍包于心皮中，以后脱离。果皮干燥，不开裂，如胡萝卜、小茴香的果实。

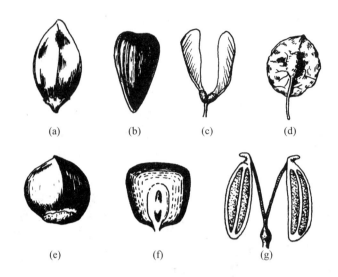

附图 17 闭果的主要类型

(a)瘦果(荞麦) (b)瘦果(向日葵) (c)翅果(槭树) (d)翅果(榆树)

(e)坚果(板栗) (f)颖果(玉米) (g)双悬果(伞形科)

(二)聚合果(aggregate fruit)

一朵花中有许多离生雌蕊，以后每一雌蕊形成一个小果，相聚在同一花托之上，如莲、草莓、玉兰等(附图 18)。

(三)聚花果(multiple fruit)

果实由整个花序发育而来，花序也参与果实的组成部分，也称花序果，如桑、无花果等(附图 19)。

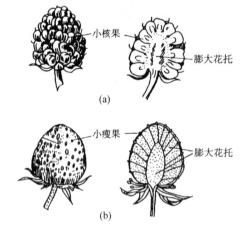

附图 18 聚合果

(a)悬钩子的聚合果，由许多小核果聚合而成

(b)草莓的聚合果

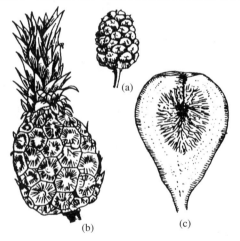

附图 19 聚花果(复果)

(a)桑葚，由许多单花集生在花轴上

(b)凤梨 (c)无花果